中文版
SolidWorks 2016
基础教程

▶ ▶ ▶ ▶

王　江　陈梦园◎编著

北京大学出版社
PEKING UNIVERSITY PRESS

内容提要

本书依据参数化设计的相关规范编著而成，是适合缺少 SolidWorks 建模实战经验和应用技巧的读者的自学教程。

本书以机械图样、模型为引导，全面介绍 SolidWorks 基本建模命令的操作方法与相关技巧。内容包括 SolidWorks 2016 绘图快速入门、草图设计、实体零件建模、参考基准的应用、零件属性设置与模型测量、曲面设计、装配设计、工程图设计、钣金设计、焊件结构设计，其中还穿插了课堂范例用于实战演练。

本书既是适合从事产品结构设计、机械结构设计、钢结构设计、模具设计等初中级设计人员的自学教程，又是适合各职业院校、机械产品建模培训班的教材参考用书。

图书在版编目(CIP)数据

中文版SolidWorks 2016基础教程 / 王江，陈梦园编著. — 北京：北京大学出版社，2019.1
ISBN 978-7-301-30109-8

Ⅰ.①中… Ⅱ.①王… ②陈… Ⅲ.①计算机辅助设计—应用软件—教材 Ⅳ.①TP391.72

中国版本图书馆CIP数据核字(2018)第272862号

书　　名　中文版SolidWorks 2016基础教程
ZHONGWEN BAN SOLIDWORKS 2016 JICHU JIAOCHENG

著作责任者　王　江　陈梦园　编著

责任编辑　吴晓月

标准书号　ISBN 978-7-301-30109-8

出版发行　北京大学出版社

地　　址　北京市海淀区成府路205 号　100871

网　　址　http://www.pup.cn　　新浪微博：@ 北京大学出版社

电子信箱　pup7@ pup.cn

电　　话　邮购部 010-62752015　发行部 010-62750672　编辑部 010-62570390

印 刷 者　北京飞达印刷有限责任公司

经 销 者　新华书店

787毫米×1092毫米　16开本　21.75印张　460千字
2019年1月第1版　2019年1月第1次印刷

印　　数　1-4000册

定　　价　59.00元

Preface 前言

本书是详细介绍 SolidWorks 基础建模与设计思路的教程，主要针对初、中级机械设计读者。全书将以机械零件模型为对象，详细演示 SolidWorks 的建模思路与绘图设计操作技巧。

本书内容介绍

本书主要分为基础入门篇、进阶提高篇和高级应用篇三个部分。

（1）基础入门篇（1~3 章），主要讲解了三维零件建模的基础知识与操作技巧，重点需掌握二维草图曲线的设计思路。

（2）进阶提高篇（4~8 章），主要讲解了参考基准的应用、曲面设计、装配设计等常用模块的操作方法。

（3）高级应用篇（9~10 章），主要讲解了非标机械设计中常见的钣金设计与焊件结构设计知识。

本书特色

全书将以机械模型为载体，讲解软件的基础操作与设计思路，实例题材较为丰富，操作步骤简练清晰，适合作为 SolidWorks 自学读者的学习用书，也适合作为已入门的机械制图设计人员进阶学习的参考用书。本书有以下特色。

（1）内容紧凑，简练易学。在写作结构上，本书采用“步骤讲述 + 配图说明”的方式进行讲解，操作简单明了，浅显易懂。另外本书中所有的案例都配有素材文件、结果文件及同步多媒体视频，让读者能轻松地学习 SolidWorks 2016 三维建模的相关技能。

（2）案例多样，针对性强。全书共安排了 33 个“课堂范例”，让读者能快速理解各节讲解的基础内容以及操作技巧；安排了 30 个“课堂问答”题，帮助初学者排解学习过程的疑难问题；分别安排了 9 个“上机实战”与 9 个“同步训练”，帮助初学者提升设计建模与实战技能；另外在每章的最后安排了“知识与能力测试”的习题（习题答案可在学习资源中下载）。

本书知识结构图

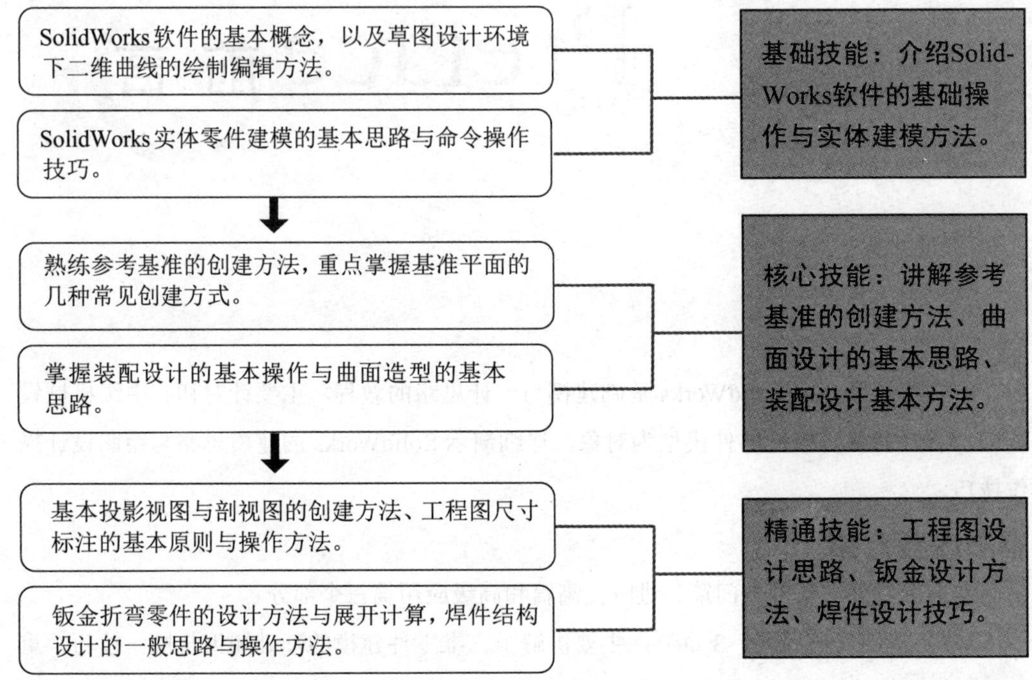

教学课时安排

本书综合了 SolidWorks 2016 软件的功能应用，现给出本书教学的参考课时（共 52 个课时），主要包括教师讲授 30 课时和学生上机实训 22 课时两部分，具体如下表所示。

章节内容	课时分配	
	教师讲授	学生上机
第 1 章　SolidWorks 2016 绘图快速入门	1	1
第 2 章　草图设计	2	2
第 3 章　实体零件建模	6	4
第 4 章　参考基准的应用	2	2
第 5 章　零件属性设置与模型测量	2	2
第 6 章　曲面设计	3	2
第 7 章　装配设计	3	2
第 8 章　工程图设计	3	2
第 9 章　钣金设计	4	3
第 10 章　焊件结构设计	4	2
合　计	30	22

学习资料内容说明

本书附赠了超值的学习资料，具体内容如下。

1．素材文件

素材文件指本书中所有章节实例的素材文件。全部收录在学习资料中的“第 * 章 \ 素材文件 \”文件夹中。读者在学习时，可以参考图书讲解内容，打开对应的素材文件进行同步操作练习。

2．结果文件

结果文件指本书中所有章节实例的最终效果文件。全部收录在学习资料中的“第 * 章 \ 结果文件 \”文件夹中。读者在学习时，可以打开结果文件，查看其实例效果，为自己在学习中的练习操作提供帮助。

3．视频教学文件

本书为读者提供了长达 380 分钟的与书同步的视频教程。读者可以通过相关的视频播放软件（Windows Media Player、暴风影音等）打开每章中的视频文件进行学习，非常适合无基础的读者学习。

4．PPT 课件

本书为教学工作提供了较为方便的 PPT 课件，可作为 SolidWorks 机械设计教学的参考课件。

5．习题答案

学习资料中的“习题答案”文件主要提供了每章后面的“知识与能力测试”习题的参考答案，还包括附录中“知识与能力总复习题”的参考答案。

以上资源，请扫描下方二维码关注公众号，输入代码 18SowS16，获取下载地址及密码。

官方微信公众号

创作者说

本书由“凤凰高新教育”策划并组织编写，由重庆工商大学王江老师及重庆工程职业技术学院陈梦园老师联合编著。在本书的编写过程中，我们竭尽所能地为读者呈现最好、最全的实用功能，但仍难免有疏漏和不妥之处，敬请广大读者不吝指正。若读者在学习过程中产生疑问或有任何建议，可以通过 E-mail 或 QQ 群与我们联系。

投稿信箱：pup7@pup.cn

读者信箱：2751801073@qq.com

读者交流 QQ 群：218192911（办公之家）

（温馨提示：若加群显示群已满，请根据提示加入新群。）

编　者

CONTENTS 目录

第 3 章 实体零件建模

第 4 章　参考基准的应用

第 5 章　零件属性设置与模型测量

第 6 章　曲面设计

第 9 章 钣金设计

第 10 章 焊件结构设计

SolidWorks

2016

第1章 SolidWorks 2016 绘图快速入门

SolidWorks 是达索系统（Dassault Systemes S.A）下的子公司，专门负责研发与销售机械设计软件的视窗产品，它是达索公司的一款面向机械设计的CAD/CAE/CAM 集成化设计系统。

本章将以 SolidWorks 2016 为蓝本，详细阐述 SolidWorks 软件的工作界面与基本操作方法。

学习目标

- 掌握 SolidWorks 文件管理的操作
- 熟悉 SolidWorks 工作界面
- 掌握 SolidWorks 基本操作方法

1.1 SolidWorks 软件简介

SolidWorks 软件是世界上第一个基于 Windows 开发的三维机械 CAD/CAE/CAM 系统，由于技术创新符合机械设计技术的发展潮流和趋势，SolidWorks 公司已成为机械设计软件中获利最高的公司。在目前市场上所见到的三维机械 CAD 解决方案中，SolidWorks 是设计效率最高的软件之一。

SolidWorks 软件的模块较多，具有易学易用、技术创新及功能强大的特点，使它很快成为目前非常流行的三维 CAD 设计系统。SolidWorks 常用的模块主要有零件模块、曲面模块、装配模块、钣金模块、焊件模块、工程图模块等。

（1）零件模块：该设计模块主要用于创建三维实体模型，其主要有【拉伸】【旋转】【扫描】【放样】【抽壳】及【异型孔】等特征。用户通过灵活使用这些实体特征可创建出大部分规则形状的三维模型。

（2）曲面模块：该设计模块主要用于创建不规则的平滑曲面体，其主要有【等距曲面】【直纹曲面】【延伸曲面】【缝合曲面】等曲面特征。

（3）装配模块：该设计模块主要用于预装配各个零部件，对零部件的配合、运动等装配关系进行分析和查看，从而优化产品的结构设计。

（4）钣金模块：该设计模块主要用于折弯类钣金件的设计，其主要有【基体法兰】【边线法兰】【斜接法兰】【边角释放槽】等钣金特征。通过这些特征创建的钣金件不仅能正确表达出产品的结构，还可快速展开法兰壁并得到板材下料的平面图。

（5）焊件模块：该设计模块主要针对标准型材件的焊接设计，其主要有【焊件】【结构构件】【剪裁 / 延伸】等焊件特征。

（6）工程图模块：该模块主要用于将三维模型转换为二维工程视图，制作出符合生产工艺的详细图纸，协助车间完成零部件的生产。

1.2 基本建模思路

使用 SolidWorks 创建三维模型主要是通过叠加特征来完成目标对象的设计，其中“特征”是 SolidWorks 建模过程中最重要的构件单元，它包含点、线、面及实体等几何对象。

针对一般的实体模型建模，可在 SolidWorks 的零件模块下使用实体特征来快速完成目标对象的造型，如【拉伸】【旋转】【扫描】【圆角】等实体特征都可完成绝大多数三维模型的设计。

对于曲面较为复杂的模型建模，可在 SolidWorks 的曲面模块下使用曲面特征来完成产品的外观设计，最后再将其转换为三维实体模型，从而完成产品的设计目标。

1.3 SolidWorks 文件管理

本节将介绍 SolidWorks 图形文件的基本管理方法。由于 SolidWorks 软件是基于 Windows 开发的三维机械 CAD/CAE/CAM 系统，因此该软件的文件管理方法与 Windows 系统的文件管理方法基本相同。

1.3.1 新建文件

使用 SolidWorks 新建文件主要有如下几种方法。

（1）单击【新建】按钮。

（2）按【Ctrl+N】组合键。

（3）执行菜单栏中的【文件】→【新建】命令。

执行【新建】命令后，系统将弹出【新建 SOLIDWORKS 文件】对话框，如图 1−1 所示。选择相应的图形模板后，单击【确定】按钮完成图形文件的创建。

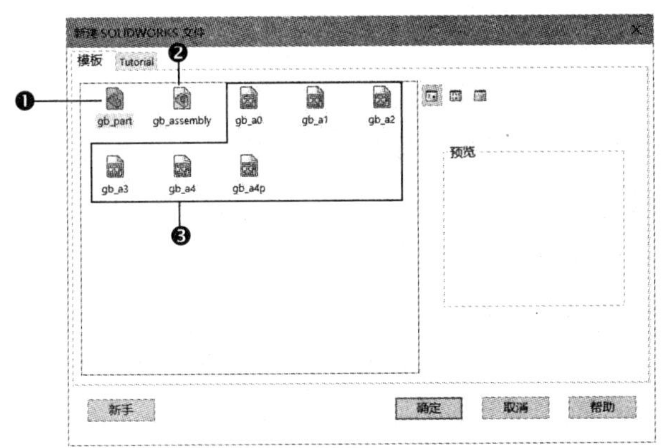

图 1−1 【新建 SOLIDWORKS 文件】对话框

❶ gb_part	用于创建符合中国国标制图的零件文件。
❷ gb_assembly	用于创建符合中国国标制图的装配体文件。
❸ gb_a0~gb_a4p	用于创建 a0~a4 的中国国标工程图文件。

1.3.2 打开文件

使用 SolidWorks 打开图形文件主要有如下几种方法。

（1）单击【打开】按钮。

（2）按【Ctrl+O】组合键。

（3）执行菜单栏中的【文件】→【打开】命令。

执行【打开】命令后，系统将弹出【打开】对话框，如图 1-2 所示。选择图形文件在磁盘中的保存路径，在预览区域可显示出选择图形的缩略图，单击【打开】按钮完成图形的打开操作。

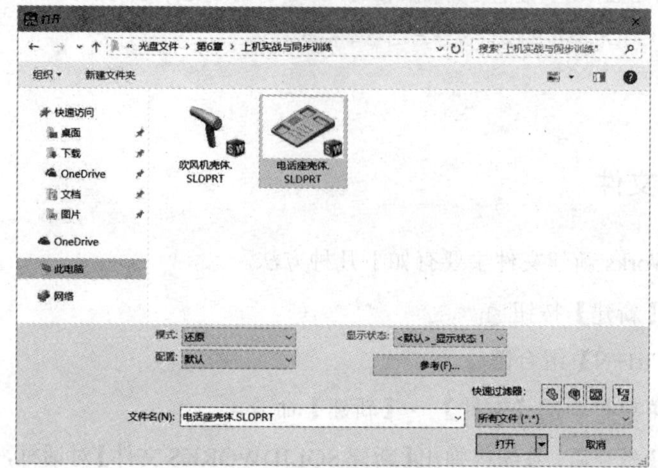

图 1-2 【打开】对话框

1.3.3 保存文件

使用 SolidWorks 保存图形文件主要有如下几种方法。

（1）单击【保存】按钮。

（2）按【Ctrl+S】组合键。

（3）执行菜单栏中的【文件】→【保存】命令。

执行【保存】命令后，系统将弹出【另存为】对话框，如图 1-3 所示。在对话框中可指定图形文件的保存路径，在【文件名】文本框中可定义图形文件的保存名称，单击【保存】按钮完成图形文件的保存操作。

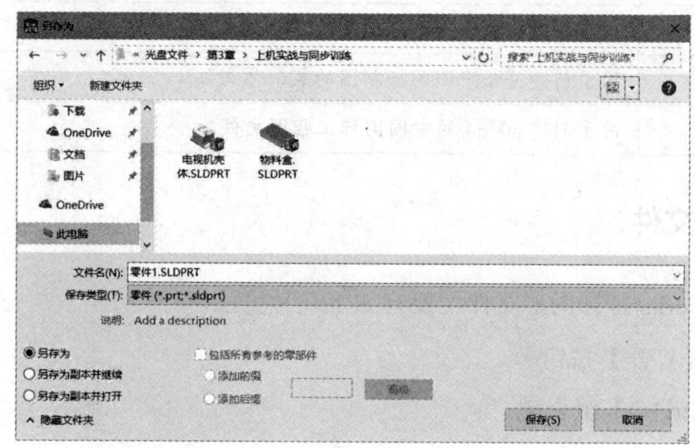

图 1-3 【另存为】对话框

1.3.4 文件格式的转换

在保存 SolidWorks 图形文件时，系统将根据图形文件的模板类型自动选择相应的文件格式作为当前文件的保存格式。用户可在【保存类型】列表中选择需要的文件格式作为当前文件的保存格式，如图 1-4 所示。

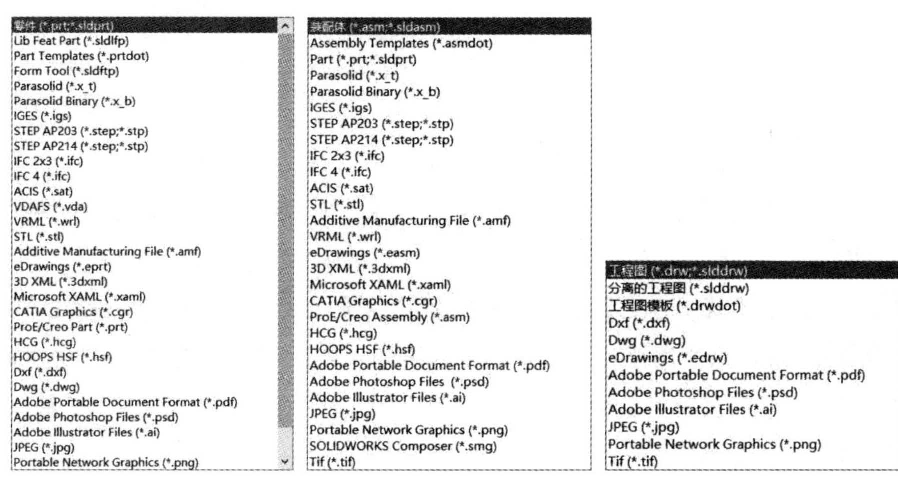

图 1-4　文件格式列表

SolidWorks 零件文件默认格式后缀为 .sldprt，装配文件默认格式后缀为 .sldasm，工程图文件默认格式后缀为 .slddrw。当选择其他文件格式后，可将当前图形文件转换为其他系统能够识别的文件格式。

1.3.5 退出 SolidWorks

退出 SolidWorks 图形文件主要有如下几种方法。

（1）单击绘图区右上角的【关闭】按钮×。

（2）执行菜单栏中的【文件】→【退出】命令。

（3）单击标题栏右上角的【关闭】按钮×。

温馨提示

在退出 SolidWorks 图形文件前，如未对当前文件进行保存操作，系统将弹出警告对话框，如图 1-5 所示。

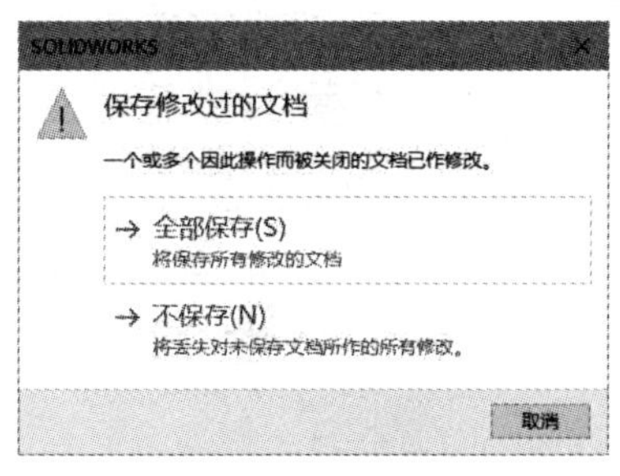

图 1-5　文件保存警告对话框

课堂范例——转换垫板图纸格式

分别打开螺纹孔垫板零件图与工程图，如图 1-6 所示。通过执行【另存为】命令将零件图转换为 STEP 格式文件，将工程图转换为 PDF 格式文件，具体操作步骤如下。

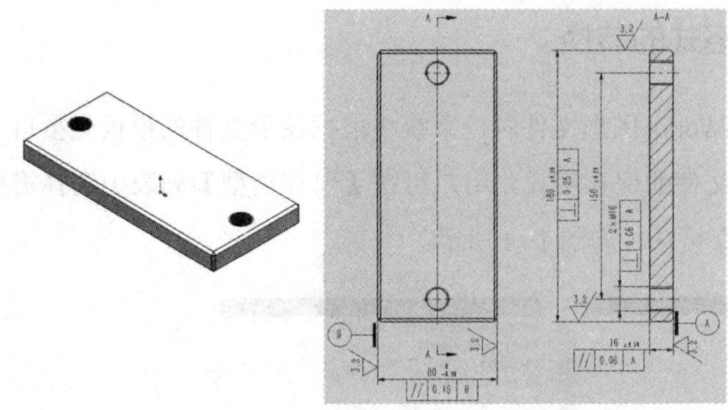

图 1-6　螺纹孔垫板图

步骤 01　执行【打开】命令，浏览学习资料文件“第 1 章 \ 课堂范例 \ 螺纹孔垫板 .SLDPRT”。

步骤 02　执行【另存为】命令，在【保存类型】列表中选择 STEP AP203 格式。

步骤 03　指定保存路径为“第 1 章 \ 课堂范例”，单击【保存】按钮完成文件格式转换。

步骤 04　执行【打开】命令，浏览学习资料文件“第 1 章 \ 课堂范例 \ 螺纹孔垫板 .SLDDRW”。

步骤 05　执行【另存为】命令，在【保存类型】列表中选择 PDF 格式。

步骤 06　指定保存路径为“第 1 章 \ 课堂范例”，单击【保存】按钮完成文件格式转换。

1.4 SolidWorks 工作界面

在启动 SolidWorks 软件后系统将进入用户界面，其界面风格和操作规律基本上与 Windows 界面风格一致。进入零件设计环境后，系统界面顶部为菜单栏、标题栏，而右侧为任务窗格，左侧为 PropertyManager 设计树，中间区域则为绘图区，如图 1-7 所示。

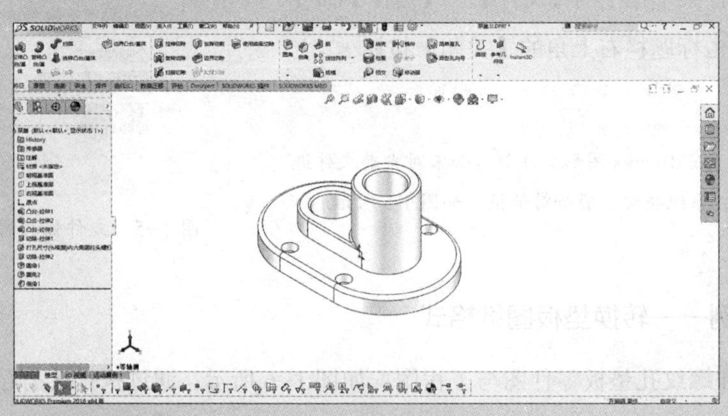

图 1-7　零件环境界面

在工具栏空白处右击可弹出命令工具添加/删除快捷菜单，如图 1-8 所示。通过选中或取消选中菜单项，可在 SolidWorks 界面上增加或减少相应的工具命令。

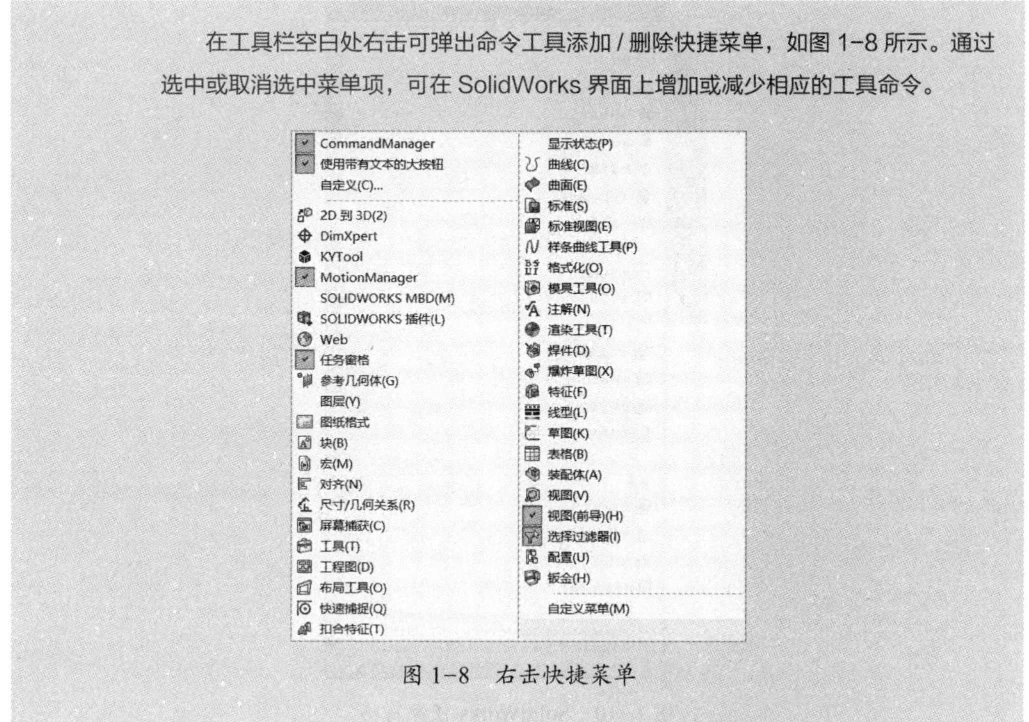

图 1-8　右击快捷菜单

1.4.1 菜单栏

SolidWorks 的菜单栏中包含了【文件】【编辑】【视图】【插入】【工具】等主要菜单，如图 1-9 所示。

在 SolidWorks 的菜单栏中系统提供了该设计模块所有的工具命令。一般而言，在【插入】菜单下将包含所有绘图命令。

图 1-9　SolidWorks 菜单栏

1.4.2 任务窗格

在 SolidWorks 界面的右侧为任务窗格，主要包括了【SOLIDWORKS 资源】【设计库】【文件探索器】【视图调色板】等，如图 1-10 所示。

其中，在装配环境下可在【设计库】中调用相关的机械标准件，而在工程图环境下则可调用【视图调色板】中的标准工程视图来快速创建工程图。

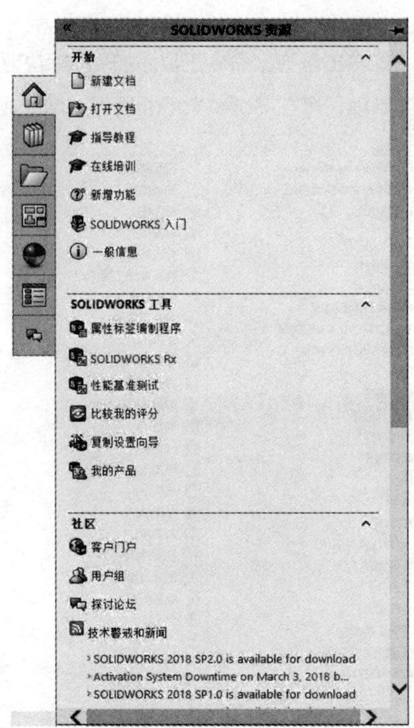

图 1-10　SolidWorks 任务窗格

1.4.3 使用 CommandManager 工具集

CommandManager 是一组功能明确的命令工具集，它将一些造型功能相近的命令工具进行整合。常见的工具集有【特征】【草图】【曲面】【钣金】等，如图 1-11 所示。

图 1-11　【特征】工具集

通过单击各个 CommandManager 工具集名称，可切换工具集。在任意一个工具集名称上右击，再通过选择或清除名称，可自由添加或删除工具集。

1.4.4 FeatureManager 设计树

FeatureManager 设计树是用于记录设计过程的树状特征结构，它是 SolidWorks 软件的独特部分，详细记录了当前模型的建模全部过程。当特征完成创建后系统会自动在设计树上按照顺序添加特征，如图 1-12 所示。

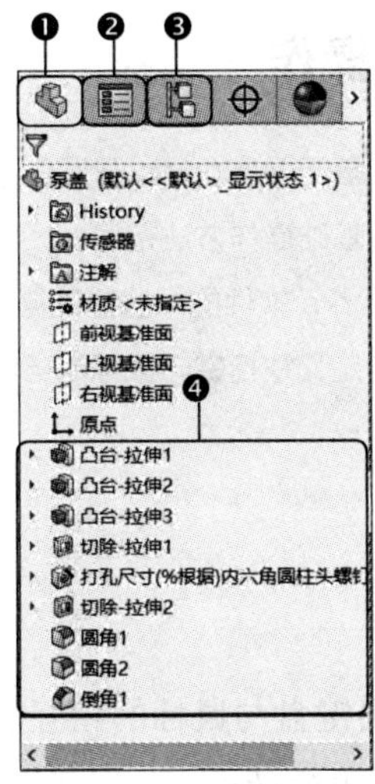

图 1-12 FeatureManager 设计树

❶ FeatureManager 设计树	系统一般默认激活该选项，用于显示当前零件的设计步骤。
❷ PropertyManager 菜单（属性菜单）	用于定义特征的各项参数，如方向、尺寸、草图轮廓等。
❸ 配置	用于管理当前零件的各种配置属性，用户可通过调整配置属性创建出不同规格的零部件模型。
❹ 特征目录	用于显示编辑操作已创建的步骤特征，用户可通过对各特征进行重新排序、重定义参数等操作，从而修改零部件模型。

1.4.5 PropertyManager 菜单

PropertyManager 菜单也称为属性菜单，在定义特征参数时系统将切换到该菜单界面，如图 1-13 所示。

以【拉伸】特征为例，当完成拉伸特征的草图轮廓指定后，系统将自动切换至 PropertyManager 菜单，用户可进一步对【拉伸】特征的各项参数进行设置。

完成特征编辑后单击✓按钮将保存特征参数并退出特征命令，而单击×按钮将直接退出特征命令。

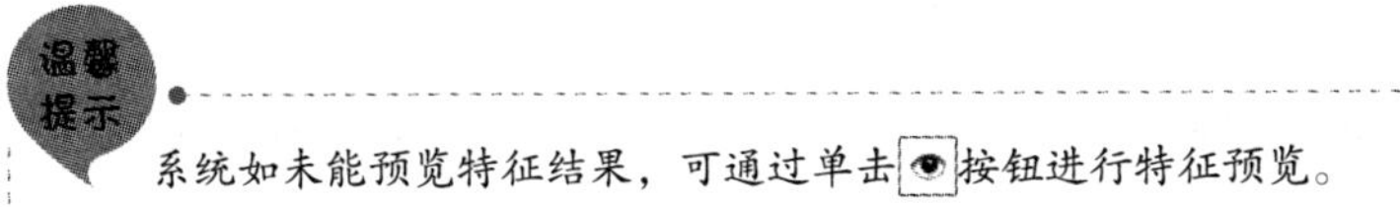

温馨提示

系统如未能预览特征结果，可通过单击👁按钮进行特征预览。

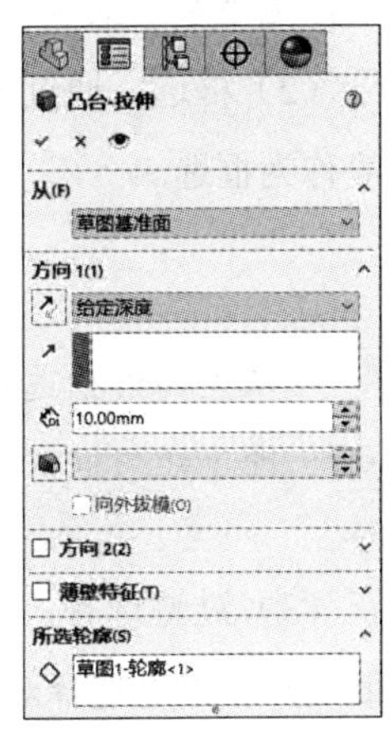

图 1-13 PropertyManager 菜单（属性菜单）

1.5 SolidWorks 基础操作

SolidWorks 软件是基于 Windows 开发的三维机械 CAD/CAE/CAM 系统，它与其他 Windows 软件的基础操作方法相同。

本节将介绍 SolidWorks 软件的一些基础操作方法，主要有鼠标的使用、对象的选择、自定义工具栏、自定义快捷键与鼠标笔势的应用等常用技巧。

1.5.1 鼠标的使用

使用 SolidWorks 绘制图形需要键盘与鼠标的相互配合才能高效地完成设计任务，其中鼠标 3 键的灵活运用能有效提高工作效率。

（1）左键：用于对象的选择，如点、线、面、体等几何对象，同时也可以选择任何工具命令。

（2）中键（滚轮键）：用于缩放、移动或旋转模型视图，方便用户观察模型细节。

（3）右键：用于激活各种快捷菜单，系统可根据鼠标指针位置来激活相应的快捷菜单。

1.5.2 对象的选择

使用 SolidWorks 选择对象主要有点选、框选及过滤选择等方式，但无论使用哪种方式来选择对象，当对象完成选择后系统都将高亮显示该对象。

（1）点选：逐个选择已创建的几何对象，一般称为点选。这是一种常见的对象选择方式，也是系统默认的选择方式，用户只需逐个选择需要操作的对象即可。

（2）框选：通过拖曳一个对角矩形框的方式来快速选择一个或多个已知几何对象，一般称为框选。

技能拓展

从左向右框选对象需要将对象完全框选在矩形框内部，而从右向左框选对象时，除了矩形框内的对象外，与矩形框边界相交的对象也会被选择。

（3）过滤选择：使用 SolidWorks 提供的过滤选择工具，可过滤相应的几何对象，辅助用户精准地选择对象。按【F5】键，可快速添加或删除选择过滤器工具栏，如图 1–14 所示。

图 1–14 选择过滤器

（4）相切与环选择：在选择几何对象后，右击弹出快捷菜单，可选择相切连接或环形连接的几何对象，如图 1-15 所示。

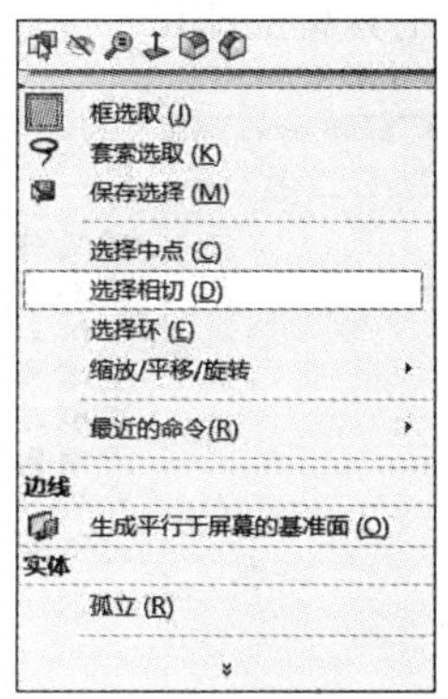

图 1-15　相切与环选择

1.5.3 自定义工具栏

SolidWorks 软件与其他 Windows 软件一样可自由定义当前面板上工具栏的显示与隐藏，同时也可定义工具栏上命令按钮的增减。

在 SolidWorks 工具面板的任意空白处右击，在弹出的快捷菜单中选择【自定义】选项，可弹出【自定义】对话框，如图 1-16 所示。

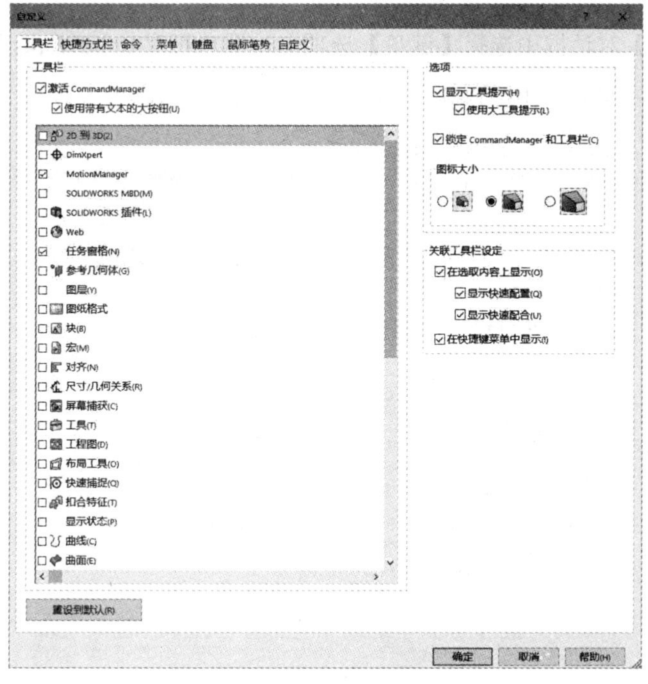

图 1-16　【自定义】对话框

在【自定义】对话框中选择【命令】选项卡，用户可在此页设置当前工具集上需要显示的命令按钮，如图 1-17 所示。在左侧【类别】栏中可快速定位至工具命令，而右侧的命令按钮只需将其拖曳至当前工具集上即可。

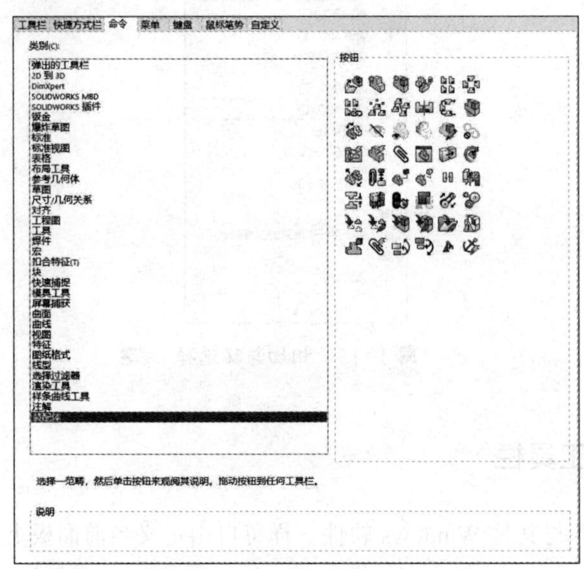

图 1-17 【命令】选项卡

1.5.4 自定义快捷键与鼠标笔势

在【自定义】对话框中选择【键盘】选项卡，用户可对 SolidWorks 软件的所有命令进行快捷键设置，如图 1-18 所示。

工具栏 快捷方式栏 命令 菜单 键盘 鼠标笔势 自定义

类别(A): 所有命令　　打印列表(P)...　复制列表(C)

显示(H):　　重设到默认(D)

搜索(S):

类别	命令	快捷键	搜索快捷键
文件(F)	新建(N)...	Ctrl+N	
文件(F)	打开(O)...	Ctrl+O	
文件(F)	打开当前(O)		
文件(F)	最近文件(E)...		
文件(F)	浏览最近文档(R)...	R	
文件(F)	关闭(C)...	Ctrl+W	
文件(F)	从零件制作工程图(E)...	Alt+1	
文件(F)	从零件制作装配体(K)...		
文件(F)	保存(S)...	Ctrl+S	
文件(F)	另存为(A)...	Alt+A	
文件(F)	保存所有(L)...		
文件(F)	页面设置(G)...		
文件(F)	打印预览(V)...		
文件(F)	打印(P)...	Ctrl+P	
文件(F)	Print3D...		
文件(F)	出版到 3DVIA.com...		
文件(F)	出版到 eDrawings(B)...		
文件(F)	打包(K)...		
文件(F)	发送(D)...		

说明

图 1-18 【键盘】选项卡

在【快捷键】一列的命令相应文本框中，可自由定义该行命令的快捷键。理论上任意键均可作为命令的快捷键，而实际上系统默认的快捷键已占用大部分单个字母键。因此，需要使用组合键来定义命令快捷键，一般可使用【Ctrl】键、【Alt】键、【Shift】键与其他字母进行组合的形式来定义命令快捷键。

在【自定义】对话框中选择【鼠标笔势】选项卡，用户可使用鼠标右键的笔势功能来完成命令的执行，如图 1-19 所示。选中【启用鼠标笔势】复选框，并根据需要选中【4 笔势】或【8 笔势】单选按钮，其中【4 笔势】只能在上下左右 4 个方位上放置命令。

完成鼠标笔势设置后可在相应的模块设计环境下执行笔势命令，如在零件设计环境下按住鼠标右键并移动鼠标可弹出笔势菜单，如图 1-20 所示。

工具栏 快捷方式栏 命令 菜单 键盘 鼠标笔势 自定义

类别(A): 所有命令

☑只显示指派了鼠标笔势的命令(O)

搜索(S):

☑启用鼠标笔势(E)

○4 笔势

◉8 笔势

打印列表(P)...

重设到默认(D)

类别	命令	零件	装配体	工程图	草图
视图(V)	局部放大(Z)..				
插入(I)	拉伸(E)..				
插入(I)	拉伸(E)..				
插入(I)	圆角(F)..				
插入(I)	倒角(C)..				
插入(I)	草图(K)..				
插入(I)	3D 草图(3)..				
插入(I)	注释(N)..				
插入(I)	现有零件/装配体(E)..				
插入(I)	新零件(N)..				
插入(I)	配合(M)..				
插入(I)	剖面视图(S)..				
插入(I)	局部视图(D)..				
插入(I)	中心符号线(C)....				
工具(T)	中心线(N)..				
工具(T)	智能尺寸(S)..				
工具(T)	添加(A)..				

说明

图 1-19 【鼠标笔势】选项卡

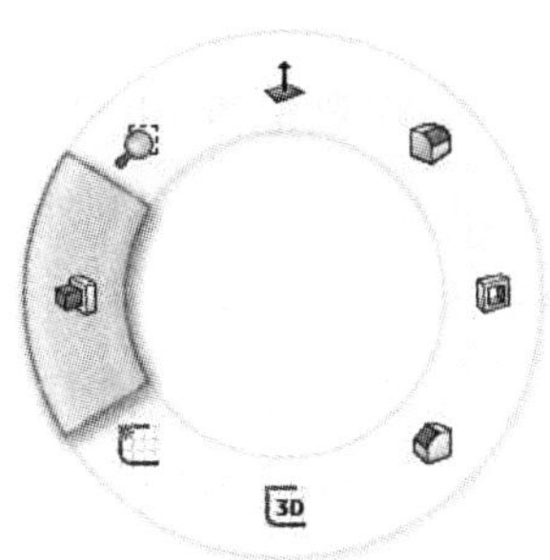
图 1-20 笔势菜单

使用鼠标笔势来执行 SolidWorks 的绘图命令比使用快捷键更方便快捷，用户只需将使用率较高的命令自定义在笔势上，就可完成命令的快速执行。

1.5.5 SolidWorks 系统选项

单击【选项】按钮⚙，系统将弹出【选项】对话框，在该对话框中用户可自定义 SolidWorks 的系统默认功能，如工程图标准、显示颜色、性能、装配体及工作环境等，如图 1-21 所示。

【选项】对话框由【系统选项】和【文档属性】两个选项卡组成，其中【系统选项】选项卡主要用于定义软件的默认功能设置，而【文档属性】选项卡的设置只对当前文件有效。

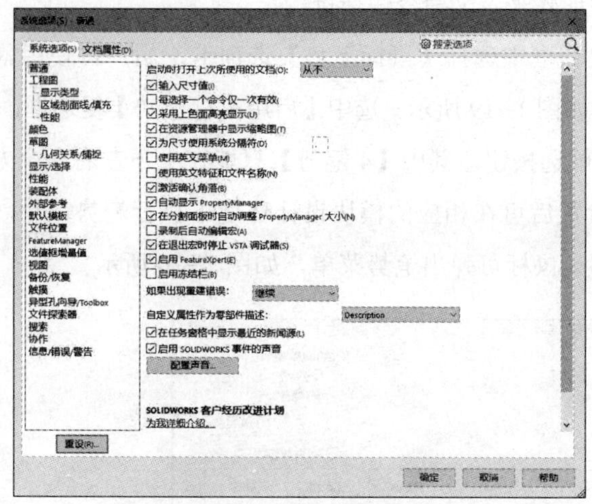

图 1-21 【选项】对话框

下面将重点介绍几种常用的系统选项设置，具体如下。

（1）颜色：用于设置 SolidWorks 绘图区的背景色。

（2）装配体：用于设置装配文件的各项基本功能，其中需要重点注意的是系统默认未选中将新零件保存到外部零件。如此，在装配体文件中创建新零件时，该零件不会默认保存为独立的零件文件，需要在保存文件时手动指定保存方式，如图 1-22 所示。

（3）默认模板：用于设置 SolidWorks 的零件、装配体、工程图默认模板，如图 1-23 所示。

（4）文件位置：用于设置 SolidWorks 各种类型的文件模板读取路径，如材料明细表、设计库、图纸格式、焊件轮廓等。通过设置文件模板路径，用户可快速调用各种符号设计规范的文件模板，以提升工作效率。

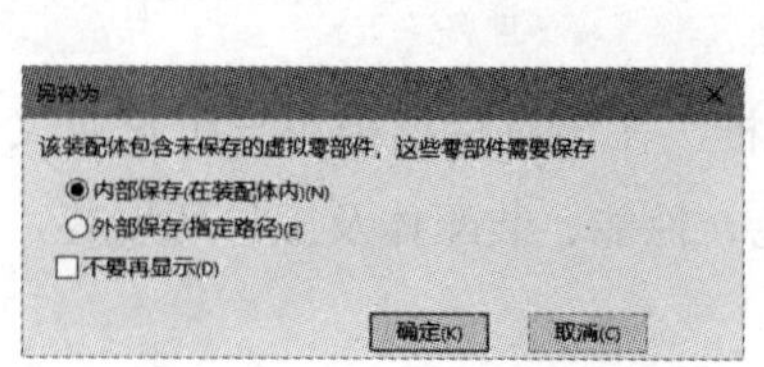

图 1-22 【另存为】对话框

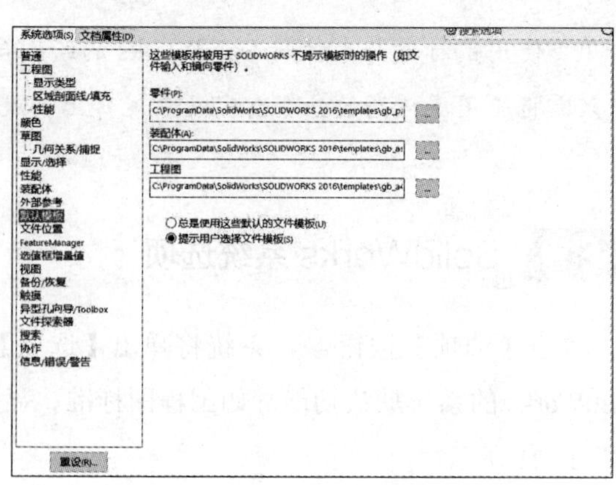

图 1-23 默认模板路径设置

课堂范例——自定义零件设计鼠标笔势

本范例主要演示 SolidWorks 零件设计环境下鼠标笔势功能的设置，主要讲解如何将【拉伸凸台 / 基体】【拉伸切除】【倒角】【圆角】命令加入鼠标笔势中。具体操作步骤如下。

步骤 01 单击【新建】按钮，选择“gb_part”为零件模板，创建一个零件文件。

步骤 02 打开【自定义】对话框，选择【鼠标笔势】选项卡。

步骤 03 选中【启用鼠标笔势】复选框，并选中【4 笔势】单选按钮。

步骤 04 在类别列表下选择【插入】选项。

步骤 05 在【零件】列下分别对 4 个命令设置笔势功能，如图 1-24 所示。

步骤 06 单击【确定】按钮退出【自定义】对话框，在绘图区按住鼠标右键并移动鼠标弹出笔势菜单（图 1-25）；移动至下方的【倒角】命令上并松开鼠标，可快速执行【倒角】命令。

工具栏 快捷方式栏 命令 菜单 键盘 鼠标笔势 自定义

类别(A): 插入(I)

☑启用鼠标笔势(E)

◉4 笔势

○8 笔势

□只显示指派了鼠标笔势的命令(O)

搜索(S):

打印列表(P)...

重设到默认(D)

类别	命令	零件	装配体	工程图	草图
插入(I)	拉伸(E)...				
插入(I)	旋转(R)...				
插入(I)	扫描(S)...				
插入(I)	放样(L)...				
插入(I)	边界(B)...				
插入(I)	加厚(T)...				
插入(I)	切除(C)				
插入(I)	拉伸(E)...				
插入(I)	旋转(R)...				
插入(I)	扫描(S)...				
插入(I)	放样(L)...				
插入(I)	边界(B)...				
插入(I)	加厚(T)...				
插入(I)	使用曲面(W)...				
插入(I)	特征(F)				
插入(I)	圆角(F)...				
插入(I)	倒角(C)...				

说明

沿边线、一串切边或顶点生成一倾斜的边线。

图 1-24 设置笔势功能

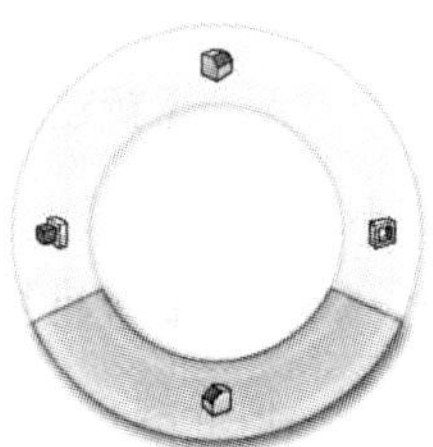

图 1-25 笔势菜单

课堂问答

本章通过对 SolidWorks 2016 软件的基本功能进行讲解，演示了 SolidWorks 文件的一般管理方法。下面将列出一些常见的问题供读者学习与参考。

问题❶：怎样启用或关闭 CommandManager 工具集？

答：在 CommandManager 工具集名称上右击，再通过选择或清除名称，可自由添加或删除工具集。

问题❷：怎样启用过滤器选取工具?

答：按【F5】键，可快速添加或删除选择过滤器工具栏。通过单击该工具栏上的命令按钮，可指定选取对象的类型，如过滤顶点、过滤边线、过滤面等。

问题❸：自定义命令按钮有何作用?

答：在 SolidWorks 默认状态下，部分命令按钮未能添加至 CommandManager 工具集上，用户如需使用这些命令必须先将其添加至相应的工具集面板上。

知识与能力测试

本章介绍了 SolidWorks 2016 软件的文件管理与基础操作方法，为了对知识进行巩固和考核，请完成下列相应的习题。

一、填空题

1．按【F5】键，可添加或删除________。

2．按【Ctrl+N】组合键，可执行________命令操作。

3．按【Ctrl+O】组合键，可执行________命令操作。

4．执行________命令可完成文件格式的转换。

二、选择题

1．下面（　　）命令可用于 SolidWorks 文件格式的转换。

A．【新建】　B．【打开】　C．【保存】　D．【退出】

2．下面（　　）组合键可快速新建文件。

A．【Ctrl+N】　B．【Ctrl+O】　C．【Ctrl+E】　D．【Ctrl+S】

3．下面（　　）命令可打开【自定义】对话框。

A．【新建】　B．【自定义】　C．【打开】　D．【退出】

4．下面（　　）命令可打开【选项】对话框。

A．【新建】　B．【自定义】　C．【选项】　D．【退出】

三、简答题

1．新建 SolidWorks 文件有哪些方法?

2．保存文件有哪些注意事项?

3．SolidWorks 鼠标笔势有哪两种类型?

SolidWorks

2016

第 2 章

草图设计

SolidWorks 中的三维模型均由二维草图轮廓经过拉伸、旋转、扫描等操作创建而成，因此草图设计是 SolidWorks 中最基础的设计模块。

二维草图设计主要由几何图形、几何约束、尺寸标注三大部分组成，用户需要先绘制出各种形状的几何图元，再使用标注工具对其进行定位、定型、约束完成二维草图轮廓的设计。

学习目标

- 掌握几何图形的基本绘制方法
- 掌握几何图形的编辑方法
- 掌握二维草图的变换操作
- 熟练使用几何约束与尺寸约束

2.1 SolidWorks 二维草图简介

SolidWorks 的二维草图主要由几何图形、尺寸标注、几何约束组成，通过绘制二维草图可自由控制三维模型的结构形状。

在 SolidWorks 系统中，草图设计是用户创建各种三维模型的基础结构曲线，通过对绘制的草图曲线轮廓进行几何约束、尺寸约束能精确地完成二维草图曲线的定位、定型操作。

2.1.1 进入与退出草图环境

在 SolidWorks 的所有造型环境下均可进入草图环境绘制二维草图曲线，进入草图设计环境的方式主要有如下两种。

（1）直接进入草图设计环境。通过在 CommandManager 工具集的名称上选择【草图】选项卡，可切换至草图设计工具界面，如图 2-1 所示。单击【草图绘制】按钮，再选择任意一个基准面或实体平面，系统将进入草图设计环境。

图 2-1　【草图】命令界面

（2）由特征创建进入草图设计环境。在未选择任何草图曲线的前提下执行特征创建命令，再选择任意一个基准面或实体平面，系统将进入草图设计环境。使用此种方法完成草图曲线的绘制后，系统会自动返回至特征创建界面。

无论采用哪种方式进入草图设计环境，都必须选择一个基准面或实体平面作为草图轮廓的放置面，否则将不能进入草图设计环境。

在完成草图曲线的绘制后，用户需要退出草图设计环境才能进行其他特征的创建与编辑操作，草图设计环境的退出方式主要有如下两种。

（1）单击【完成草图】按钮，系统将保留当前草图曲线并退出草图设计环境。

（2）单击【关闭】按钮，系统将删除当前草图曲线并退出草图设计环境。

2.1.2 设置草图环境

为提高草图的绘制效率与准确性，SolidWorks 允许用户对草图环境进行预设置。执行【工具】→【草图设置】命令，将展开【草图设置】菜单，通过选中菜单列表可预先设置部分草图绘制的辅助功能，如图 2-2 所示。

图 2-2 【草图设置】菜单

2.1.3 草绘工具按钮介绍

在 CommandManager 工具集上选择【草图】选项卡，可快速切换至草图工具命令界面，如图 2-3 所示。在未绘制任何二维草图曲线前，系统将只激活二维草图绘制命令，部分编辑命令需在二维草图绘制完成后才能被激活。

图 2-3 【草图】命令界面

2.2 二维草图的绘制

在进入草图设计环境后，可选择各种类型的曲线命令来绘制二维草图，再通过几何约束和尺寸约束工具将二维图形完整约束在指定的位置上，以完成二维草图轮廓的绘制。

通过在【草图设置】的展开菜单中选中部分草图绘制辅助命令，还可使用系统的自动识别功能快速对二维草图轮廓进行自动约束。

本节将重点介绍 SolidWorks 草图曲线的绘制方法与技巧。

2.2.1 直线类草图

在 SolidWorks 草图设计环境下，直线类草图一般由【直线】【中心线】和【中点线】3 个命令组成。在系统默认状态下界面上只显示【直线】命令，通过单击下拉按钮可展开命令列表，如图 2–4 所示。

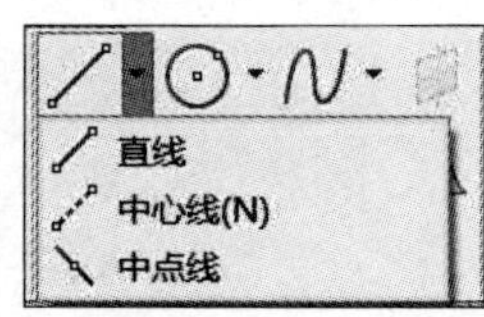

图 2–4　直线类命令列表

打开学习资料文件“第 2 章\素材文件\直线类草图 . SLDPRT”，如图 2–5（a）所示。执行【中心线】【直线】命令将图 2–5（a）修改为图 2–5（b），具体操作步骤如下。

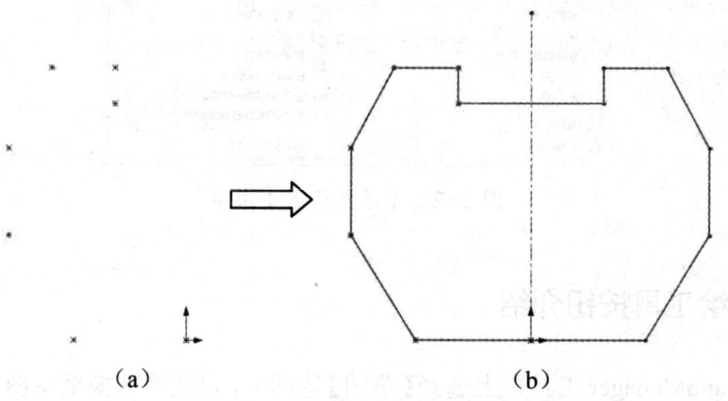

图 2–5　直线类草图

步骤 01　单击【草图绘制】按钮，选择前视基准面作为草图绘制平面，进入草图设计环境。

步骤 02　单击【中心线】按钮，捕捉原点为中心线起点，在垂直方向上移动鼠标指针，并在任意位置上单击以指定中心线的端点，按【Esc】键完成中心线的绘制并退出命令。

步骤 03　单击【直线】按钮，捕捉原点为直线起点，向左水平方向上移动鼠标指针并依次选择各个草图点作为直线的通过点，按【Esc】键完成直线的绘制并退出命令，如图 2–6 所示。

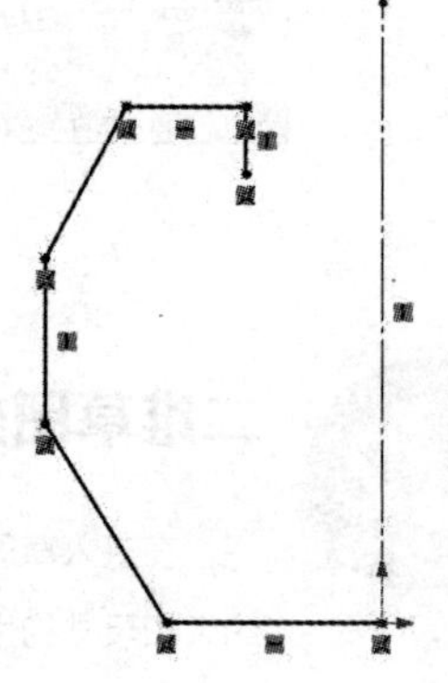

图 2–6　绘制中心线与直线

步骤 04 框选所有直线段与中心线，单击【镜向实体】按钮完成直线段的镜像复制操作，如图 2-7 所示。

步骤 05 单击【直线】按钮，捕捉两垂直直线端点为起点，绘制一条水平连接直线，按【Esc】键完成直线的绘制并退出命令，如图 2-8 所示。

步骤 06 单击【完成草图】按钮退出草图设计环境。

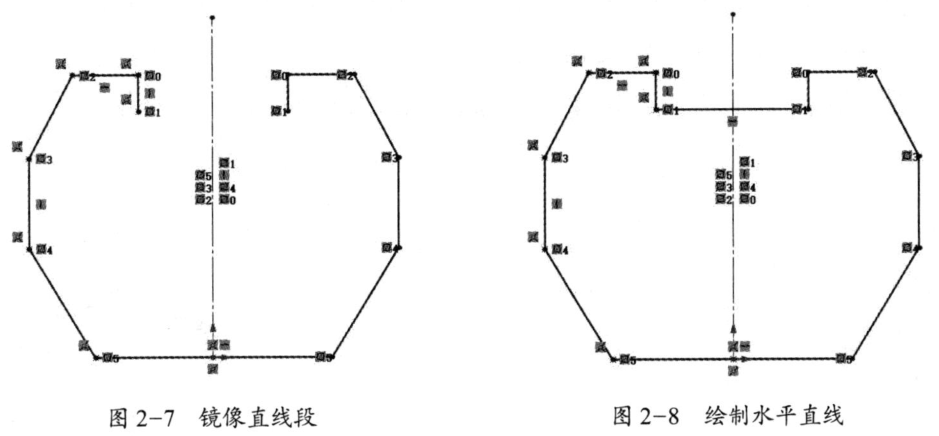

图 2-7　镜像直线段　　图 2-8　绘制水平直线

> **温馨提示**
>
> 鼠标指针向水平方向或垂直方向移动时，系统将自动添加水平或垂直几何约束，并在图形附近标识出约束符号。

2.2.2 矩形与多边形

由3条或3条以上长度相等的直线段依次首尾相连组成的封闭轮廓一般称为多边形。4个内角均为直角的四边形一般称为矩形。

打开学习资料文件“第2章\素材文件\矩形与多边形.SLDPRT”，如图2-9(a)所示。执行【矩形】【多边形】命令将图 2-9（a）修改为图 2-9（b），具体操作步骤如下。

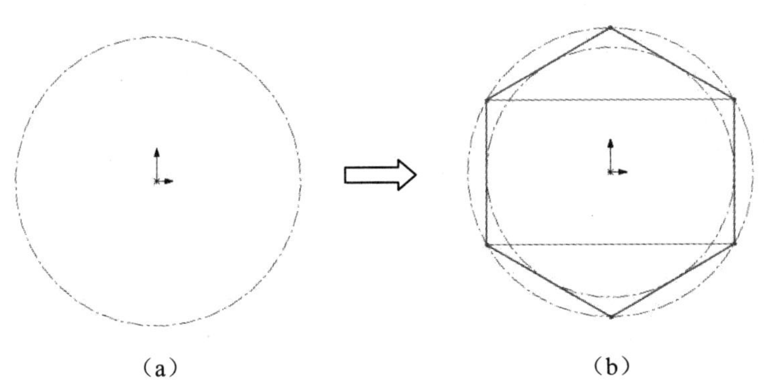

图 2-9　矩形与多边形

步骤 01　单击【草图绘制】按钮，选择前视基准面为草图绘制平面，进入草图设计环境。

步骤 02　单击【多边形】按钮，设置多边形的边数为“6”，选中【内切圆】单选按钮，如图 2-10（a）所示。捕捉原点为多边形的中心点，捕捉圆形的象限点为多边形的顶点。单击按钮完成多边形的绘制，如图 2-10（b）所示。

步骤 03　单击【边角矩形】按钮，分别捕捉多边形的两个顶点为矩形的对角点。单击按钮完成矩形的绘制，如图 2-11 所示。

步骤 04　单击【完成草图】按钮退出草图设计环境。

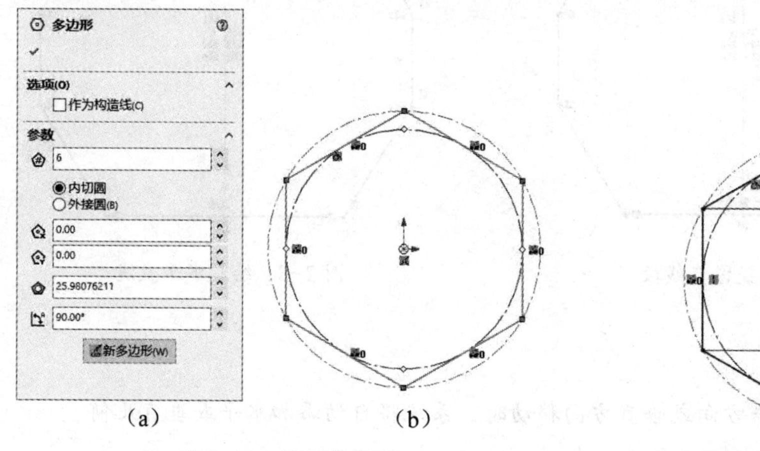

（a）　（b）

图 2-10　绘制多边形

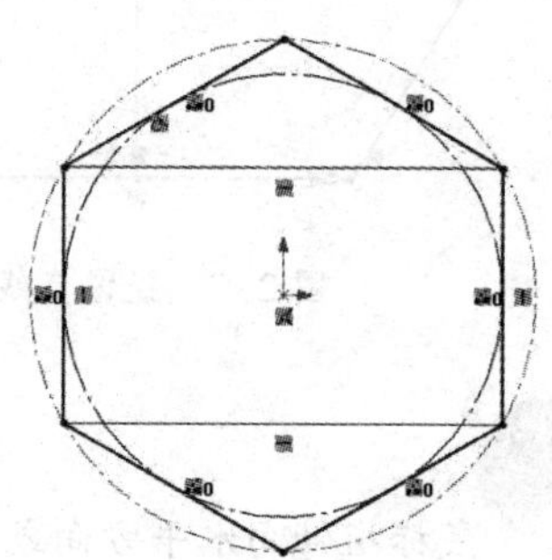
图 2-11　绘制边角矩形

2.2.3 圆与圆弧

执行【圆】命令可通过指定圆形与通过点的方式创建一个任意大小的二维圆形，而执行【3 点圆弧】命令则可通过指定 3 个点来快速创建一条圆弧曲线。

打开学习资料文件“第 2 章 \ 素材文件 \ 圆与圆弧 . SLDPRT”，如图 2-12（a）所示。执行【圆】【3 点圆弧】命令将图 2-12（a）修改为图 2-12（b），具体操作步骤如下。

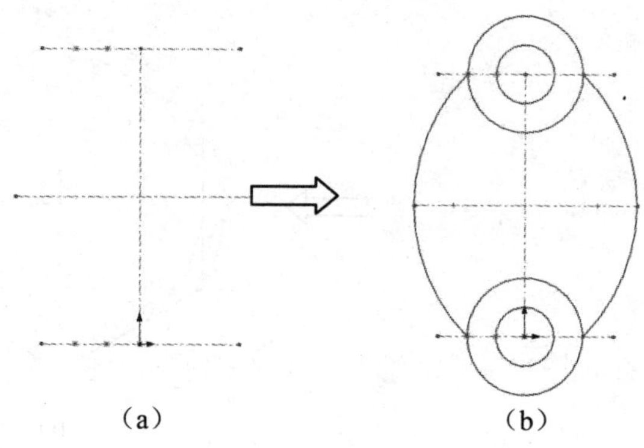
（a）　（b）

图 2-12　圆与圆弧

步骤 01 单击【草图绘制】按钮，选择前视基准面为草图绘制平面，进入草图设计环境。

步骤 02 单击【圆】按钮，选择垂直中心线的端点为圆心，选择水平中心线上的草图点为圆的通过点，分别绘制 4 个同心圆，如图 2-13 所示。单击按钮完成圆形的绘制。

步骤 03 单击【3 点圆弧】按钮，分别选择上下两个圆的象限点为圆弧的端点，选择水平中心线的端点为圆弧的通过点，绘制两条对称圆弧曲线，如图 2-14 所示。单击按钮完成圆弧的绘制。

步骤 04 单击【完成草图】按钮退出草图设计环境。

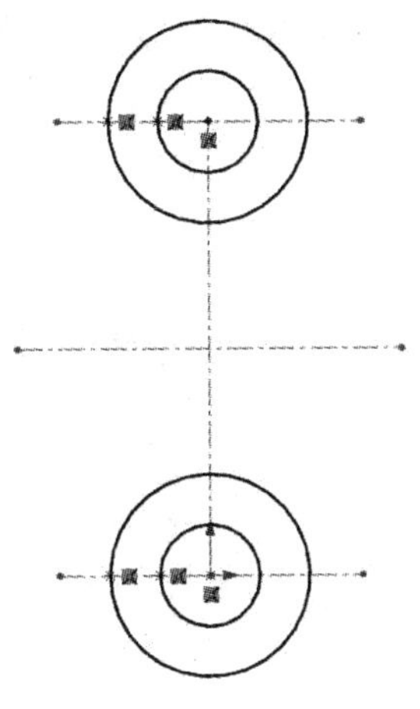

图 2-13 绘制同心圆

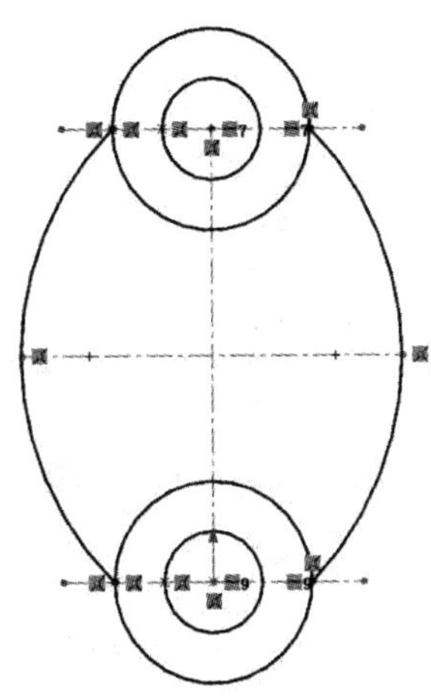

图 2-14 绘制圆弧曲线

技能拓展

执行【3 点圆弧】命令后，需先指定圆弧的两个端点，再指定圆弧的通过点才能创建圆弧曲线。

2.2.4 圆角与倒角

执行【圆角】命令可在两个相交图形之间创建一条平滑相切的过渡圆弧曲线，而【倒角】命令则可在两个相交图形之间创建一条倾斜相接的过渡直线段。

打开学习资料文件“第 2 章\素材文件\圆角与倒角 . SLDPRT”，如图 2-15（a）所示。执行【绘制圆角】【绘制倒角】命令将图 2-15（a）修改为图 2-15（b），具体操作步骤如下。

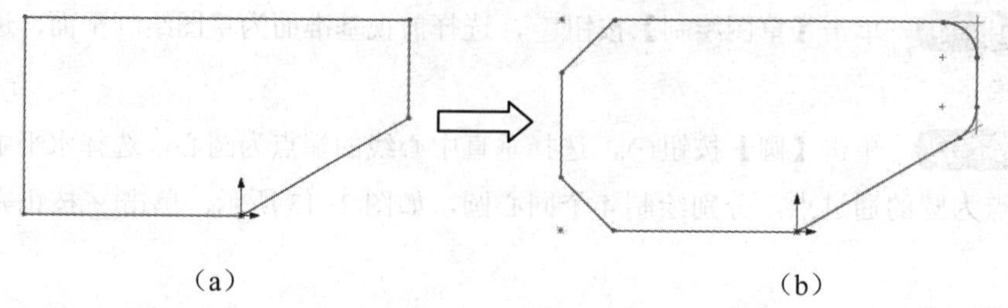

（a） （b）

图 2-15 圆角与倒角

步骤 01 在 FeatureManager 设计树中选择草图 1 节点并右击，弹出快捷菜单，单击【编辑草图】按钮，进入草图设计环境。

步骤 02 单击【绘制圆角】按钮，设置圆角曲线半径值为“10.00mm”，如图 2-16（a）所示。分别选择图形右侧的相交直线为圆角对象，创建出两条圆角曲线，如图 2-16（b）所示。单击按钮完成圆角曲线的绘制。

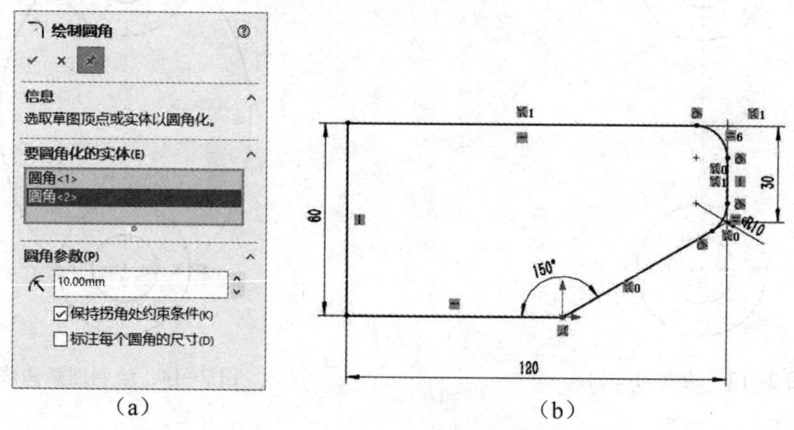

（a） （b）

图 2-16 绘制圆角曲线

步骤 03 单击【绘制倒角】按钮，选中【距离 - 距离】单选按钮，设置距离值为“15.00mm”，如图 2-17（a）所示。分别选择图形左侧的相交直线为倒角对象，创建出两条倒角直线，如图 2-17（b）所示。单击按钮完成倒角直线的绘制。

步骤 04 单击【完成草图】按钮退出草图设计环境。

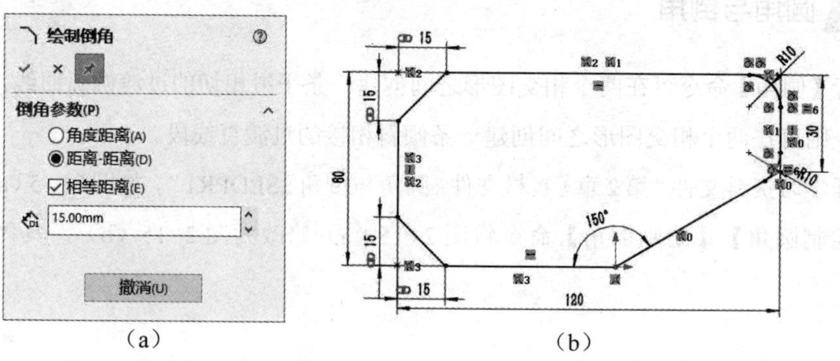

（a） （b）

图 2-17 绘制倒角直线

2.2.5 样条曲线与文本

样条曲线是由多个点所定义的一条光滑曲线，其外形是一种拟合曲线并受各通过点控制。文本图形是 SolidWorks 中的一种特殊的草图曲线，其轮廓形状始终处于封闭结构。

打开学习资料文件“第 2 章 \ 素材文件 \ 样条曲线与文本 . SLDPRT”，如图 2-18（a）所示。执行【样条曲线】【文字】命令将图 2-18（a）修改为图 2-18（b），具体操作步骤如下。

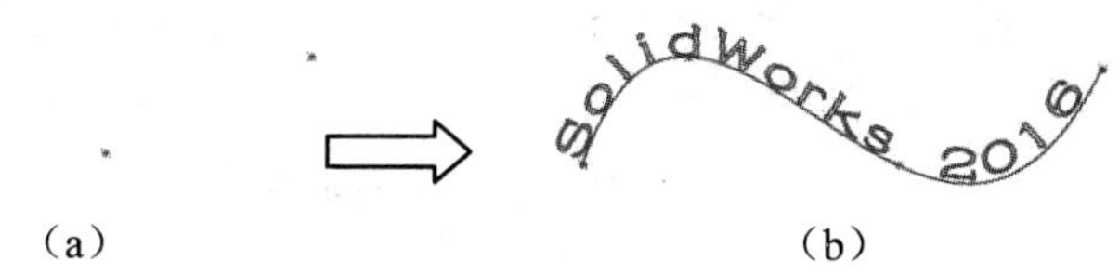

图 2-18 样条曲线与文本

步骤 01 单击【草图绘制】按钮，选择前视基准面为草图绘制平面，进入草图设计环境。

步骤 02 单击【样条曲线】按钮，依次捕捉草图点为样条曲线的通过点，按【Esc】键完成样条曲线的绘制并退出命令。

步骤 03 单击【文字】按钮，选择样条曲线为文字的参考边线；在【文字】文本框中输入“SolidWorks 2016”，取消选中【使用文档字体】复选框并设置宽度因子为“300%”；单击【字体】按钮打开【选择字体】对话框，修改字体高度为 10mm，单击【确定】按钮完成字体设置，单击按钮完成草图文字的绘制，如图 2-19 所示。

步骤 04 单击【完成草图】按钮退出草图设计环境。

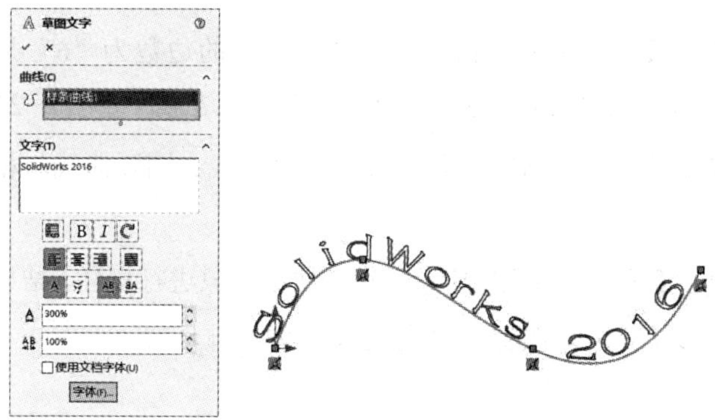

图 2-19 创建草图文字

技能拓展

系统默认的字体高度随零件模板而定，当采用 GB 模板创建零件时文字高度为 3.5mm。

课堂范例——异型扳手

执行【中心线】【直线】【圆】【多边形】【智能尺寸】命令绘制异型扳手的二维结构图形，如图 2-20 所示，具体操作步骤如下。

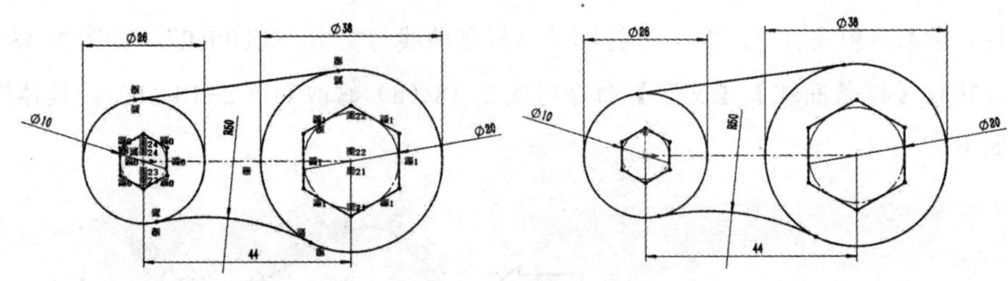

图 2-20　异型扳手

步骤 01　单击【中心线】按钮，捕捉原点为中心线的起点，绘制一条水平中心线；单击【圆】按钮，分别捕捉中心线的两个端点为圆心，绘制两个任意大小的圆形，如图 2-21 所示。

步骤 02　单击【直线】按钮，绘制一条连接两个圆形的倾斜直线；单击【3 点圆弧】按钮，绘制一条连接两个圆形的圆弧曲线，如图 2-22 所示。

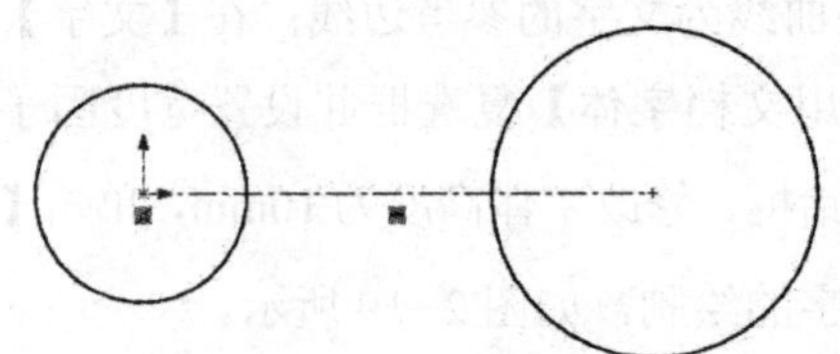

图 2-21　绘制中心线与圆形

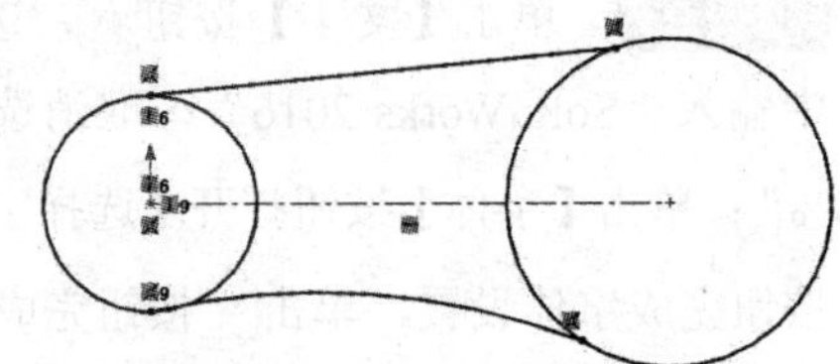

图 2-22　绘制直线与圆弧

步骤 03　单击【多边形】按钮，设置多边形的边数为“6”并选中【内切圆】单选按钮，分别捕捉两个圆心为中心点，绘制两个正六边形，如图 2-23 所示。

步骤 04　单击【添加几何关系】按钮，对直线、圆弧曲线与相接圆形添加相切约束。

步骤 05　单击【智能尺寸】按钮，对各曲线对象进行标注，结果如图 2-24 所示。

步骤 06　单击【完成草图】按钮退出草图设计环境。

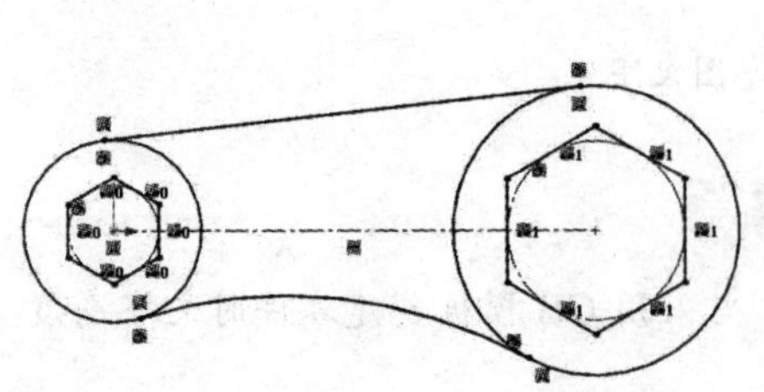

图 2-23　绘制正六边形

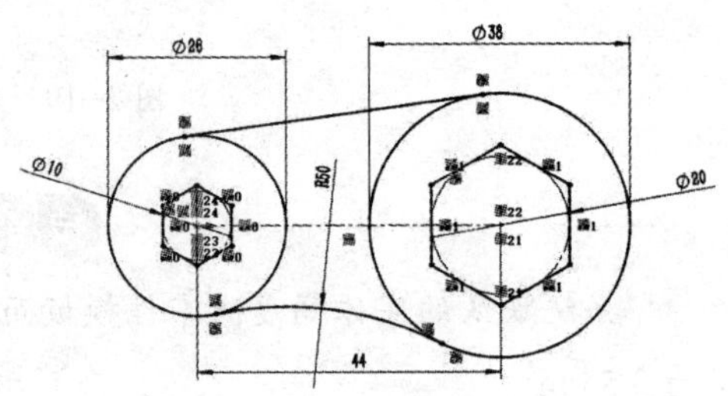

图 2-24　添加几何约束与尺寸约束

2.3 二维草图的编辑

使用 SolidWorks 草图工具绘制出的二维曲线均为预定的形状结构，而实际的设计工作中常需要对这些二维草图曲线进行再加工，才能得到符合设计需要的二维截面草图。草图的编辑一般有操纵、删除、剪裁、延伸草图实体等方式，本节将详细介绍这些草图曲线编辑工具的应用方法与技巧。

2.3.1 操纵与删除草图实体

操纵草图实体是指在不改变草图曲线基本性质的前提下，通过简单的鼠标操作将草图曲线的位置与尺寸大小进行直接编辑的方法。

（1）选择草图实体几何中心位置并按住鼠标左键不放，移动鼠标指针至指定位置再松开左键，完成草图曲线的位移操作，如图 2-25（a）所示。

（2）选择草图实体的端点、顶点或圆心点并按住鼠标左键不放，移动鼠标指针至指定位置再松开左键，完成草图曲线外形尺寸的操作，如图 2-25（b）所示。

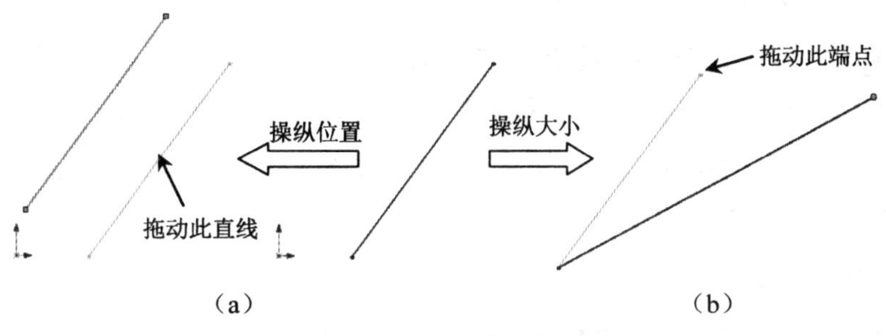

图 2-25 操纵草图实体

删除草图实体是将指定的草图曲线从当前草图环境中彻底抹除。在 SolidWorks 草图设计环境下删除草图实体的方式主要有如下几种。

（1）右键快捷菜单删除。在草图实体上右击，弹出快捷菜单，再选择【删除】选项，如图 2-26 所示。

（2）按【Delete】键删除。选择需要删除的草图实体，按【Delete】键，系统将删除指定的草图实体。

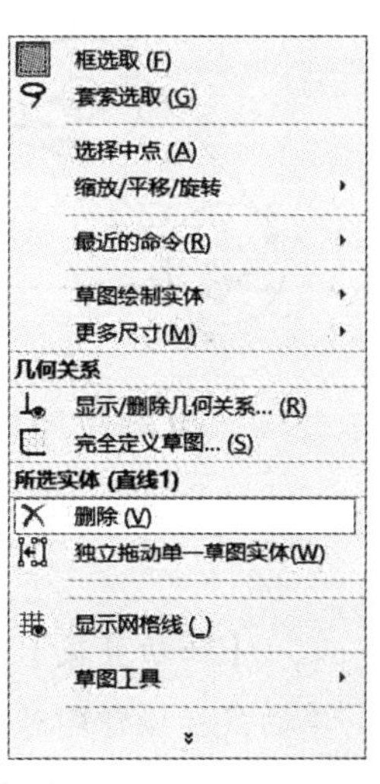

图 2-26 右键快捷菜单

2.3.2 剪裁与延伸草图实体

剪裁草图实体是在草图绘制状态下通过移动鼠标指针画出的曲线来选取几何图形的部分线段，从而使系统将自动裁剪选取的部分图形。

延伸草图实体是将指定的草图实体沿其曲率方向进行延伸操作直至到达另一草图实体为止。

打开学习资料文件“第 2 章 \ 素材文件 \ 剪裁与延伸 . SLDPRT”，如图 2–27（a）所示。执行【延伸实体】【剪裁实体】命令将图 2–27（a）修改为图 2–27（b），具体操作步骤如下。

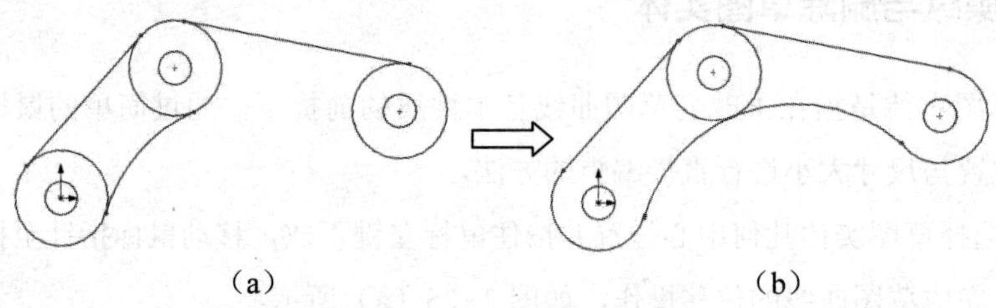

（a）　　（b）

图 2–27　剪裁与延伸草图实体

步骤 01　在 FeatureManager 设计树中选择草图 1 节点并右击，弹出快捷菜单，单击【编辑草图】按钮，进入草图设计环境。

步骤 02　单击【延伸实体】按钮，选择圆弧曲线为延伸对象，系统将自动延伸至右侧圆形上，如图 2–28 所示。按【Esc】键完成圆弧延伸操作并退出命令。

步骤 03　单击【剪裁实体】按钮，再选择【强劲剪裁】修剪模式；按住鼠标左键不放并拖动鼠标使鼠标指针穿过两圆形的内侧圆弧段，如图 2–29 所示。单击按钮完成草图实体的剪裁。

步骤 04　单击【完成草图】按钮退出草图设计环境。

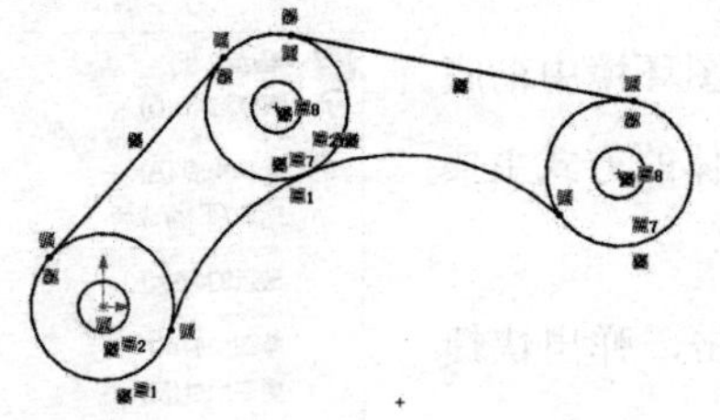

图 2–28　延伸圆弧曲线

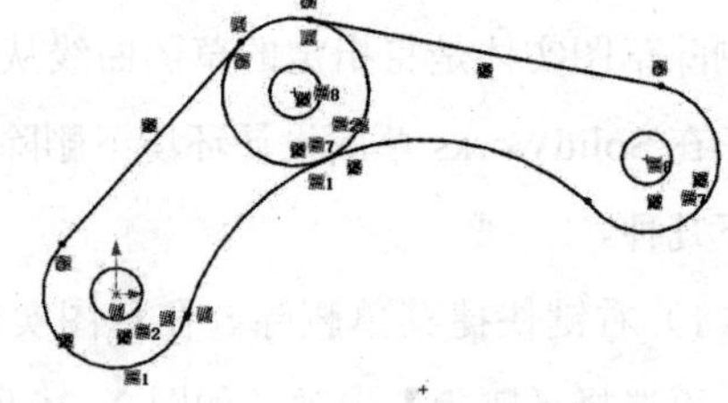

图 2–29　剪裁圆形内侧圆弧段

技能拓展

【强劲剪裁】是最常用、最快捷的剪裁方式，采用这种方式修剪图形只需简单的鼠标操作即可完成复杂的图形剪裁。而采用【边角】形式修剪图形则可以将两个断开的图形延伸至相交点处。

2.3.3 实体引用与交叉曲线

实体引用是将已知的边线垂直投影至当前的草图平面上，从而创建出一个具有关联性的草图曲线。交叉曲线是指定的几何对象与草图平面的相交曲线。

打开学习资料文件“第 2 章 \ 素材文件 \ 实体引用与交叉曲线 . SLDPRT”，如图 2–30（a）所示。执行【转换实体引用】【交叉曲线】命令将图 2–30（a）修改为图 2–30（b），具体操作步骤如下。

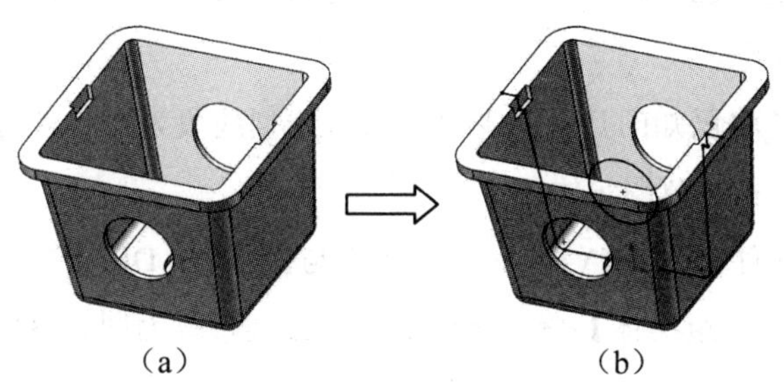
（a）　　　　（b）

图 2–30　边线引用与交叉曲线

步骤 01　单击【草图绘制】按钮，选择前视基准面为草图绘制平面，进入草图设计环境。

步骤 02　单击【转换实体引用】按钮，再选择模型实体的圆孔边线为要转换的草图实体。单击按钮完成草图实体的引用，如图 2–31 所示。

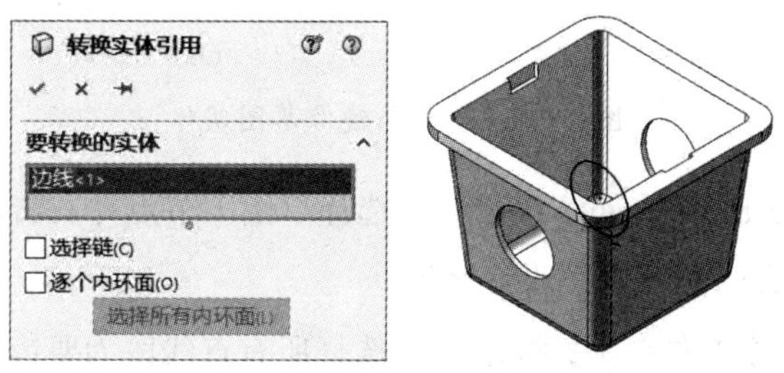

图 2–31　引用圆孔边线

步骤 03　单击【交叉曲线】按钮，再选择模型实体的内侧面为参考面。单击按钮完成交叉曲线的创建，如图 2–32 所示。

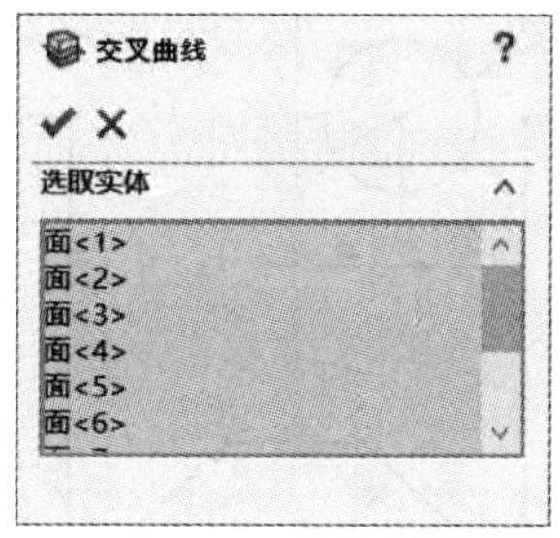

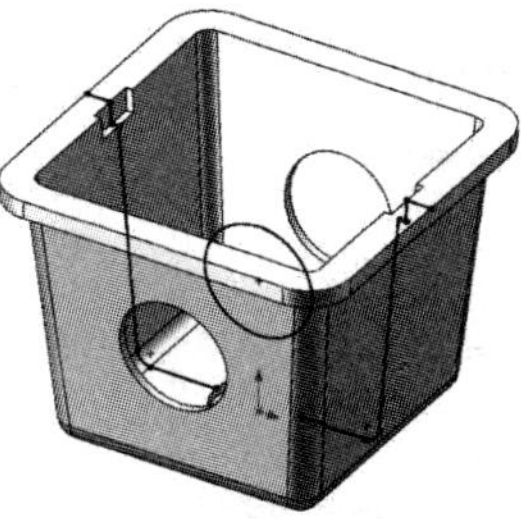

图 2–32　创建交叉曲线

步骤 04　单击【完成草图】按钮，退出草图设计环境。

交叉曲线的参考面必须是与草图平面相交的几何对象。

2.3.4 等距与镜像草图实体

等距草图实体是将已知的几何图形按照指定的方向进行偏移，从而创建出与源对象平行或同心的几何图形。

镜像草图实体是将已知的几何图形以一条直线型线段为对称参考，创建出一个与源对象外形相同结构对称的草图实体。

打开学习资料文件“第 2 章\素材文件\等距与镜像 . SLDPRT”，如图 2-33（a）所示。执行【镜向实体】【等距实体】命令将图 2-33（a）修改为图 2-33（b），具体操作步骤如下。

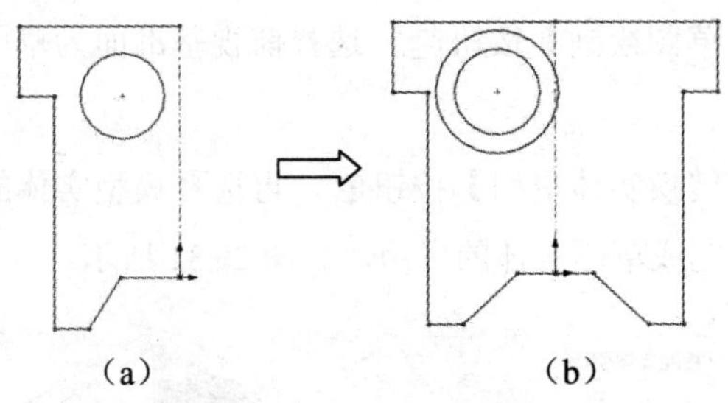

（a）　　（b）

图 2-33　等距与镜像草图实体

步骤 01　在 FeatureManager 设计树中选择草图 1 节点并右击，弹出快捷菜单，单击【编辑草图】按钮，进入草图设计环境。

步骤 02　单击【镜向实体】按钮，选择所有直线段为要镜像的草图实体；激活镜像文本框并选择垂直中心线为镜像参考。单击按钮完成草图实体的镜像复制操作，如图 2-34 所示。

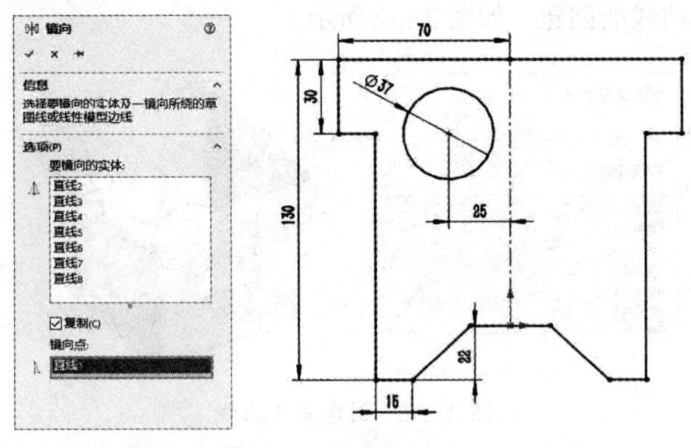

图 2-34　镜像直线段

技能拓展

在完成镜像实体与镜像参考轴线的选择后，再执行【镜向实体】命令可快速创建出镜像对称结构的草图实体。

步骤 03　单击【等距实体】按钮，设置等距参数值为“8.00mm”，并选中【添加尺寸】复选框，如图 2–35（a）所示。

步骤 04　选择垂直中心线左侧的圆形为等距偏移对象，单击按钮完成草图实体的等距偏移操作，如图 2–35（b）所示。

步骤 05　单击【完成草图】按钮退出草图设计环境。

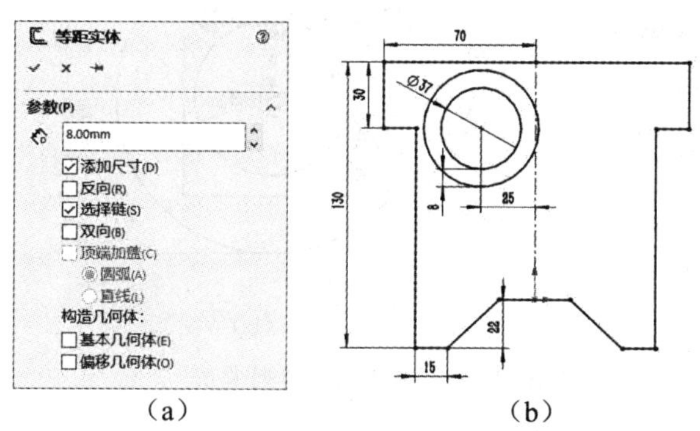

（a）　　（b）

图 2–35　偏移圆形

2.3.5 阵列草图实体

阵列二维图形是将选取的图形对象以矩形或环形的方式进行规则排列复制。在 SolidWorks 草图设计环境中常用的方式为线性阵列和圆周阵列。

线性草图阵列结构图形是通过指定行、列的参数来完成 X 轴与 Y 轴阵列的距离控制。

圆周草图阵列结构图形是通过指定旋转中心点，设置阵列旋转的填充角、阵列数来完成阵列的结果。

打开学习资料文件“第 2 章\素材文件\草图阵列 . SLDPRT”，如图 2–36（a）所示。执行【线性草图阵列】【圆周草图阵列】命令将图 2–36（a）修改为图 2–36（b），具体操作步骤如下。

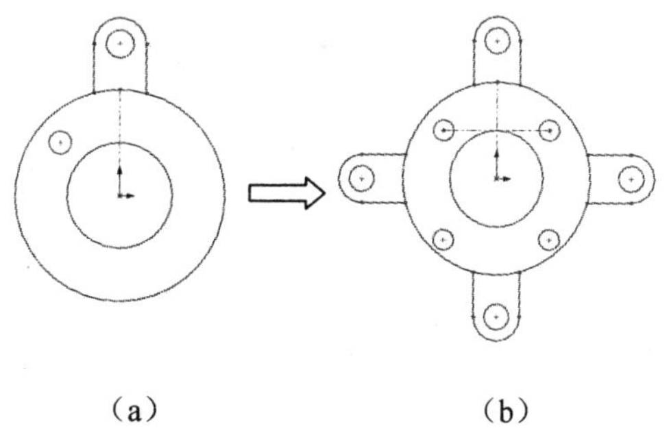

（a）　　（b）

图 2–36　阵列草图实体

步骤 01　在 FeatureManager 设计树中选择草图 1 节点并右击，弹出快捷菜单，选择【编辑草图】按钮，进入草图设计环境。

步骤 02 单击【线性草图阵列】按钮，在【方向 1】选项区域中设置 X 轴阵列间距为“34mm”，阵列数量为“2”；在【方向 2】选项区域中设置 Y 轴阵列间距为“34mm”，阵列数量为“2”，如图 2-37（a）所示。

步骤 03 选择左侧的圆形为要阵列的草图实体，系统将预览出阵列结果，如图 2-37（b）所示。单击按钮完成草图的线性阵列。

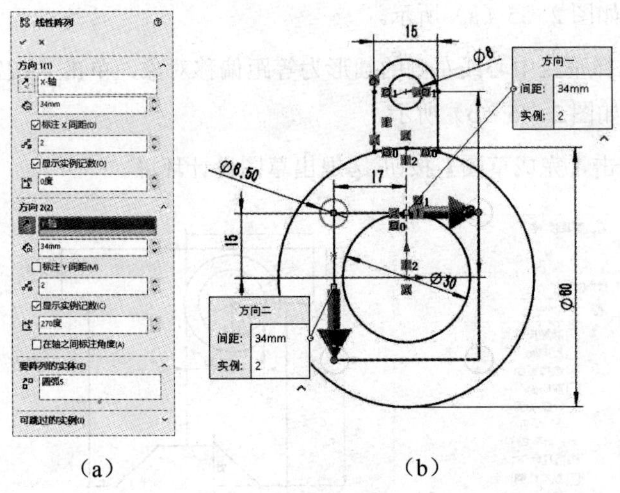

（a）（b）

图 2-37 定义线性阵列草图

> 温馨提示
> 通过单击【反向】按钮可调整线性阵列反向。

步骤 04 单击【圆周草图阵列】按钮，指定圆心为阵列参考中心点；设置圆周阵列总角度为“360 度”，选中【等间距】复选框，并设置阵列数量为“4”，如图 2-38（a）所示。

步骤 05 选择两垂直直线、相切圆弧和同心圆为要阵列的实体，系统将预览出阵列结果，如图 2-38（b）所示。单击按钮完成草图的圆周阵列。

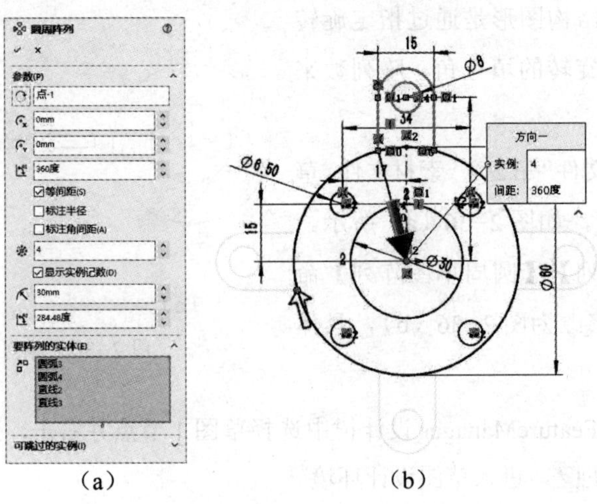

（a）（b）

图 2-38 定义圆周阵列草图

步骤 06 单击【完成草图】按钮退出草图设计环境。

课堂范例——弧形连杆

执行【圆】【直线】【3 点圆弧】【剪裁实体】【圆周草图阵列】命令绘制弧形连杆的二维结构图形，如图 2-39 所示，具体操作步骤如下。

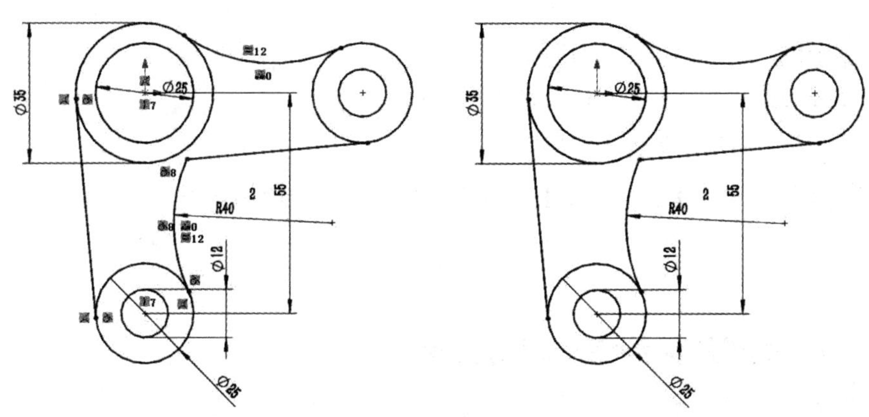

图 2-39 弧形连杆

步骤 01 单击【圆】按钮，绘制两组任意大小的同心圆图形，如图 2-40 所示。

步骤 02 单击【直线】按钮，绘制一条连接两圆形的相切直线；单击【3 点圆弧】按钮，绘制一条连接两圆形的圆弧曲线，如图 2-41 所示。

步骤 03 单击【添加几何关系】按钮，对直线、圆弧曲线与相接圆形添加相切约束。

步骤 04 单击【智能尺寸】按钮，对各曲线对象进行标注，结果如图 2-42 所示。

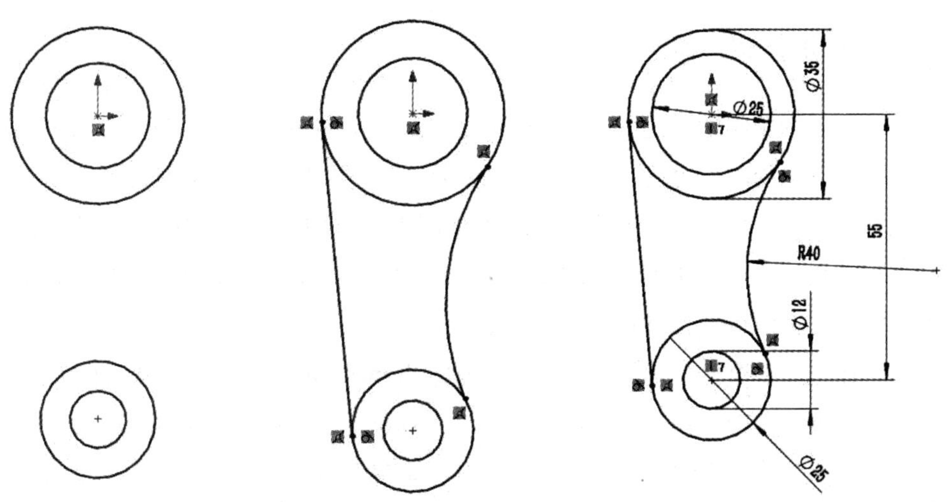

图 2-40 绘制同心圆　　图 2-41 绘制直线与圆弧　　图 2-42 添加几何约束与尺寸约束

步骤 05　单击【圆周草图阵列】按钮，指定上方的圆心为阵列参考中心点；设置圆周阵列总角度为 270°，选中【等间距】复选框，并设置阵列数量为“2”；选择相切直线、相切圆弧和下方的同心圆为要阵列的实体。单击按钮完成草图的圆周阵列，如图 2-43 所示。

步骤 06　单击【剪裁实体】按钮，再选择【强劲剪裁】修剪模式；将直线与圆弧的内侧相交部分剪裁删除。

步骤 07　单击【完成草图】按钮退出草图设计环境。

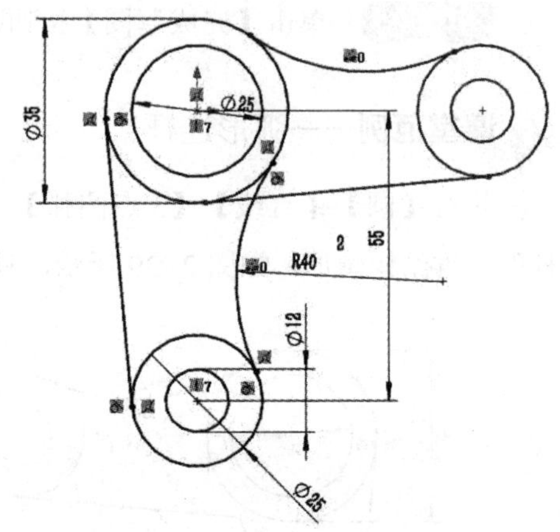

图 2-43　圆周阵列草图实体

2.4 添加几何约束与尺寸约束

使用 SolidWorks 绘制的草图曲线通常都为浮动的几何体，这些草图曲线在水平与垂直方向上均不能被定位和定型。因此，为绘制出符合工艺要求的二维草图曲线，就需要使用 SolidWorks 的草图约束工具来对已绘制的二维草图曲线进行定位和定型操作，从而使二维草图曲线更为完整。

SolidWorks 的草图约束工具一般分为几何约束与尺寸约束两种类型，其几何约束包括重合、平行、水平、竖直、相切等空间定位方式，而尺寸约束则为参数化驱动的尺寸标注。

2.4.1 添加几何约束

在二维草图曲线绘制过程中，需要对已绘制的草图曲线进行几何定位式的约束，如重合、平行、竖直、水平、垂直、对称等。几何约束的添加又分为自动添加和手动添加两种。自动添加几何约束一般在绘制草图过程中由系统根据设计意图自动判断并创建，而手动添加几何约束则需要用户自行创建设计需要的几何约束。本节将重点介绍如何在草图设计环境中手动添加几何约束。

用户在选择多个草图实体后，系统将弹出 PropertyManager 菜单并自动判断出当前草图实体能被应用的几种几何约束。例如，当选择的对象是两个圆弧曲线时，系统将允许用户添加全等、相切、同心等几何约束，如图 2-44 所示。当选择的对象是两条直线时，系统将允许用户添加水平、共线、垂直、平行等几何约束，如图 2-45 所示。

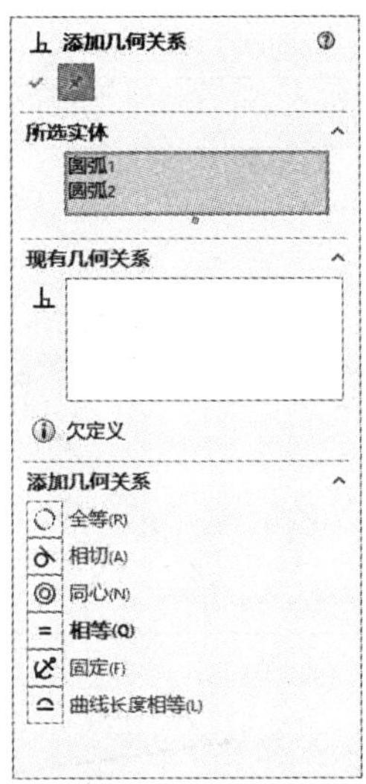

图 2-44　圆弧类草图的几何约束

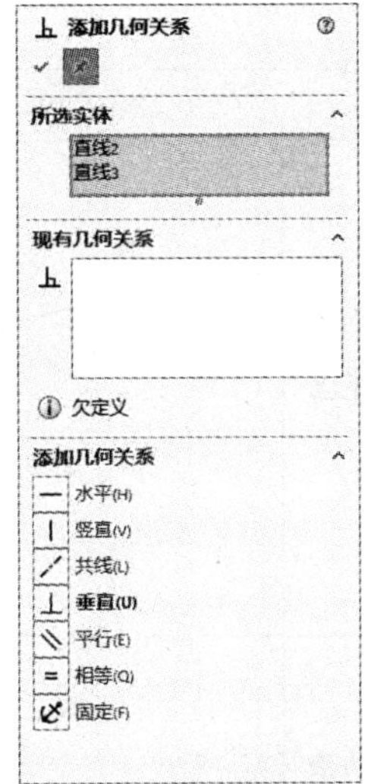

图 2-45　直线类草图的几何约束

单击设计需要使用的几何约束按钮后，系统将调整二维草图空间关系，并在图形附近添加几何约束符号。关于常用的一些几何约束种类说明如表 2-1 所示。

表 2-1　常用的几何约束及说明

几何约束释义	图示说明
水平：用于将一个或多个二维草图曲线调整至水平方向放置	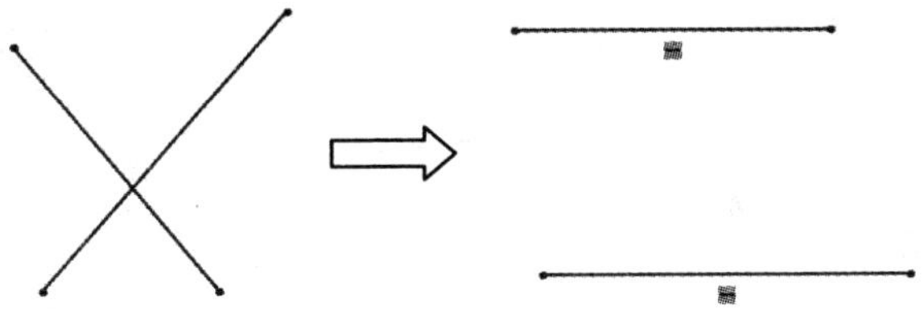
竖直：用于将一个或多个二维草图曲线调整至垂直方向放置	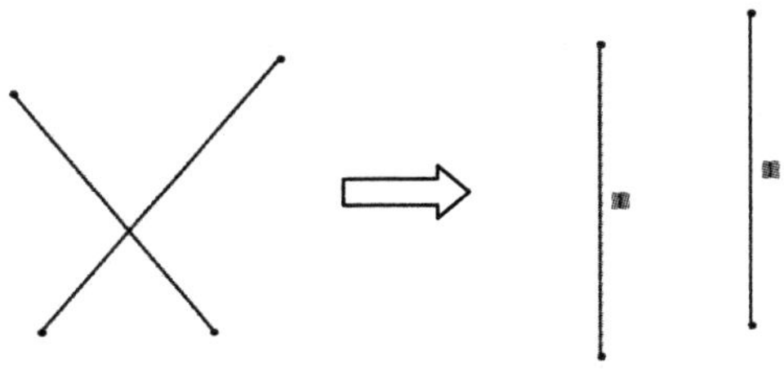
共线：用于将两条或多条二维草图直线合并至同一直线方向上	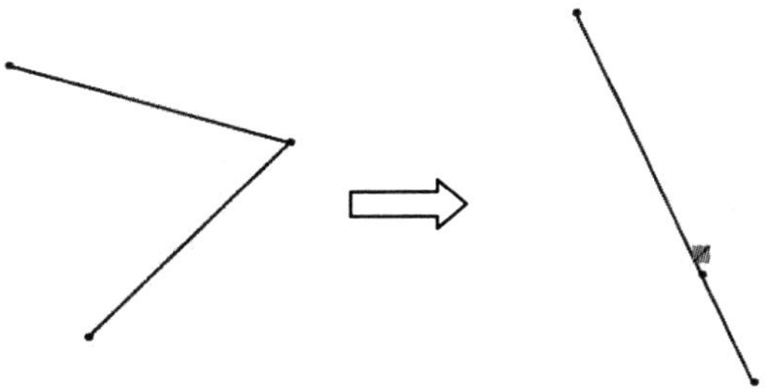

续表

几何约束释义	图示说明
垂直：用于将两个线性图形调整至互相垂直状态	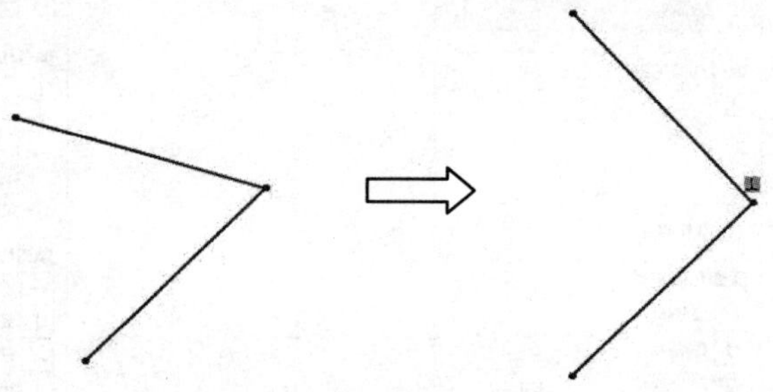
平行：用于将两条或多条不相交的线性图形调整至互相平行状态	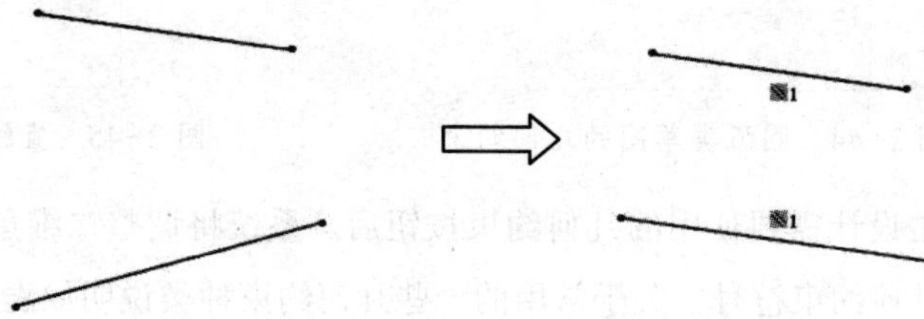 1 1
相等：用于将两条或多条直线定义为大小相同的图形	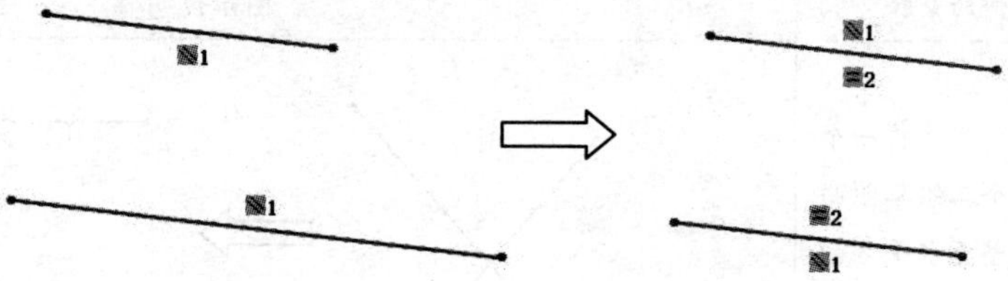 1 1 1 2 2 1
相切：用于将指定的圆弧曲线与其他图形定义为几何相切状态	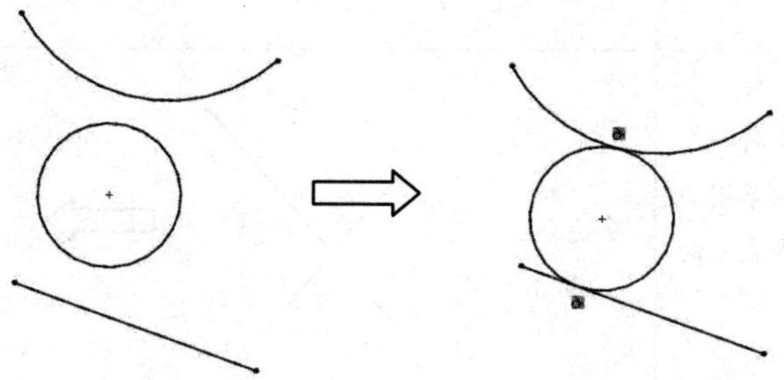
同心：用于将两条或多条圆弧曲线的圆心定义为重合状态	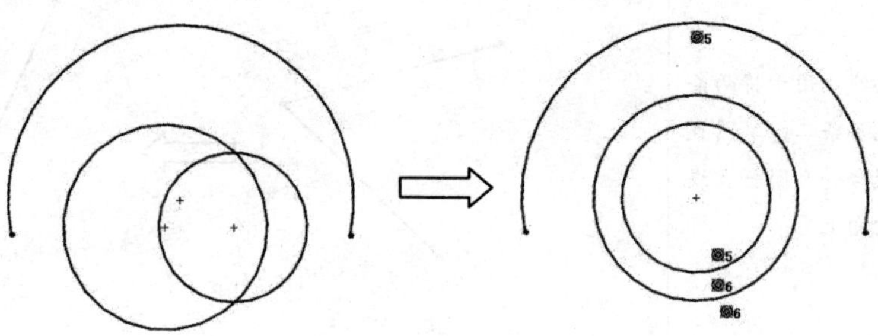 5 5 6 6

2.4.2 草图尺寸标注

草图尺寸标注是对已绘制的二维草图添加相应的驱动尺寸，主要有长度尺寸标注、距离尺寸标注、角度尺寸标注及半 / 直径尺寸标注等。在 SolidWorks 草图环境中创建的草图尺寸标注主要有以下两个特性。

（1）尺寸驱动特性。草图设计环境中所有的尺寸标注都具有参考驱动的特性，在完成尺寸标注后都会驱动二维草图使其变换至符合尺寸所注的大小结构。

（2）智能性。标注的尺寸能根据图形的类型自动判断出尺寸标注类型，如标注圆形将会自动默认为半 / 直径尺寸。

打开学习资料文件“第 2 章 \ 素材文件 \ 草图尺寸标注 . SLDPRT”，如图 2−46（a）所示。执行【智能尺寸】命令将图 2−46（a）图修改为图 2−46（b），具体操作步骤如下。

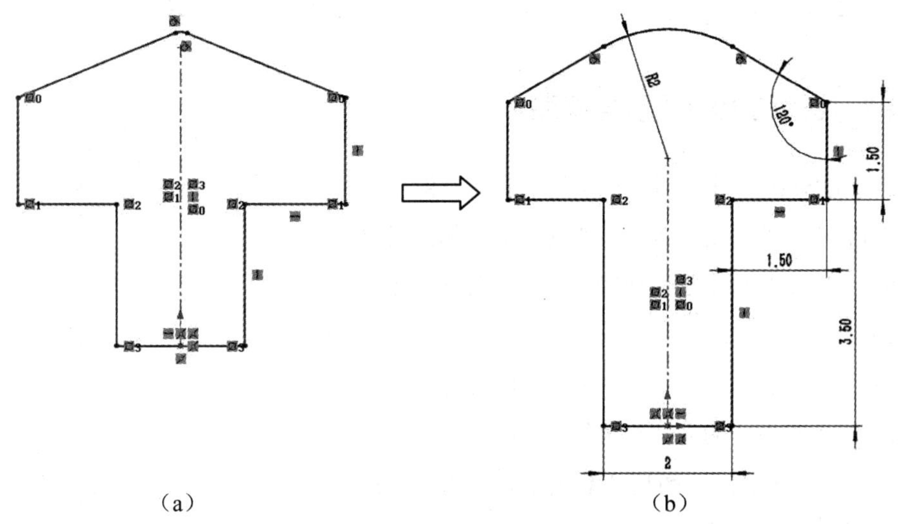

（a）　　　　（b）

图 2−46　草图尺寸标注

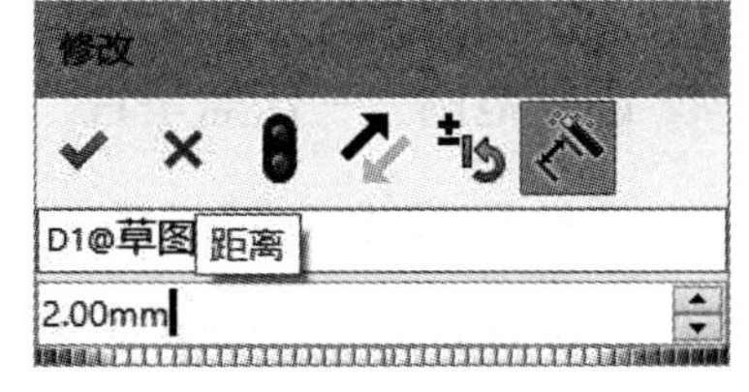

图 2−47　修改尺寸

步骤 01 单击【智能尺寸】按钮，选择底部的水平直线为标注对象，并设置尺寸值为“2.00mm”，如图 2−47 所示。单击按钮完成水平直线的尺寸标注。

步骤 02 选择垂直中心线右侧的两条直线为标注对象，并设置尺寸值为 1.50mm。单击按钮完成直线长度的尺寸标注，如图 2−48 所示。

步骤 03 选择垂直中心线右侧的垂直直线为标注对象，并设置尺寸值为 3.50mm。单击按钮完成垂直直线长度的尺寸标注。

步骤 04 选择顶部的圆弧曲线为标注对象，并设置尺寸值为 2mm。单击按钮完成圆弧曲线半径尺寸标注，如图 2−49 所示。

步骤 05 单击【完成草图】按钮退出草图设计环境。

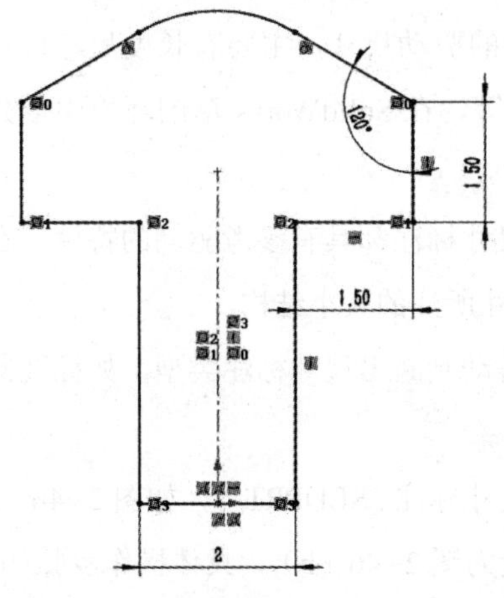

图 2-48 标注直线长度尺寸

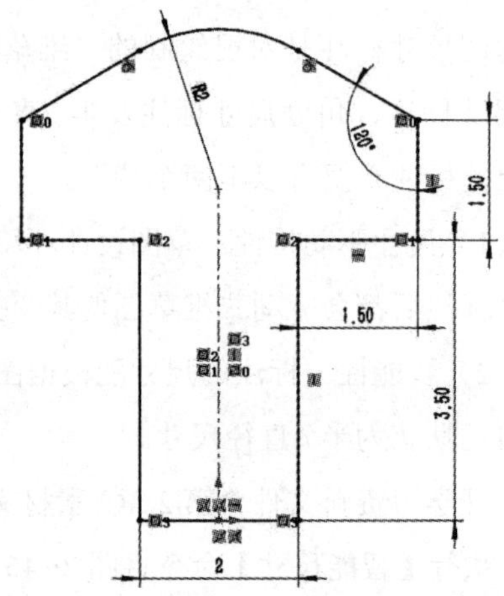

图 2-49 标注圆弧半径尺寸

2.4.3 几何约束的显示与隐藏

在 SolidWorks 草图设计环境中，系统提供了草图设计过程中需要使用的各种可视化工具，用户可以通过使用这些工具自由显示或隐藏已知的几何对象及约束符号，如图 2-50 所示。

（1）单击【观阅草图几何关系】按钮，可隐藏或显示当前草图中的几何约束符号。

（2）单击【观阅草图尺寸】按钮，可隐藏或显示当前草图中已创建的尺寸标注。

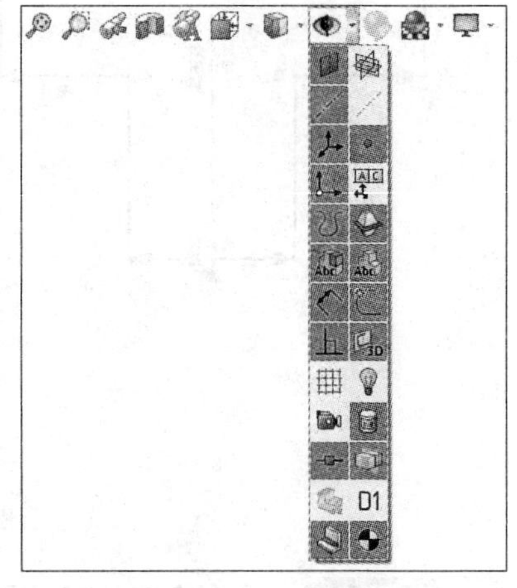

图 2-50 隐藏 / 显示对象

课堂范例——压盖垫片

执行【圆】【直线】【绘制圆角】【智能尺寸】等命令绘制压盖垫片的二维结构图形，如图 2-51 所示，具体操作步骤如下。

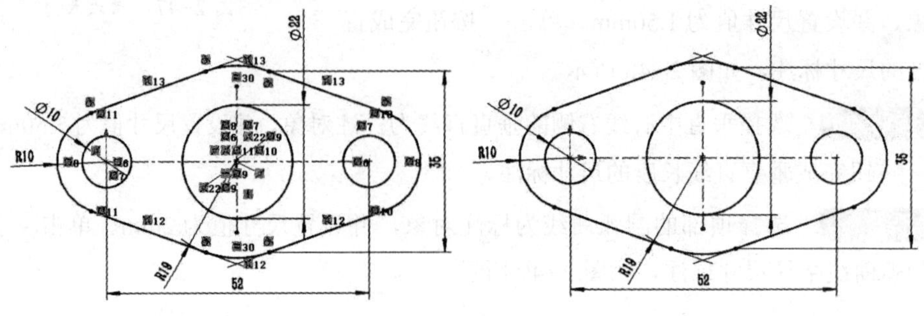

图 2-51 压盖垫片

步骤 01 单击【草图绘制】按钮，选择前视基准面为草图绘制平面，进入草图设计环境。

步骤 02 单击【中心线】按钮，捕捉原点为中心线起点，绘制一条水平中心线和一条垂直中心线；单击【圆】按钮，绘制 3 个任意大小的圆形，如图 2–52 所示。

步骤 03 单击【镜向实体】按钮，选择垂直中心线为镜像轴线，将左侧的同心圆镜像复制至中心线右侧，如图 2–53 所示。

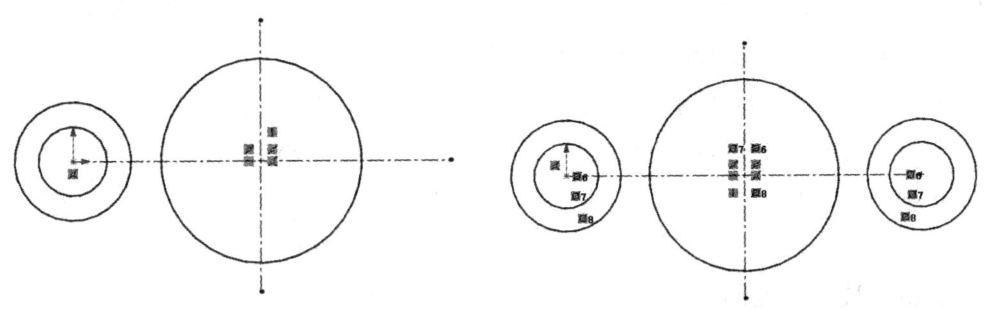

图 2–52 绘制中心线与圆形

图 2–53 镜像同心圆

步骤 04 单击【直线】按钮，绘制两条零件圆形的相交直线；单击【镜向实体】按钮，将绘制的两条直线以水平中心线为参考进行镜像复制，如图 2–54 所示。

步骤 05 单击【绘制圆角】按钮，指定圆角半径为“19”，分别选择两条相交直线为圆角对象。

步骤 06 单击【智能尺寸】按钮，对各曲线对象进行定位和定型尺寸标注，结果如图 2–55 所示。

步骤 07 单击【完成草图】按钮退出草图设计环境。

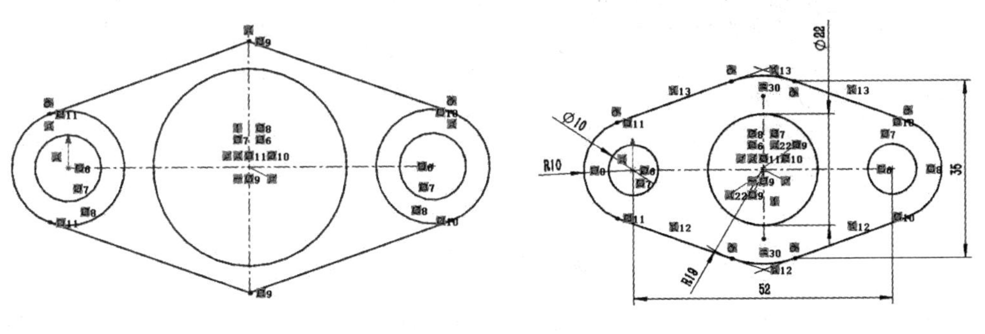

图 2–54 镜像直线

图 2–55 标注尺寸

课堂问答

本章通过对 SolidWorks 的草图设计方法进行讲解，演示了草图轮廓曲线绘制的基本思路与方法，读者应重点理解几何约束的应用技巧，熟练使用尺寸标注对二维草图曲线进行定位和定型。下面将列出一些常见的问题供读者学习与参考。

问题❶：怎样将一般图形转换为构造线模式？

答：选择已绘制的二维图形，在弹出的 PropertyManager 菜单中选中【作为构造线】复选框，系统将把一般的二维草图实体转换为构造线。

问题❷：怎样完成二维草图的完整约束？

答：在完成二维草图的绘制后，需要使用几何约束来定义各曲线之间的连接关系，再通过尺寸标注的方式来完成图形的空间定位与定型，从而完整地约束草图曲线。

问题❸：怎样编辑修改尺寸标注？

答：在旧版的 SolidWorks 草图设计环境中，只需要双击已创建的尺寸标注就可以重新编辑尺寸标注值。而在 SolidWorks 2016 版本中，只需单击指定的尺寸标注就可以重新编辑已创建的尺寸标注。

上机实战——摇柄

为巩固本章所介绍的内容，下面将以摇柄为例，综合演示本章讲解二维草图的设计方法。

效果展示

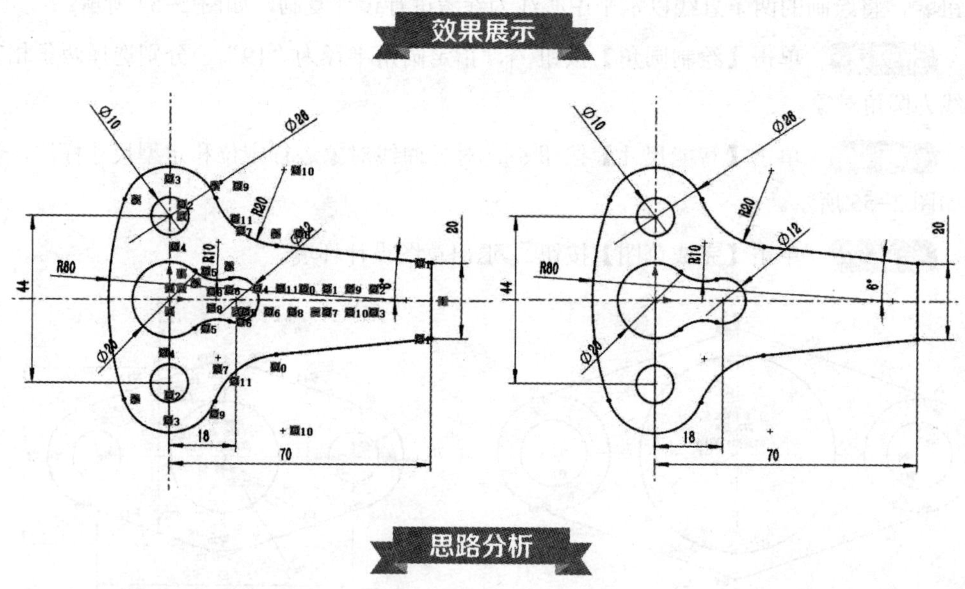

思路分析

在摇柄图形的绘制过程中，需要注意几何约束的灵活应用。在不能自动添加几何约束的情况下，需手动添加相切、重合等约束从而完整定义出各曲线间的几何关系。其主要有如下几个基本步骤。

(1) 创建二维草图基本曲线。

(2) 添加重合、相切约束。

(3) 标注半/直径尺寸。

（4）标注长度、角度、距离尺寸。

制作步骤

步骤 01 单击【草图绘制】按钮，选择前视基准面为草图绘制平面，进入草图设计环境。

步骤 02 单击【中心线】按钮，捕捉原点为中心线起点，绘制一条水平中心线和一条垂直中心线；单击【圆】按钮，绘制 4 个任意大小的圆形；单击【直线】按钮，绘制一条倾斜的直线，如图 2-56 所示。

步骤 03 单击【镜向实体】按钮，选择水平中心线为镜像轴线，将上方的同心圆镜像复制至中心线下方，如图 2-57 所示。

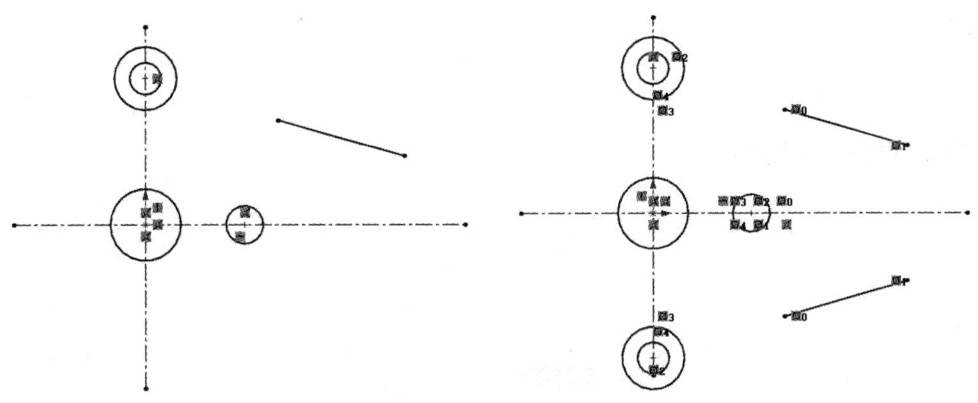

图 2-56　绘制圆形与直线　　　　图 2-57　镜像圆形与直线

步骤 04 单击【智能尺寸】按钮，标注出各圆形的直径尺寸，如图 2-58 所示。

步骤 05 单击【3 点圆弧】按钮，绘制两条连接圆弧曲线并对其添加相切约束，如图 2-59 所示。

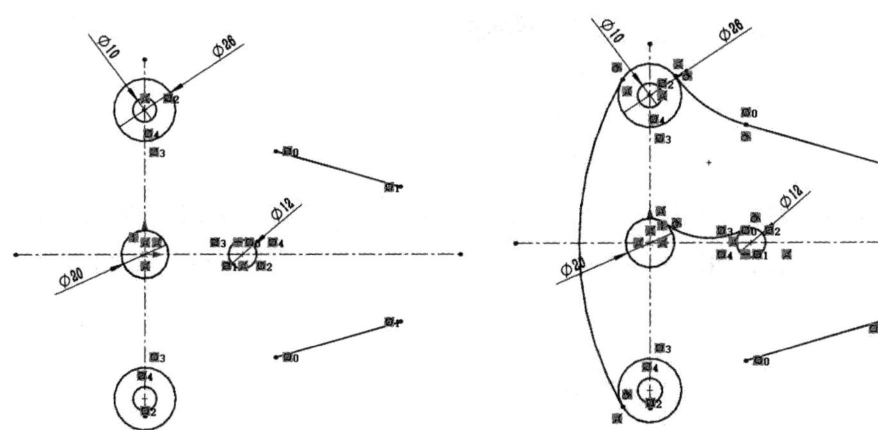

图 2-58　标注圆形直径尺寸　　　　图 2-59　绘制相切圆弧

步骤 06 单击【中心线】按钮，绘制一条垂直连接直线；单击【智能尺寸】按钮，完成各曲线的半径尺寸、角度尺寸及长度尺寸的标注，结果如图 2-60 所示。

步骤 07 单击【完成草图】按钮退出草图设计环境。

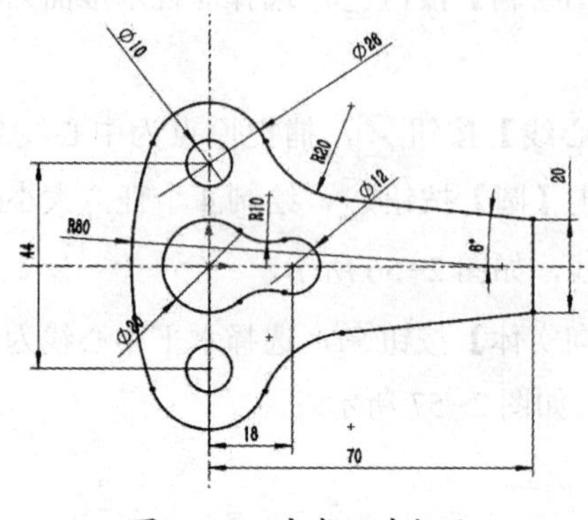

图 2-60　完成尺寸标注

同步训练——手柄

图解流程

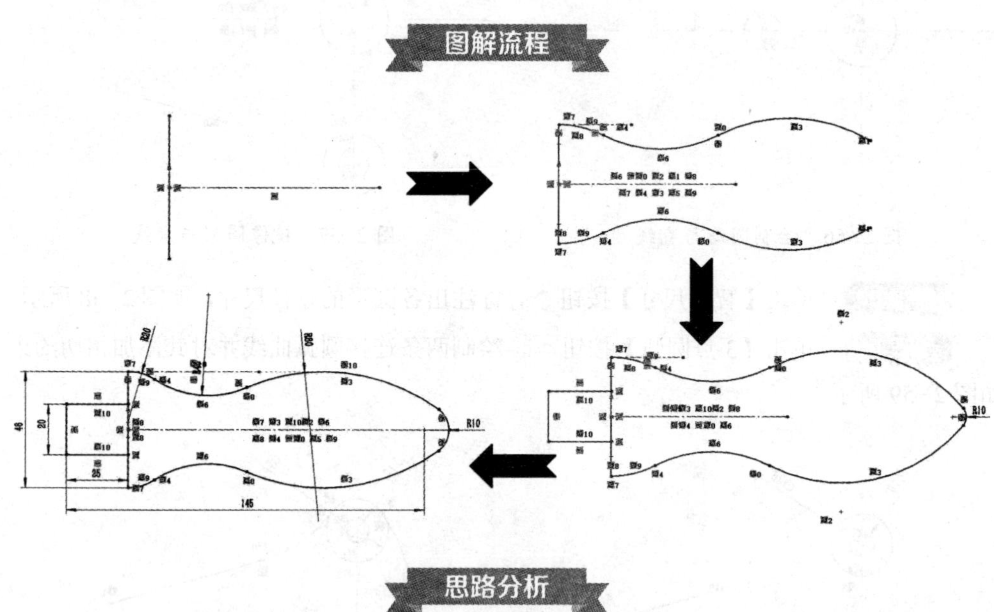

思路分析

在手柄图形的绘制过程中，应先绘制出辅助中心线，再绘制出各相接的圆弧曲线、直线段，最后通过几何约束、尺寸标注的方式定义出图形的位置与大小，完成手柄图形的最终绘制。

关键步骤

步骤 01 执行【中心线】【直线】【3 点圆弧】命令绘制出手柄图形的基本结构形状，如图 2-61 所示。

步骤 02 单击【添加几何关系】按钮[icon]，对相接圆弧曲线添加相切约束。

步骤 03 执行【智能尺寸】命令，标注出圆弧曲线的半径尺寸，标注出直线段的长度尺寸，结果如图 2-62 所示。

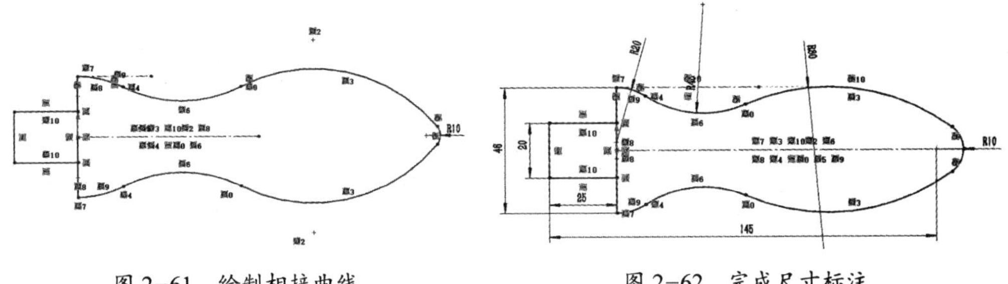

图 2-61 绘制相接曲线　　图 2-62 完成尺寸标注

知识与能力测试

本章主要介绍了在 SolidWorks 草图设计环境中绘制二维草图曲线的基本思路与操作方法，为了对知识进行巩固和考核，请完成下列相应的习题。

一、填空题

1. 单击________按钮再选择任意一平面可进入草图设计环境。
2. 按________键可在绘制 3D 草图时切换空间方位。
3. 直线类草图包括________和________。
4. 执行 ________命令绘制的草图曲线将具有参数关联特性。

二、选择题

1. 下面（　　）命令可绘制直线图形。

   A. 【直线】　B. 【中心线】　C. 【3 点圆弧】　D.【矩形】

2. 下面（　　）命令可绘制出点画线。

   A. 【直线】　B. 【中心线】　C. 【3 点圆弧】　D. 【矩形】

3. 下面（　　）命令能将已知的实体边线投影至当前草图。

   A. 【直线】　B. 【中心线】　C. 【实体引用】　D. 【矩形】

4. 下面（　　）命令能对二维草图曲线添加几何约束。

   A. 【直线】　B. 【中心线】

   C. 【添加几何关系】　D. 【智能尺寸】

三、简答题

1. 创建草图文字图形需注意哪些要点？
2. 操纵二维草图实体主要有哪些方式？
3. 添加几何约束的方法有哪些？

SolidWorks 2016

第3章 实体零件建模

本章将介绍如何使用 SolidWorks 2016 来完成三维实体模型的创建及修改编辑操作。

在众多的零件造型过程中，任何零件模型都是使用最简单的三维实体叠加组合而成，因此掌握创建基础实体特征的方法与技巧是进行完整实体模型设计的前提。

在 SolidWorks 2016 零件设计环境中，系统提供了多种实体特征的创建方式，如拉伸、旋转、扫描、放样、边界，以及圆角、倒角、抽壳等特征。

学习目标

- 掌握实体零件建模的基本思路
- 掌握“凸台”特征与“切除”特征的基本操作
- 掌握实体圆角、倒角等工程修饰特征的创建
- 熟练使用 FeatureManager 设计树编辑特征

3.1 零件建模简介

在 SolidWorks 2016 零件设计环境中，任何复杂的产品结构都是由最基本的实体特征所组成的。在使用 SolidWorks 进行产品实体造型的过程中，所有的三维实体模型都是基于草图、基于特征、基于参数的方式来创建的。

本章将重点介绍在零件设计环境中如何快速创建三维实体特征，以及相关的注意事项与技巧。

3.1.1 实体建模的基本思路

使用已知的二维草图轮廓曲线可快速转换为三维实体特征，其根据造型的方式可分为“加材料”和“减材料”两种类型，而在 SolidWorks 软件中则具体表现为“凸台”特征和“切除”特征。

针对大多数的实体模型，SolidWorks 通常使用积木叠加的方式来完成实体模型的结构造型，这种造型方法不仅灵活多变且具有参数关联的特点，能最大限度地方便用户后续的编辑修改操作，提高工作效率。特征叠加的基本思路是先创建一个基础实体，再将其他特征叠加至基础实体上，从而创建出符合设计需求的三维实体模型，如图 3-1 所示。

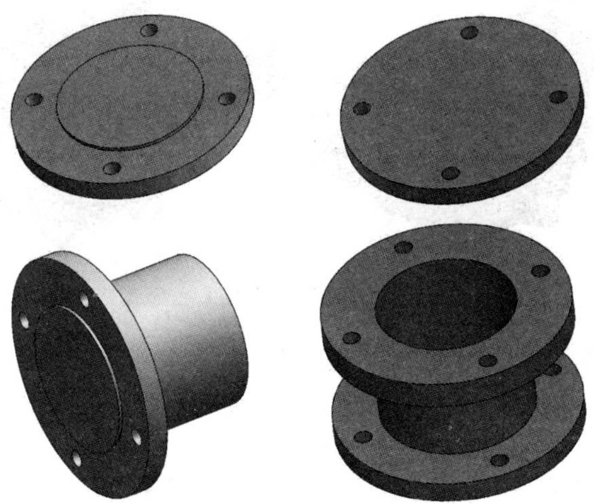

图 3-1 特征叠加创建实体模型

另外，也可以在装配环境下使用“关联设计”方法完成特殊零部件的实体建模，其设计思路与零件设计环境下的零件建模基本相同。

针对外形较为复杂、曲面较多的产品，用户也可通过曲面分割的方式来快速创建具有装配关系的零部件。

3.1.2 模型的显示方式

在产品设计的过程中，SolidWorks 不仅能完成零部件的结构造型，还可以对各个零部件进行颜色渲染与显示样式的调整。

在【视图（前导）】工具栏中展开模型显示样式列表，可自定义当前模型的显示样式，如图 3-2 所示。

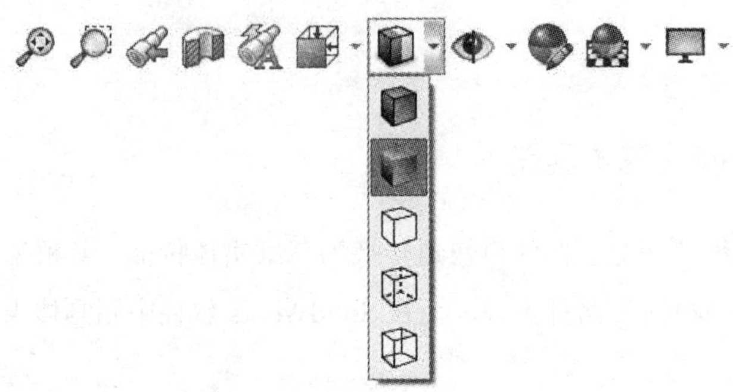

图 3-2　模型显示样式列表

（1）单击【上色】按钮可显示出当前模型的实体的渲染样式。单击【带边线上色】按钮不仅能显示出当前模型的渲染样式，还能显示出实体的边线，如图 3-3 所示。

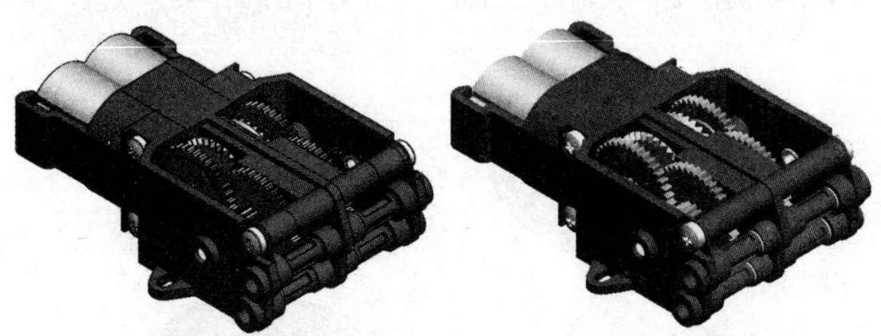

图 3-3　带边线上色与上色模式

（2）单击【消除隐藏线】按钮可去除模型的外观颜色，仅显示出模型的可见边线。单击【隐藏线可见】按钮可将模型内部的实体边线用虚线的形式显示，如图 3-4 所示。

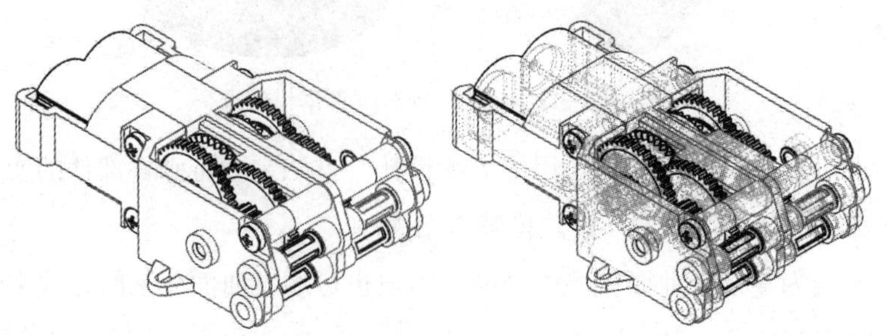

图 3-4　消除隐藏线与隐藏线可见模式

（3）单击【编辑外观】按钮，在弹出的【颜色】PropertyManager 菜单中可定义当前模型或指定零部件的外观颜色，如图 3-5 所示。

图 3-5 定义零件外观颜色

3.1.3 模型的视图定向

在零件建模过程中常需要调整模型观察方位，因此灵活利用 SolidWorks 的视图定向功能可将三维模型精确定位至指定的观察方位上。

在【视图（前导）】工具栏中展开视图定向样式列表，可自定义当前模型的观察方位，如图 3-6 所示。

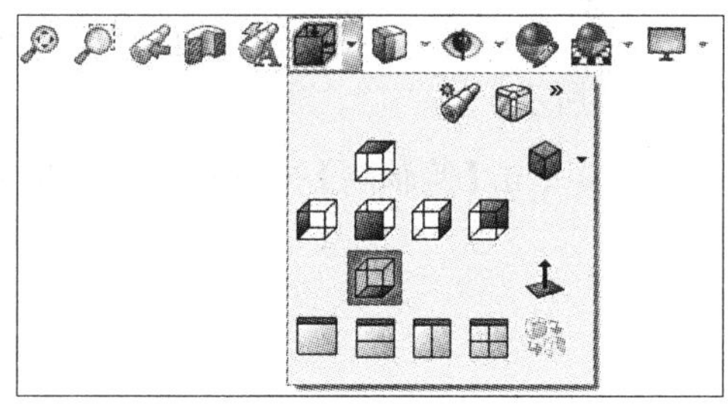

图 3-6 视图定向列表

按【Ctrl】键＋数字键，可快速定位模型视图方向，如【Ctrl+1】为前视，【Ctrl+2】为后视。

（1）单击【前视】按钮，系统将正向查看前视基准面所在的方向，如图 3-7 所示。

（2）单击【后视】按钮，系统将反向查看前视基准面所在的方向，如图 3-8 所示。

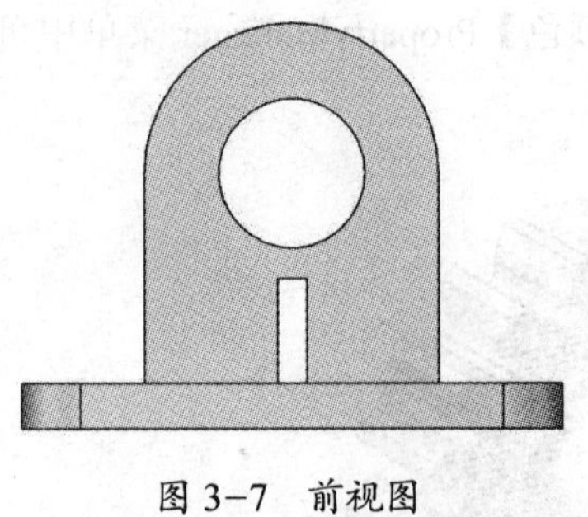

图 3-7　前视图

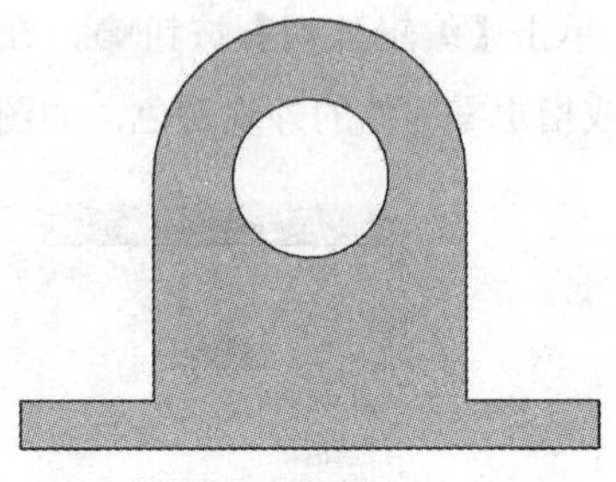

图 3-8　后视图

（3）单击【左视】按钮，系统将从右视基准面的左侧正投影方向查看模型，如图 3-9 所示。

（4）单击【右视】按钮，系统将正向查看右视基准面所在的方向，如图 3-10 所示。

（5）单击【上视】按钮，系统将从上视基准面的顶部正投影方向查看模型，如图 3-11 所示。

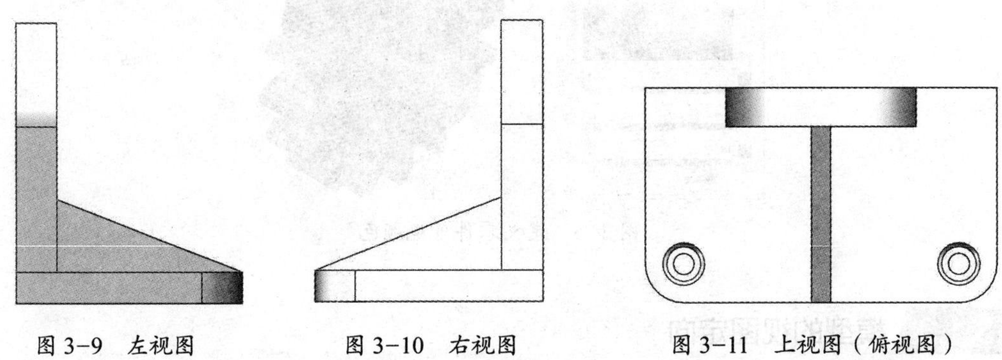

图 3-9　左视图　　图 3-10　右视图　　图 3-11　上视图（俯视图）

（6）单击【下视】按钮，系统将从下视基准面的底部正投影方向查看模型，如图 3-12 所示。

（7）单击【等轴测】按钮，系统将以等轴三维模式显示当前模型，如图 3-13 所示。

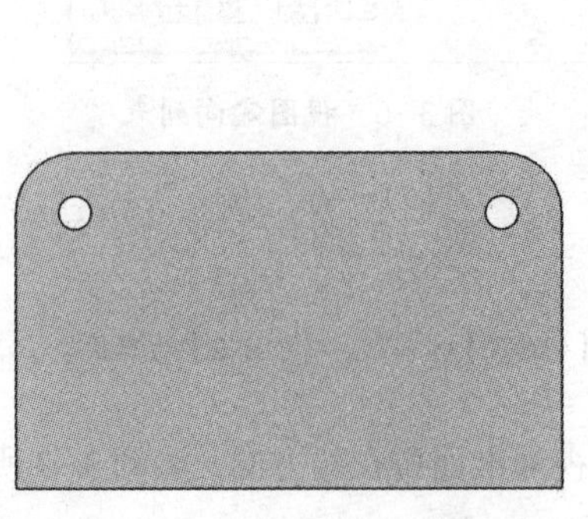

图 3-12　下视图（仰视图）

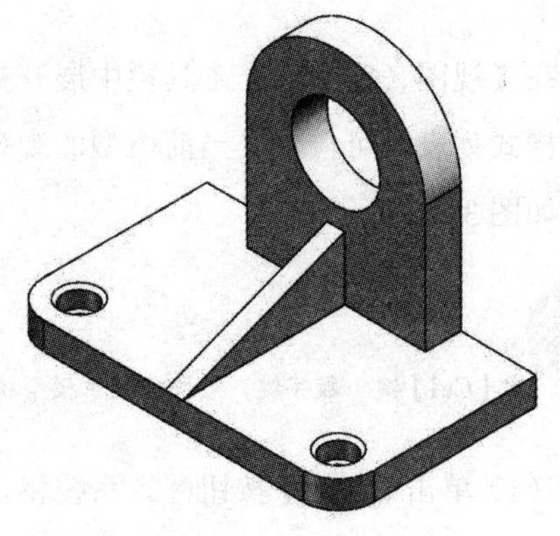

图 3-13　等轴测图

3.1.4 平移、旋转、缩放模型

在 SolidWorks 中平移、旋转、缩放视图模型，系统并不会改变三维模型的实际尺寸与相对空间位置，而只是在视图显示方面进行改变。

平移、旋转、缩放视图模型是使用 SolidWorks 进行结构设计中最常用的操作，为提高工作效率可使用三键组合的方式来完成模型的显示调整。

（1）平移：同时按住【Ctrl】键与鼠标中键（滚轮键），移动鼠标，模型将随鼠标指针移动。

（2）旋转：按住鼠标中键（滚轮键）并移动鼠标，模型将按鼠标指针移动方向进行旋转。

（3）缩放：同时按住【Shift】键与鼠标中键（滚轮键），上下移动鼠标，可调整模型的显示大小。

3.1.5 特征工具按钮介绍

新建 SolidWorks 零件文件后，系统将自动进入零件设计环境并切换至【特征】工具集。在没有创建任何图形对象前，系统将默认激活【拉伸凸台 / 基体】和【旋转凸台 / 基体】两个命令。当创建了第一个基础实体后，系统将激活更多的命令，如图 3-14 所示。

图 3-14 【特征】命令界面

技能拓展

默认的【特征】命令界面只显示出了一些常用的命令，用户可通过自定义命令按钮的方式来添加或删除命令按钮，也可重定义命令按钮的放置区域。

3.2 拉伸特征

拉伸特征是 SolidWorks 造型命令中使用率最高的命令，其基本特点是通过将指定的草图轮廓曲线按照草图法线方向进行延伸操作，从而创建出增、减材料的三维模型。

SolidWorks 中的拉伸特征主要包括【拉伸凸台 / 基体】和【拉伸切除】两个命令，如图 3-15 所示。

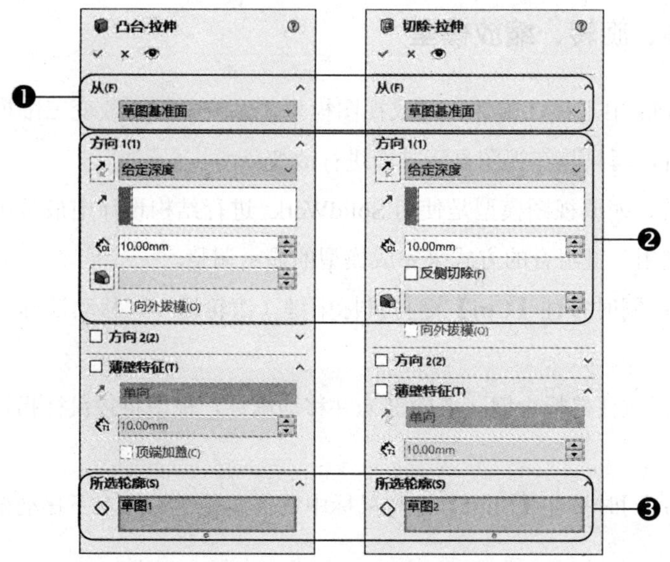

图 3-15　拉伸凸台与拉伸切除

❶ 开始条件	用于设置拉伸特征的起始条件，系统一般将默认使用【草图基准面】为拉伸起始条件。
❷ 方向 1	用于设置草图的拉伸方向与限制条件，其限制条件一般包括【给定深度】【成形到一顶点】【成形到一面】【到离指定面指定的距离】【成形到实体】【两侧对称】等选项。
❸ 所选轮廓	用于指定拉伸特征的草图轮廓曲线。

3.2.1 创建拉伸凸台特征

通过将选定的二维草图曲线沿其法线方向进行单边或双边的拉伸加材料操作，可快速创建出三维实体特征。

打开学习资料文件“第 3 章 \ 素材文件 \ 拉伸凸台 . SLDPRT”，如图 3-16（a）所示。执行【拉伸凸台 / 基体】命令将图 3-16（a）修改为图 3-16（b），具体操作步骤如下。

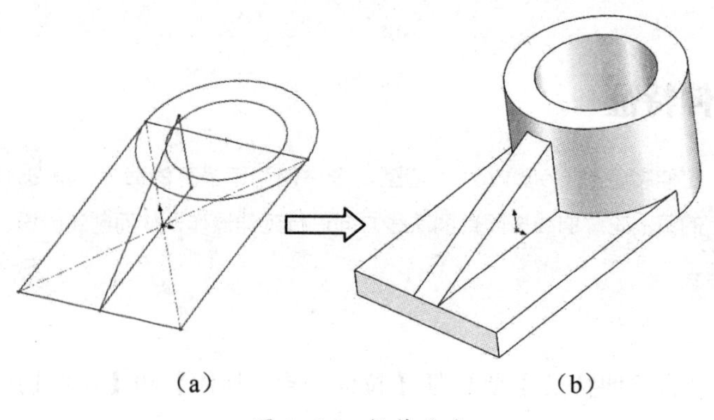

（a）　　（b）

图 3-16　拉伸凸台

步骤 01 单击【拉伸凸台 / 基体】按钮，在【方向 1】选项区域中设置给定深度为“10.00mm”，如图 3-17（a）所示。

步骤 02 选择草图 1 为凸台特征的轮廓曲线，系统将预览出拉伸凸台特征，如图 3-17（b）所示。

步骤 03 单击按钮完成拉伸凸台的创建。

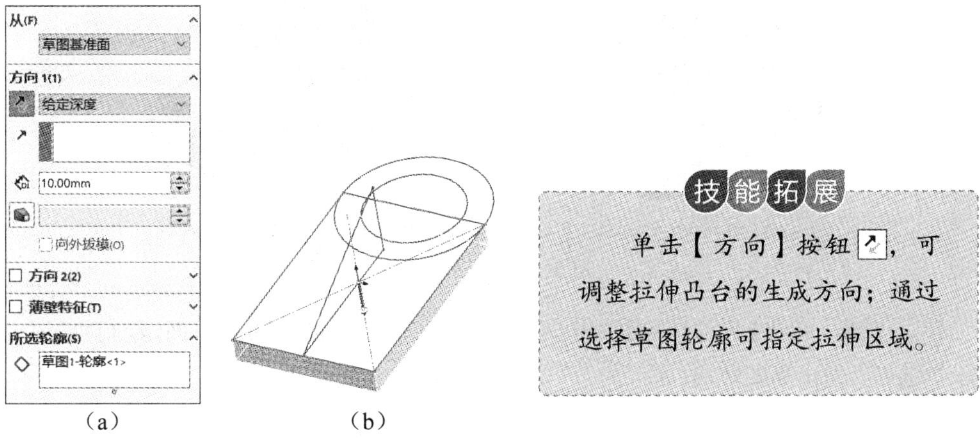

（a）　　（b）

图 3-17　定义拉伸凸台

步骤 04 单击【拉伸凸台 / 基体】按钮，选中【合并结果】复选框。

步骤 05 在【方向 1】选项区域中设置给定深度为 35.00mm，在【方向 2】选项区域中设置给定深度为 10.00mm。

步骤 06 选择草图 2 为凸台特征的轮廓曲线，系统将预览出拉伸凸台特征，如图 3-18 所示。

步骤 07 单击按钮完成拉伸凸台特征的创建。

步骤 08 参照上述方法将草图 3 向两侧对称拉伸 10.00mm，如图 3-19 所示。

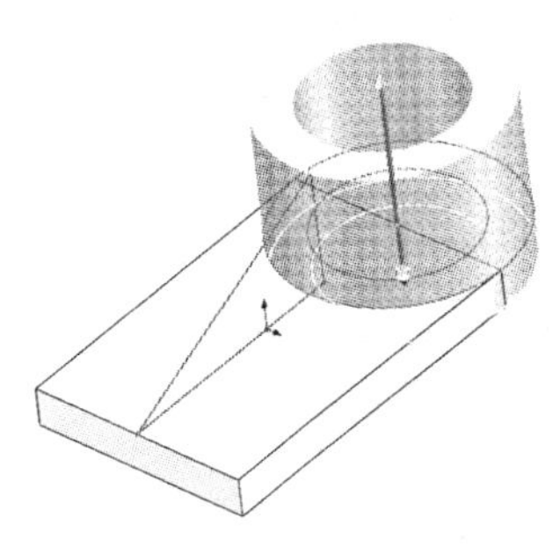

图 3-18　预览拉伸凸台

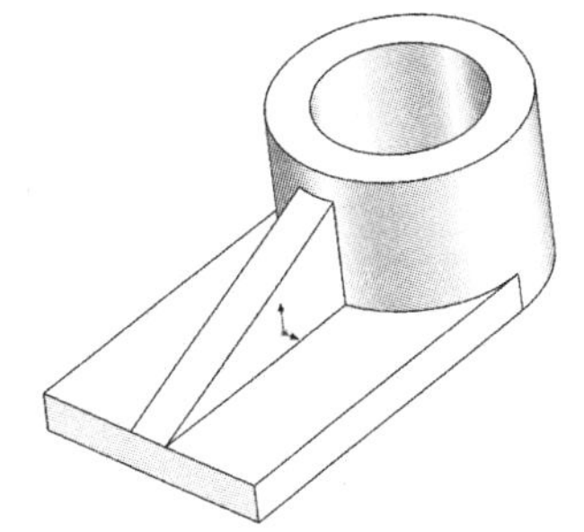

图 3-19　完成拉伸凸台

3.2.2 创建拉伸切除特征

通过将选定的二维草图曲线沿其法线方向进行单边或双边的拉伸减材料操作，可快速切除已知模型的局部结构。

打开学习资料文件“第 3 章\素材文件\拉伸切除 . SLDPRT”，如图 3-20（a）所示。执行【拉伸切除】命令将图 3-20（a）修改为图 3-20（b），具体操作步骤如下。

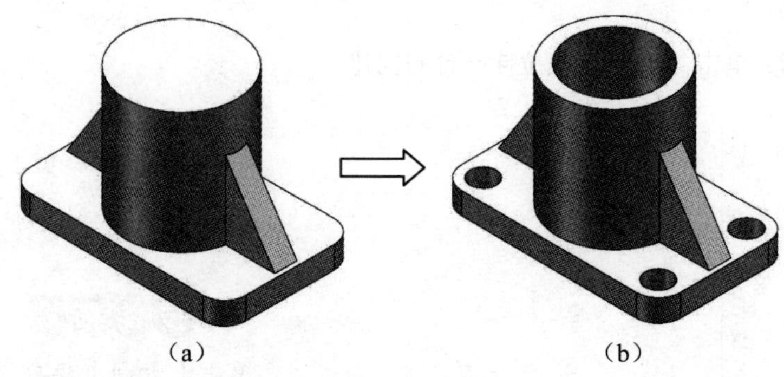

图 3-20　拉伸切除

步骤 01　单击【拉伸切除】按钮，选择实体顶平面为草图绘制平面，绘制如图 3-21 所示的圆形并退出草图环境。

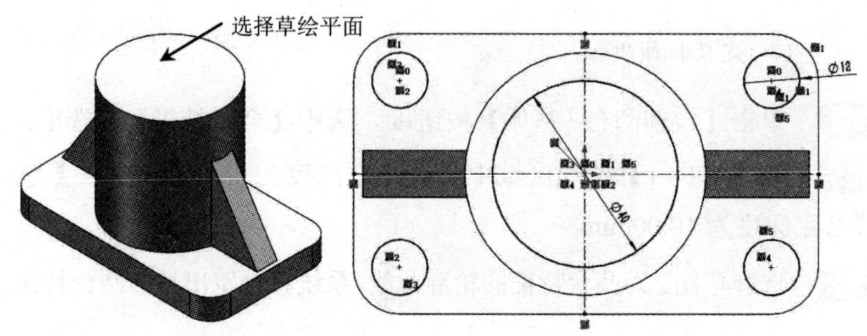

图 3-21　绘制草图轮廓

步骤 02　分别在【方向 1】和【方向 2】选项区域中设置拉伸方式为“完全贯穿”，系统将预览出拉伸切除特征，如图 3-22 所示。

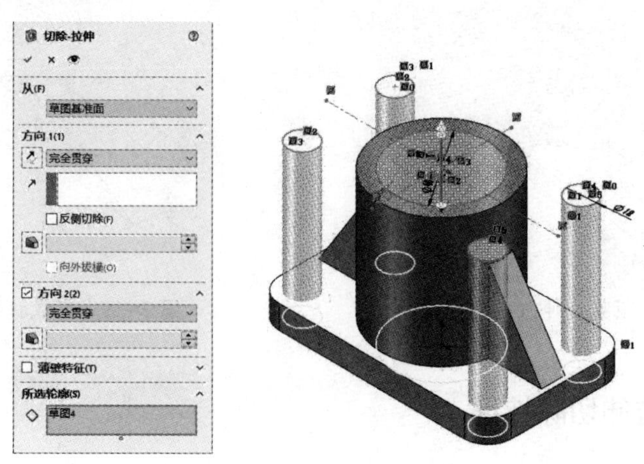

图 3-22　定义拉伸切除

步骤 03 单击☑按钮完成拉伸切除特征的创建。

通过拖动预览图上的箭头不仅可调整拉伸方向，还可调整拉伸距离。

在拉伸特征中通过插入绘制的草图，系统将自动选择该草图曲线为拉伸特征的轮廓曲线。对于草图中的多个封闭轮廓曲线，用户可单独指定某个封闭轮廓曲线为拉伸特征的轮廓曲线。

课堂范例——法兰盘

执行【拉伸凸台/基体】【拉伸切除】命令创建出规格为DN80的法兰盘零件，如图3-23所示。

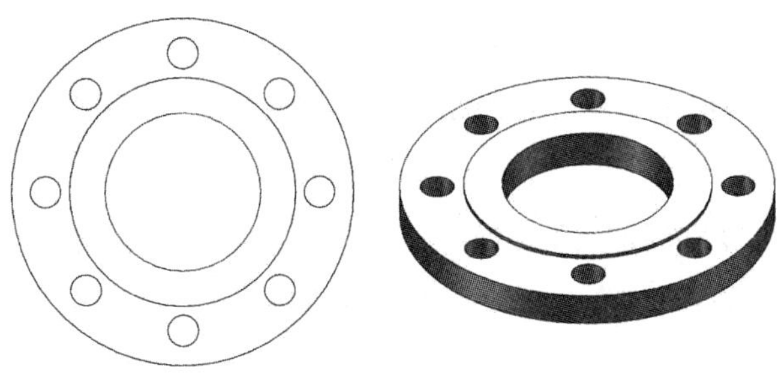

图 3-23 法兰盘

步骤 01 单击【拉伸凸台/基体】按钮，选择上视基准面为草图绘制平面，绘制如图 3-24 所示的同心圆图形并退出草图环境；将绘制的圆形草图向上拉伸 18mm。单击☑按钮完成拉伸凸台特征的创建，如图 3-25 所示。

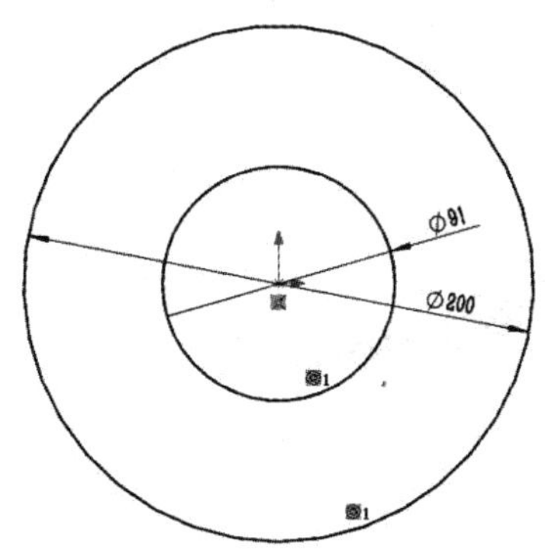

图 3-24 绘制草图轮廓

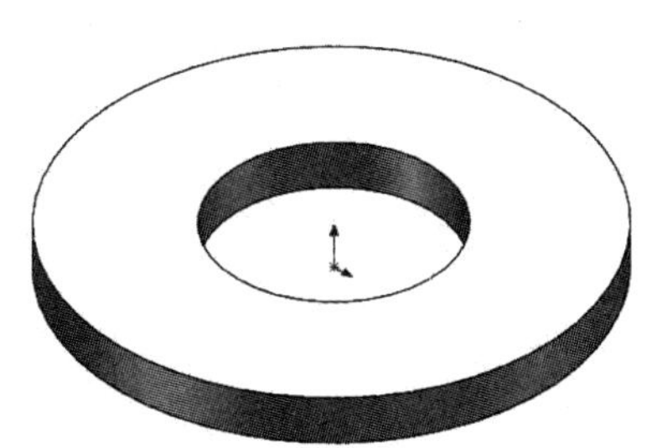

图 3-25 创建拉伸凸台

步骤 02 单击【拉伸凸台 / 基体】按钮，选择实体顶平面为草图绘制平面，绘制如图 3−26 所示的同心圆图形并退出草图环境；选中【合并结果】复选框，并将绘制的圆形草图向上拉伸 2mm。单击按钮完成拉伸凸台特征的创建，如图 3−27 所示。

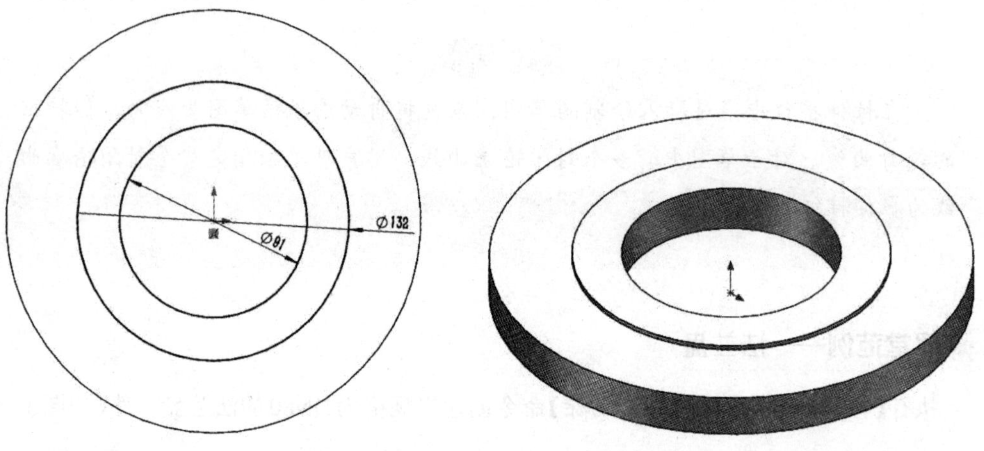

图 3−26 拉伸凸台草图轮廓

图 3−27 创建拉伸凸台

步骤 03 单击【拉伸切除】按钮，选择实体顶平面为草图绘制平面，绘制如图 3−28 所示的圆形并退出草图环境；指定拉伸方式为“完全贯穿”，单击按钮完成拉伸切除特征的创建。

步骤 04 单击【圆周阵列】按钮，选择圆形边线为阵列参考边，选中【等间距】复选框，并设置阵列数为“8”；选择拉伸切除特征为阵列对象。单击按钮完成特征的阵列复制，如图 3−29 所示。

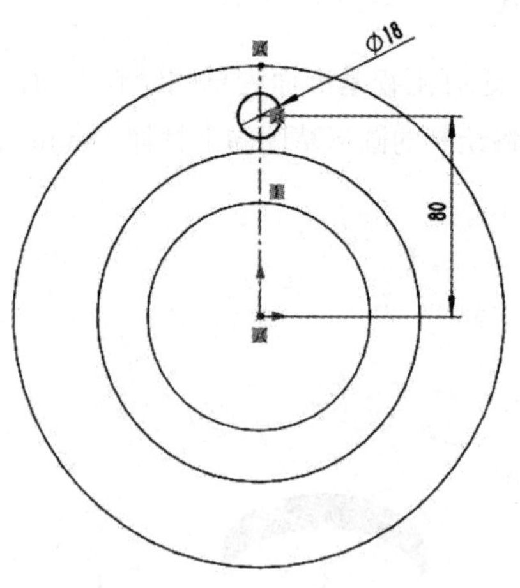

图 3−28 拉伸切除草图轮廓

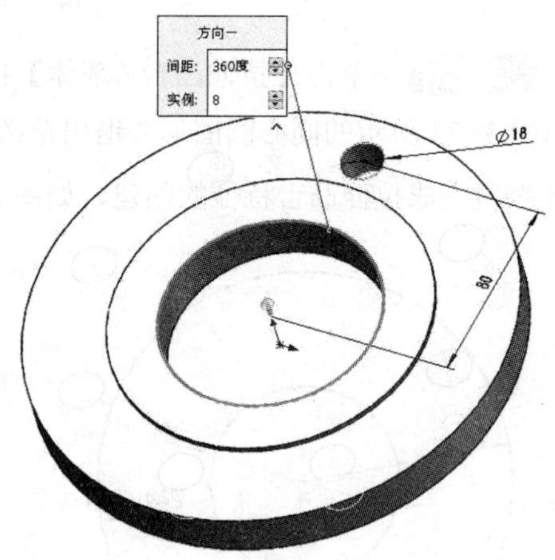

图 3−29 创建拉伸切除孔

3.3 旋转特征

旋转特征是指定的草图轮廓曲线按照旋转轴做角度运动，从而创建出增、减材料的三维模型。

SolidWorks 中的旋转特征主要包括【旋转凸台 / 基体】和【旋转切除】两个命令，如图 3-30 所示。

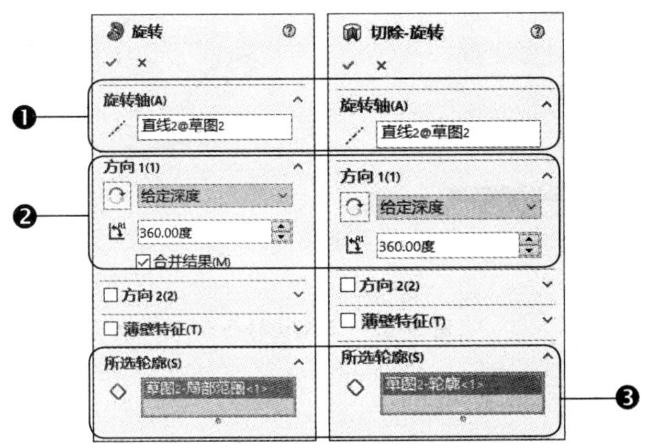

图 3-30　旋转凸台与旋转切除

❶ 旋转轴	用于设置旋转特征的参考旋转轴线。如草图中有唯一的一条中心线，系统将默认使用此中心线为草图的旋转轴。
❷ 方向 1	用于设置草图的旋转方向与限制条件，其限制条件一般包括【给定深度】【成形到一顶点】【成形到一面】【到离指定面指定的距离】【两侧对称】等选项。
❸ 所选轮廓	用于指定旋转特征的草图轮廓曲线。

3.3.1 创建旋转凸台特征

将创建的草图轮廓曲线绕指定的旋转轴做旋转运动，可快速创建出三维回转体模型。

打开学习资料文件“第 3 章 \ 素材文件 \ 旋转凸台 . SLDPRT”，如图 3-31（a）所示。执行【旋转凸台 / 基体】命令将图 3-31（a）修改为图 3-31（b），具体操作步骤如下。

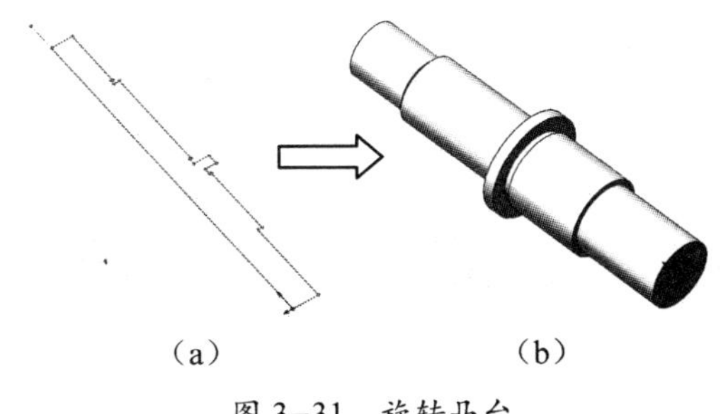

（a）　　（b）

图 3-31　旋转凸台

步骤 01　单击【旋转凸台 / 基体】按钮，选择草图中的中心线为旋转凸台特征的旋转轴，在【方向 1】选项区域中设置旋转角度为“360.00 度”，如图 3-32（a）所示。

步骤 02　选择草图 1 为旋转凸台特征的轮廓，系统将预览出旋转凸台特征，如图 3-32（b）所示。

步骤 03　单击按钮完成旋转凸台特征的创建。

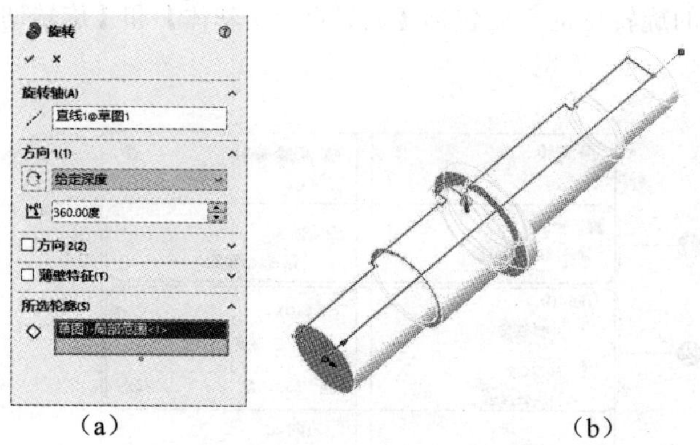

（a）　　（b）

图 3-32　定义旋转凸台

用户也可选择任意一条已知直线作为旋转凸台的旋转轴。

技能拓展

如通过临时插入方式创建旋转凸台的草图轮廓曲线，系统在【旋转凸台 / 基体】命令自动判定草图中的中心线为旋转轴线。

3.3.2 创建旋转切除特征

将创建的草图轮廓曲线绕指定的旋转轴做旋转运动，可快速切除已知模型的局部结构。

打开学习资料文件“第 3 章 \ 素材文件 \ 旋转切除 . SLDPRT”，如图 3-33（a）所示。执行【旋转切除】命令将图 3-33（a）修改为图 3-33（b），具体操作步骤如下。

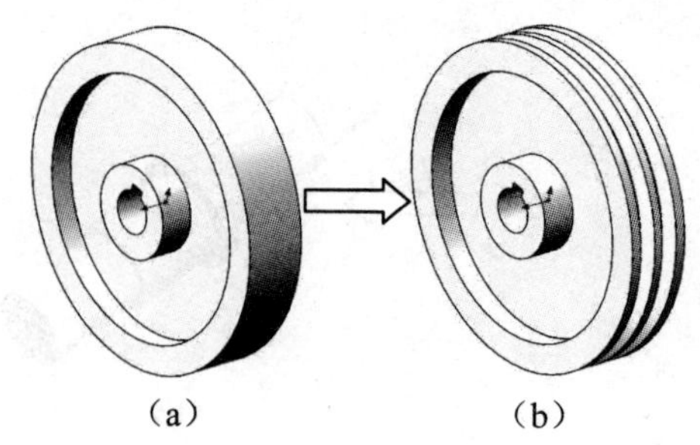

（a）　　（b）

图 3-33　旋转切除

步骤 01 单击【旋转切除】按钮，选择前视基准面为草图绘制平面，绘制如图 3-34 所示的封闭轮廓曲线并退出草图环境。

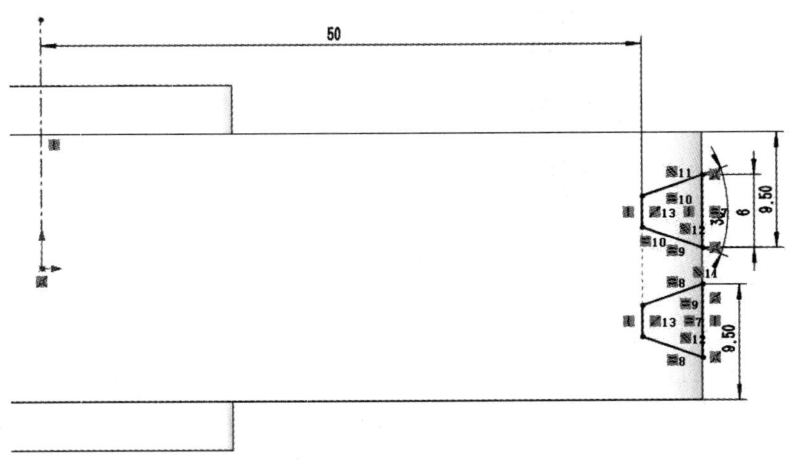

图 3-34 绘制草图轮廓

步骤 02 使用系统默认选择的中心线为旋转轴线，在【方向 1】选项区域中设置旋转角度为“360.00 度”，系统将预览出旋转切除特征，如图 3-35 所示。

步骤 03 单击按钮完成旋转切除特征的创建。

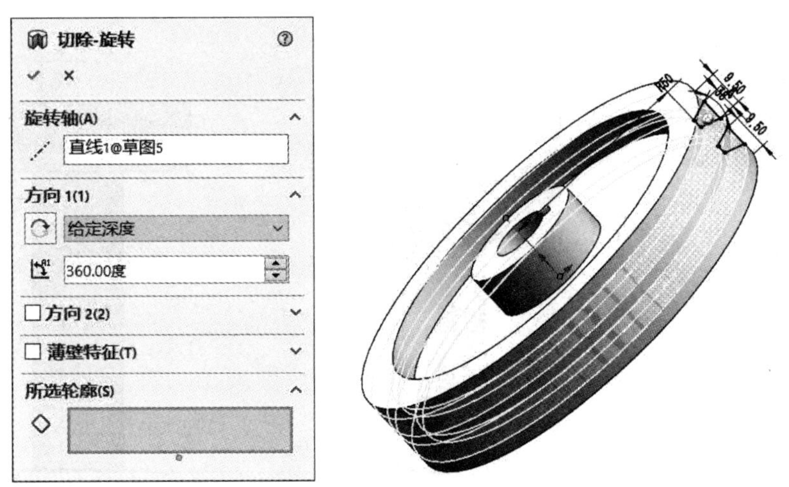

图 3-35 定义旋转切除

课堂范例——浇口套

执行【旋转凸台/基体】【旋转切除】命令创建注塑模具所用的浇口套零件，如图 3-36 所示。

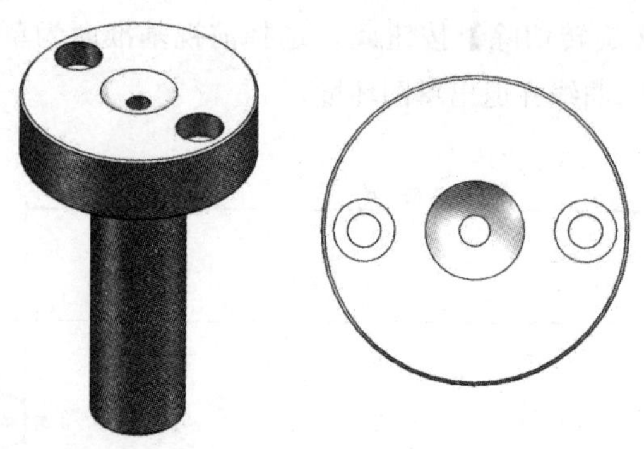

图 3-36 浇口套

步骤 01 单击【旋转凸台 / 基体】按钮，选择前视基准面为草图绘制平面，绘制如图 3-37 所示的直线段并退出草图环境。选择草图中的中心线为旋转凸台特征的旋转轴，在【方向 1】选项区域中设置旋转角度为 360°。单击按钮完成旋转凸台特征的创建，如图 3-38 所示。

步骤 02 单击【旋转切除】按钮，选择前视基准面为草图绘制平面，绘制如图 3-39 所示的封闭轮廓曲线并退出草图环境。选择草图中的中心线为旋转凸台特征的旋转轴，在【方向 1】选项区域中设置旋转角度为 360°。单击按钮完成旋转切除特征的创建，如图 3-40 所示。

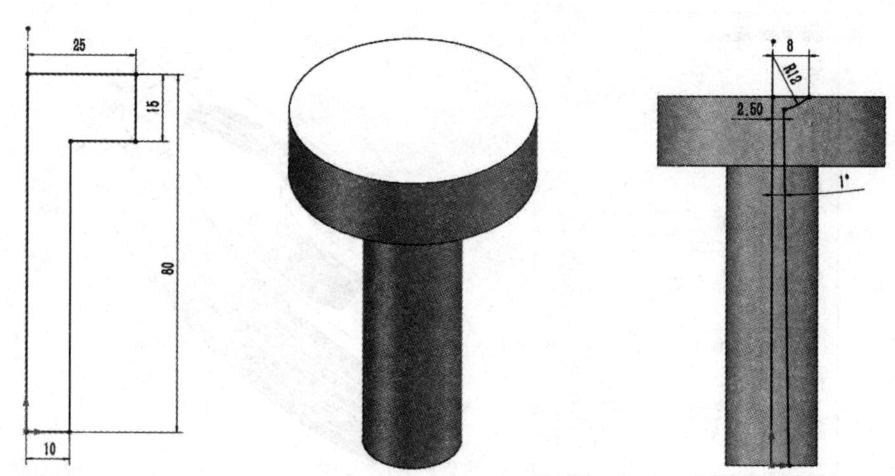

图 3-37 绘制草图轮廓　　图 3-38 创建旋转凸台　　图 3-39 旋转切除草图轮廓

步骤 03 单击【草图绘制】按钮，选择实体顶平面为草图绘制平面，绘制如图 3-41 所示的两个草图点并退出草图环境。

步骤 04 单击【异型孔向导】按钮，在【孔类型】选项区域单击【柱形沉头孔】按钮；选择 GB 内六角圆柱头螺钉并指定规格为 M5，设置终止条件为“完全贯穿”；切换至【位置】选项卡，分别选择两个草图点为孔特征的放置点。单击按钮完成孔特征的创建，如图 3-42 所示。

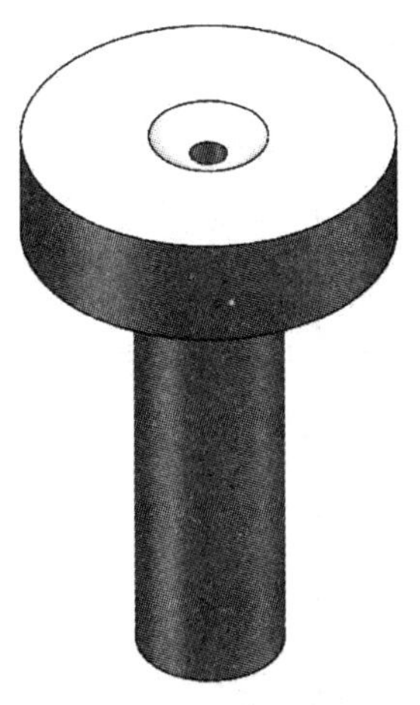

图 3-40 创建旋转切除孔

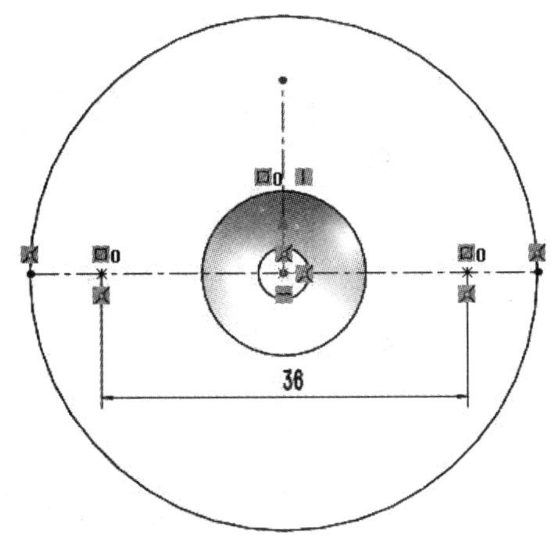

图 3-41 绘制草图点

步骤 05 单击【倒角】按钮，选中【角度距离】单选按钮并设置距离为“0.5mm”，角度为“45 度”，选择实体的 3 条边线为倒角参考边。单击按钮完成倒角特征的创建，如图 3-43 所示。

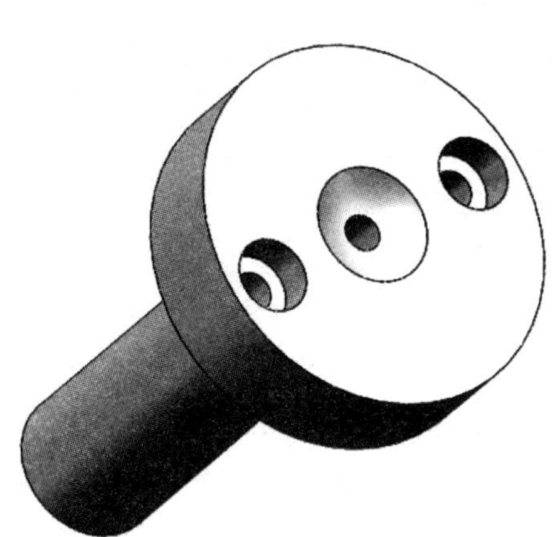

图 3-42 创建柱形沉头孔

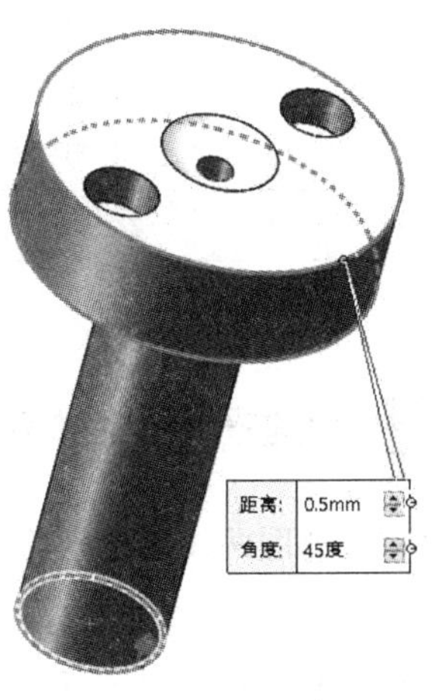

图 3-43 创建倒角特征

3.4 扫描特征

扫描特征是将二维草图曲线或空间曲线按照指定的路径曲线进行延伸操作，从而创建出增、减材料的三维模型。

SolidWorks 中的扫描特征主要包括【扫描】和【扫描切除】两个命令，如图 3-44 所示。

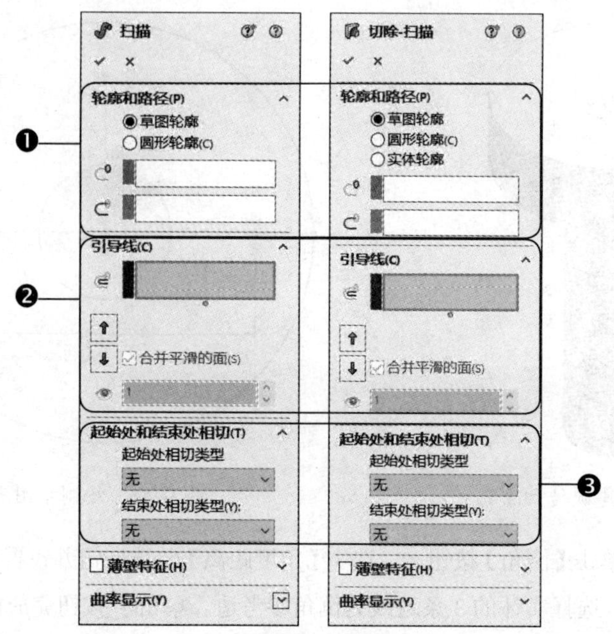

图 3-44　扫描与扫描切除

❶ 轮廓和路径	用于定义当前扫描特征的截面轮廓与路径曲线。系统默认选中【草图轮廓】单选按钮，以用户绘制的草图曲线作为扫描特征的截面轮廓；选中【圆形轮廓】和【实体轮廓】单选按钮，可使用已知的曲线作为截面轮廓。
❷ 引导线	用于定义当前扫描特征的边界引导路径。
❸ 起始处和结束处相切	用于定义扫描特征两端的连接形式。

3.4.1 创建扫描凸台特征

将二维草图曲线沿指定的路径曲线进行延伸，可快速创建出三维扫描实体。

打开学习资料文件“第 3 章 \ 素材文件 \ 扫描凸台 . SLDPRT”，如图 3-45（a）所示。执行【扫描】命令将图 3-45（a）修改为图 3-45（b），具体操作步骤如下。

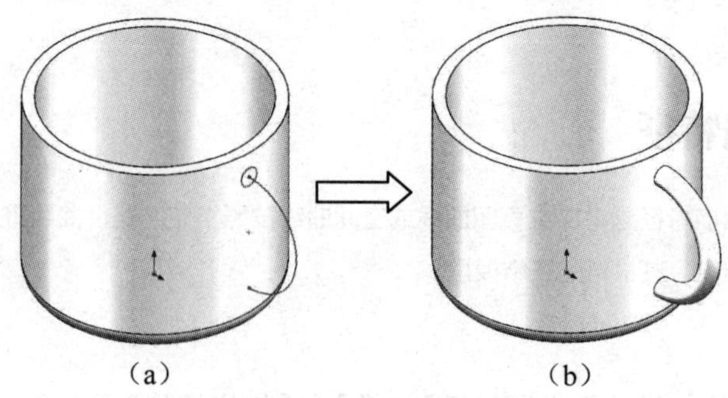

（a）　　（b）

图 3-45　扫描

步骤 01　单击【扫描】按钮，选中【草图轮廓】单选按钮，并选择草图 3 为扫描特征的草图轮廓曲线；选择草图 2 为扫描特征的路径曲线，如图 3-46（a）所示。

步骤 02 在【选项】选项区域中选择轮廓方位为“随路径变化”，选中【合并结果】与【与结束端面对齐】复选框，系统将预览扫描特征，如图 3-46（b）所示。

步骤 03 单击✓按钮完成扫描特征的创建。

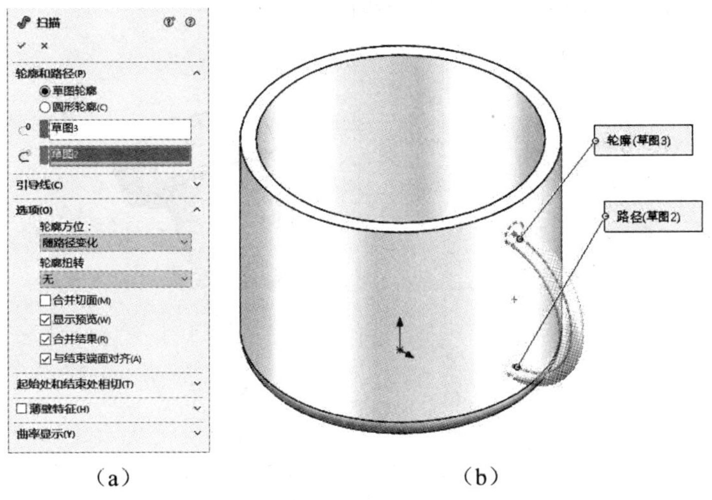

（a）　　（b）

图 3-46　定义扫描特征

技能拓展

在【选项】选项区域中选中【与结束端面对齐】复选框，可将扫描特征的两端面与相接模型对象进行合并对齐操作，从而排除实体之间的微小间隙。

3.4.2 创建扫描切除特征

将二维草图曲线在与其相交的三维模型之上沿指定的路径曲线进行延伸，可快速切除已知模型的局部结构。

打开学习资料文件“第 3 章 \ 素材文件 \ 扫描切除 . SLDPRT”，如图 3-47（a）所示。执行【扫描切除】命令将图 3-47（a）修改为图 3-47（b），具体操作步骤如下。

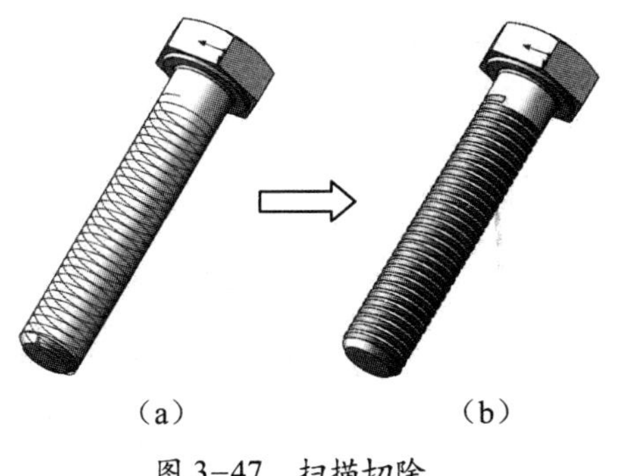

（a）　　（b）

图 3-47　扫描切除

步骤 01 单击【扫描切除】按钮，选中【草图轮廓】单选按钮，并选择草图 3 为扫描切除的轮廓曲线；选择螺旋线为扫描特征的路径曲线，如图 3-48（a）所示。

步骤 02 在【选项】选项区域中选择轮廓方位为“随路径变化”，选中【与结束端面对齐】复选框，系统将预览扫描切除特征，如图 3-48（b）所示。

步骤 03 单击按钮完成扫描切除特征的创建。

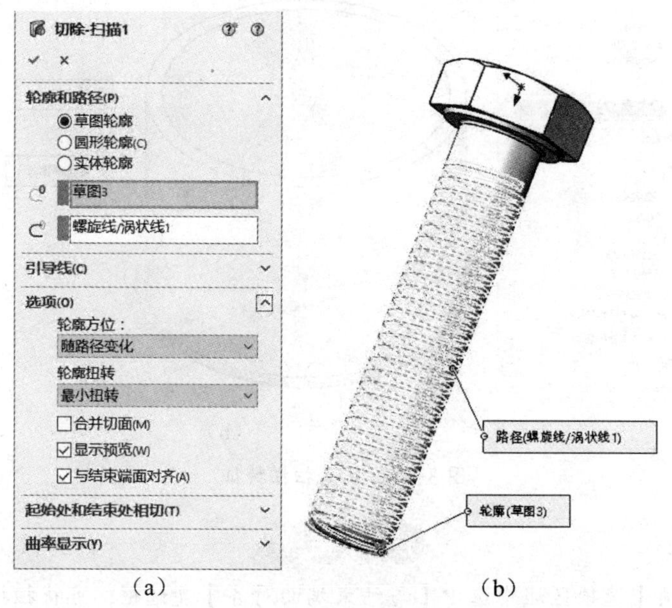

（a）（b）

图 3-48 定义扫描切除

课堂范例——管座

执行【拉伸凸台 / 基体】【拉伸切除】【扫描】【扫描切除】命令创建管道连接常用的管座连接，如图 3-49 所示，具体操作步骤如下。

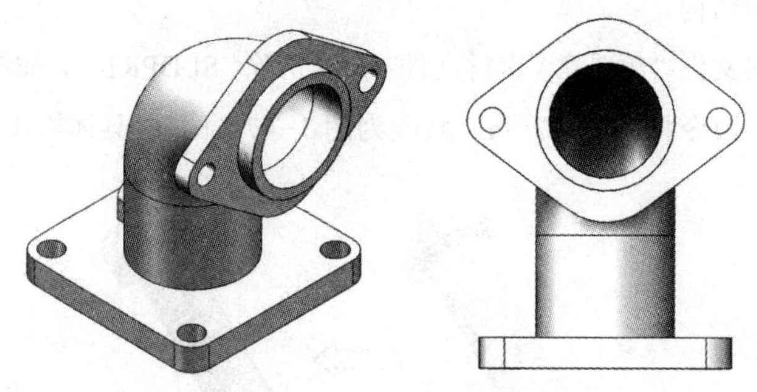

图 3-49 管座

步骤 01 单击【拉伸凸台 / 基体】按钮，选择上视基准面为草图绘制平面，绘制如图 3-50 所示的矩形并退出草图环境；将绘制的圆形草图向下拉伸 12mm。单击按钮完成拉伸凸台特征的创建，如图 3-51 所示。

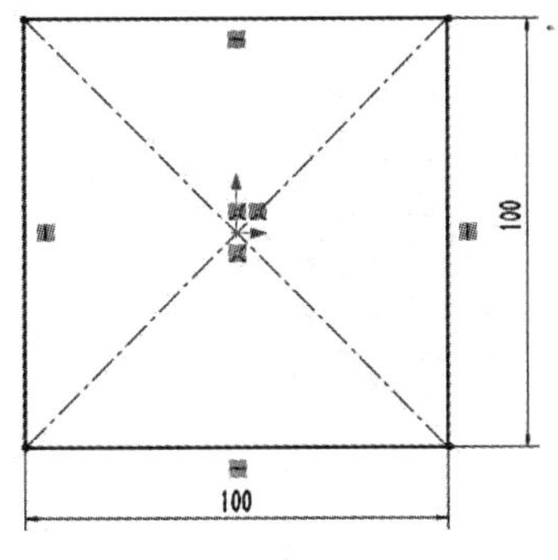

图 3-50 绘制草图轮廓

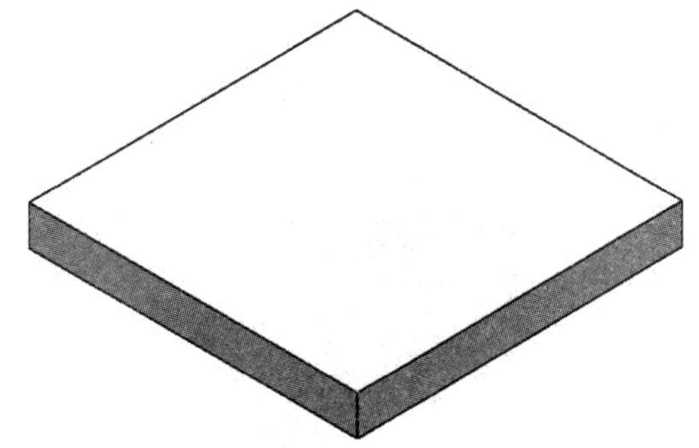

图 3-51 创建拉伸凸台

步骤 02 单击【草图绘制】按钮，选择前视基准面为草图绘制平面，绘制如图 3-52 所示的直线与圆弧段并退出草图环境。

步骤 03 单击【草图绘制】按钮，选择拉伸凸台顶平面为草图绘制平面，绘制如图 3-53 所示的同心圆并退出草图环境。

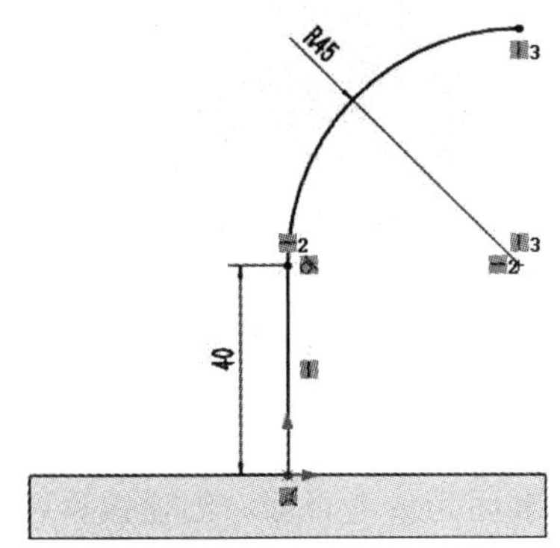

图 3-52 绘制直线与圆弧

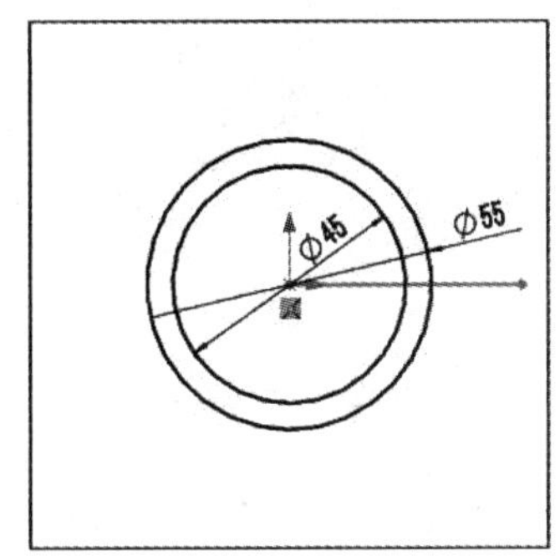

图 3-53 绘制同心圆

步骤 04 单击【扫描】按钮，选中【草图轮廓】单选按钮，并选择草图 3 为扫描特征的草图轮廓曲线，选择草图 2 为扫描特征的路径曲线。在【选项】选项区域中选择轮廓方位为“随路径变化”，并选中【合并结果】复选框。单击按钮完成扫描特征的创建，如图 3-54 所示。

步骤 05 单击【拉伸凸台 / 基体】按钮，选择扫描实体的端平面为草图绘制平面，绘制如图 3-55 所示的封闭轮廓曲线并退出草图环境；将绘制的圆形草图向外侧拉伸 8mm。单击按钮完成拉伸凸台特征的创建，如图 3-56 所示。

步骤 06 单击【拉伸凸台 / 基体】按钮，选择拉伸凸台平面为草图绘制平面，绘制如图 3-57 所示的同心圆并退出草图环境；将绘制的圆形草图向外侧拉伸 8mm。单击按钮完成拉伸凸台特征的创建，如图 3-58 所示。

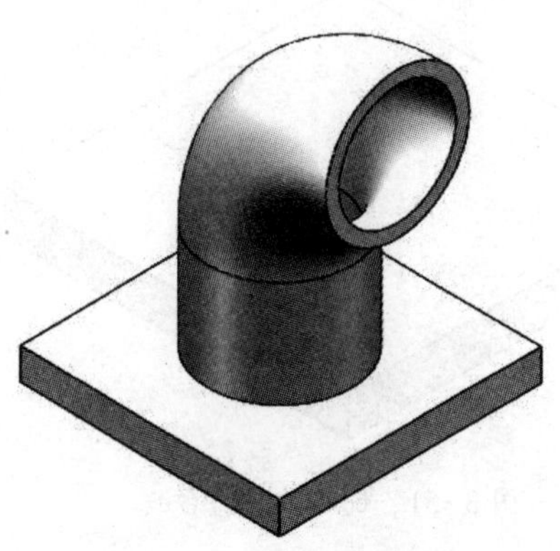

图 3-54 创建扫描实体

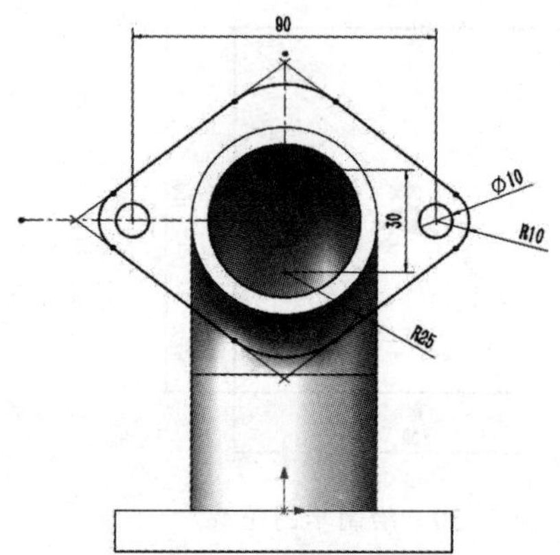

图 3-55 绘制草图轮廓

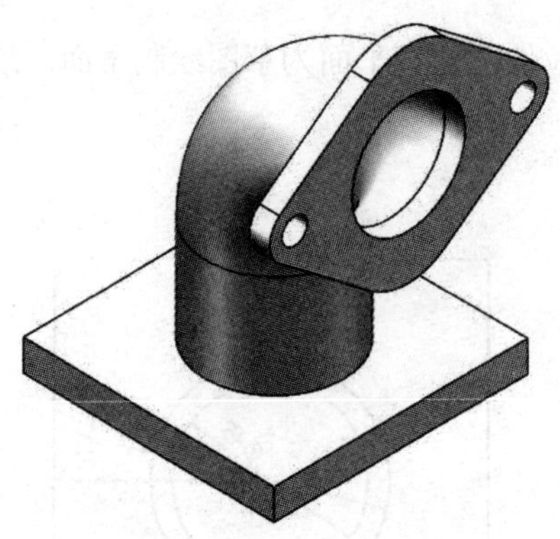

图 3-56 创建拉伸凸台

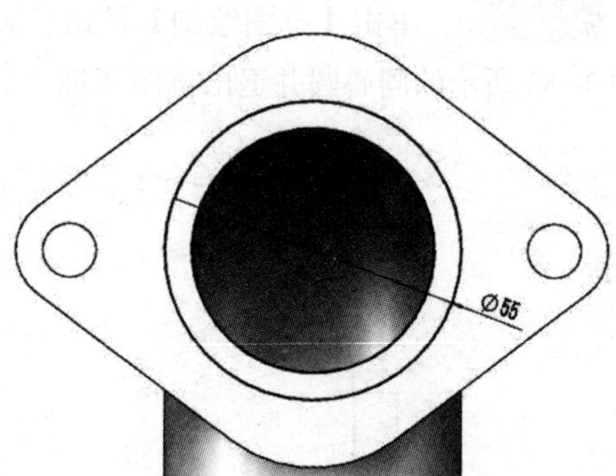

图 3-57 绘制同心圆

步骤 07 执行【基准面】命令，选择右视基准面为参考平面，创建偏移距离为 35mm 的基准面 1，如图 3-59 所示。

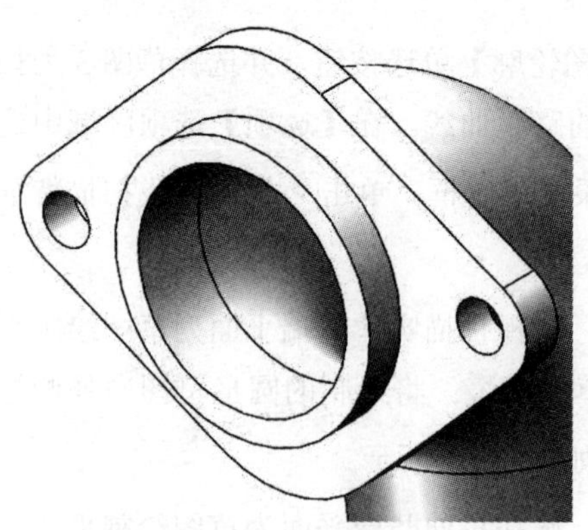

图 3-58 拉伸圆形草图

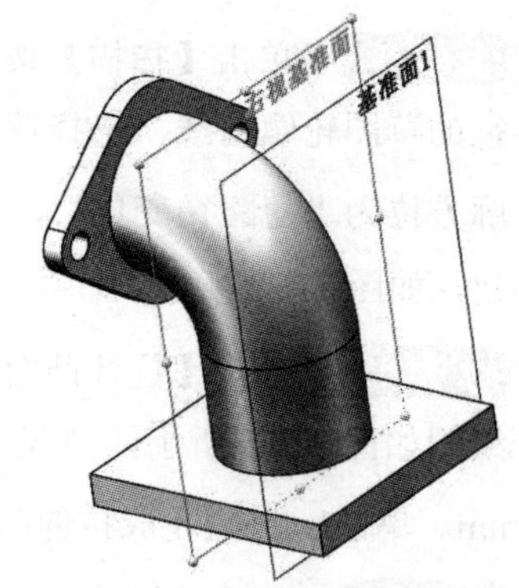

图 3-59 创建平行基准平面

步骤 08 单击【拉伸凸台 / 基体】按钮，选择基准面 1 为草图绘制平面，绘制如图3-60所示的封闭轮廓曲线并退出草图环境。以【成形到一面】为拉伸凸台的限制条件，选择扫描实体的外表面为拉伸凸台的终止面。单击按钮完成拉伸凸台特征的创建，如图3-61所示。

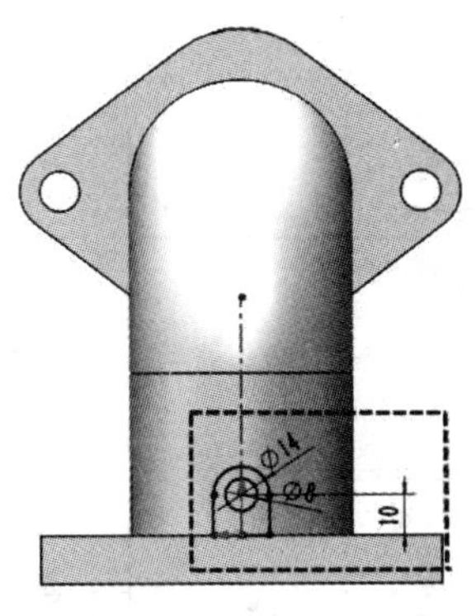

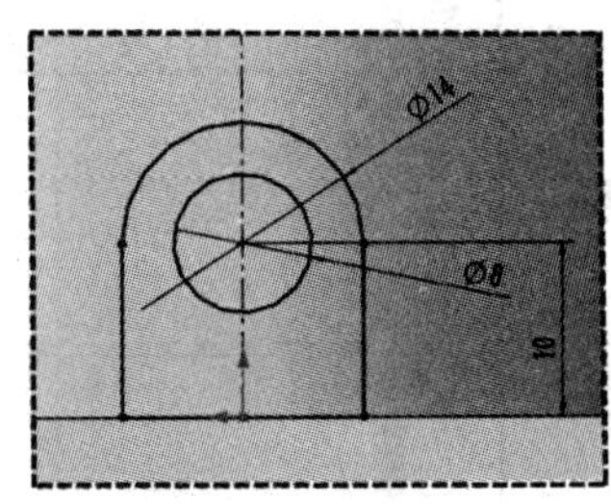

图3-60 绘制草图轮廓

步骤 09 单击【圆角】按钮，指定圆角半径为10，选择底座实体的4条垂直边线为圆角边。单击按钮完成圆角特征的创建。

步骤 10 单击【拉伸切除】按钮，选择底座平面为草图绘制平面，绘制如图3-62所示的4个相等圆形并退出草图环境，指定拉伸方式为“完全贯穿”。单击按钮完成拉伸切除特征的创建。

图3-61 创建拉伸凸台

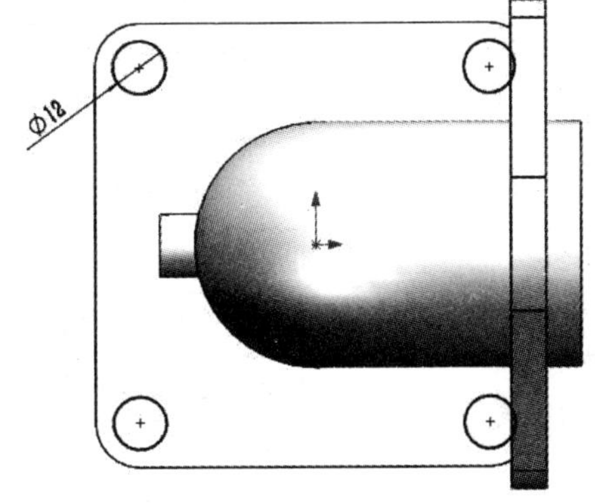

图3-62 绘制圆形

3.5 放样特征

放样特征是将多组不同的二维截面曲线用平滑的空间曲线进行连接，从而创建出增、减材料的三维模型。

SolidWorks中的放样特征主要包括【放样凸台】和【放样切割】两个命令，如图3-63

所示。

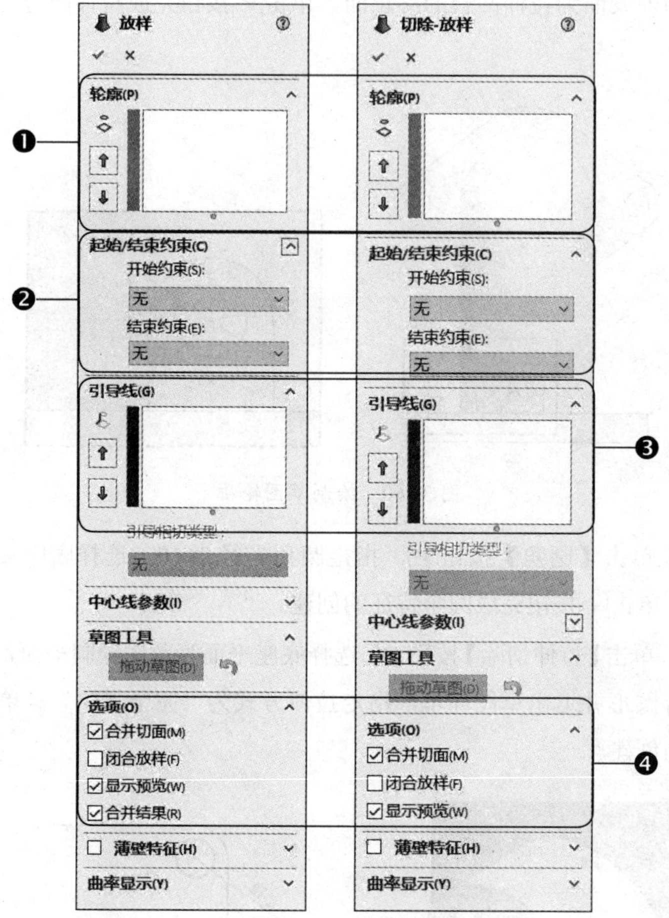

图 3-63 放样凸台与放样切割

❶ 轮廓	用于定义显示当前放样特征的多个截面草图轮廓。
❷ 起始 / 结束约束	用于设置当前放样特征的起始与结束端截面草图轮廓的连接约束形式。
❸ 引导线	用于定义当前放样特征边界连接曲线的样式，系统默认使用平滑曲线作为连接曲线。
❹ 选项	用于定义放样特征与相接对象的连接方式，一般包括【合并切面】【闭合放样】等基本设置。

3.5.1 创建放样凸台特征

将两组或多组空间二维草图曲线进行平滑连接，可快速创建出混合截面的三维实体。

打开学习资料文件“第 3 章\素材文件\放样凸台 . SLDPRT”，如图 3-64（a）所示。执行【放样凸台 / 基体】命令将图 3-64（a）修改为图 3-64（b），具体操作步骤如下。

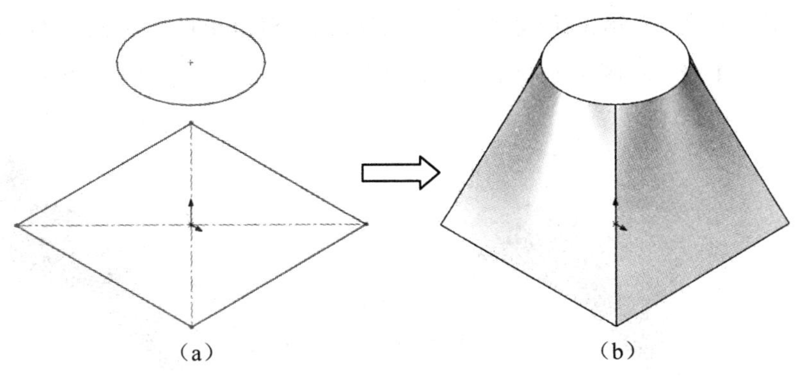

图 3-64 放样凸台

步骤 01 单击【放样凸台/基体】按钮，依次选择草图1和草图2为放样轮廓曲线，系统将预览出放样凸台特征，如图 3-65 所示。

步骤 02 单击按钮完成放样凸台特征的创建。

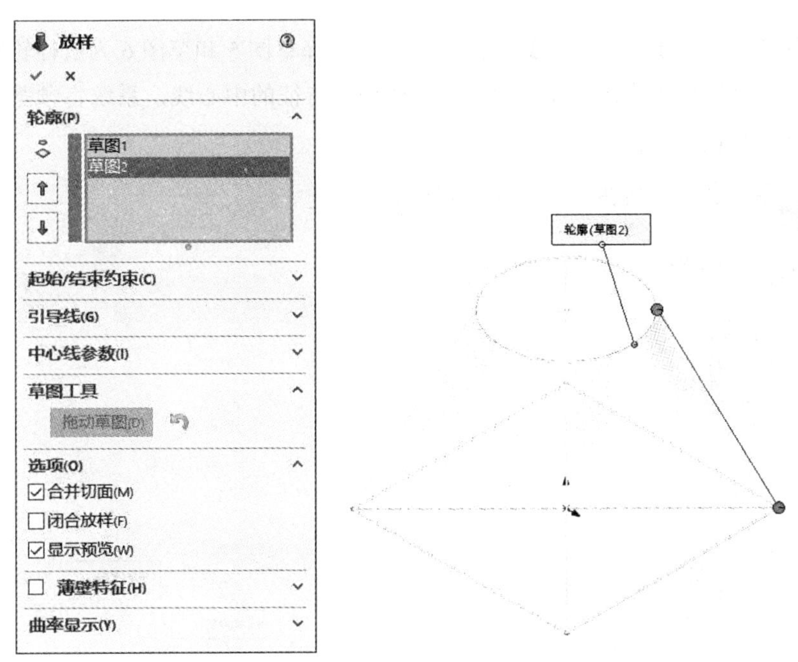

图 3-65 定义放样凸台

温馨提示

拖动草图轮廓上的连接点，可调整放样凸台的边界连接形式。

3.5.2 创建放样切割特征

将两组或多组空间二维草图曲线在与其相交的三维模型之上通过平滑曲线连接，从而切割出新的三维模型结构。

打开学习资料文件“第 3 章 \ 素材文件 \ 放样切割 . SLDPRT”，如图 3-66（a）所示。执行【放样切割】命令将图 3-66（a）修改为图 3-66（b），具体操作步骤如下。

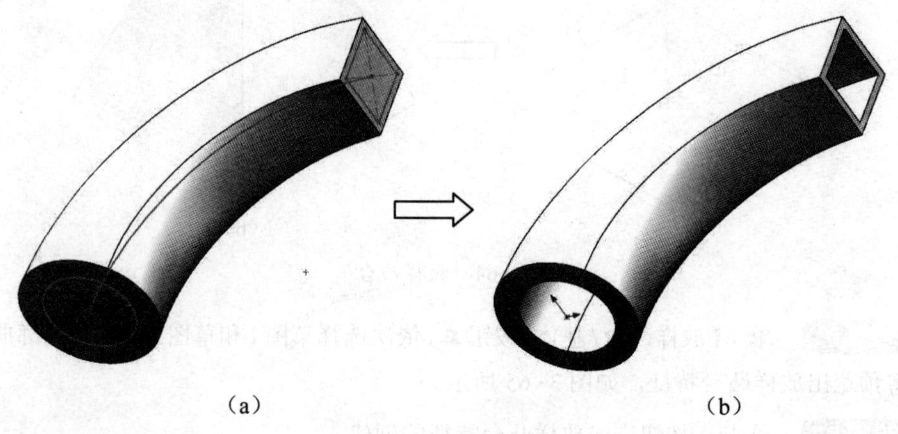

（a）　　　　（b）

图 3-66　放样切割

步骤 01　单击【放样切割】按钮，依次选择草图 5 和草图 6 为放样轮廓曲线。展开【中心线参数】区域并选择草图 4 为放样切割特征的中心线，系统将预览出放样切割特征，如图 3-67 所示。

步骤 02　单击按钮完成放样切割特征的创建。

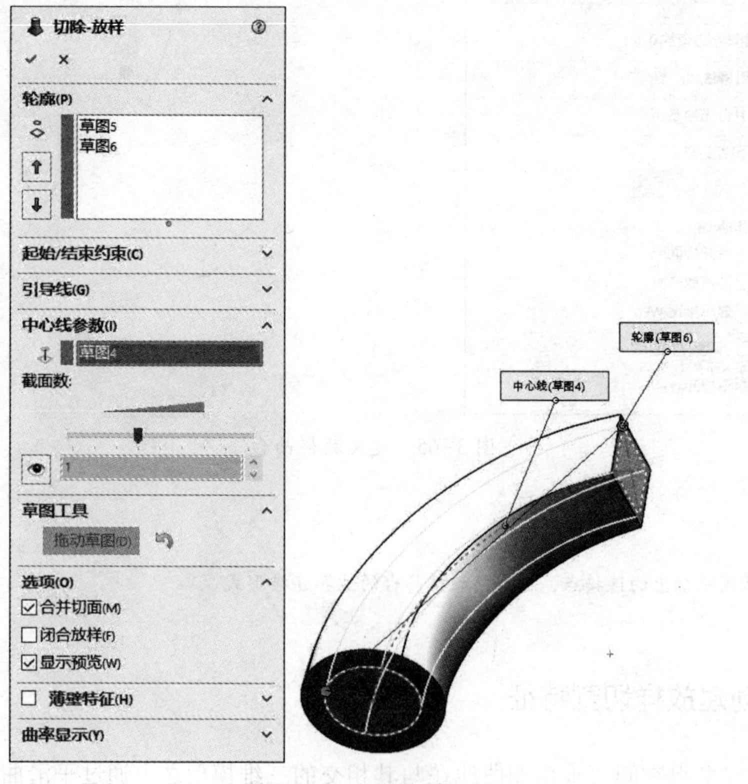

图 3-67　定义放样切割

技能拓展

指定一条曲线为放样特征的中心线，可自定义放样特征连接曲线的样式，如未指定中心线系统将按照直线的方式进行连接。

课堂范例——工艺口杯

执行【放样凸台】【放样切割】【扫描】【圆角】及【抽壳】命令创建工艺口杯三维模型，如图 3-68 所示。

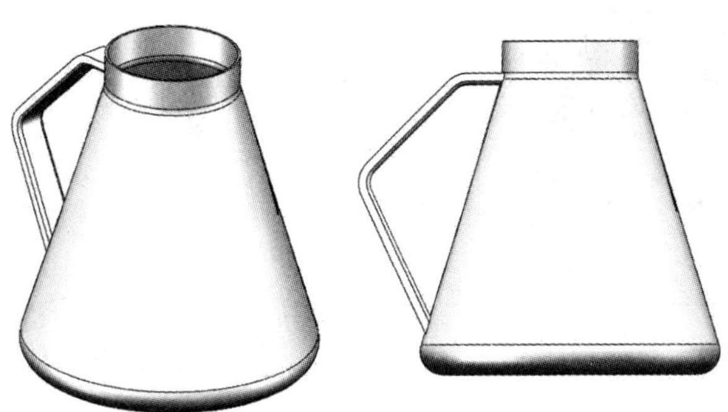

图 3-68　工艺口杯

步骤 01　单击【草图绘制】按钮，选择上视基准面为草图绘制平面，绘制如图 3-69 所示的圆形并退出草图环境。

步骤 02　执行【基准面】命令，选择上视基准面为参考平面，创建偏移距离为 260mm 的基准面 1。

步骤 03　单击【草图绘制】按钮，选择基准面 1 为草图绘制平面，绘制如图 3-70 所示的圆形并退出草图环境。

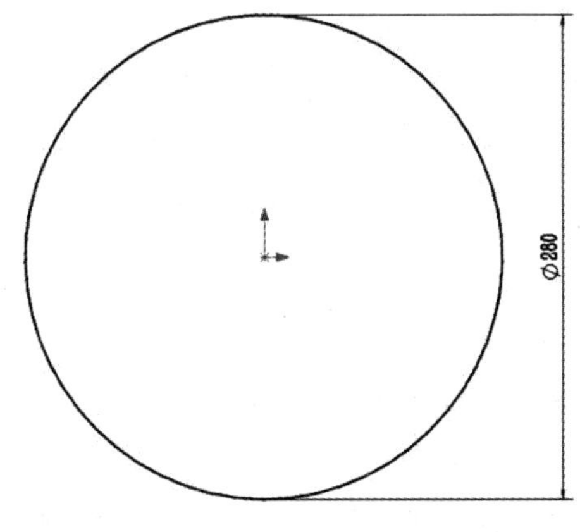

图 3-69　绘制截面草图 1

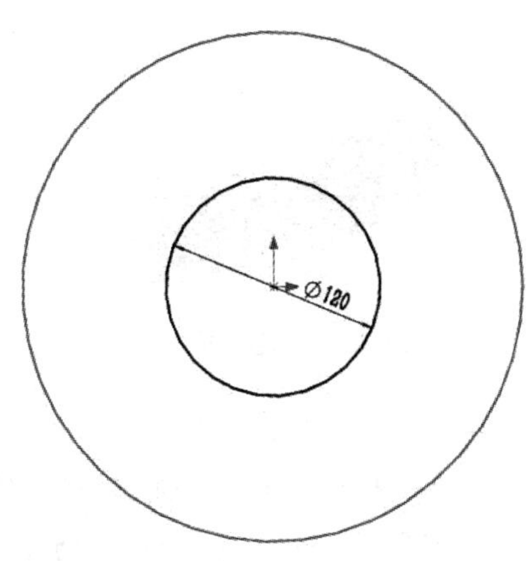

图 3-70　绘制截面草图 2

步骤 04 单击【放样凸台 / 基体】按钮，依次选择两个草图圆形为放样轮廓曲线。单击按钮完成放样凸台的创建，如图 3-71 所示。

步骤 05 单击【拉伸凸台 / 基体】按钮，选择放样凸台顶平面为草图绘制平面，将放样凸台顶平面边线引用至当前草图并退出草图环境；将引用的圆形草图向上拉伸 30mm。单击按钮完成拉伸凸台特征的创建，如图 3-72 所示。

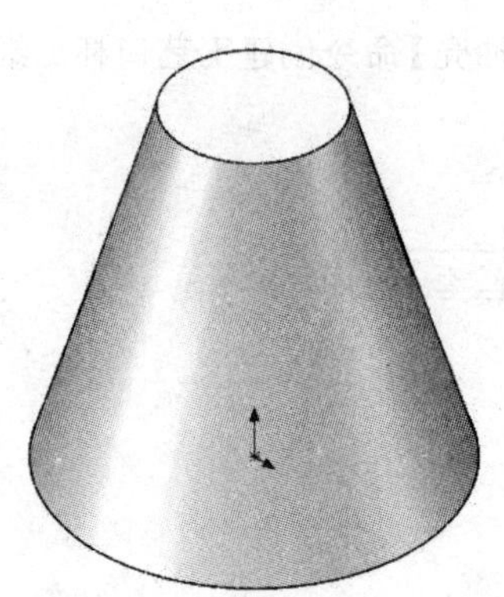

图 3-71 创建放样凸台

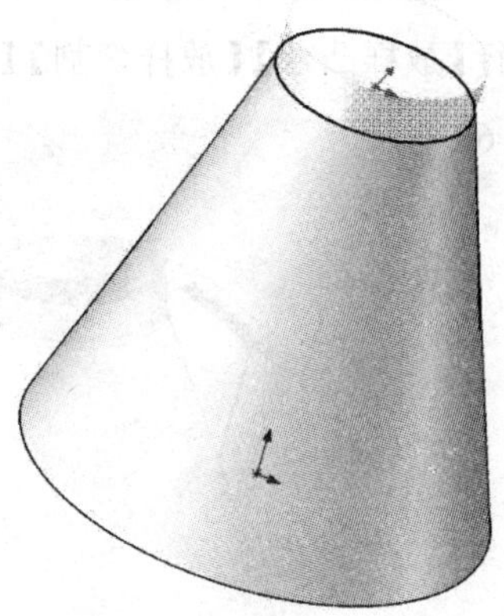

图 3-72 创建拉伸凸台

步骤 06 单击【圆角】按钮，指定圆角半径为 25，选择底面边线为圆角边。单击按钮完成圆角特征的创建，如图 3-73 所示。

步骤 07 单击【圆角】按钮，指定圆角半径为 20，选择拉伸凸台边线为圆角边。单击按钮完成圆角特征的创建，如图 3-74 所示。

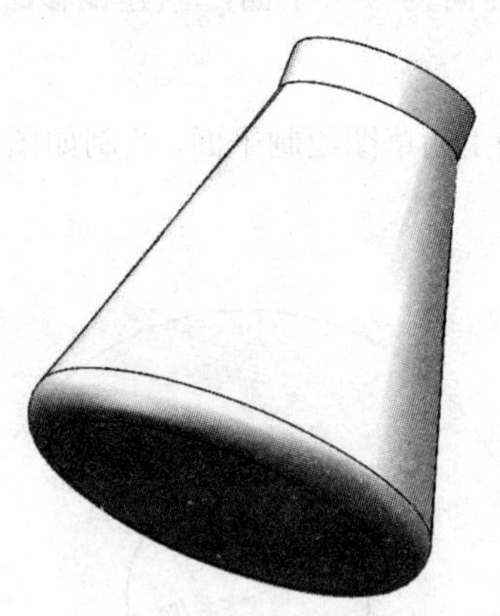

图 3-73 创建圆角特征 1

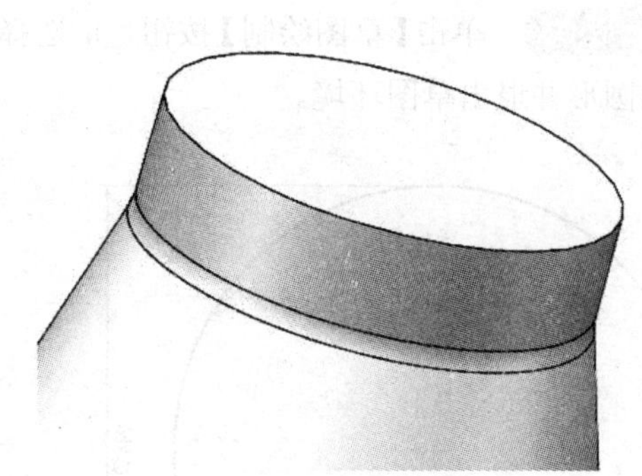

图 3-74 创建圆角特征 2

步骤 08 单击【抽壳】按钮，指定抽壳厚度为 2mm，选择实体顶平面为移除平面。单击按钮完成实体抽壳特征的创建，如图 3-75 所示。

步骤 09 单击【草图绘制】按钮，选择前视基准面为草图绘制平面，绘制如图 3-76 所示的直线与圆弧段并退出草图环境。

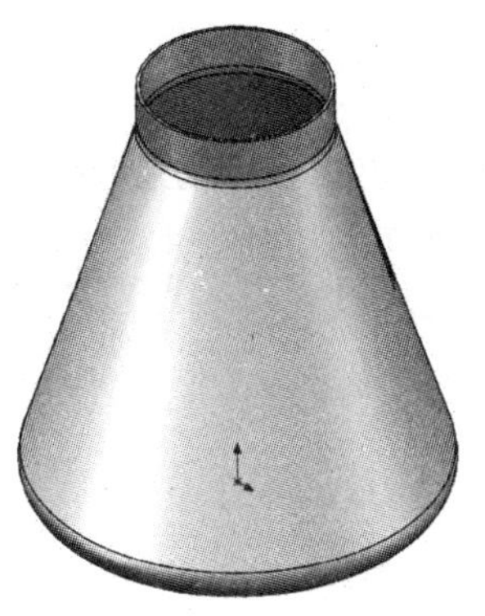

图 3-75　创建抽壳特征

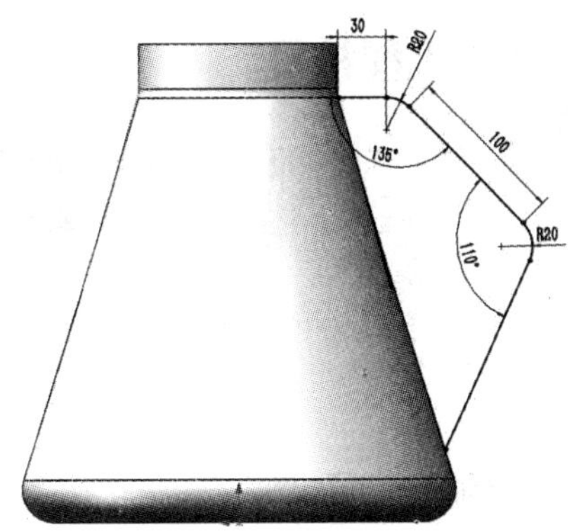

图 3-76　绘制直线与圆弧

步骤 10　执行【基准面】命令，选择路径曲线上的直线段为基准面的第一参考对象并设置为垂直约束，选择直线段上的端点为基准面的第二参考对象并设置为重合约束。单击按钮完成基准面 2 的创建，如图 3-77 所示。

步骤 11　单击【草图绘制】按钮，选择基准面 2 为草图绘制平面，绘制如图 3-78 所示的圆角矩形并退出草图环境。

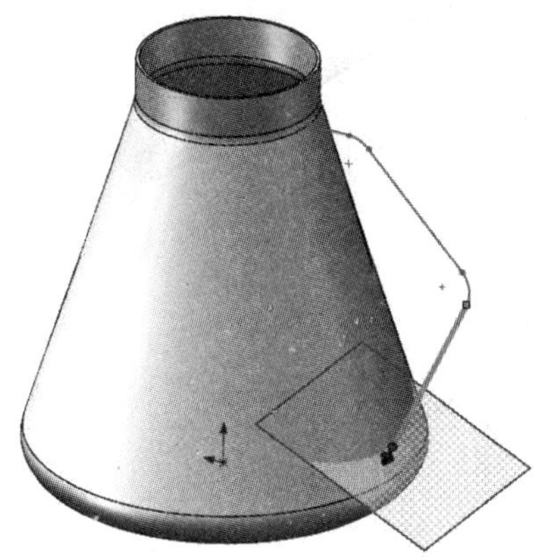

图 3-77　创建曲线法向基准面

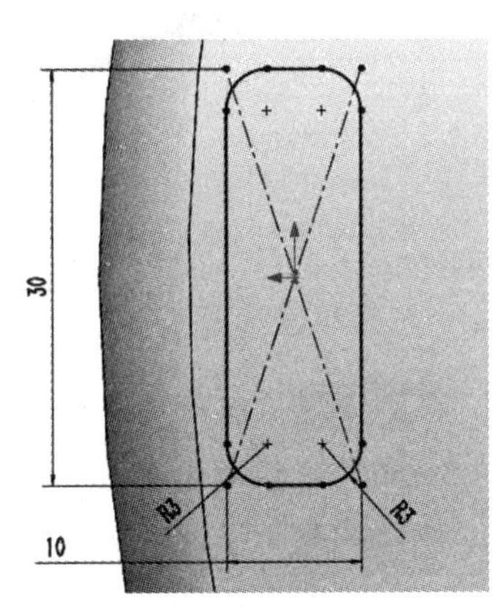

图 3-78　绘制扫描轮廓

步骤 12　单击【扫描】按钮，选中【草图轮廓】单选按钮，并选择草图 5 为扫描特征的草图轮廓曲线，选择草图 4 为扫描特征的路径曲线；设置轮廓方位为“随路径变化”，选中【合并结果】与【与结束端面对齐】复选框。单击按钮完成扫描特征的创建，如图 3-79 所示。

图 3-79　创建扫描实体

3.6 工程特征

工程特征是在已知实体上创建的一种细节特征，它不仅能更清楚地表达出产品的局部结构，还能使产品更为美观、结构更为合理。常见的工程特征主要有圆角、倒角、抽壳等。

3.6.1 倒角特征

倒角是机械加工中常见的工艺特征，它是三维模型的转角处通过切除一段平直剖面材料，从而在两个面之间创建出一个连接平面。

打开学习资料文件“第 3 章 \ 素材文件 \ 倒角 . SLDPRT”，如图 3-80（a）所示。执行【倒角】命令将图 3-80（a）修改为图 3-80（b），具体操作步骤如下。

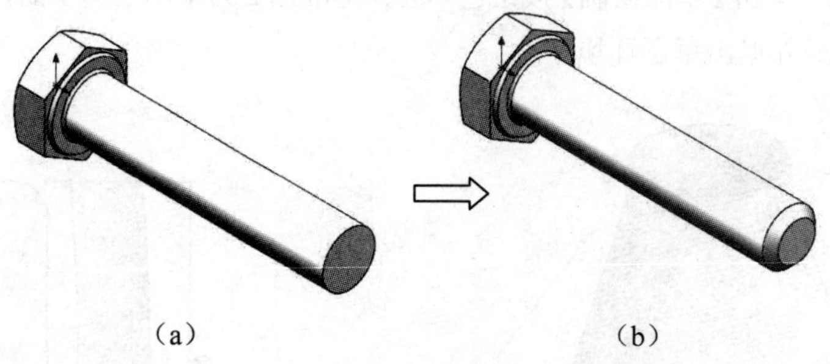

（a）　　　　（b）

图 3-80　倒角特征

步骤 01　单击【倒角】按钮，选中【角度距离】单选按钮，并设置倒角距离为“1.50mm”，倒角角度为“45.00 度”，如图 3-81（a）所示。

步骤 02　选择实体圆形边线为倒角参考边，系统将预览出倒角特征，如图 3-81（b）所示。

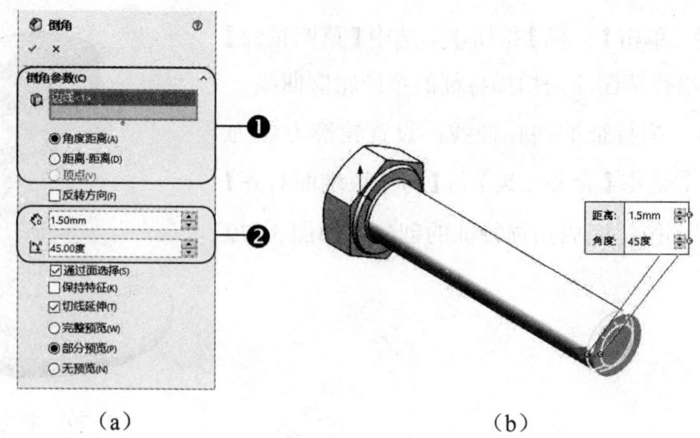

（a）　　　　（b）

图 3-81　定义倒角特征

❶ 倒角参数（对象边）	用于显示当前已选择的倒角对象边和定义当前倒角特征的定义方式，一般包括【角度距离】【距离 - 距离】和【顶点】3 种定义方式。
❷ 倒角参数（具体参数）	用于设置倒角的距离尺寸或倾斜角度。

步骤 03 单击✓按钮完成倒角特征的创建。

3.6.2 圆角特征

圆角是在三维模型的转角处通过增加或切除材料的方式创建的一个圆弧过渡特征。

实体圆角主要有外圆角和内圆角两种基本形式。一般而言，内圆角是通过增加材料的方式创建，外圆角是通过切除材料的方式创建。

打开学习资料文件“第 3 章 \ 素材文件 \ 圆角 . SLDPRT”，如图 3-82（a）所示。执行【圆角】命令将图 3-82（a）修改为图 3-82（b），具体操作步骤如下。

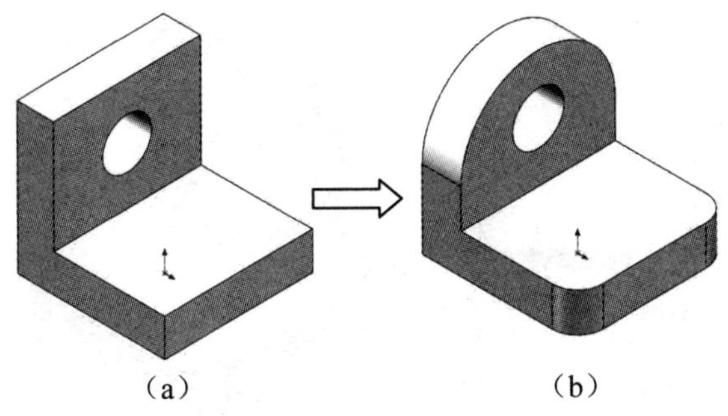

（a）　　（b）

图 3-82　圆角特征

步骤 01 单击【圆角】按钮，再单击【恒定大小圆角】按钮，选中【切线延伸】复选框，设置圆角参数为“对称”，指定圆角半径为“10.00mm”，如图 3-83（a）所示。

步骤 02 选择实体的两条垂直边线为圆角参考边，系统将预览出圆角特征，如图 3-83（b）所示。

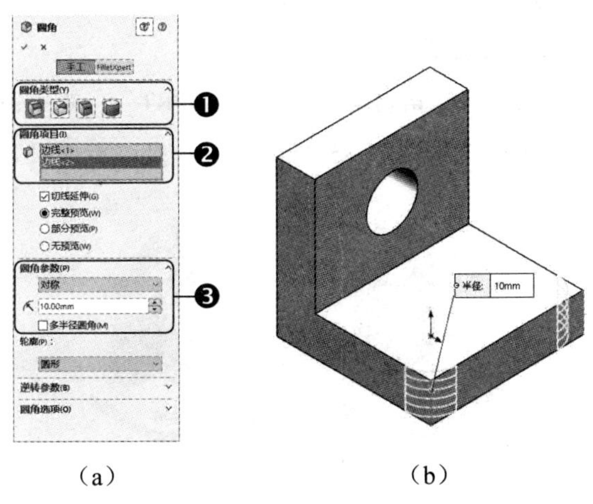

（a）　　（b）

图 3-83　定义一般圆角

❶ 圆角类型	用于定义圆角特征的基本样式，主要包括【恒定大小圆角】【变量大小圆角】【面圆角】和【完整圆角】4 种。
❷ 圆角项目	用于显示当前已选择的圆角对象边。
❸ 圆角参数	用于定义圆角特征的半径尺寸及结构样式，主要包括【对称】和【非对称】两种结构样式。当使用【非对称】结构样式时，系统需要分别指定两个圆角半径值。

步骤 03 单击✓按钮完成圆角特征的创建。

步骤 04 单击【圆角】按钮，再单击【完整圆角】按钮，选中【切线延伸】复选框，如图 3-84（a）所示。

步骤 05 选择实体左侧面为圆角参考面 1，选择实体顶平面为圆角参考面 2，选择实体右侧面为圆角参考面 3，系统将预览出圆角特征，如图 3-84（b）所示。

步骤 06 单击✓按钮完成圆角特征的创建。

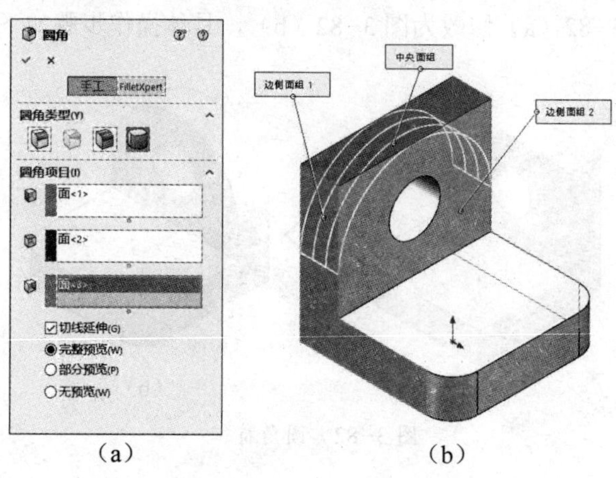

图 3-84 定义完整圆角

3.6.3 筋特征

筋特征也称加强筋特征，它是结构设计中不可或缺的特征之一，其创建方法与拉伸凸台基本相似，但操作更为方便快捷。

打开学习资料文件“第 3 章 \ 素材文件 \ 筋 . SLDPRT”，如图 3-85（a）所示。执行【筋】命令将图 3-85（a）修改为图 3-85（b），具体操作步骤如下。

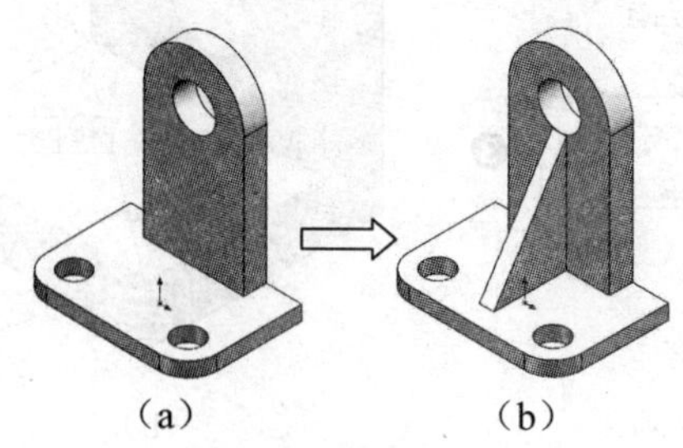

图 3-85 筋特征

步骤 01 单击【筋】按钮，选择右视基准面为草图绘制平面，绘制如图 3-86 所示的直线并退出草图环境。

步骤 02 单击【两侧】按钮，设置筋特征厚度为“5.00mm”，单击【平行于草图】按钮，并选中【反转材料方向】复选框，如图 3-87 所示。

步骤 03 单击按钮完成筋特征的创建。

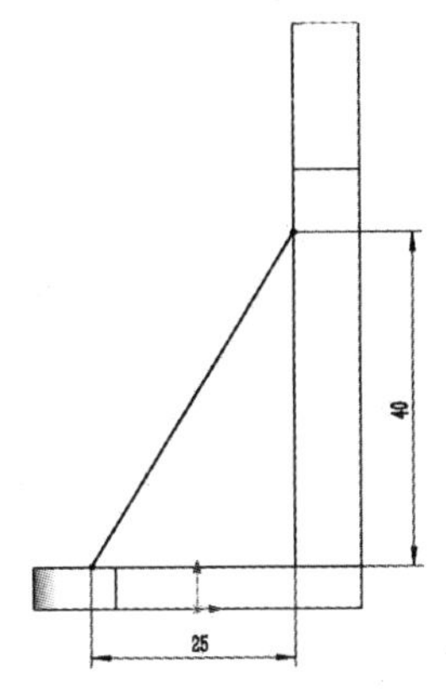

图 3-86 绘制草图直线

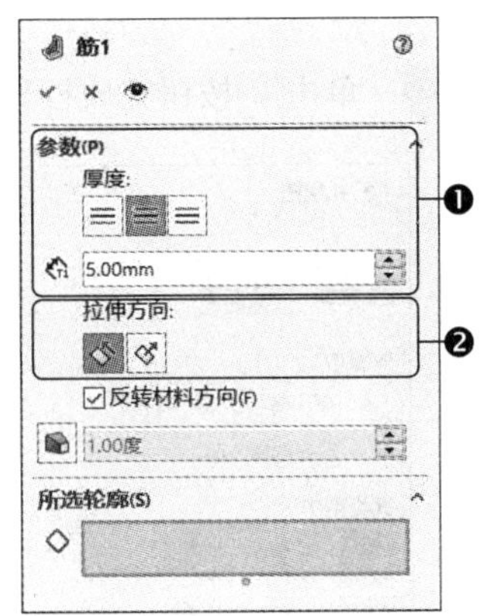

图 3-87 定义筋特征参数

❶ 参数	用于定义当前筋特征的加厚方式与厚度值。
❷ 拉伸方向	用于定义当前筋特征的材料增量方向，主要有【平行于草图】和【垂直于草图】两种定义方式。

3.6.4 孔特征

孔特征是机械加工中最常见、最常用的装配特征，常见的孔主要有螺纹孔、柱形沉头孔、简单直孔、锥形沉头孔、锥形螺纹孔等。用户既可以使用各种类型的切除命令来创建孔特征，也可以直接使用 SolidWorks 提供的【异型孔向导】命令来快速创建各种类型的孔特征。

打开学习资料文件“第 3 章 \ 素材文件 \ 孔 . SLDPRT”，如图 3-88（a）所示。执行【异型孔向导】命令将图 3-88（a）修改为图 3-88（b），具体操作步骤如下。

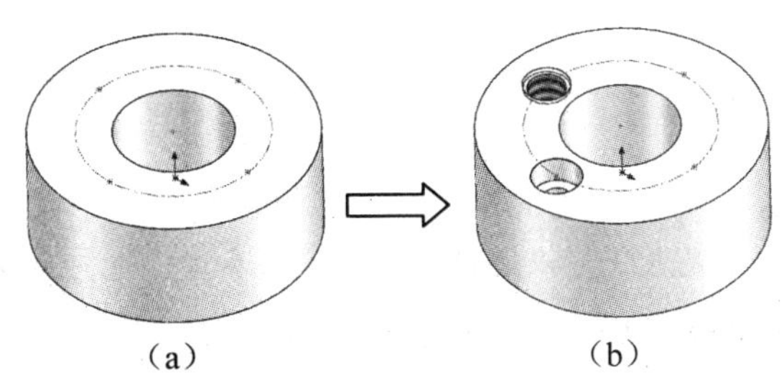

（a） （b）

图 3-88 孔特征

步骤 01　单击【异型孔向导】按钮，再单击【柱形沉头孔】按钮，设置孔标准为“GB”，类型为“内六角圆柱头螺钉”，孔大小为“M2”，终止条件为“完全贯穿”，如图 3-89（a）所示。

步骤 02　选择【位置】选项卡切换功能界面，单击草图工具栏中的【3D 草图】按钮，选择圆柱实体上的草图点作为孔的定位点，系统将预览出柱形沉头孔特征，如图 3-89（b）所示。

步骤 03　单击按钮完成柱形沉头孔特征的创建。

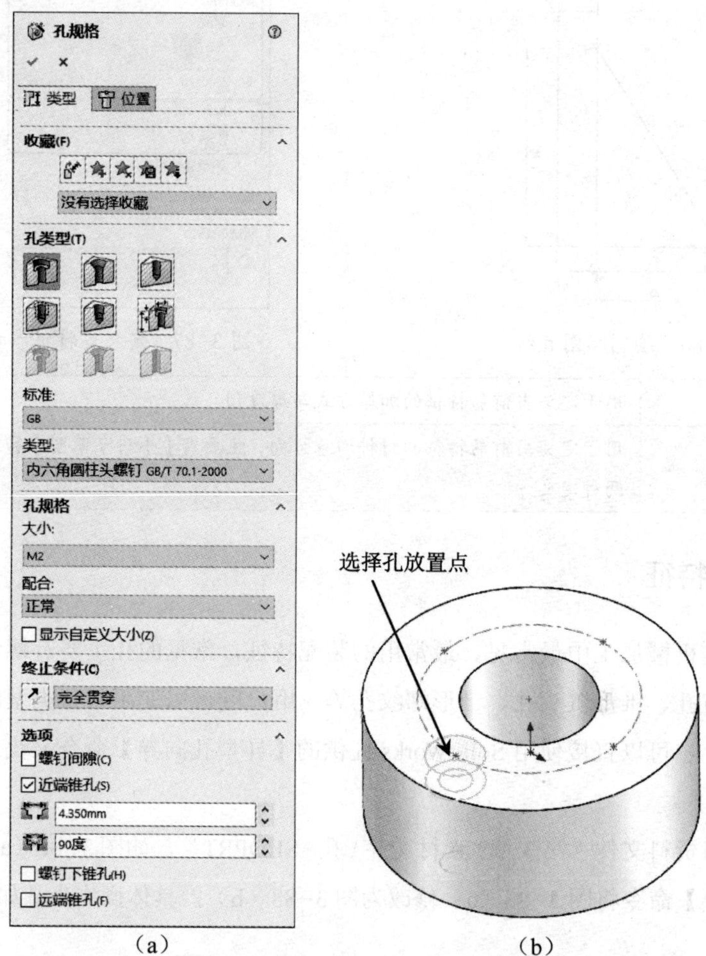

（a）　（b）

图 3-89　定义柱形沉头孔特征

技能拓展

定位孔特征的放置点既可以选择已知点作为参考，也可以选择任意一平面作为放置面，再通过编辑草图的方式重定义孔的放置点。

步骤 04　单击【异型孔向导】按钮，再单击【直螺纹孔】按钮，设置孔标准为“GB”，类型为“螺纹孔”，孔大小为“M4”，终止条件为“完全贯穿”，如图 3-90（a）所示。

步骤 05 选择【位置】选项卡切换功能界面，再单击草图工具栏中的【3D 草图】按钮，选择圆柱实体上的草图点作为孔的定位点，系统将预览出螺纹孔特征，如图 3-90（b）所示。

步骤 06 单击✓按钮完成螺纹孔特征的创建。

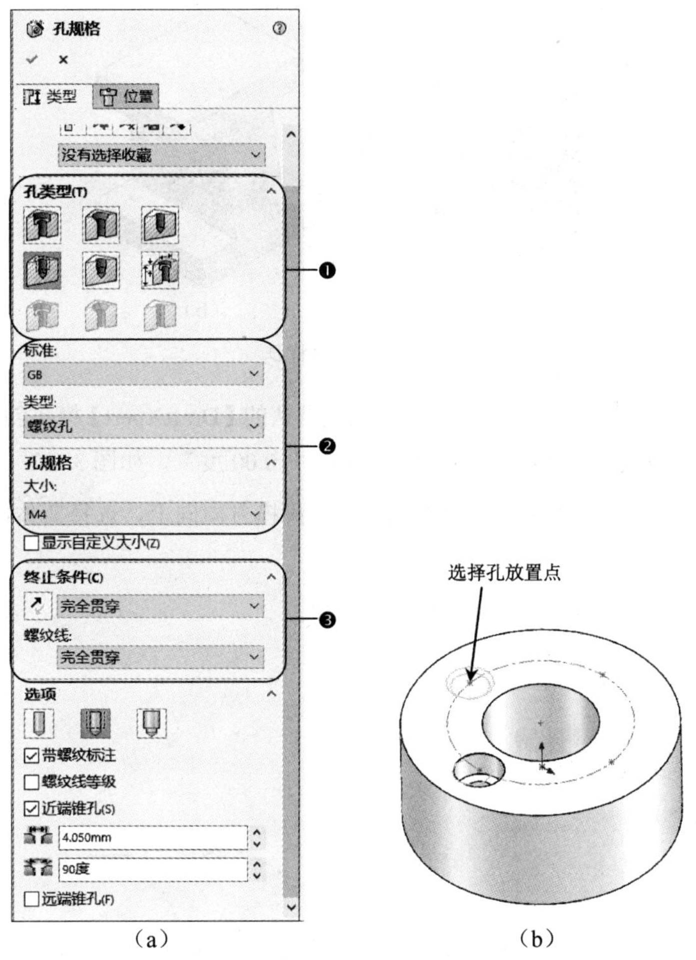

图 3-90　定义螺纹孔特征

❶ 孔类型	用于定义孔特征的基本类型，主要有【柱形沉头孔】【锥形沉头孔】【孔】【直螺纹孔】【锥形螺纹孔】【旧制孔】等 9 种类型。
❷ 孔参数	用于定义当前孔特征的国家标准、孔特征的具体类型及孔的规格。
❸ 终止条件	用于定义当前孔特征的深度参数，主要有【给定深度】【完全贯穿】【成形到下一面】等几种定义方式。

3.6.5 拔模特征

拔模特征是浇注产品的必备特征之一，其主要特点是通过指定拔模面、拔模方向、中性面等参数，从而将拔模面按照指定角度进行倾斜操作。

打开学习资料文件“第 3 章 \ 素材文件 \ 拔模 . SLDPRT”，如图 3-91（a）所示。执行【拔模】命令将图 3-91（a）修改为图 3-91（b），具体操作步骤如下。

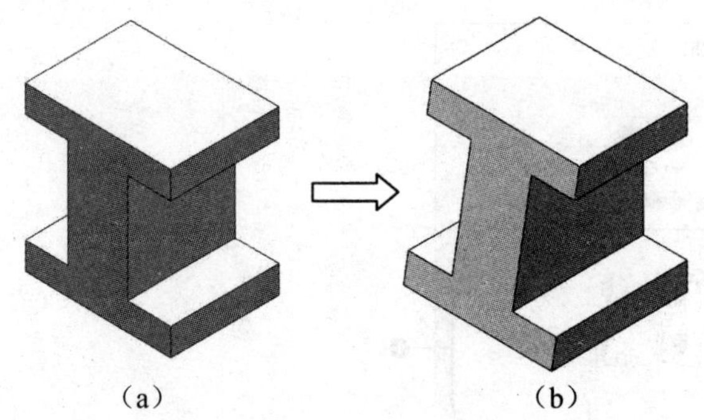

（a）（b）

图 3-91　拔模特征

步骤 01　单击【拔模】按钮，使用系统默认的【DraftXpert】模式创建拔模特征；在【要拔模的项目】选项区域中设置拔模角度为“10.00 度”，如图 3-92（a）所示。

步骤 02　选择实体顶平面为中性面，指定拔模方向向上，选择实体侧平面为拔模面，如图 3-92（b）所示。

步骤 03　单击按钮完成拔模特征的创建。

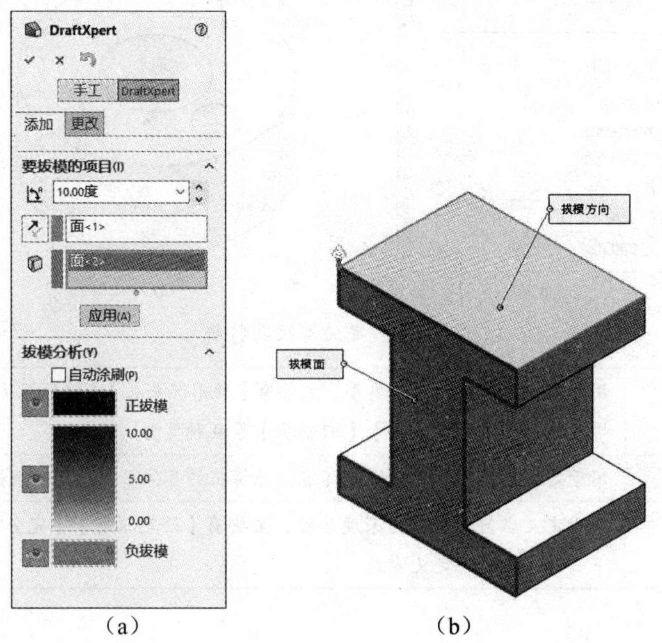

（a）（b）

图 3-92　定义拔模特征

温馨提示

切换至【手工】模式可自定义拔模的基本类型，主要有【中性面】【分型线】和【阶梯拔模】3种。

3.6.6 抽壳特征

抽壳特征是将三维实体的一个或多个实体表面进行删除操作并掏空实体内部材料，创建出一个平均壁厚的三维壳体。

打开学习资料文件“第3章\素材文件\抽壳.SLDPRT”，如图3-93（a）所示。执行【抽壳】命令将图3-93（a）修改为图3-93（b），具体操作步骤如下。

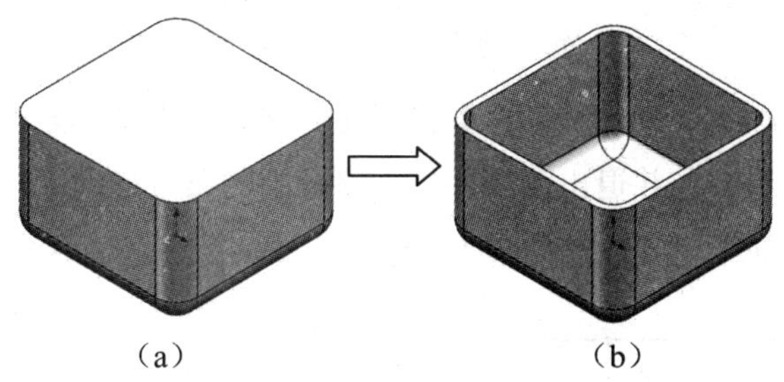

（a）　　（b）

图3-93　抽壳特征

步骤01 单击【抽壳】按钮，设置抽壳平均厚度值为“3.00mm”，选中【显示预览】复选框，如图3-94（a）所示。

步骤02 选择实体的顶平面为抽壳移除平面，如图3-94（b）所示。

步骤03 单击按钮完成抽壳特征的创建。

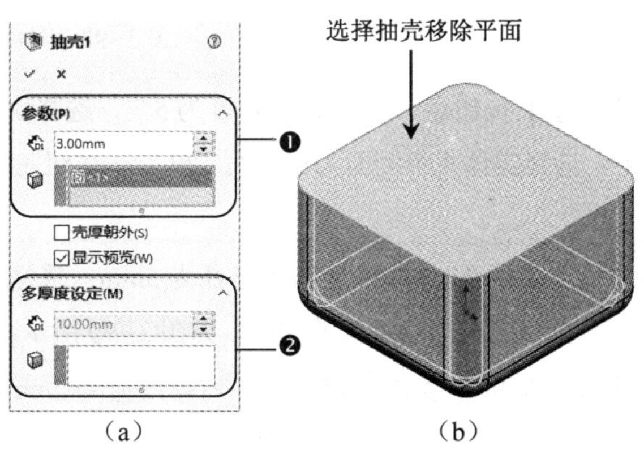

（a）　　（b）

图3-94　定义抽壳特征

❶ 参数	用于定义抽壳特征的平均厚度值与移除平面。
❷ 多厚度设定	用于创建多壁厚抽壳特征，当完成移除平面的选择后多厚度设置框将被激活。

课堂范例——线盒

执行【拉伸凸台 / 基体】【拔模】【拉伸切除】【圆角】及【抽壳】命令创建线盒三维模型，如图 3-95 所示。

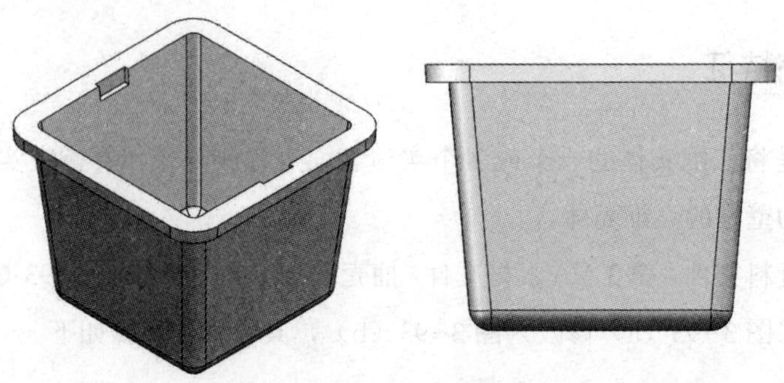

图 3-95 线盒

步骤 01 单击【拉伸凸台 / 基体】按钮，选择上视基准面为草图绘制平面，绘制如图 3-96 所示的正方形并退出草图环境；将绘制的正方形向上拉伸 60mm。单击按钮完成拉伸凸台特征的创建，如图 3-97 所示。

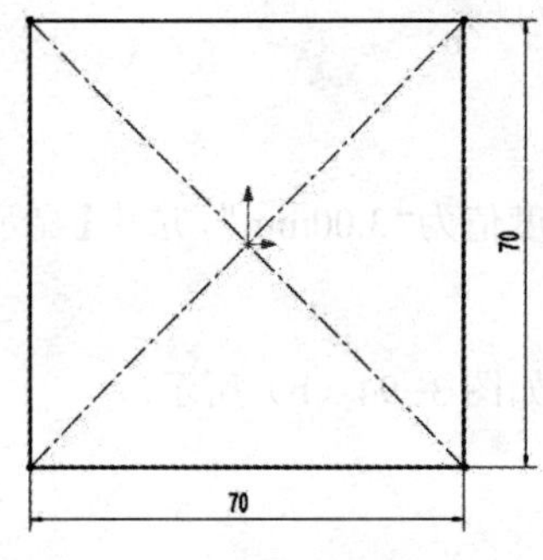

图 3-96 绘制矩形

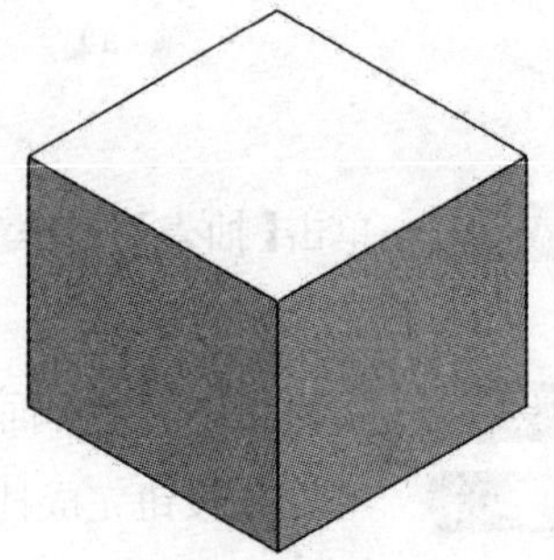

图 3-97 创建拉伸凸台

步骤 02 单击【拔模】按钮，设置拔模角度为 5°，选择实体顶平面为中性平面并指定拔模方向向下，选择实体 4 个侧面为拔模面。单击按钮完成拔模特征的创建，如图 3-98 所示。

步骤 03 单击【圆角】按钮，设置圆角半径为 5mm，选择实体侧边线与底边线为圆角参考边。单击按钮完成圆角特征的创建，如图 3-99 所示。

步骤 04 单击【抽壳】按钮，设置抽壳平均厚度值为 2mm，选择实体顶平面为移除平面。单击按钮完成抽壳特征的创建，如图 3-100 所示。

步骤 05 单击【拉伸凸台 / 基体】按钮，选择实体顶平面为草图绘制平面，使用【实体引用】和【等距实体】命令绘制间距为 5 的圆角矩形并退出草图环境；将绘制的圆角矩形向下拉伸 4mm。单击按钮完成拉伸凸台特征的创建，如图 3-101 所示。

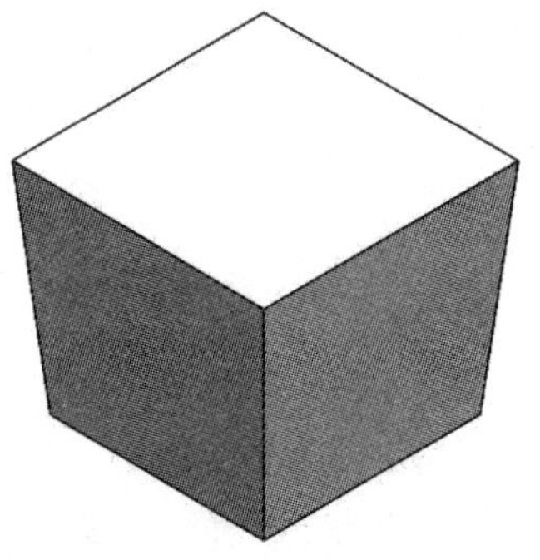
图 3-98 创建拔模特征 1

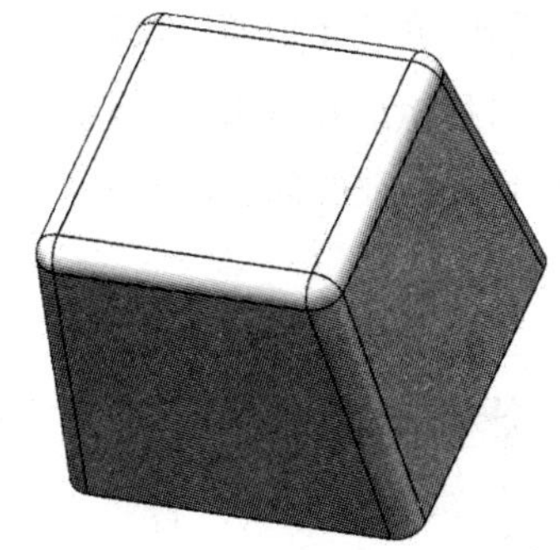
图 3-99 创建圆角特征

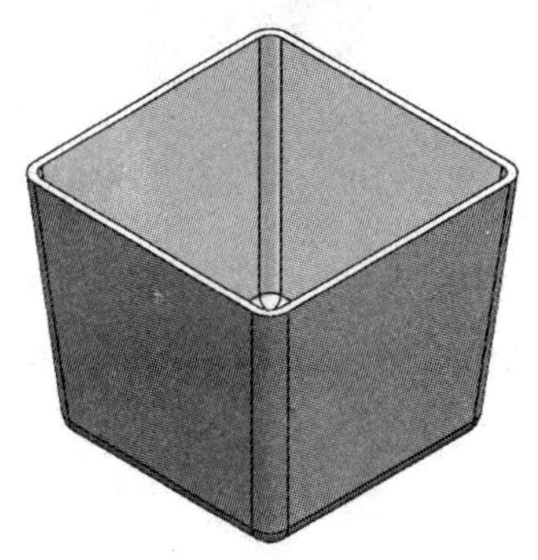
图 3-100 创建抽壳特征

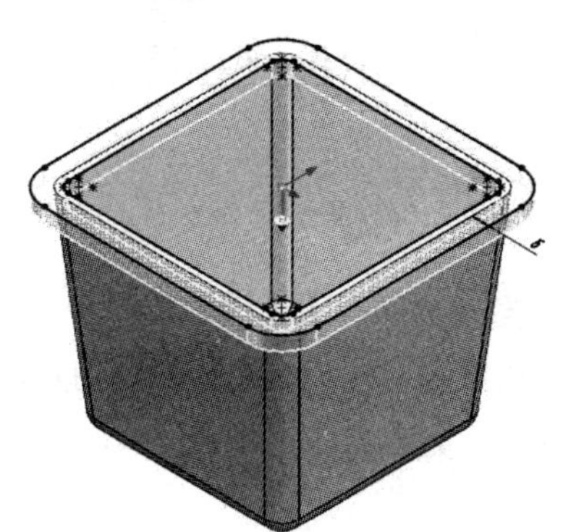
图 3-101 创建拉伸凸台

步骤 06 单击【拔模】按钮，设置拔模角度为 2°，选择实体顶平面为中性平面并指定拔模方向向下，选择拉伸实体的侧面为拔模面。单击按钮完成拔模特征的创建，如图 3-102 所示。

步骤 07 单击【拉伸切除】按钮，选择底平面为草图绘制平面，绘制直径为 20mm 的圆形并退出草图环境；指定拉伸方式为“完全贯穿”。单击按钮完成拉伸切除特征的创建，如图 3-103 所示。

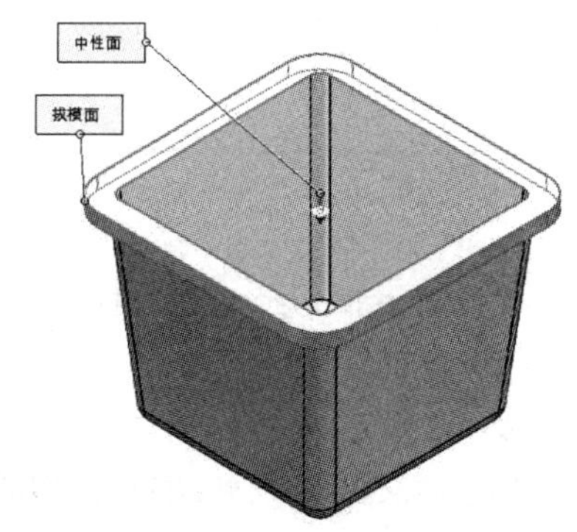

图 3-102 创建拔模特征 2

图 3-103 创建拉伸切除孔

步骤 08　单击【拉伸切除】按钮，选择顶平面为草图绘制平面，绘制如图 3-104 所示的两个对称矩形并退出草图环境；指定拉伸方向向下，拉伸深度为 5mm。单击✓按钮完成拉伸切除特征的创建，如图 3-105 所示。

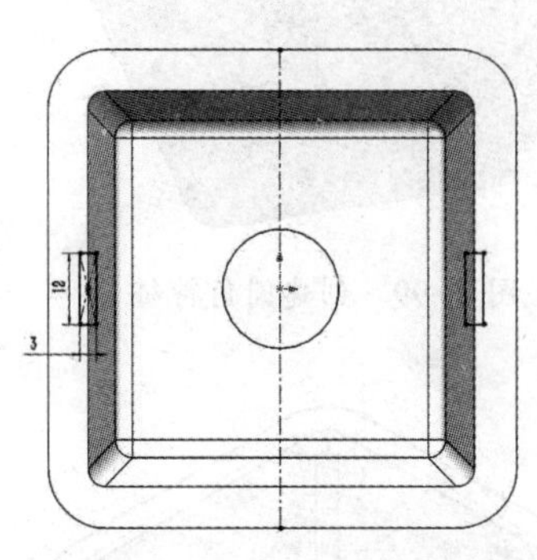

图 3-104　绘制对称矩形

图 3-105　创建拉伸切除槽口

步骤 09　单击【拔模】按钮，设置拔模角度为 3°，选择实体顶平面为中性平面并指定拔模方向向下，选择拉伸切除槽口的 4 个侧面为拔模面。单击✓按钮完成拔模特征的创建，如图 3-106 所示。

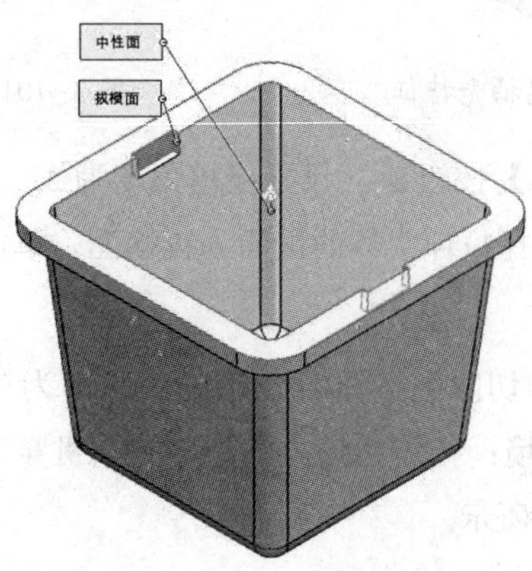

图 3-106　创建拔模特征

3.7 特征操作与编辑

使用 SolidWorks 创建三维模型都将在 FeatureManager 设计树中记录相应的特征，设计人员可随时修改或重定义这些特征，从而达到设计目的。

SolidWorks 特征编辑主要有如下几种基本类型。

（1）特征的重定义。关于特征的重定义主要又分为特征参数的重定义和特征草图轮廓的重定义。

（2）特征的插入与排序。使用 SolidWorks 创建的三维模型均可以在设计树下进行特征的插入操作与重新排序。

（3）编辑再生失败的特征。模型更新后由于参照的丢失常直接导致特征再生失败，因此也需要对特征进行重定义或删除等操作。

（4）特征的复制。针对结构相同而位置不同的特征，可直接使用特征复制的方法来快速创建模型特征。

3.7.1 特征的重定义

特征的重定义分为特征参数重定义和特征草图重定义两种。其中，特征草图重定义常用于特征再生失败后的编辑修改，而特征参数重定义则常用于特征结构及尺寸的编辑修改。

打开学习资料文件“第 3 章 \ 素材文件 \ 特征重定义 . SLDPRT”，如图 3–107（a）所示。通过特征的重定义将图 3–107（a）修改为图 3–107（b），具体操作步骤如下。

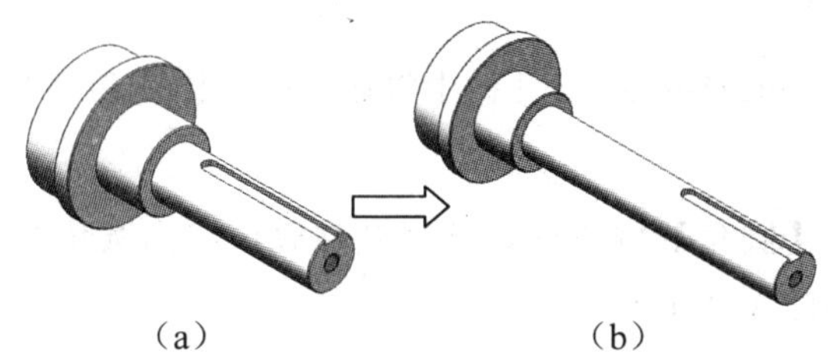

（a）（b）

图 3–107 特征的重定义

步骤 01 在 FeatureManager 设计树中选择【凸台 – 拉伸 1】特征并右击，弹出快捷菜单，再单击【编辑特征】按钮，如图 3–108（a）所示。

步骤 02 修改拉伸凸台在方向 1 上的长度为 350mm，系统将预览出凸台的拉伸结果，如图 3–108（b）所示。

步骤 03 单击按钮完成拉伸凸台特征的重定义。

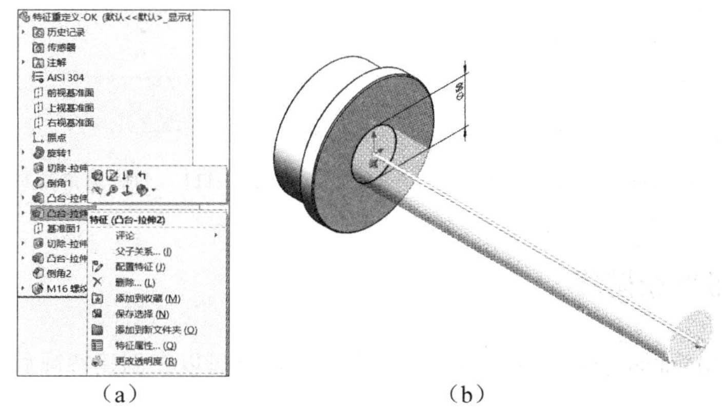

（a）（b）

图 3–108 重定义拉伸凸台特征

3.7.2 特征的插入

在 FeatureManager 设计树中会记录建模过程的步骤特征，使用 SolidWorks 不仅可以依次叠加特征，还可以在其他特征之间插入一个新特征。

打开学习资料文件“第 3 章 \ 素材文件 \ 特征的插入 . SLDPRT”，如图 3−109（a）所示。通过插入新特征的方式将图 3−109（a）修改为图 3−109（b），具体操作步骤如下。

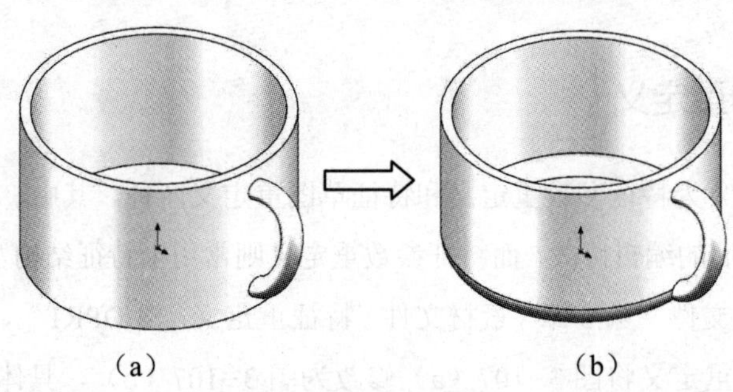

（a）　（b）

图 3−109　特征插入

步骤 01　在 FeatureManager 设计树中将退回控制棒拖动至抽壳 1 特征之前，如图 3−110 所示。

步骤 02　单击【圆角】按钮，选择圆柱底边线为圆角对象，创建一个半径为 5mm 的圆角特征，如图 3−111 所示。

步骤 03　在 FeatureManager 设计树中将退回控制棒重新拖回至步骤特征的最后位置。

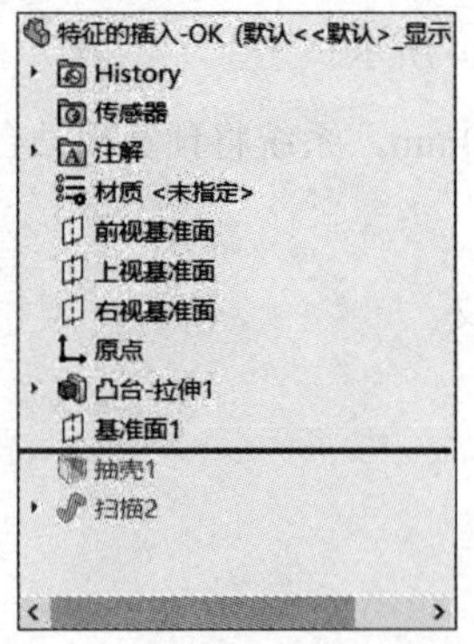

图 3−110　拖动退回控制棒

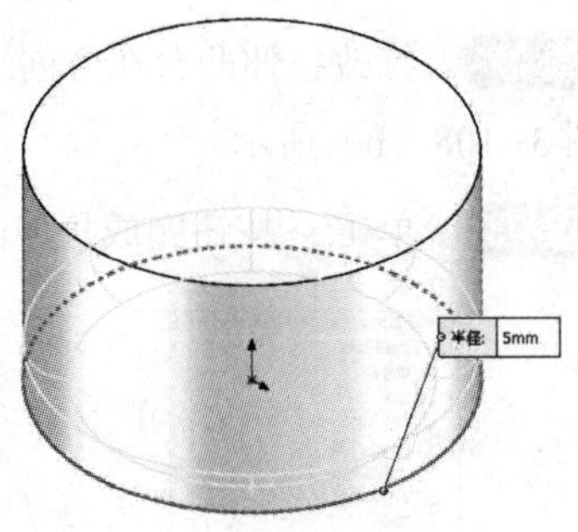

图 3−111　创建圆角特征

3.7.3 特征重新排序

在 FeatureManager 设计树中不仅可以插入特征，还可以在创建特征后对其进行重新排序的操作。

SolidWorks 参数化的建模思路常需要子特征参照父特征的一些几何元素，因此具有父子关系的特征将不能被重新排序操作。如果要将具有父子关系的特征进行排序操作，则需先重定义子特征，将子特征与父特征的参照关系进行解除。如果不能解除这种参照关系，父子关系的特征将不能重新排序。

在 FeatureManager 设计树中选择任意一个特征后按住鼠标左键不放，拖动该特征至任意一个特征之后或之前，再松开鼠标左键，系统将自动调整特征的顺序并再生该三维模型。

3.7.4 特征再生失败及解决方法

在三维模型再生的过程中，由于参照的丢失或特征重定义不当，往往会直接导致模型再生失败。

模型再生失败的原因主要有如下几点。

（1）父特征修改或删除不当。当具有父子关系的两个特征中，父特征由于修改或删除不当将会直接导致子特征的再生失败，如图 3-112 所示。

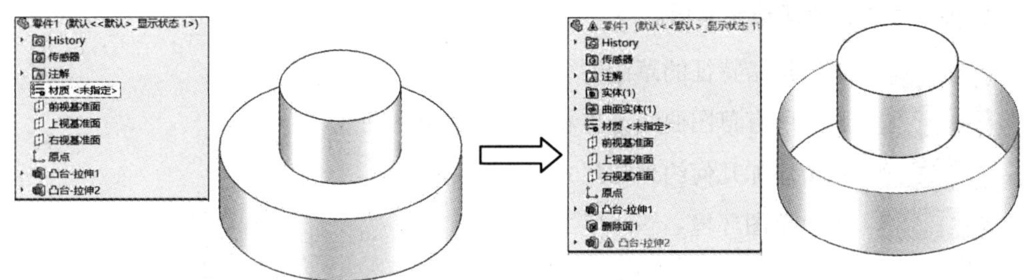

图 3-112 特征再生失败

解决方法一：删除导致报错的特征。

选择图 3-112 上的【删除面 1】特征再将其删除，可快速完成特征报错的修改。

解决方法二：修改子特征的参照对象。

【草图绘制平面】和【草图约束关系】是子特征最常用的参照对象，当这两个参照对象其中任意一个出现丢失时，子特征必然会更新失败。

如图 3-112 所示，在【删除面 1】特征之后创建一个【基准面 1】，再将【凸台 - 拉伸 2】特征的草图绘制平面指定为基准面 1，子特征将顺利完成更新，如图 3-113 所示。

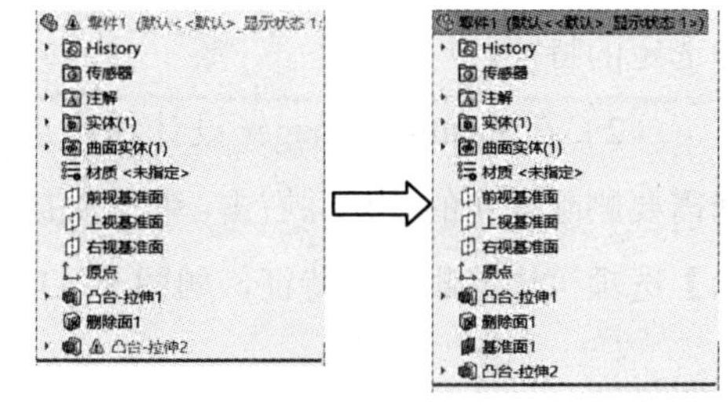

图 3-113 修改子特征草图平面

步骤 01 在 FeatureManager 设计树中将退回控制棒拖动至【删除面 1】之后，并创建一个【基准面 1】。

步骤 02 展开【凸台 - 拉伸 2】特征，选择草图 2 并右击弹出快捷菜单。

步骤 03 单击【编辑草图平面】按钮，选择基准面 1 并单击按钮完成新草图平面的指定。

（2）特征草图约束的丢失。当特征的草图约束或参照对象丢失时，也将直接导致特征的更新失败，如图 3-114 所示。

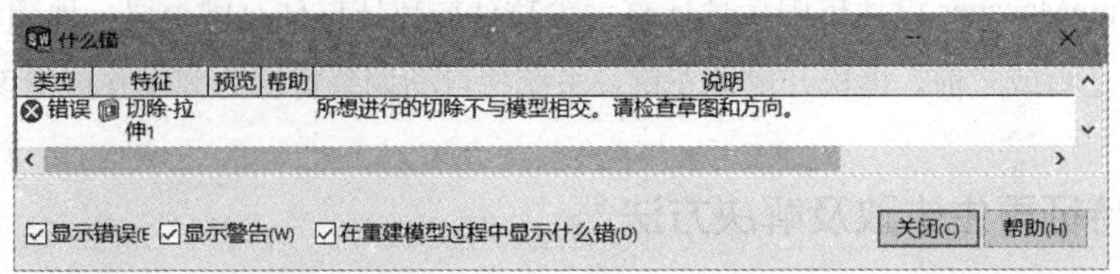

图 3-114 草图约束导致特征更新失败

解决方法一：重定义草图约束。

步骤 01 进入报错特征的草图环境，查看草图曲线的约束符号与标注尺寸。

步骤 02 删除错误的几何约束符号并重定义草图几何约束。

步骤 03 退出草图环境。

解决方法二：重新绘制草图。

步骤 01 进入报错特征的草图环境。

步骤 02 删除所有草图曲线并重新绘制新的草图曲线。

步骤 03 重新添加几何约束与尺寸约束。

步骤 04 退出草图环境。

3.7.5 删除特征

使用 SolidWorks 删除已创建的特征主要有如下两种方式。

（1）在 FeatureManager 设计树中或三维模型中选择需要删除操作的特征，再按【Delete】键，可快速删除选定的特征。

（2）在 FeatureManager 设计树中或三维模型中选择需要删除操作的特征并右击，弹出快捷菜单，选择【删除】选项可快速删除该特征，如图 3-115 所示。

图 3-115 使用快捷菜单删除特征

3.7.6 特征的镜像复制

特征的镜像复制是将已创建的特征相对于一个平面进行对称复制操作，从而得到一个与源对象结构相同位置对称的副本特征。

打开学习资料文件“第 3 章 \ 素材文件 \ 镜像特征 . SLDPRT”，如图 3–116（a）所示。执行【镜向】命令将图 3–116（a）修改为图 3–116（b），具体操作步骤如下。

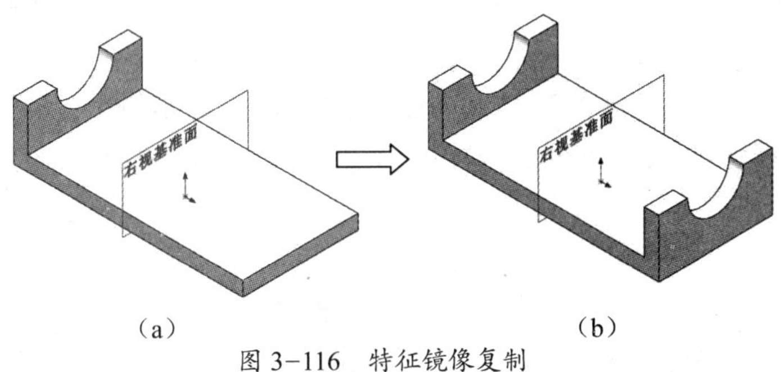

图 3–116　特征镜像复制

步骤 01　单击【镜向】按钮，选择右视基准面为特征的镜像面，如图 3–117（a）所示。

步骤 02　选择【凸台 – 拉伸 1】特征为需要镜像的特征，系统将预览出镜像结果，如图 3–117（b）所示。

步骤 03　单击按钮完成特征的镜像复制操作。

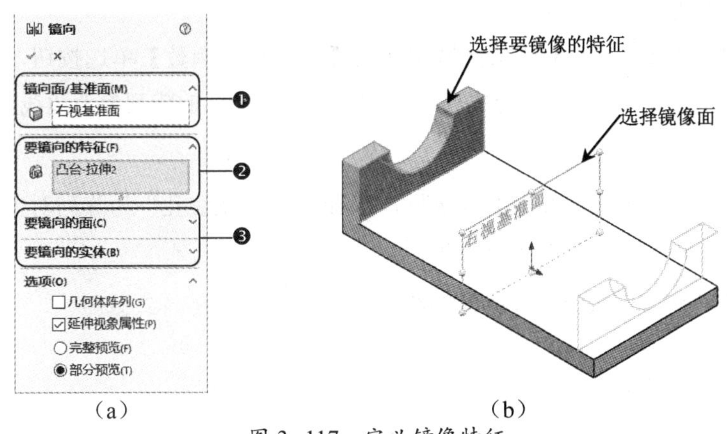

图 3–117　定义镜像特征

❶ 镜像面 / 基准面	用于定义镜像操作的参考平面，可选择基准平面作为镜像面，也可选择实体表平面为镜像面。
❷ 要镜像的特征	用于定义当前需要镜像复制操作的特征对象，选择的对象必须是已创建的几何对象。
❸ 其他要镜像的对象	用于定义其他镜像对象，既可以是曲面片体也可以是未合并的实体几何对象。

技能拓展

按住【Ctrl】键同时选择要镜像的特征和镜像面，再执行【镜向】命令可以快速创建镜像特征。

3.7.7 线性阵列特征

线性阵列特征是将已创建的特征按照矩形的方式进行位移复制，从而创建出多个特征副本。

打开学习资料文件“第 3 章 \ 素材文件 \ 线性阵列特征 . SLDPRT”，如图 3-118（a）所示。执行【线性阵列】命令将图 3-118（a）修改为图 3-118（b），具体操作步骤如下。

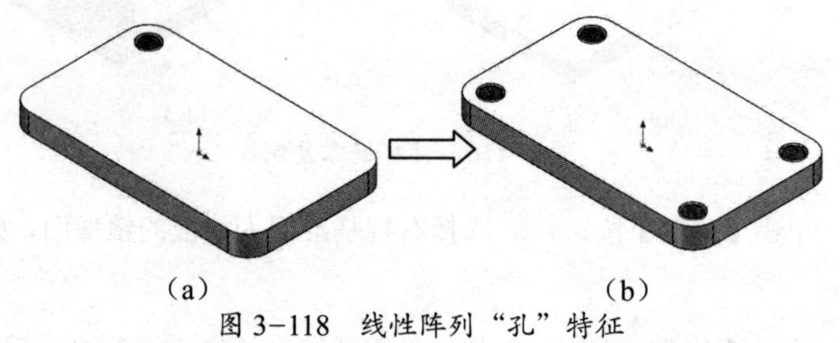

（a）　　　　（b）

图 3-118　线性阵列“孔”特征

步骤 01　单击【线性阵列】按钮，在【方向 1】选项区域中选中【间距与实例数】单选按钮，设置间距值为 100mm，实例数为 2。选择实体的右侧边线为方向 1 的阵列参考边线，如图 3-119（a）所示。

步骤 02　在【方向 2】选项区域中选中【间距与实例数】单选按钮，设置间距值为“50.00mm”，实例数为 2。选择实体的左侧边线为方向 2 的阵列参考边线，如图 3-119（a）所示。

步骤 03　选中【特征和面】复选框，选择“M10 螺纹孔”为阵列对象，系统将预览出线性阵列结果，如图 3-119（b）所示。

步骤 04　单击按钮完成特征的线性阵列复制。

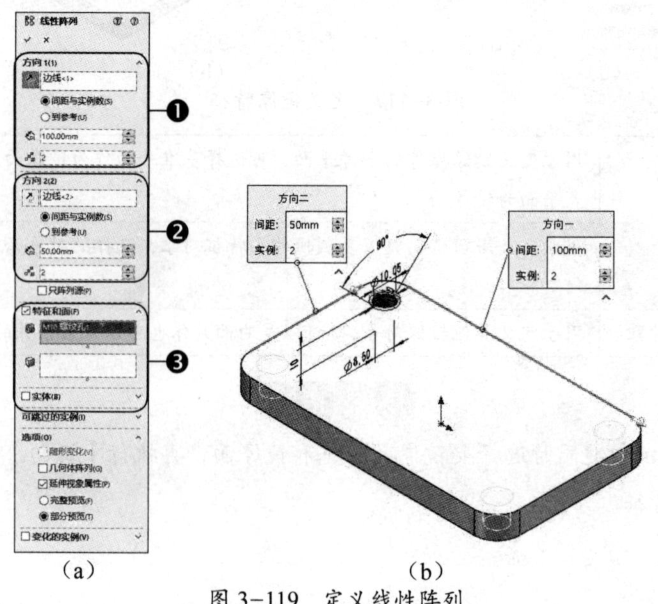

（a）　　　　（b）

图 3-119　定义线性阵列

❶ 方向 1	用于定义当前线性阵列在第一个阵列方向上的间距值、实例数及方向参考边线。
❷ 方向 2	用于定义当前线性阵列在另一个阵列方向上的间距值、实例数及方向参考边线。
❸ 特征和面	用于定义需要阵列复制的特征或曲面体。当选中【实体】复选框后，则只能选择独立的三维实体作为线性阵列对象。

3.7.8 圆周阵列特征

圆周阵列特征是将已知的特征按照指定轴线进行空间旋转位移，从而创建出多个特征副本。

打开学习资料文件“第 3 章 \ 素材文件 \ 圆周阵列特征 . SLDPRT”，如图 3–118（a）所示。执行【圆周阵列】命令将图 3–120（a）修改为图 3–120（b），具体操作步骤如下。

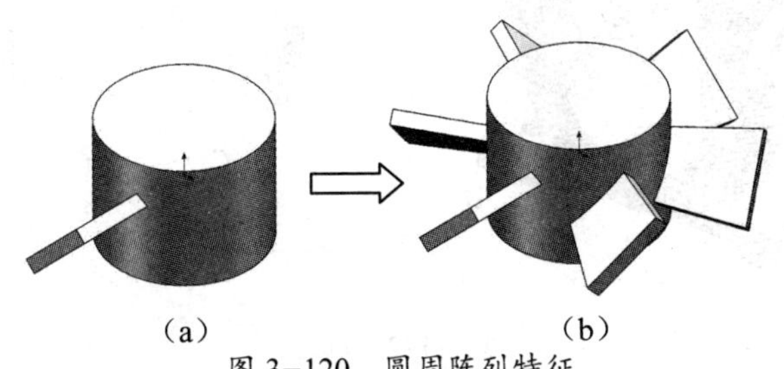

（a）　（b）

图 3–120　圆周阵列特征

步骤 01　单击【圆周阵列】按钮，选择圆柱体的圆形边线为参考边线，设置总角度为“360.00 度”，实例数为“6”，选中【等间距】复选框，如图 3–121（a）所示。

步骤 02　选中【特征和面】复选框，选择放样 1 特征为阵列对象，系统将预览出圆周阵列结果，如图 3–121（b）所示。

步骤 03　单击按钮完成特征的圆周阵列复制。

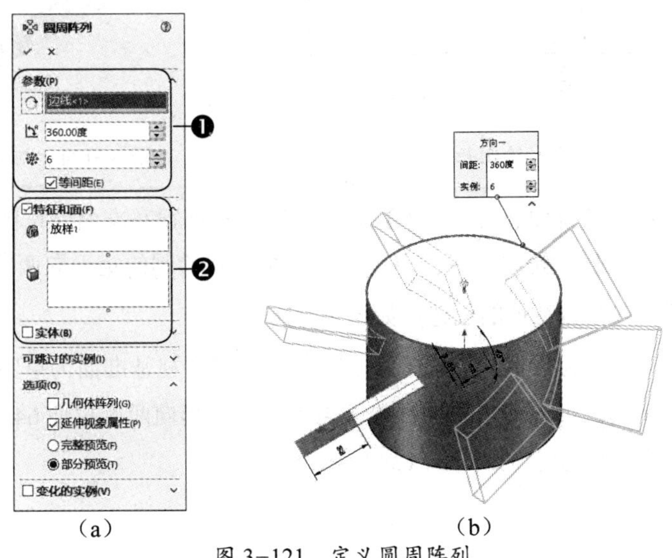

（a）　（b）

图 3–121　定义圆周阵列

❶ 参数	用于定义当前圆周阵列的参考边线、圆周总角度及阵列实例数。
❷ 特征和面	用于定义需要圆周阵列复制的特征或曲面体。当选中【实体】复选框后，则只能选择独立的三维实体作为圆周阵列对象。

课堂范例——机座

执行【拉伸凸台/基体】【拉伸切除】【异型孔向导】【镜向】命令创建机座三维模型，如图 3-122 所示。

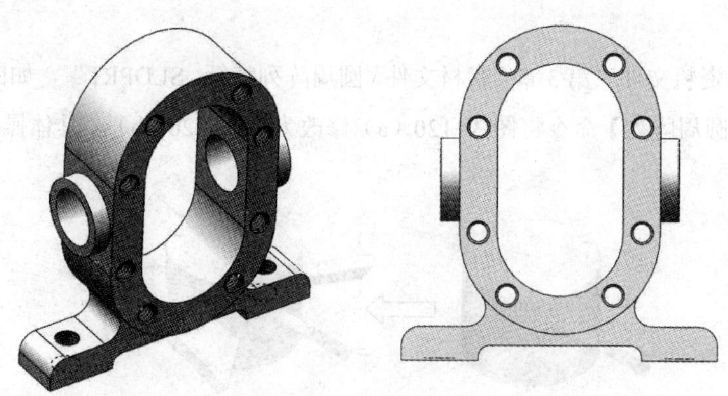

图 3-122　机座

步骤 01　单击【拉伸凸台/基体】按钮，选择前视基准面为草图绘制平面，绘制如图 3-123 所示的矩形并退出草图环境；将绘制的矩形向两侧拉伸 15mm。单击按钮完成拉伸凸台特征的创建，如图 3-124 所示。

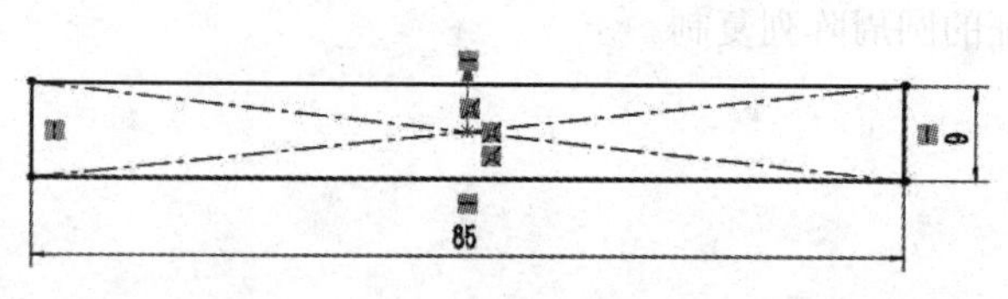

图 3-123　绘制矩形

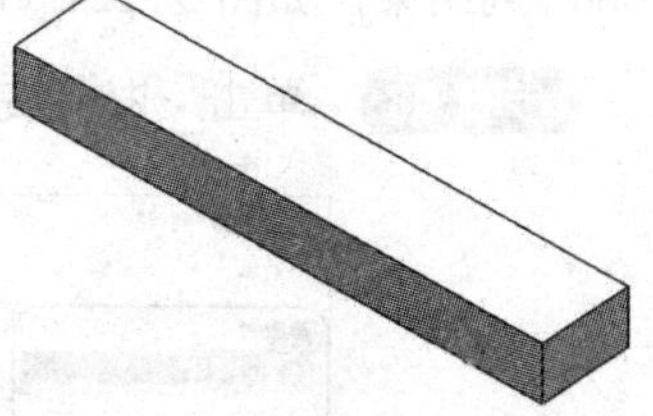

图 3-124　创建拉伸凸台

步骤 02　单击【拉伸凸台/基体】按钮，选择前视基准面为草图绘制平面，绘制如图 3-125 所示的封闭轮廓曲线并退出草图环境；将绘制的矩形向两侧拉伸 24mm。单击按钮完成拉伸凸台特征的创建，如图 3-126 所示。

步骤 03　单击【拉伸凸台/基体】按钮，选择右视基准面为草图绘制平面，绘制如图 3-127 所示的圆形并退出草图环境；将绘制的矩形向两侧拉伸 64mm。单击按钮完成拉伸凸台特征的创建，如图 3-128 所示。

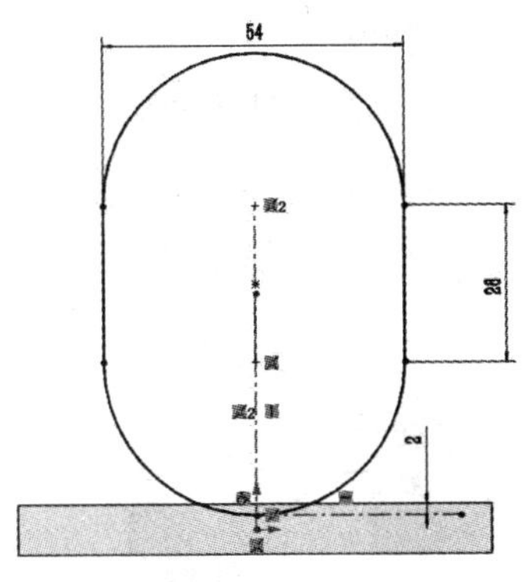

图 3-125 绘制封闭轮廓曲线

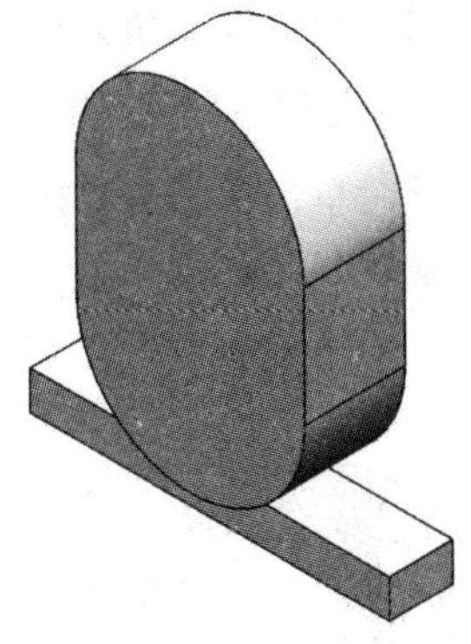

图 3-126 创建拉伸凸台 1

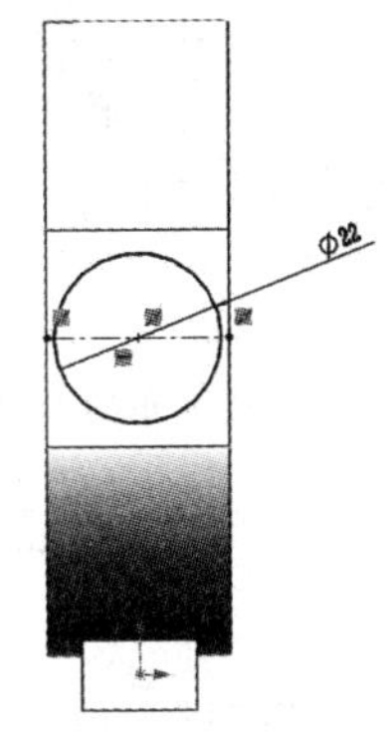

图 3-127 绘制圆形 1

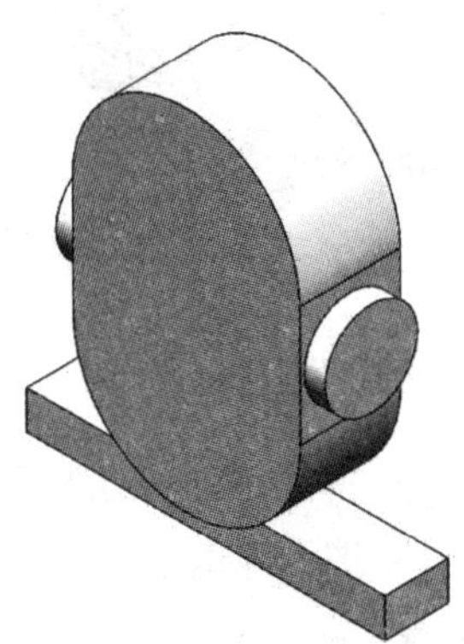

图 3-128 创建拉伸凸台 2

步骤 04 单击【拉伸切除】按钮，选择圆柱平面为草图绘制平面，绘制如图 3-129 所示的圆形并退出草图环境；指定拉伸方式为“完全贯穿”。单击按钮完成拉伸切除特征的创建。

步骤 05 单击【拉伸切除】按钮，选择实体侧平面为草图绘制平面，绘制如图 3-130 所示的两条封闭轮廓曲线并退出草图环境；指定拉伸方式为“完全贯穿”。单击按钮完成拉伸切除特征的创建。

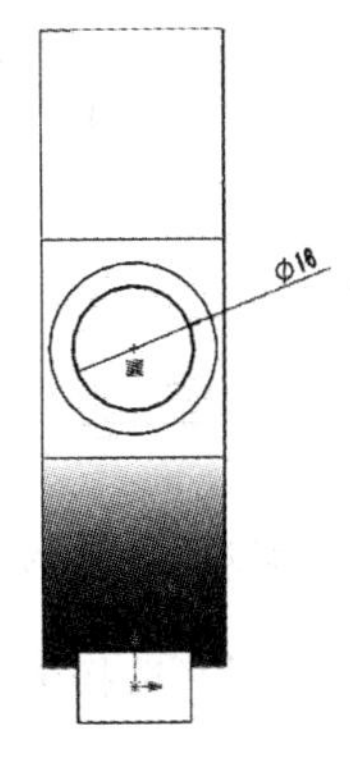

图 3-129 绘制圆形 2

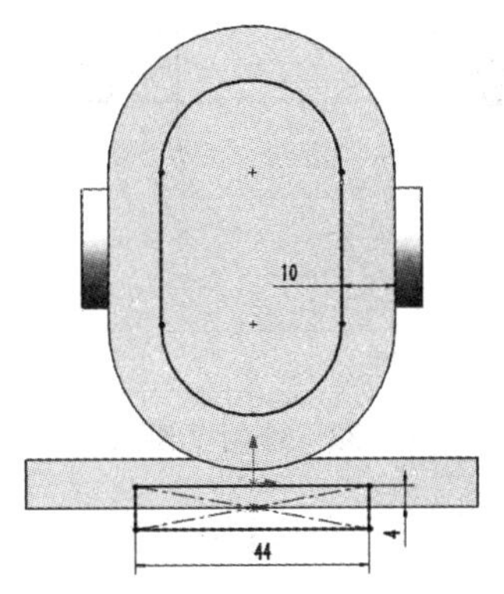

图 3-130 绘制两条封闭轮廓曲线

步骤 06 单击【圆角】按钮，设置圆角半径为 5mm，选择矩形实体的 4 条棱角边线为圆角参考边。单击按钮完成圆角特征的创建，如图 3-131 所示。

步骤 07 单击【圆角】按钮，设置圆角半径为 3mm，选择矩形实体的两条底边线为圆角参考边。单击按钮完成圆角特征的创建，如图 3-132 所示。

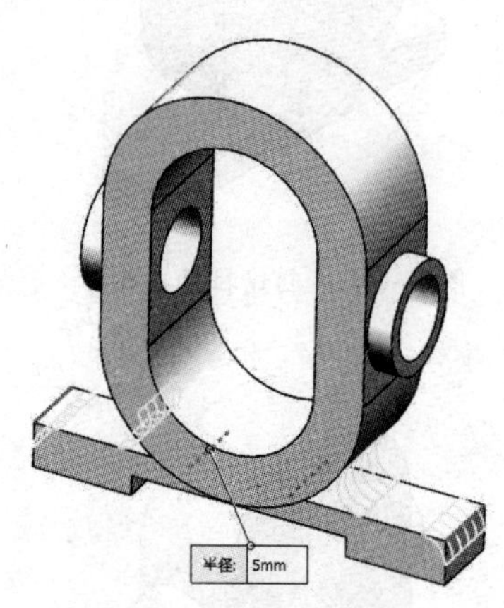

图 3-131 创建圆角特征 1

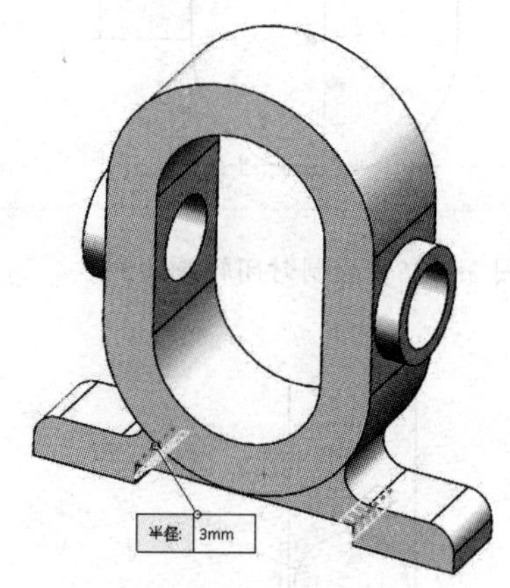

图 3-132 创建圆角特征 2

步骤 08 单击【草图绘制】按钮，选择实体侧平面为草图绘制平面，绘制如图 3-133 所示的草图点并退出草图环境。

步骤 09 单击【异型孔向导】按钮，在【孔类型】选项区域中单击【直螺纹孔】按钮，指定规格为“M6”，设置终止条件为“完全贯穿”；切换至【位置】选项卡，分别选择 4 个草图点为孔特征的放置点。单击按钮完成螺纹孔特征的创建，如图 3-134 所示。

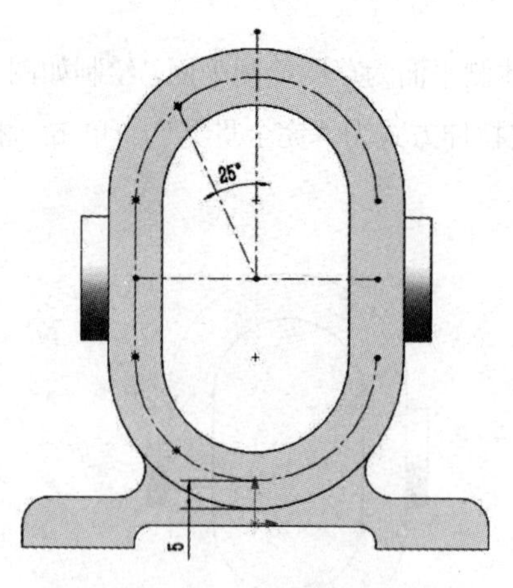

图 3-133 绘制草图点

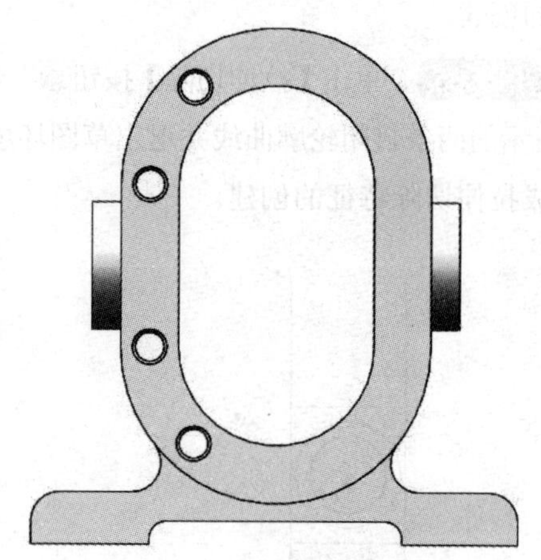

图 3-134 创建螺纹孔特征

步骤 10 单击【镜向】按钮，选择右视基准面为镜像面，选择创建的 M6 螺纹孔为镜像特征。单击按钮完成镜像螺纹孔的创建，如图 3-135 所示。

步骤 11 单击【草图绘制】按钮，选择矩形实体底平面为草图绘制平面，绘制如图 3-136 所示的草图点并退出草图环境。

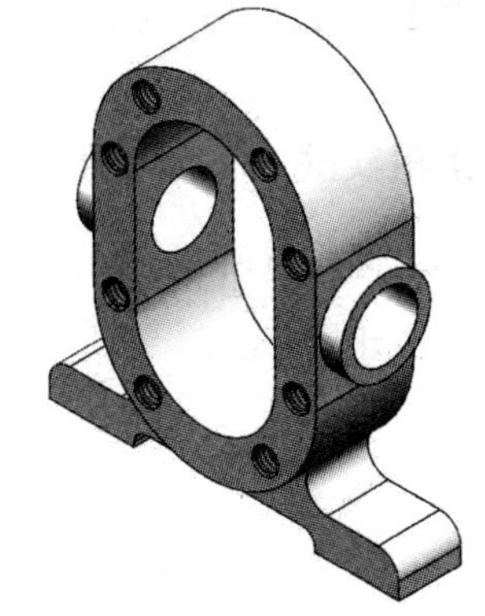

图 3-135 镜像螺纹孔

步骤 12 单击【异型孔向导】按钮，在【孔类型】选项区域中单击【直螺纹孔】按钮，指定规格为“M8”，设置终止条件为“给定深度”并指定深度值为 20mm；切换至【位置】选项卡，分别选择两个草图点为孔特征的放置点。单击按钮完成螺纹孔特征的创建，如图 3-137 所示。

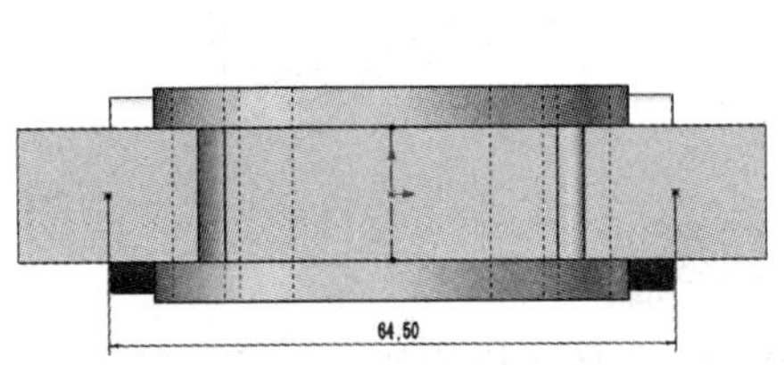

图 3-136 绘制草图点

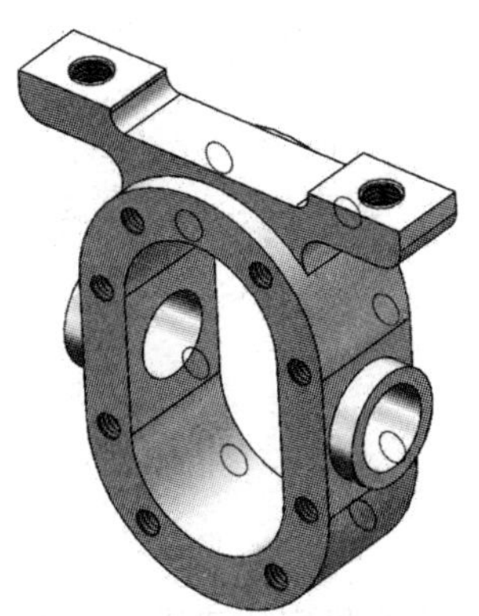

图 3-137 创建螺纹孔特征

课堂问答

本章通过对 SolidWorks 2016 的实体零件造型命令进行讲解，演示了实体建模的基本思路与操作方法。下面将列出一些常见的问题供读者学习与参考。

问题❶：怎样快速对模型进行定向显示?

答：在【视图（前导）】工具栏中展开视图定向样式列表，再选择系统已定义的常用方位视图，可快速对三维模型进行视图定向操作。

问题❷：重定义特征主要有哪几种方式?

答：重定义特征主要有重定义特征建模参数和重定义特征草图两种方式。其中，重定义特征草图是指对支持实体特征的二维草图曲线进行重新绘制或编辑修改。

问题❸：怎样快速复制出结构相同位置不同的实体特征?

答：使用 SolidWorks 进行实体零件建模，针对结构尺寸都相同的特征可使用【镜向】或【阵列】命令来快速创建多个相同结构的实体特征。其中，【阵列】命令又分为【线性阵列】【圆周阵列】【曲线驱动的阵列】【草图驱动的阵列】【表格驱动的阵列】【填充阵列】及【变量阵列】。

上机实战——电视机壳体

为巩固本章所介绍的内容，下面将以电视机壳体零件为例，综合演示本章所讲解的实体特征建模方法。

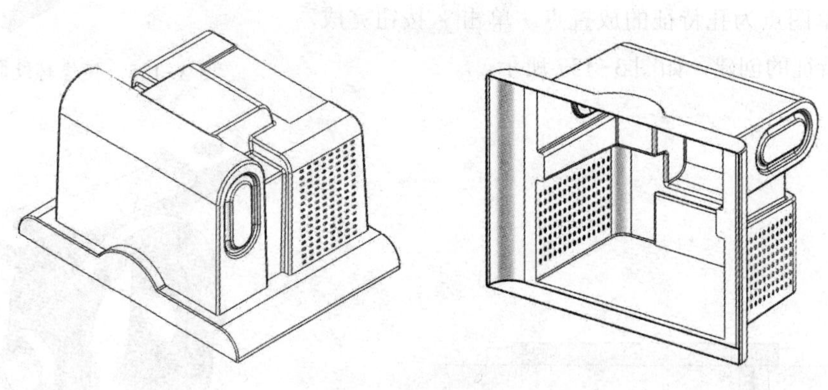

思路分析

在电视机壳体建模过程中，将体现 SolidWorks 实体建模的基本思路与方法，重点使用拉伸特征、扫描特征、拔模特征、抽壳特征的操作技巧。其主要有如下几个基本步骤。

(1) 创建基本结构实体。

(2) 创建拔模、抽壳特征。

(3) 创建凹槽、圆孔特征。

制作步骤

步骤 01 单击【拉伸凸台 / 基体】按钮，选择上视基准面为草图绘制平面，绘制如图 3-138 所示的圆角矩形并退出草图环境；将绘制的圆角矩形向两侧拉伸 450mm。单击按钮完成拉伸凸台特征的创建，如图 3-139 所示。

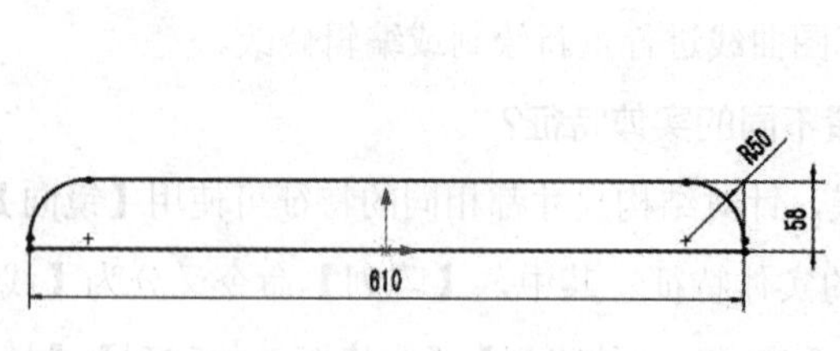

图 3-138　绘制圆角矩形

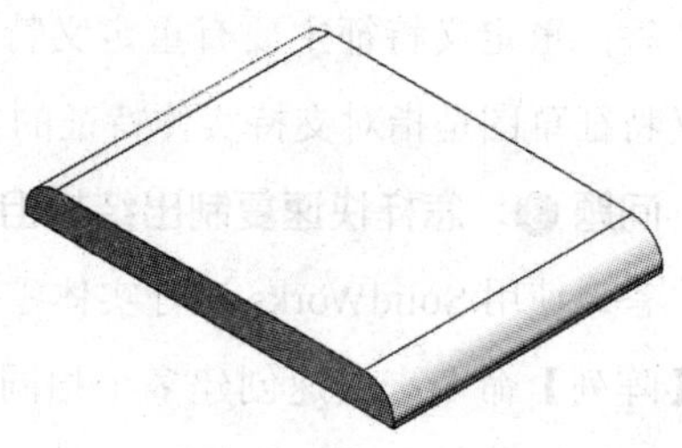

图 3-139　创建拉伸凸台

步骤 02 单击【拉伸凸台 / 基体】按钮，选择实体顶平面为草图绘制平面，绘制如图 3-140 所示的矩形并退出草图环境；将绘制的矩形向上拉伸 320mm。单击按钮完成拉伸凸台特征的创建，如图 3-141 所示。

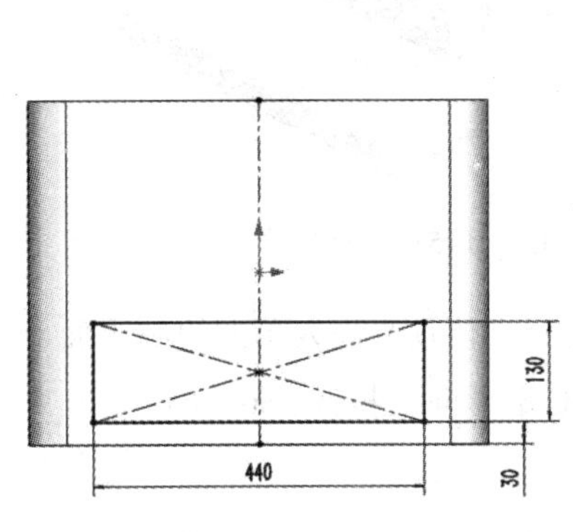

图 3-140 绘制矩形

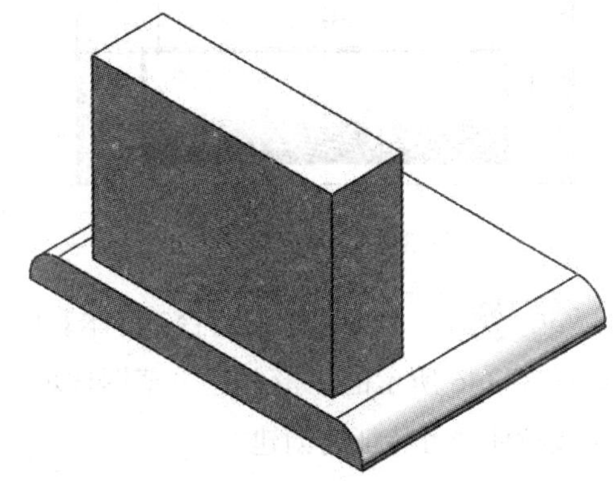
图 3-141 创建拉伸凸台

步骤 03 单击【拔模】按钮，设置拔模角度为 1°，选择实体顶平面为中性平面并指定拔模方向向上，选择实体 4 个侧面为拔模面。单击按钮完成拔模特征的创建，如图 3-142 所示。

步骤 04 单击【圆角】按钮，再单击【完整圆角】按钮，选择前后侧面为边侧面，选择顶平面为中央平面。单击按钮完成圆角特征的创建，如图 3-143 所示。

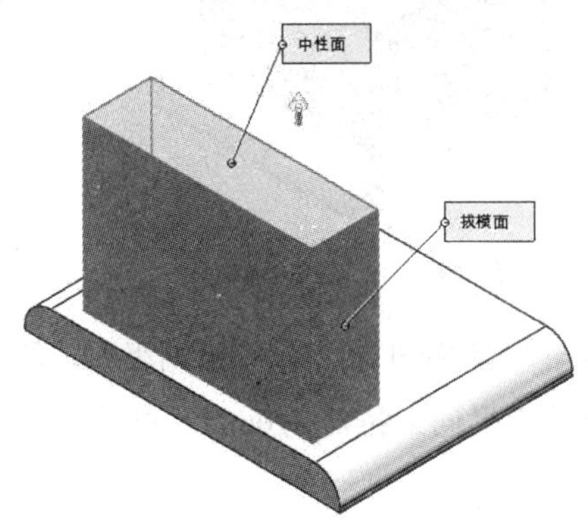

图 3-142 创建拔模特征

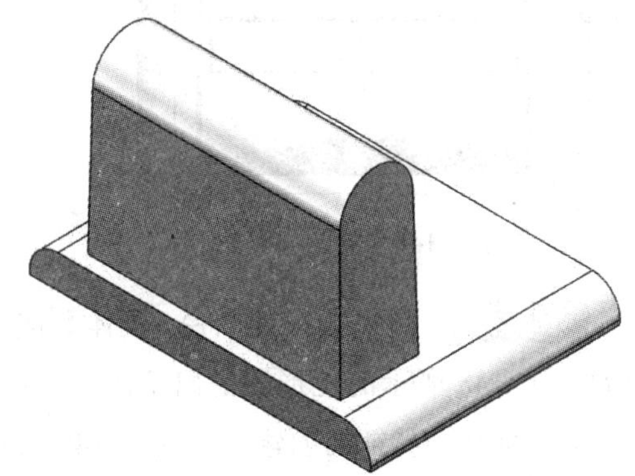
图 3-143 创建圆角特征

步骤 05 单击【拉伸凸台 / 基体】按钮，选择实体顶平面为草图绘制平面，绘制如图 3-144 所示的矩形并退出草图环境；将绘制的矩形向上拉伸 230mm。单击按钮完成拉伸凸台特征的创建，如图 3-145 所示。

步骤 06 单击【拔模】按钮，设置拔模角度为 1°，选择实体顶平面为中性平面并指定拔模方向向上，选择实体 3 个侧面为拔模面。单击按钮完成拔模特征的创建。

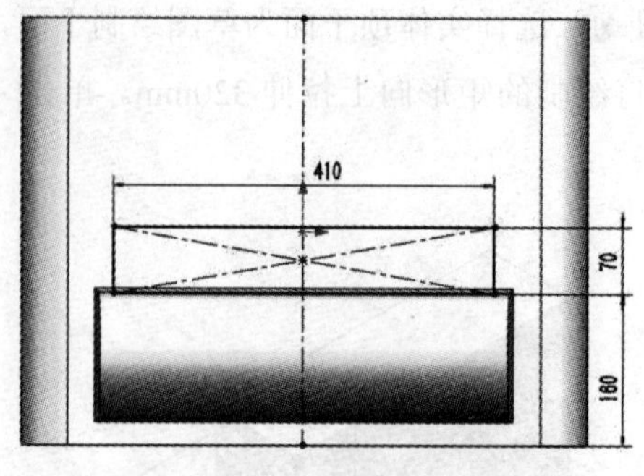

图 3-144　绘制矩形 1

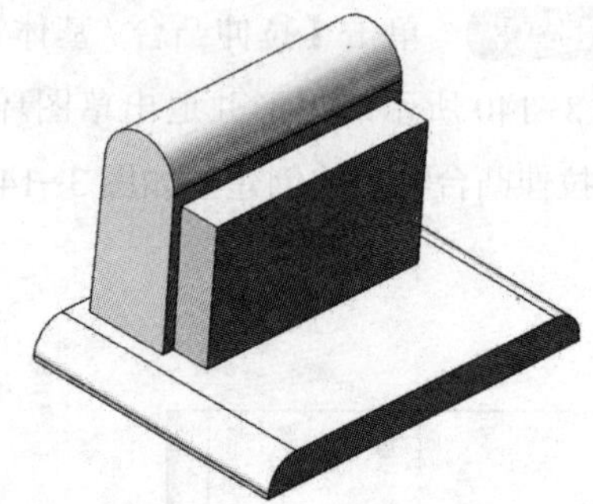

图 3-145　创建拉伸凸台 1

步骤 07　单击【拉伸凸台 / 基体】按钮，选择实体顶平面为草图绘制平面，绘制如图 3-146 所示的矩形并退出草图环境；将绘制的矩形向上拉伸 260mm。单击按钮完成拉伸凸台特征的创建。

步骤 08　单击【拔模】按钮，设置拔模角度为 2°，选择实体顶平面为中性平面并指定拔模方向向上，选择实体 3 个侧面为拔模面。单击按钮完成拔模特征的创建，如图 3-147 所示。

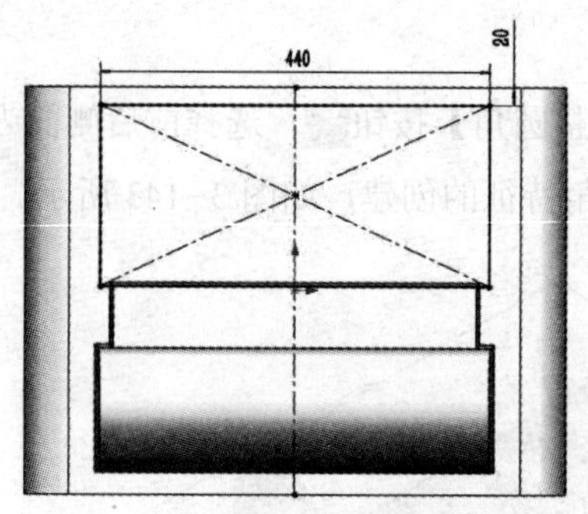

图 3-146　绘制矩形 2

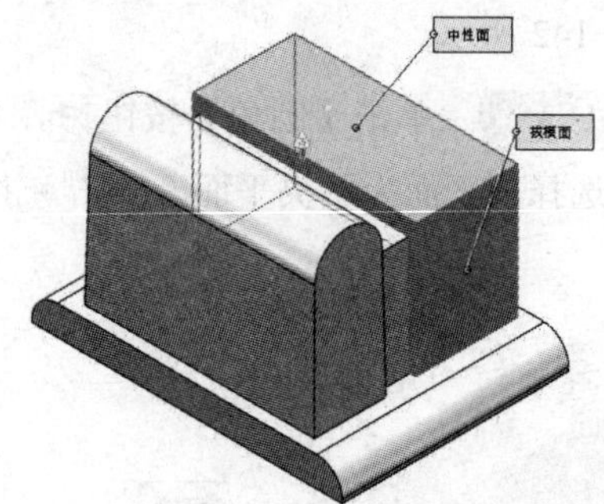

图 3-147　创建拔模特征

步骤 09　单击【拉伸凸台 / 基体】按钮，选择实体顶平面为草图绘制平面，绘制如图 3-148 所示的矩形并退出草图环境；将绘制的矩形向上拉伸 310mm。单击按钮完成拉伸凸台特征的创建，如图 3-149 所示。

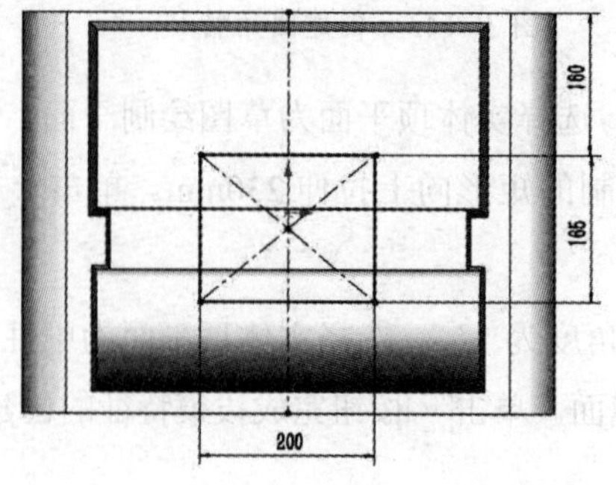

图 3-148　绘制矩形 3

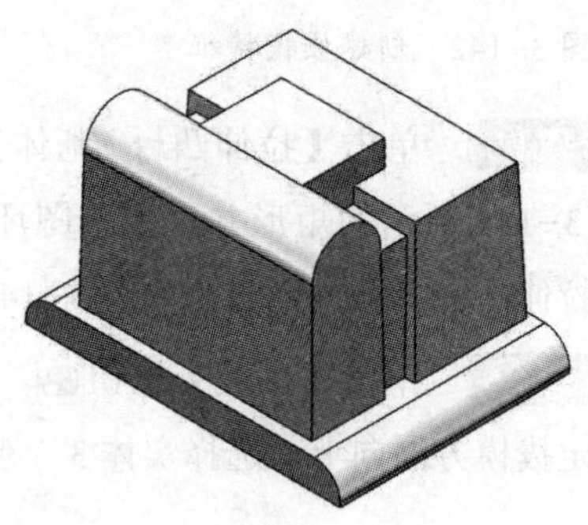

图 3-149　创建拉伸凸台 2

步骤 10 单击【拔模】按钮，设置拔模角度为10°，选择实体顶平面为中性平面并指定拔模方向向上，选择实体3个侧面为拔模面。单击按钮完成拔模特征的创建，如图3-150所示。

步骤 11 单击【圆角】按钮，设置圆角半径为30mm，选择3条实体边线为圆角参考边。单击按钮完成圆角特征的创建，如图3-151所示。

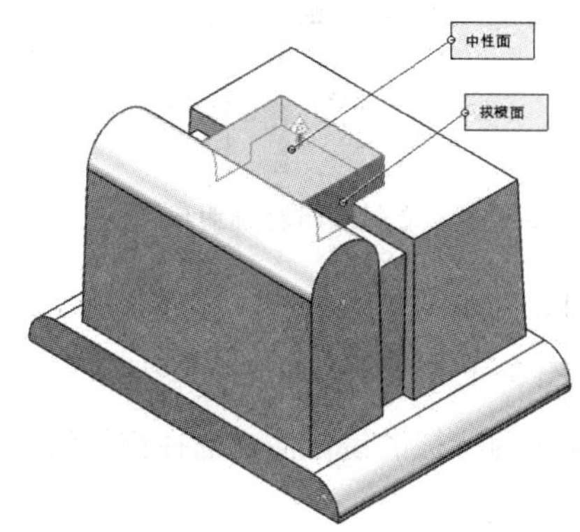

图3-150 创建拔模特征

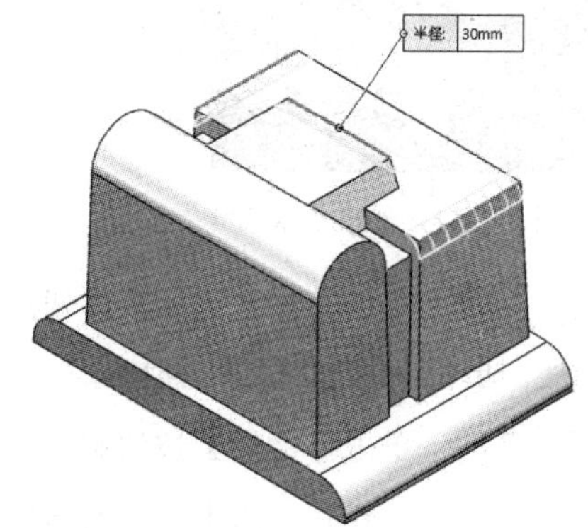

图3-151 创建圆角特征1

步骤 12 单击【圆角】按钮，设置圆角半径为5mm，选择实体边线为圆角参考边。单击按钮完成圆角特征的创建，如图3-152所示。

步骤 13 单击【草图绘制】按钮，选择实体侧面为草图绘制平面，绘制如图3-153所示的条形圆并退出草图环境。

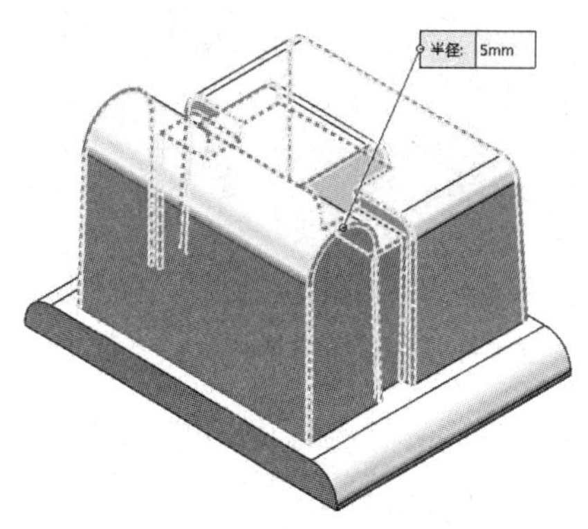

图3-152 创建圆角特征2

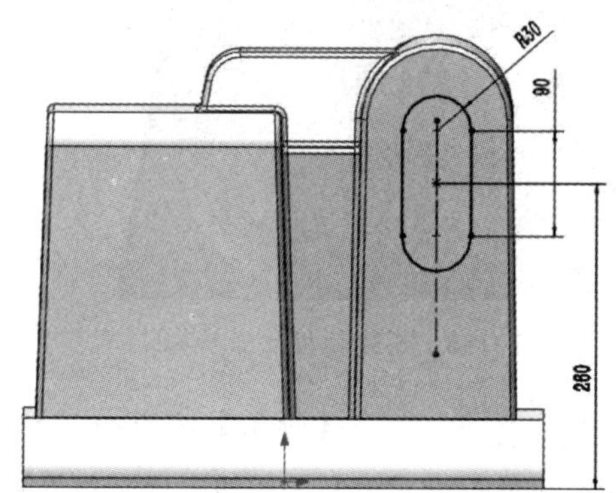

图3-153 绘制条形圆

步骤 14 执行【基准面】命令，选择条形圆的直线边为第一参考对象并定义约束为垂直，选择直线端点为第二参考对象。单击按钮完成基准面1的创建，如图3-154所示。

步骤 15 单击【草图绘制】按钮，选择基准面1为草图绘制平面，绘制如图3-155所示的封闭轮廓曲线并退出草图环境。

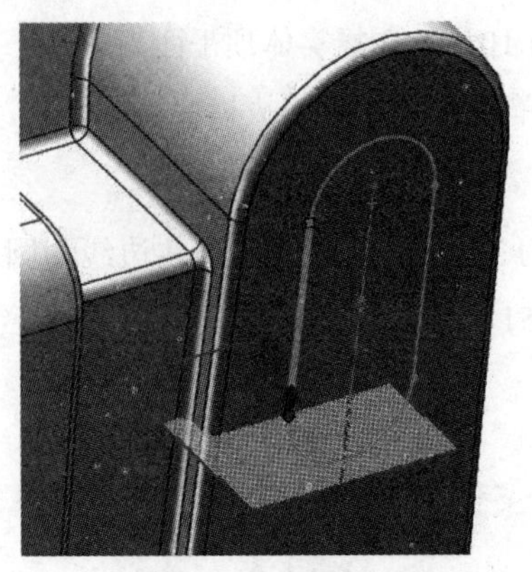

图 3-154　创建基准面 1

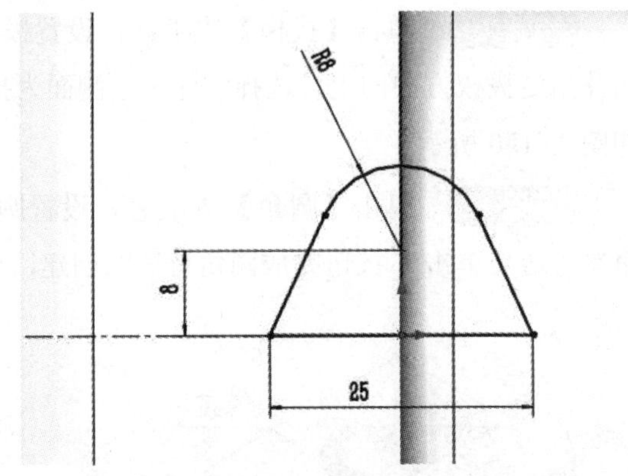

图 3-155　绘制封闭轮廓曲线

步骤 16　单击【扫描切除】按钮，选择草图 8 为草图轮廓曲线，选择草图 7 为路径曲线。单击按钮完成扫描切除特征的创建，如图 3-156 所示。

步骤 17　单击【镜像】按钮，选择右视基准面为特征的镜像面，选择扫描切除特征为镜像特征。单击按钮完成镜像扫描切除特征的创建。

步骤 18　单击【圆角】按钮，设置圆角半径为 8mm，选择扫描切除的底边线为圆角参考边。单击按钮完成圆角特征的创建，如图 3-157 所示。

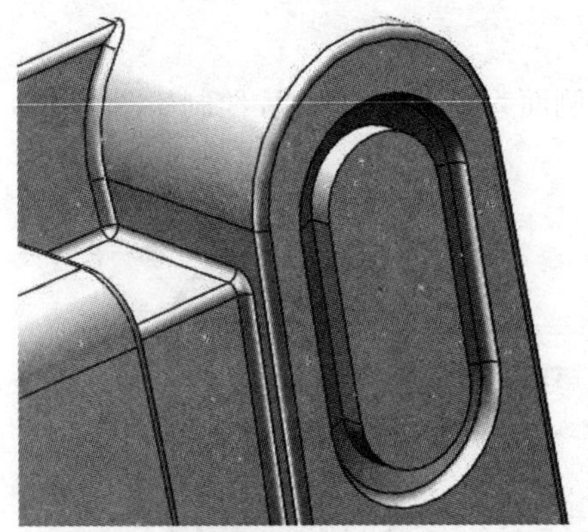

图 3-156　创建扫描切除特征

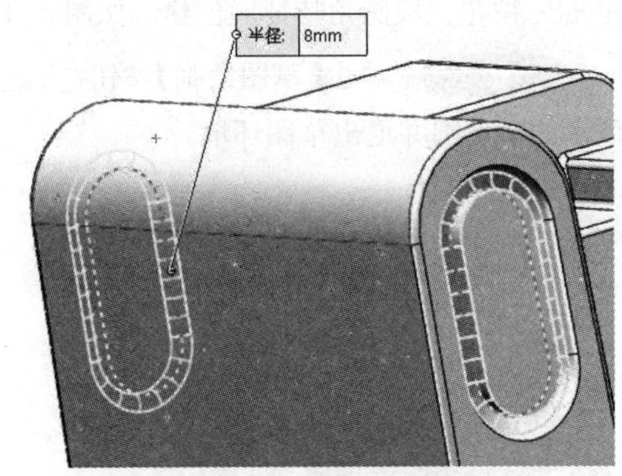

图 3-157　创建圆角特征

步骤 19　单击【圆角】按钮，设置圆角半径为 5mm，选择扫描切除的棱角边线为圆角参考边。单击按钮完成圆角特征的创建，如图 3-158 所示。

步骤 20　单击【拉伸凸台 / 基体】按钮，选择底部实体侧平面为草图绘制平面，绘制如图 3-159 所示的半圆并退出草图环境；将绘制的半圆轮廓曲线拉伸至相邻实体面上。单击按钮完成拉伸凸台特征的创建，如图 3-160 所示。

步骤 21　单击【拉伸切除】按钮，选择顶平面为草图绘制平面，绘制如图 3-161 所示的矩形并退出草图环境；指定拉伸方向向下，拉伸深度为 8mm。单击按钮完成拉伸切除特征的创建，如图 3-162 所示。

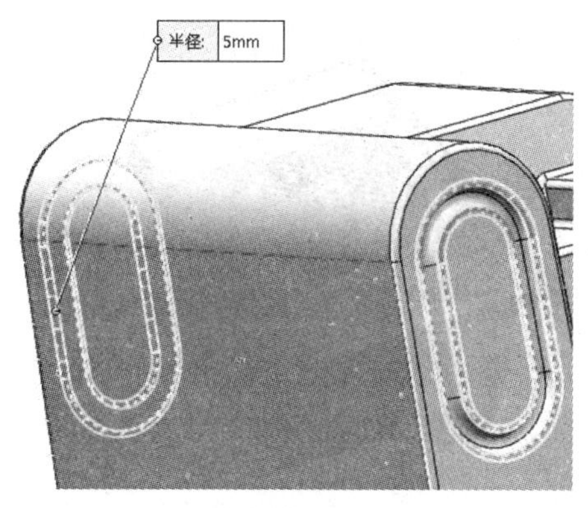

图 3-158 创建圆角特征 1

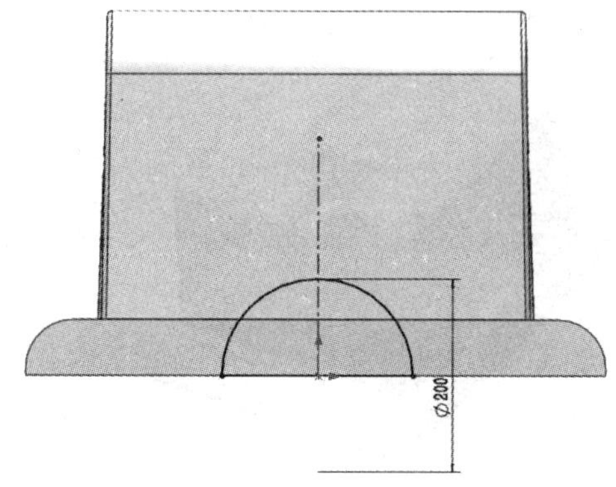

图 3-159 绘制半圆

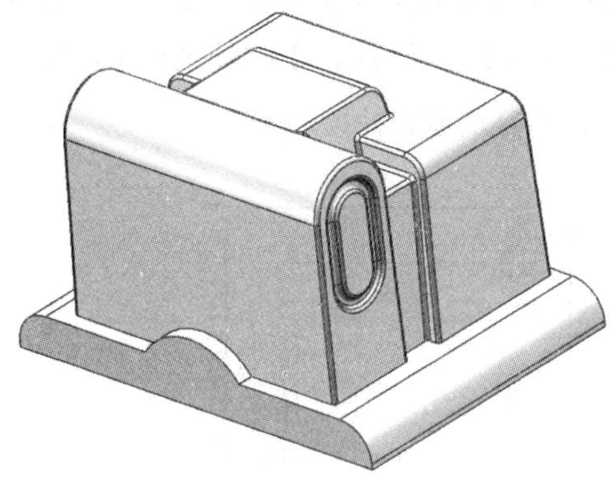

图 3-160 创建拉伸凸台

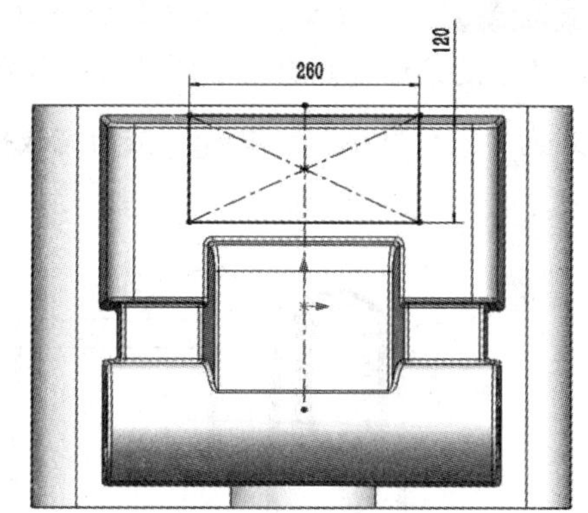

图 3-161 绘制矩形

步骤 22 单击【圆角】按钮，设置圆角半径为 5mm，选择半圆凸台实体的两边线为圆角参考边。单击按钮完成圆角特征的创建，如图 3-163 所示。

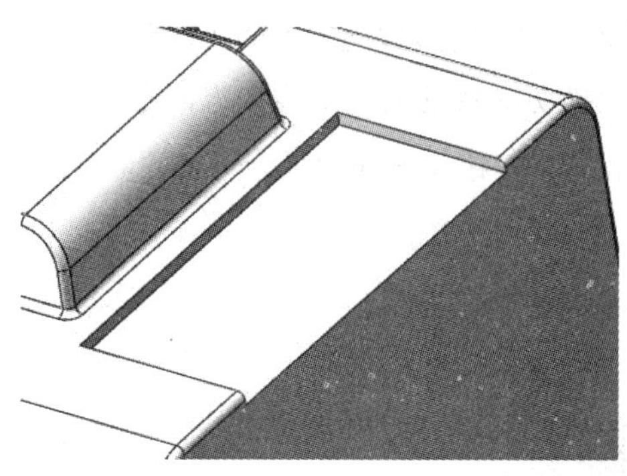

图 3-162 创建拉伸切除槽口

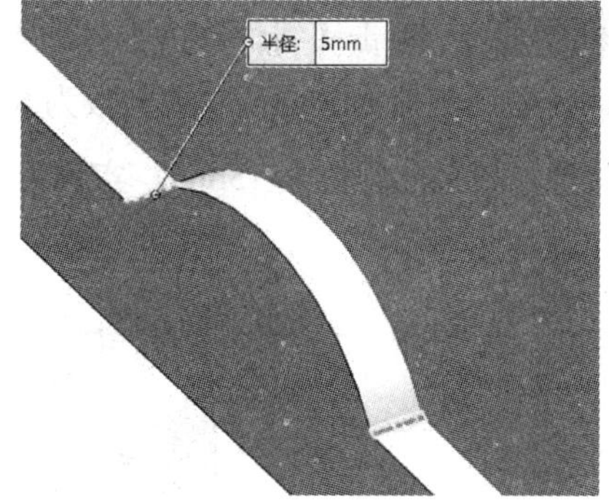

图 3-163 创建圆角特征 2

步骤 23 单击【圆角】按钮，设置圆角半径为 3mm，选择底部实体与槽口实体的边线为圆角参考边。单击按钮完成圆角特征的创建，如图 3-164 所示。

步骤 24 单击【抽壳】按钮，设置抽壳平均厚度值为 2mm，选择实体底平面为移除平面。单击按钮完成抽壳特征的创建，如图 3-165 所示。

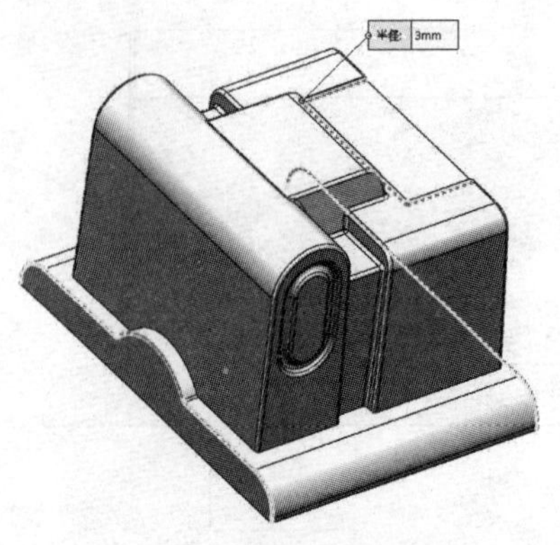

图 3-164 创建圆角特征

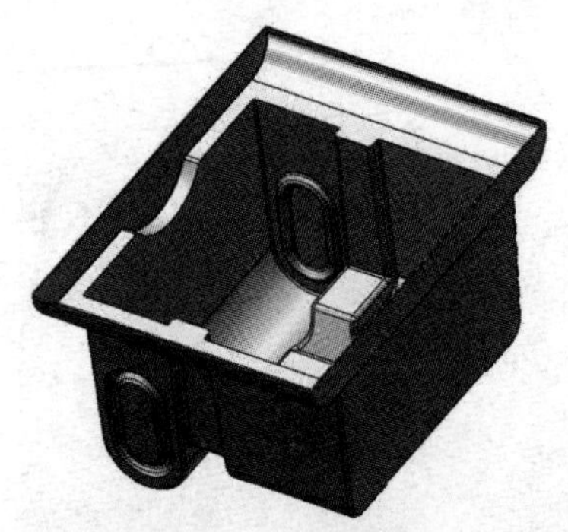

图 3-165 创建抽壳特征

步骤 25 单击【拉伸切除】按钮，选择右视基准面为草图绘制平面，绘制如图 3-166 所示的条形圆并退出草图环境；分别在【方向 1】和【方向 2】选项区域中指定拉伸方式为“完全贯穿”。单击按钮完成拉伸切除特征的创建。

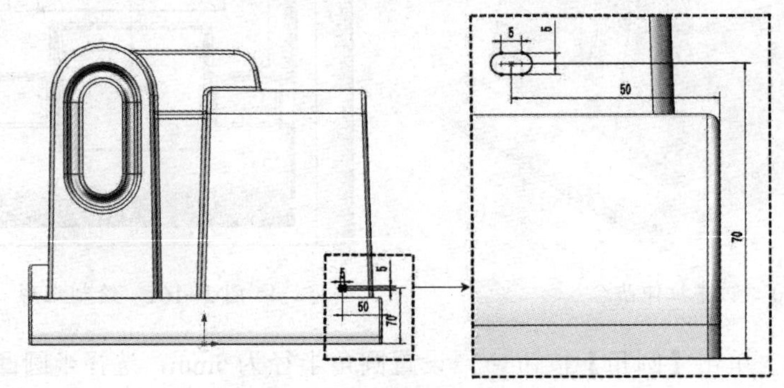

图 3-166 绘制条形圆

步骤 26 单击【线性阵列】按钮，选择底部实体的直线边为方向 1 的阵列参考边线，设置间距值为 20mm，实例数为 8；选择扫描切除特征的直线边为方向 2 的阵列槽口边线，设置间距值为 15mm，实例数为 15。单击按钮完成线性阵列特征的创建。

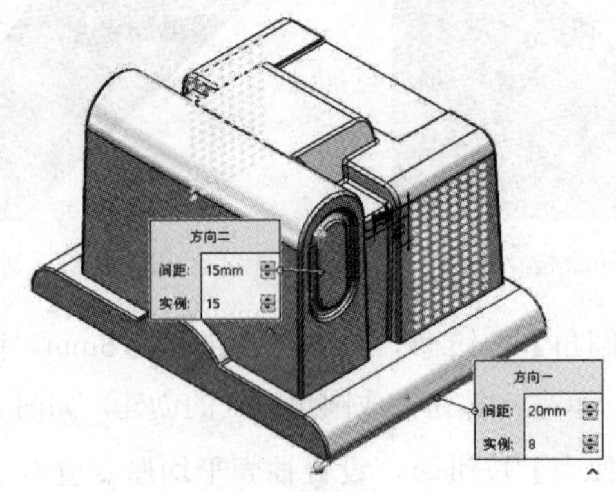

图 3-167 创建线性阵列特征

同步训练——物料盒

图解流程

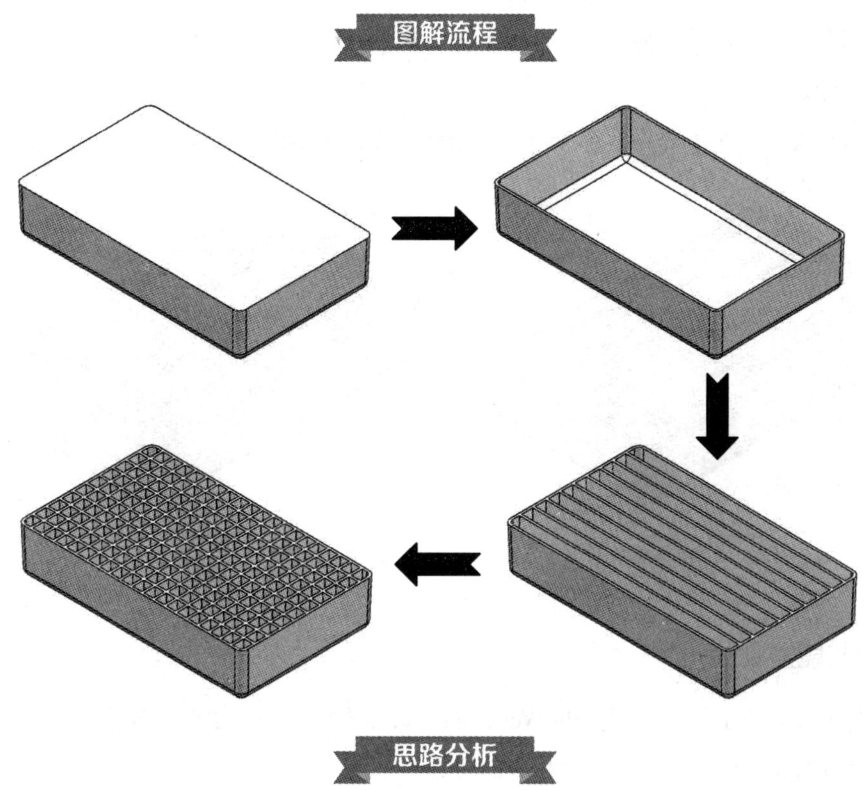

思路分析

在物料盒的建模过程中，首先执行【拉伸凸台 / 基体】【拔模】【圆角】【抽壳】命令来创建出产品的基本实体结构，再执行【筋】【拉伸凸台 / 基体】【拔模】【线性阵列】命令创建出物料盒的加强隔料筋，最后执行【组合】命令将所有实体进行合并。

关键步骤

步骤 01　执行【拉伸凸台 / 基体】【拔模】【圆角】命令创建出物料盒的基本外形实体，如图 3-168 所示。

步骤 02　执行【抽壳】命令创建出壁厚为 2mm 的抽壳特征，如图 3-169 所示。

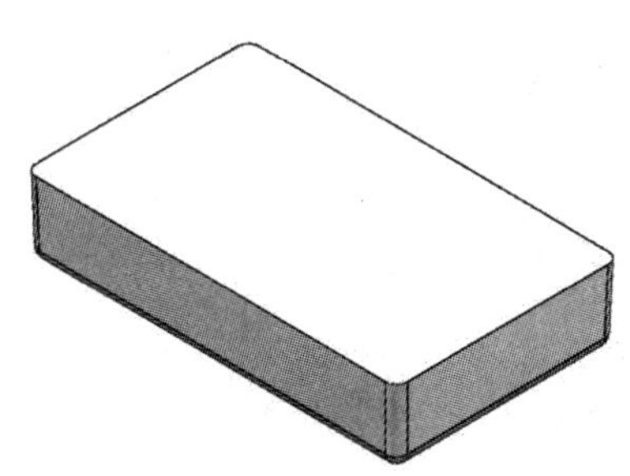

图 3-168　创建基本外形实体

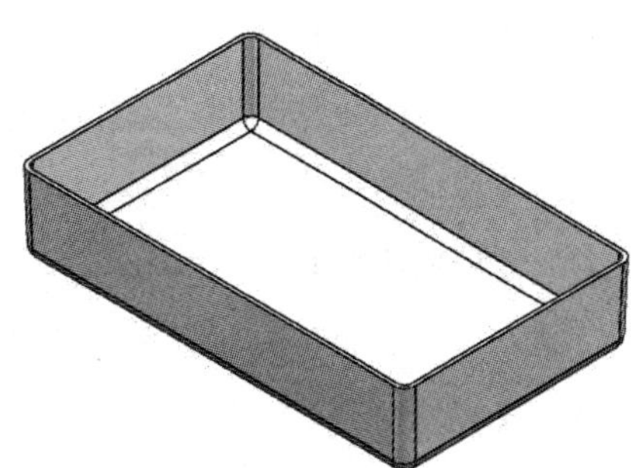

图 3-169　创建抽壳特征

步骤 03 执行【筋】命令创建拔模角度为 1° 的筋特征，执行【线性阵列】命令，将创建的筋特征沿直线边方向进行阵列，如图 3-170 所示。

步骤 04 执行【拉伸凸台 / 基体】【拔模】【线性阵列】命令创建出另一方向的加强隔料筋实体。

步骤 05 执行【组合】命令将所有实体进行合并操作，如图 3-171 所示。

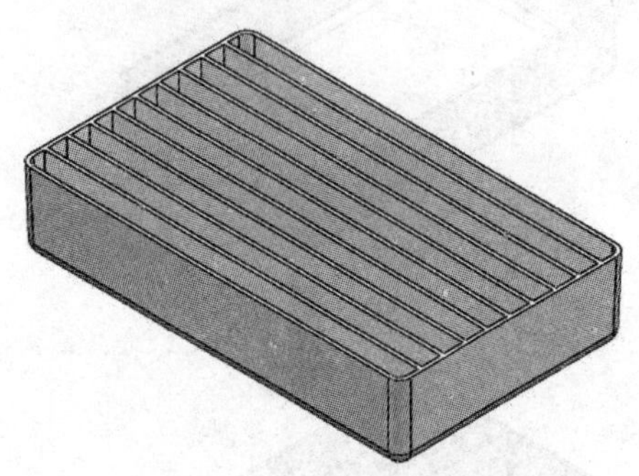

图 3-170 创建阵列筋特征

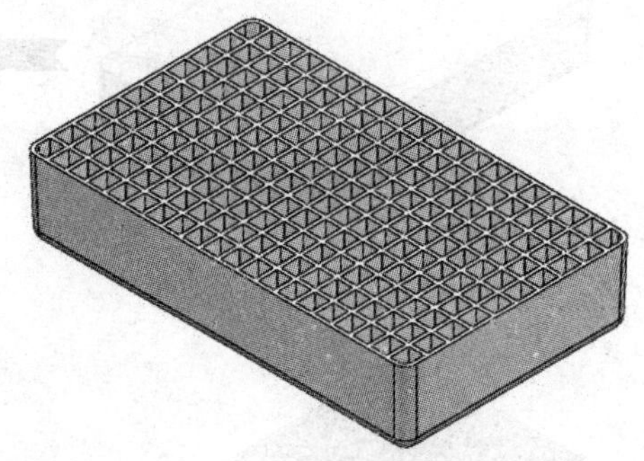

图 3-171 合并实体

知识与能力测试

本章主要介绍了如何使用 SolidWorks 创建实体零件的基本思路与操作方法，为了对知识进行巩固和考核，请完成下列相应的习题。

一、填空题

1. 同时按【Ctrl】键和数字键 1，可将模型调整至________方位。
2. 按住鼠标中键（滚轮键）并移动鼠标，可________三维模型。
3. 同时按住【Shift】键和鼠标中键（滚轮键），再移动鼠标可________三维模型。
4. 同时按住【Ctrl】键和鼠标中键（滚轮键），再移动鼠标可________三维模型。

二、选择题

1. 下面（　　）命令可快速回转体三维模型。

　A. 【拉伸凸台 / 基体】　　B. 【旋转凸台 / 基体】

　C. 【扫描特征】　　D. 【放样凸台】

2. 下面（　　）命令可将二维轮廓沿指定的路径曲线延伸从而创建出三维模型。

　A. 【拉伸凸台 / 基体】　　B. 【旋转凸台 / 基体】

　C. 【扫描特征】　　D. 【放样凸台】

3. 下面（　　）命令常用于创建多截面三维模型。

　A. 【拉伸凸台 / 基体】　　B. 【旋转凸台 / 基体】

　C. 【扫描特征】　　D. 【放样凸台】

4．下面（　　）命令可创建平均壁厚的实体。

A．【倒角】　　B．【圆角】　　C．【拔模】　　D．【抽壳】

三、简答题

1．创建三维实体模型的基本思路是什么？

2．三维实体模型的显示方式有哪几种？

3．更新特征失败的原因有哪些？

SolidWorks
2016

第4章
参考基准的应用

参考基准是 SolidWorks 中一种特殊的图元对象，它既不是实体模型，也不是曲面体特征，更不会创建出任何的几何特征。它只能作为其他特征创建的参考依据，用于其他特征的定位辅助。

本章将介绍如何使用 SolidWorks 2016 来创建基准点、基准轴、基准平面。

学习目标

- 了解基准点与基准轴的创建
- 掌握基准面的创建

4.1 基准点

基准点一般应用于几何对象的定位参考，在零件设计、装配体设计环境下参考点均可以被创建，创建方法主要由数学中的几何原理所决定。

在 CommandManager 工具集中展开【参考几何体】下拉菜单，并选择【点】选项，系统将弹出【点】属性菜单，其主要有【圆弧中心】【面中心】【交叉点】【投影】【在点上】5 种类型，如图 4-1 所示。

图 4-1　【点】属性菜单

4.1.1 圆弧中心点

圆弧中心点是通过直接选择任意一圆弧或圆形边线为参考对象，从而在该对象的中心位置创建出一个基准点。

打开学习资料文件“第 4 章 \ 素材文件 \ 圆弧中心点 . SLDPRT”，如图 4-2（a）所示。执行【圆弧中心】命令将图 4-2（a）修改为图 4-2（b），具体操作步骤如下。

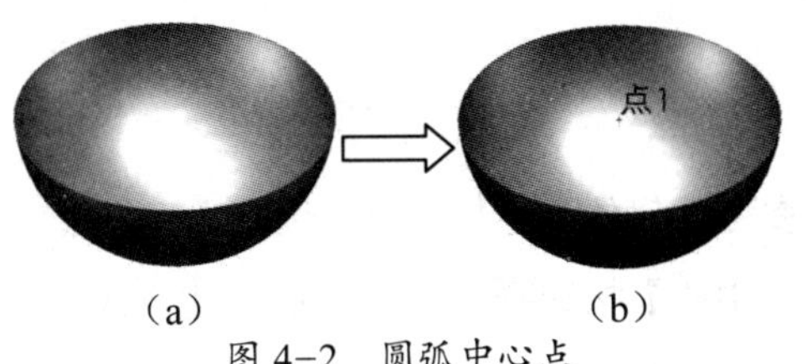

（a）　（b）

图 4-2　圆弧中心点

步骤 01　展开【参考几何体】下拉菜单，选择【点】选项，弹出【点】属性菜单。

步骤 02　单击【圆弧中心】按钮，指定点的创建方式，如图 4-3（a）所示。

步骤 03　选择曲面的圆形边线为点的参考对象，系统将预览出基准点特征，如图 4-3（b）所示。

步骤 04　单击按钮完成基准点的创建。

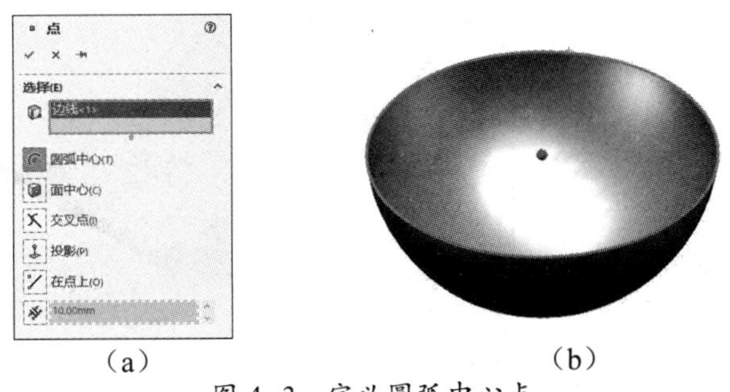

（a）　（b）

图 4-3　定义圆弧中心点

技能拓展

完成圆弧或圆形边线的选取后，系统将自动判断该边线的圆心位置，从而创建出基准点。

4.1.2 面中心点

面中心点是通过直接选取已知的一个曲面对象作为参考对象，从而在该曲面的几何中心位置上创建出一个基准点。

打开学习资料文件“第 4 章 \ 素材文件 \ 面中心点 . SLDPRT”，如图 4-4（a）所示。执行【面中心点】命令将图 4-4（a）修改为图 4-4（b），具体操作步骤如下。

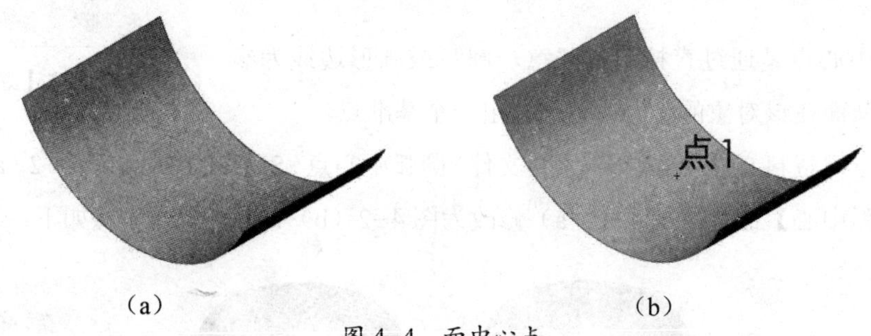

（a）　　（b）

图 4-4　面中心点

步骤 01　展开【参考几何体】下拉菜单，选择【点】选项，弹出【点】属性菜单。

步骤 02　单击【面中心】按钮，指定点的创建方式，如图 4-5（a）所示。

步骤 03　选择拉伸曲面为点的参考对象，系统将预览出基准点特征，如图 4-5（b）所示。

步骤 04　单击按钮完成基准点的创建。

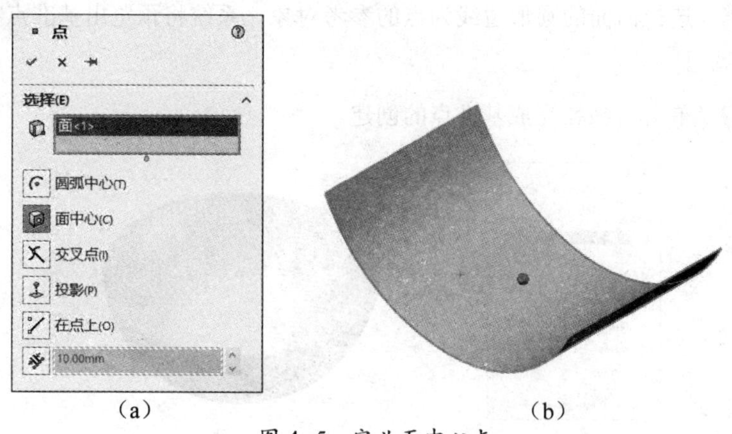

（a）　　（b）

图 4-5　定义面中心点

4.1.3 交叉点

交叉点是通过选择两个相交实体边线或草图线段为参考对象，从而在相交处创建出一个基准点。

打开学习资料文件“第 4 章 \ 素材文件 \ 交叉点 . SLDPRT”，如图 4-6（a）所示。执行【交叉点】命令将图 4-6（a）修改为图 4-6（b），具体操作步骤如下。

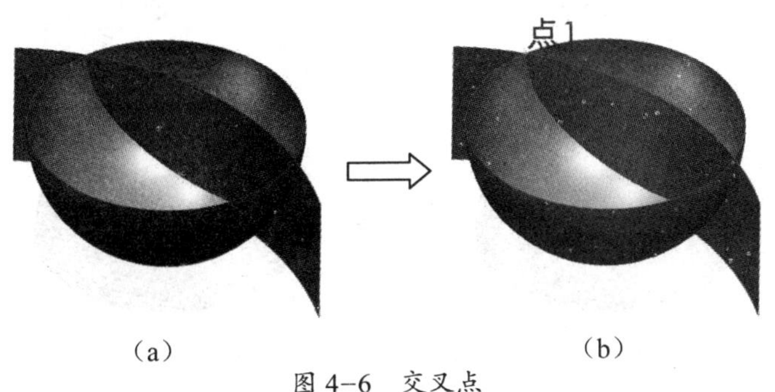

（a）（b）

图 4-6 交叉点

步骤 01 展开【参考几何体】下拉菜单，选择【点】选项，弹出【点】属性菜单。

步骤 02 单击【交叉点】按钮，指定点的创建方式，如图 4-7（a）所示。

步骤 03 选择两相交曲面的边线为点的参考对象，系统将预览出基准点特征，如图 4-7（b）所示。

步骤 04 单击按钮完成基准点的创建。

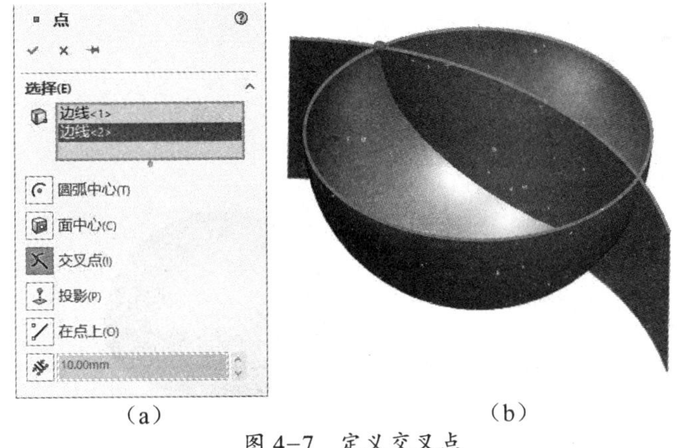

（a）（b）

图 4-7 定义交叉点

温馨提示

选择交叉的几何对象时，如有多个相交结果，系统将默认创建鼠标指针位置附近的相交点为创建点。

4.1.4 投影点

投影点是通过选择一个已知点和投影面作为参考对象，从而创建出一个基准点。

打开学习资料文件“第 4 章 \ 素材文件 \ 投影点 . SLDPRT”，如图 4-8（a）所示。执行【投影点】命令将图 4-8（a）修改为图 4-8（b），具体操作步骤如下。

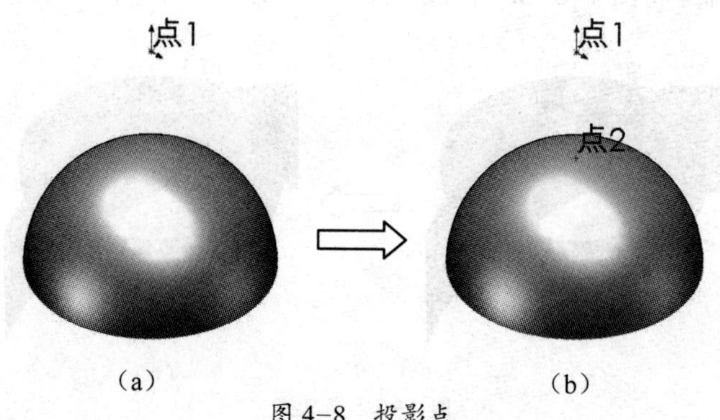

（a）　　（b）

图 4-8　投影点

步骤 01 展开【参考几何体】下拉菜单，选择【点】选项，弹出【点】属性菜单。

步骤 02 单击【投影】按钮，指定点的创建方式，如图 4-9（a）所示。

步骤 03 选择曲面和点 1 为新点的参考对象，系统将预览出基准点特征，如图 4-9（b）所示。

步骤 04 单击按钮完成基准点的创建。

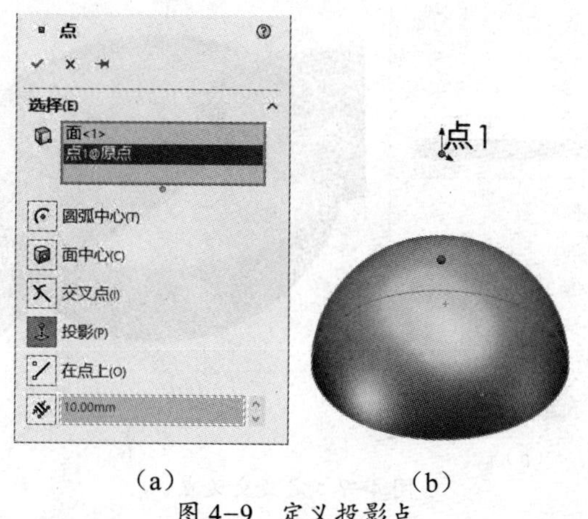

（a）　　（b）

图 4-9　定义投影点

技能拓展

投影点一般将按参考对象的法线方向进行投影操作，其选择的投影对象既可以是已知的点特征，也可以是几何体的顶点。

课堂范例——基座

执行【拉伸凸台 / 基体】【异型孔向导】【点】命令创建基座零件模型，如图 4-10 所示，具体操作步骤如下。

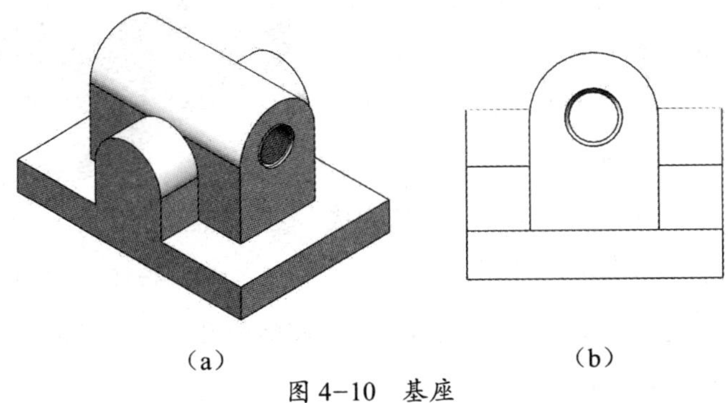

（a）　　（b）

图 4-10　基座

步骤 01　单击【拉伸凸台 / 基体】按钮，选择前视基准面为草图绘制平面，绘制如图 4-11 所示的封闭草图轮廓并退出草图环境；将绘制的草图轮廓向两侧拉伸 80mm。单击按钮完成拉伸凸台特征的创建，如图 4-12 所示。

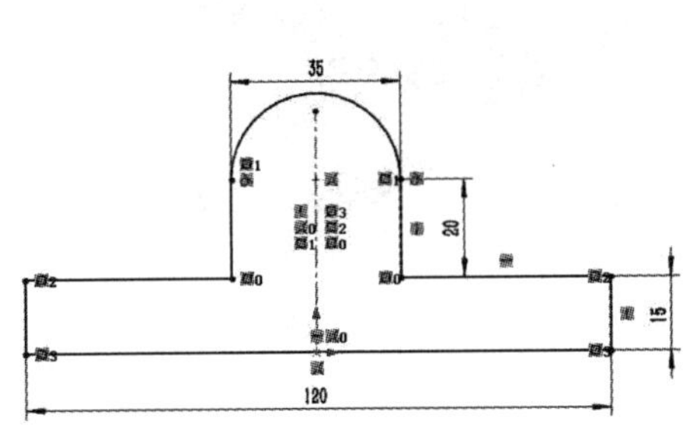

图 4-11　绘制草图轮廓

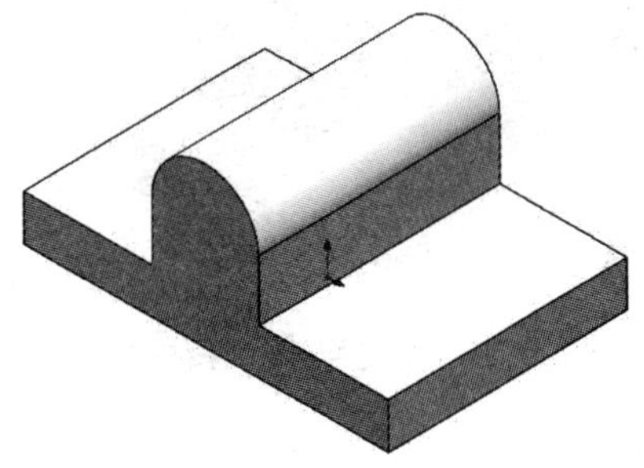

图 4-12　创建拉伸凸台 1

步骤 02　单击【拉伸凸台 / 基体】按钮，选择右视基准面为草图绘制平面，绘制如图 4-13 所示的封闭草图轮廓并退出草图环境；将绘制的草图轮廓向两侧拉伸 80mm。单击按钮完成拉伸凸台特征的创建，如图 4-14 所示。

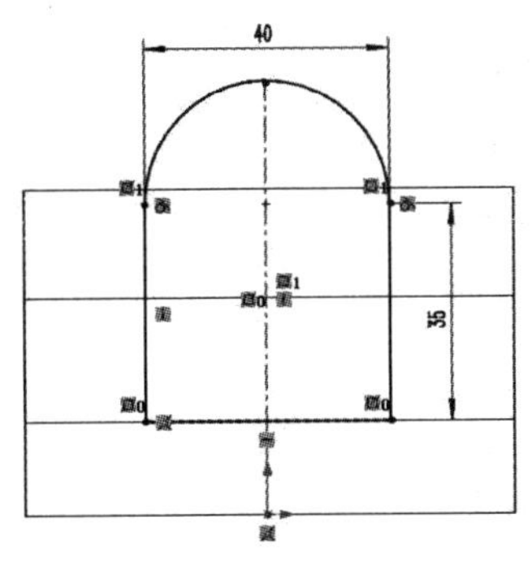

图 4-13　绘制封闭草图轮廓

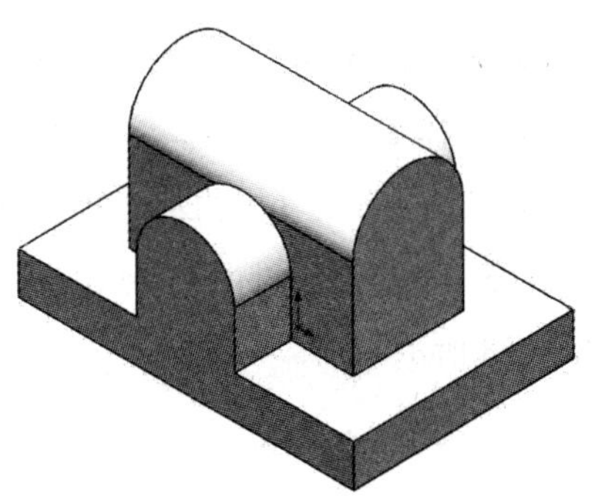

图 4-14　创建拉伸凸台 2

步骤 03 执行【参考几何体】→【点】命令，在弹出的【点】属性菜单中单击【圆弧中心】按钮，选择圆形边线为点的参考对象。单击按钮完成基准点的创建，如图 4-15 所示。

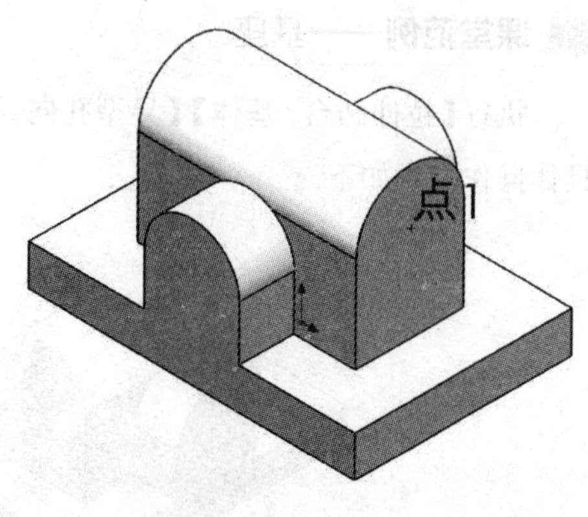

图 4-15 创建圆弧中心点

步骤 04 单击【异型孔向导】按钮，选择螺纹孔并指定规格为“M5”，设置终止条件为“完全贯穿”；切换至【位置】选项卡，选择实体侧平面为放置平面。单击按钮完成螺纹孔特征的创建，如图 4-16 所示。

步骤 05 通过重定义螺纹孔的 3D 草图，将螺纹孔中心与基准点 1 重合，完成螺纹孔的位置重定义，如图 4-17 所示。

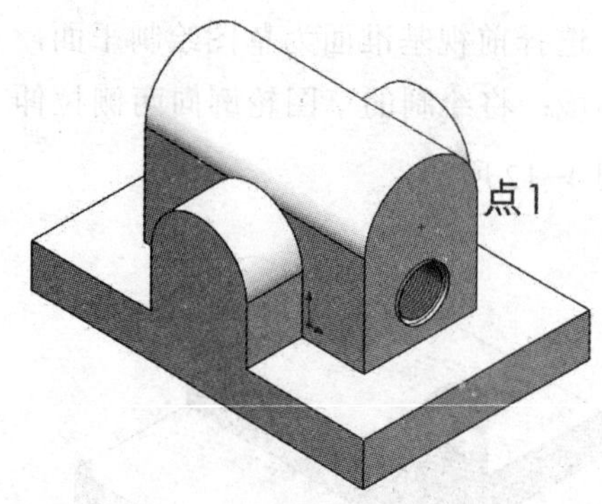

图 4-16 创建螺纹孔特征

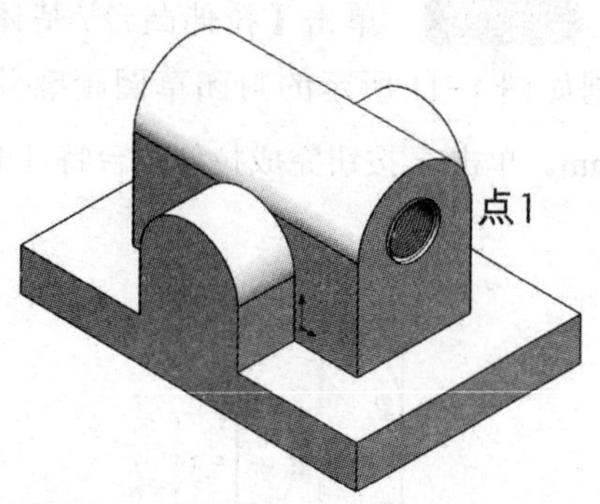

图 4-17 重定义螺纹孔位置

4.2 基准轴

在 SolidWorks 产品设计的建模过程中基准轴不仅可以作为其他几何对象的参考，还可以作为矢量方向的参考。

在 CommandManager 工具集中展开【参考几何体】下拉菜单，选择【基准轴】选项，系统将弹出【基准轴】属性菜单，其中主要有【一直线 / 边线 / 轴】【两平面】【两点 / 顶点】【圆柱 / 圆锥面】【点和面 / 基准面】5 种类型，如图 4-18 所示。

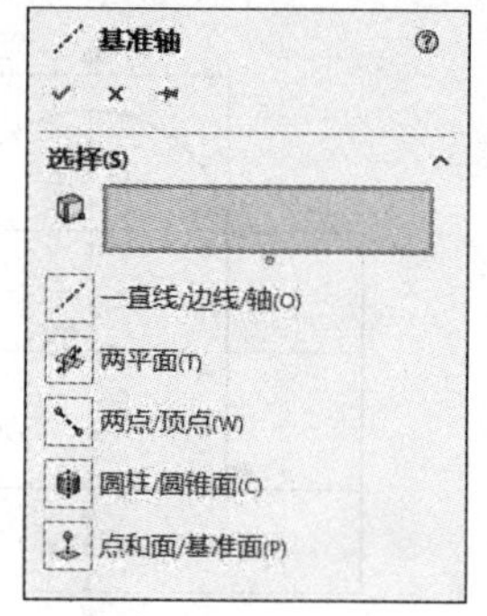

图 4-18 【基准轴】属性菜单

4.2.1 两平面创建轴

通过选择两相交平面作为参考对象，可将其相交线转换为一个基准轴。

打开学习资料文件“第 4 章 \ 素材文件 \ 两平面创建轴 . SLDPRT”，如图 4–19（a）所示。执行【两平面】命令将图 4–19（a）修改为图 4–19（b），具体操作步骤如下。

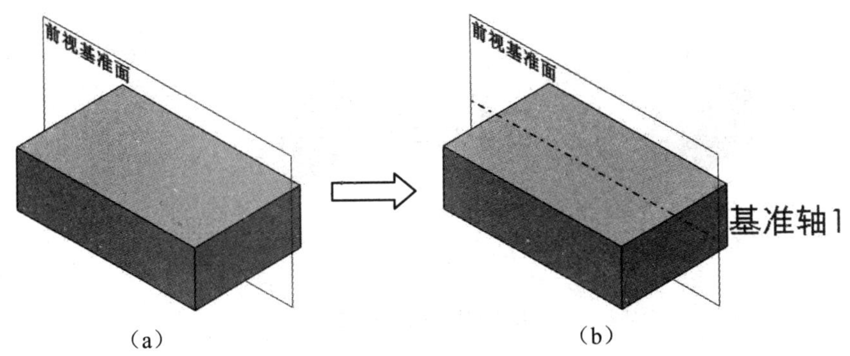

图 4–19 两平面创建轴

步骤 01 展开【参考几何体】下拉菜单，选择【基准轴】选项，弹出【基准轴】属性菜单。

步骤 02 单击【两平面】按钮，指定轴的创建方式，如图 4–20（a）所示。

步骤 03 选择实体顶平面和前视基准面为轴的参考对象，系统将预览出基准轴特征，如图 4–20（b）所示。

步骤 04 单击按钮完成基准轴的创建。

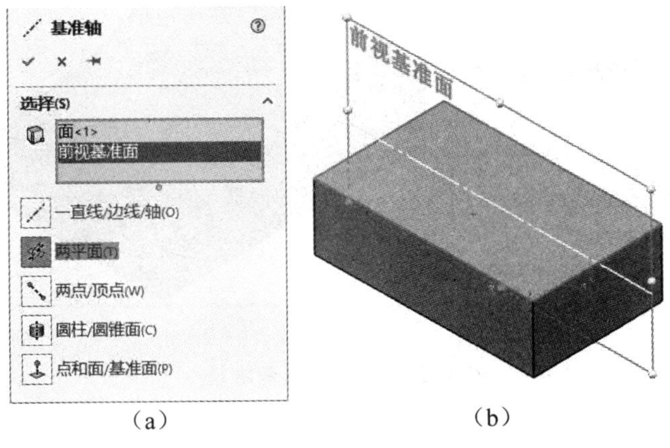

图 4–20 定义两平面基准轴

选择的两相交平面既可以是几何实体的表平面，也可以是基准平面。

4.2.2 两点 / 顶点创建轴

通过选择两个已知特征点或几何对象的顶点，可快速创建出一个基准轴。

打开学习资料文件“第 4 章 \ 素材文件 \ 两点创建轴 . SLDPRT”，如图 4-21（a）所示。执行【两点 / 顶点】命令将图 4-21（a）修改为图 4-21（b），具体操作步骤如下。

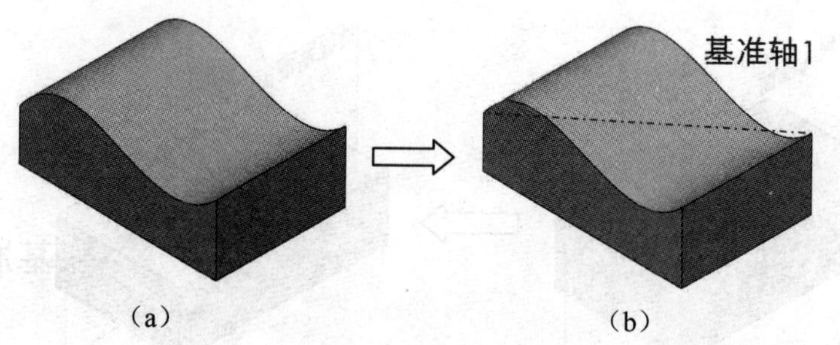

图 4-21　两点创建轴

步骤 01　展开【参考几何体】下拉菜单，选择【基准轴】选项，弹出【基准轴】属性菜单。

步骤 02　单击【两点 / 顶点】按钮，指定轴的创建方式，如图 4-22（a）所示。

步骤 03　选择实体模型上的两个顶点为轴的参考对象，系统将预览出基准轴特征，如图 4-22（b）所示。

步骤 04　单击按钮完成基准轴的创建。

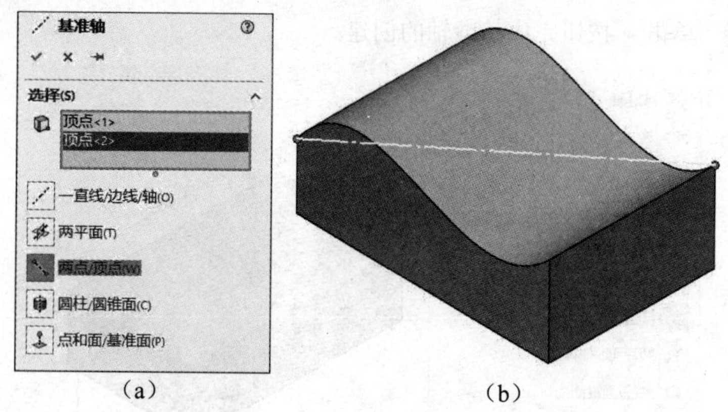

图 4-22　定义两点基准轴

4.2.3 圆柱 / 圆锥面创建轴

通过选择圆柱体或圆锥体的圆弧表面，可在几何中心位置快速创建出一个基准轴。

打开学习资料文件“第 4 章 \ 素材文件 \ 圆柱面创建轴 . SLDPRT”，如图 4-23（a）所示。执行【圆柱 / 圆锥面】命令将图 4-23（a）修改为图 4-23（b），具体操作步骤如下。

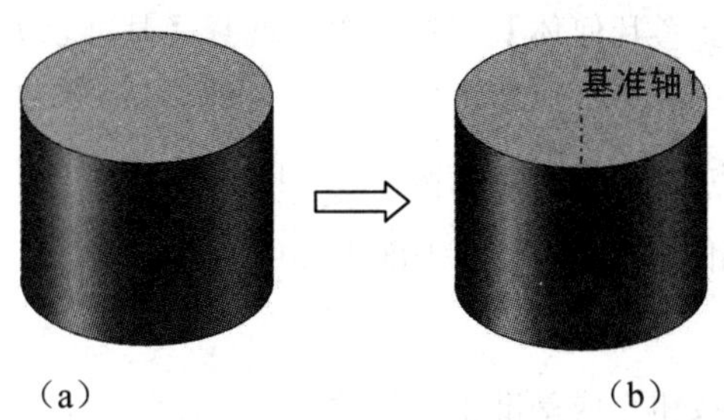

（a）（b）

图 4-23 圆柱面创建轴

步骤 01 展开【参考几何体】下拉菜单，选择【基准轴】选项，弹出【基准轴】属性菜单。

步骤 02 单击【圆柱 / 圆锥面】按钮，指定轴的创建方式，如图 4-24（a）所示。

步骤 03 选择圆柱体的圆弧面为轴的参考对象，系统将预览出基准轴特征，如图 4-24（b）所示。

步骤 04 单击按钮完成基准轴的创建。

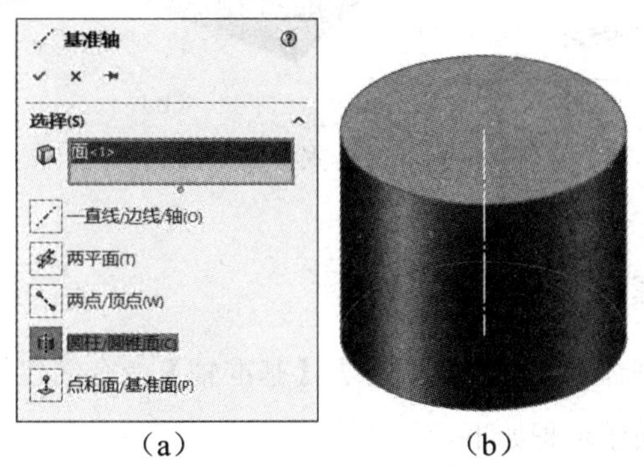

（a）（b）

图 4-24 定义圆柱面基准轴

4.2.4 点和面 / 基准面创建轴

通过选择点和面 / 基准面为参考对象，可创建出一个垂直于参考面的基准轴。

打开学习资料文件“第 4 章 \ 素材文件 \ 点和面创建轴 . SLDPRT”，如图 4-25（a）所示。执行【点和面 / 基准面】命令将图 4-25（a）修改为图 4-25（b），具体操作步骤如下。

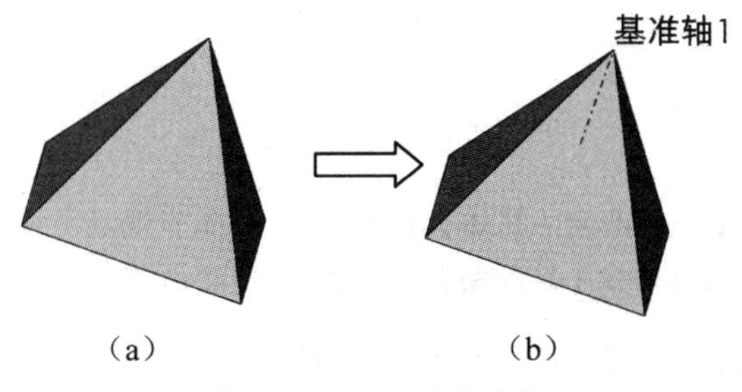

（a）（b）

图 4-25 点和面创建轴

步骤 01 展开【参考几何体】下拉菜单，选择【基准轴】选项，弹出【基准轴】属性菜单。

步骤 02 单击【点和面 / 基准面】按钮，指定轴的创建方式，如图 4-26（a）所示。

步骤 03 选择棱锥体的顶点和底平面为轴的参考对象，系统将预览出基准轴特征，如图 4-26（b）所示。

步骤 04 单击按钮完成基准轴的创建。

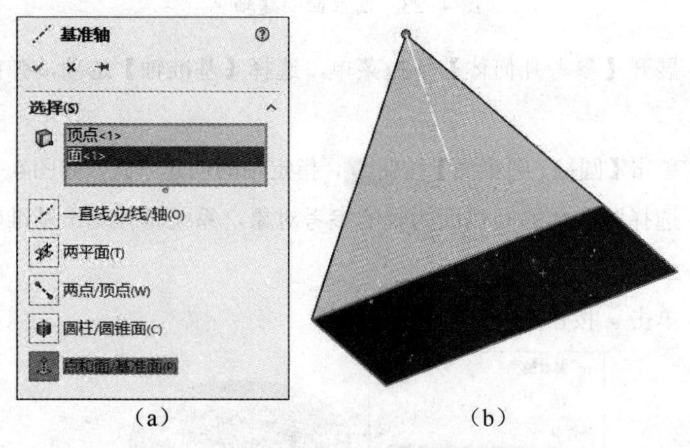

（a）　（b）

图 4-26　定义点和面基准轴

课堂范例——圆螺母

执行【拉伸凸台 / 基体】【异型孔向导】【基准轴】命令创建出圆形螺母零件模型，如图 4-27 所示，具体操作步骤如下。

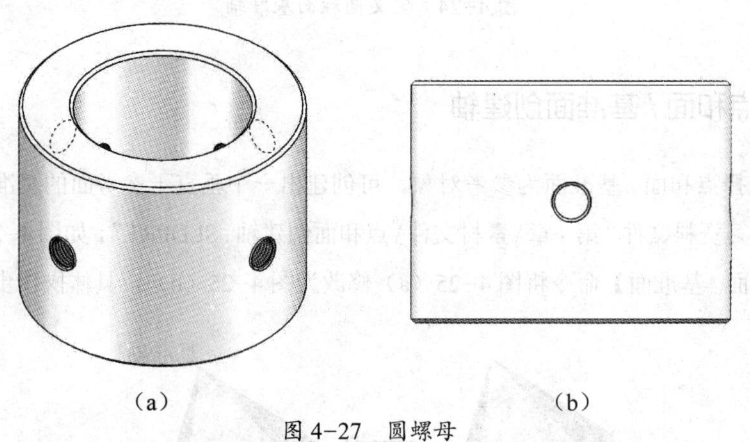

（a）　（b）

图 4-27　圆螺母

步骤 01 单击【拉伸凸台 / 基体】按钮，选择上视基准面为草图绘制平面，绘制如图 4-28 所示的同心圆并退出草图环境；将绘制的草图轮廓向两侧拉伸 60mm。单击按钮完成拉伸凸台特征的创建，如图 4-29 所示。

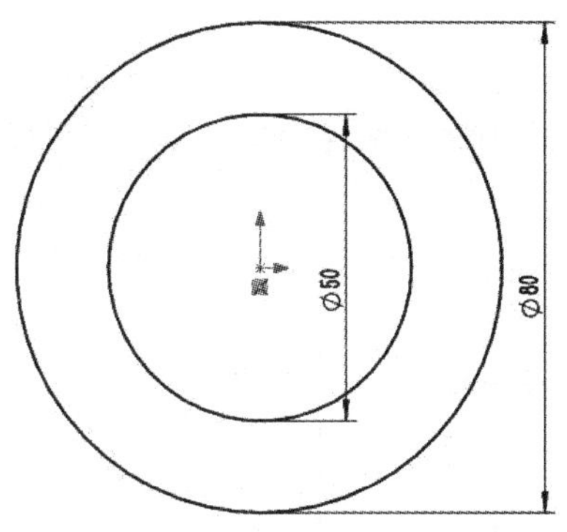

图 4-28 绘制同心圆草图

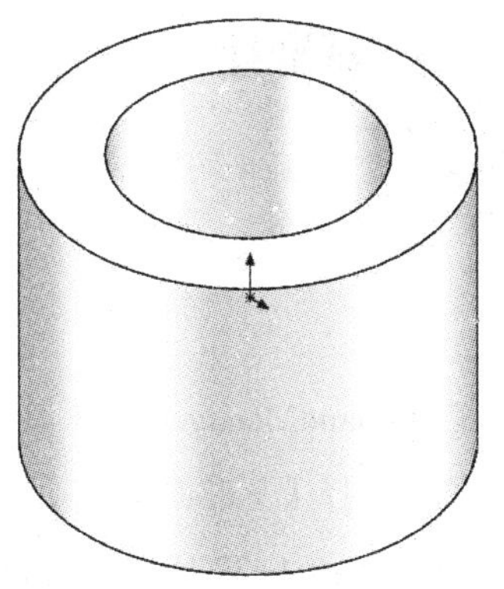

图 4-29 创建拉伸凸台

步骤 02 单击【异型孔向导】按钮，选择螺纹孔并指定规格为“M10”，设置终止条件为“给定深度”，指定深度值为 20mm；切换至【位置】选项卡，选择实体圆弧曲面为放置面。单击按钮完成螺纹孔特征的创建，如图 4-30 所示。

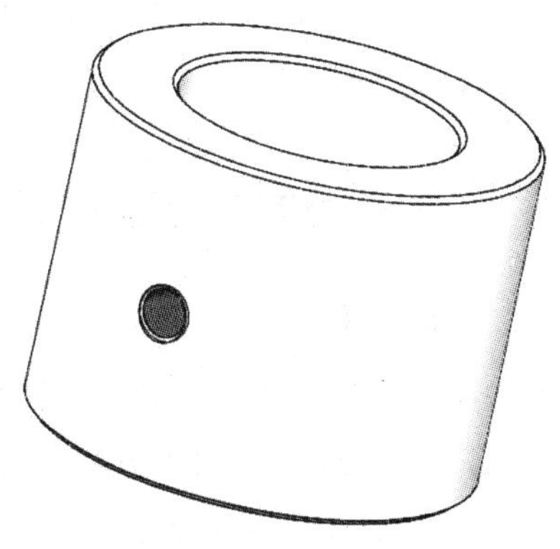

图 4-30 创建螺纹孔特征

步骤 03 执行【参考几何体】→【基准轴】命令，单击【圆柱 / 圆锥面】按钮，选择圆柱曲面为基准轴的参考对象。单击按钮完成基准轴 1 的创建，如图 4-31 所示。

步骤 04 单击【圆周阵列】按钮，选择基准轴 1 为阵列轴，设置总角度为 360°，实例数为 4，并选中【等间距】复选框；选择 M10 螺纹孔特征为阵列对象。单击按钮完成特征的圆周阵列复制，如图 4-32 所示。

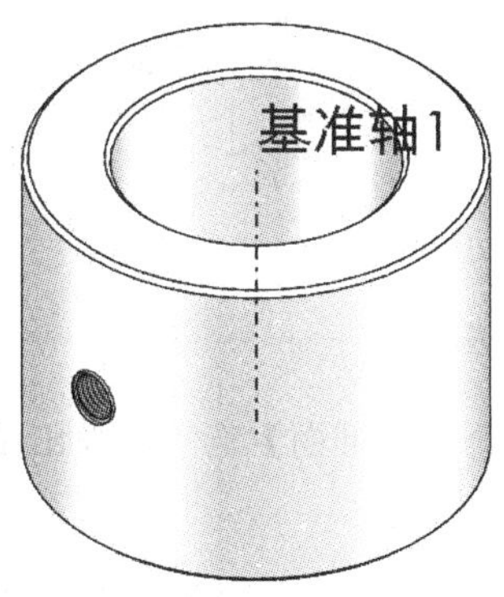

图 4-31 创建基准轴 1

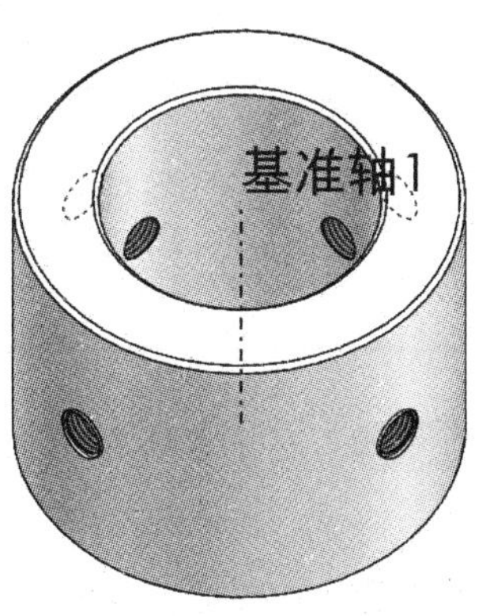

图 4-32 圆周阵列螺纹孔

4.3 基准面

基准面广泛应用于 SolidWorks 的各个设计环境中，它是其他几何特征的重要参考对象。

在 CommandManager 工具集中展开【参考几何体】下拉菜单，选择【基准面】选项，系统将弹出【基准面】属性菜单，如图 4-33 所示。基准面的创建方式主要由数学中的几何原理所决定，常用的组合方式有点与直线创建平面、点与平面创建平面、平行方式创建平面、角度方式创建平面等。

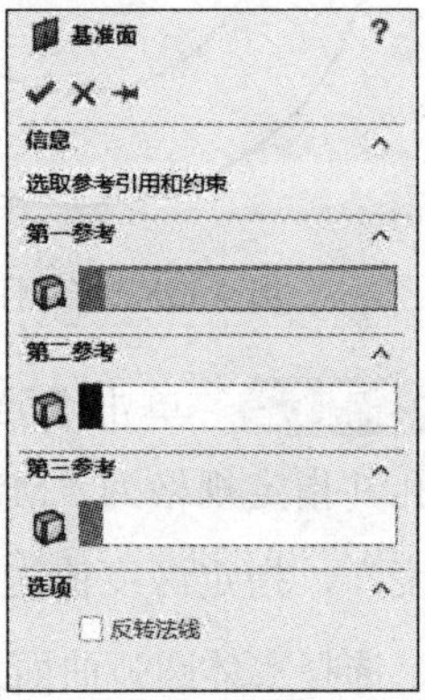

图 4-33 【基准面】属性菜单

4.3.1 平行方式创建基准面

在执行【基准面】命令后，只选择一个已知基准面或实体平面作为参考对象时，系统将默认使用平行偏移的方式来创建新的基准面。

打开学习资料文件“第 4 章 \ 素材文件 \ 平行方式创建基准面 . SLDPRT”，如图 4-34（a）所示。使用平行方式将图 4-34（a）修改为图 4-34（b），具体操作步骤如下。

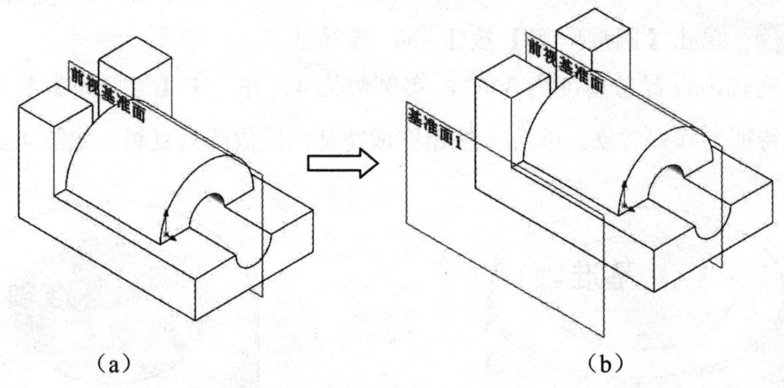

图 4-34 平行方式创建基准面

步骤 01 展开【参考几何体】下拉菜单，选择【基准面】选项，弹出【基准面】属性菜单。

步骤 02 选择前视基准面为新平面的第一参考对象，系统将默认使用平行方式创建新的基准面，如图 4-35（b）所示。

步骤 03 设置新基准面与前视基准面的平行距离为“100.00mm”，如图 4-35（a）所示。

步骤 04 单击 ✓ 按钮完成基准面的创建。

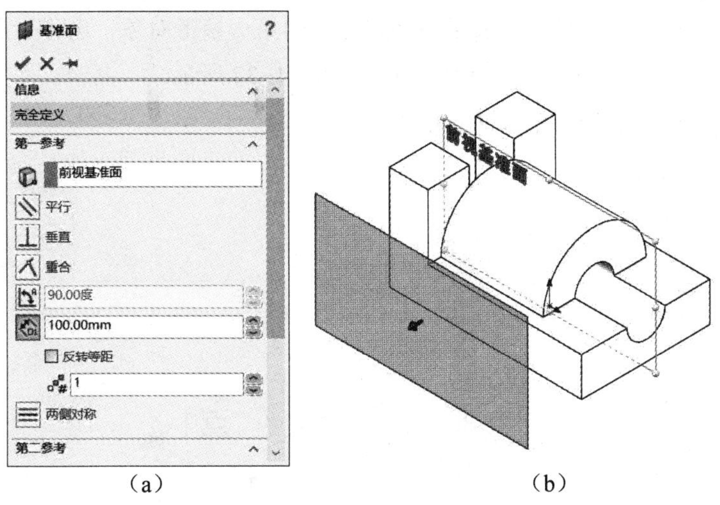

（a）　　　　　　　　　　　　　　（b）

图 4–35　定义平行基准面

技能拓展

在完成参考对象的选择后，系统会自动判断基准面的创建方式，其选择的参考对象可以是已知的任意几何对象，如基准面、基准轴、实体边线等。

4.3.2 点与平面方式创建基准面

在执行【基准面】命令后，选择一个已知基准面或实体平面作为第一参考对象，选择一个已知点作为新平面的通过点，系统将创建出一个指定位置的平行基准面。

打开学习资料文件“第 4 章 \ 素材文件 \ 点与平面创建平面 . SLDPRT”，如图 4–36（a）所示。使用点与平面方式将图 4–36（a）修改为图 4–36（b），具体操作步骤如下。

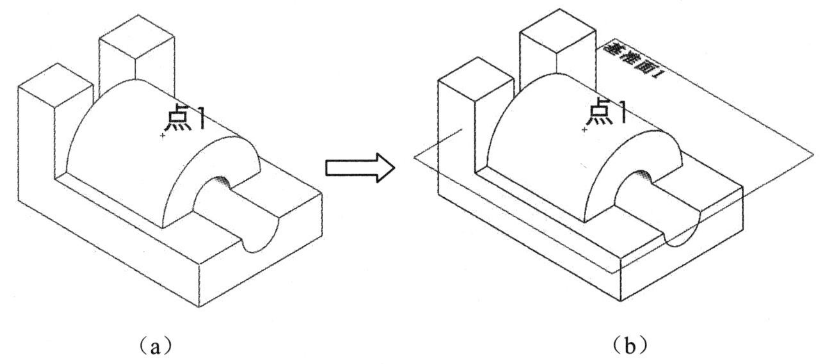

（a）　　　　　　　　　　　　　　（b）

图 4–36　点与平面方式创建基准面

步骤 01　展开【参考几何体】下拉菜单，选择【基准面】选项，弹出【基准面】属性菜单。

步骤 02 选择实体模型的表平面为新平面的第一参考对象，选择“点 1”为新平面的第二参考对象，系统将预览出新基准面，如图 4-37 所示。

步骤 03 单击[✓]按钮完成基准面的创建。

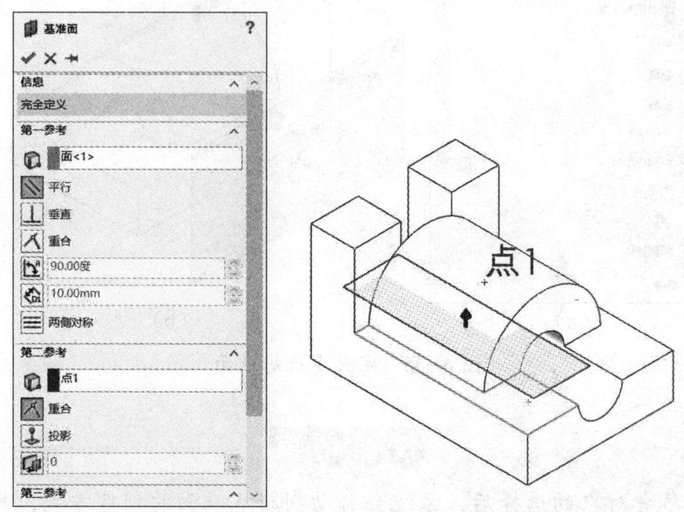

图 4-37 定义平行通过点的基准面

在完成第二参考对象的选择后，系统才会自动判断使用点与平面的方式来创建新的基准面。

4.3.3 角度方式创建基准面

在执行【基准面】命令后，选择一个已知基准面或实体平面作为第一参考对象，选择一条直线或实体边线作为新平面的旋转轴，系统将创建出一个指定角度的基准面。

打开学习资料文件“第 4 章 \ 素材文件 \ 角度方式创建平面 . SLDPRT”，如图 4-38（a）所示。使用角度方式将图 4-38（a）修改为图 4-38（b），具体操作步骤如下。

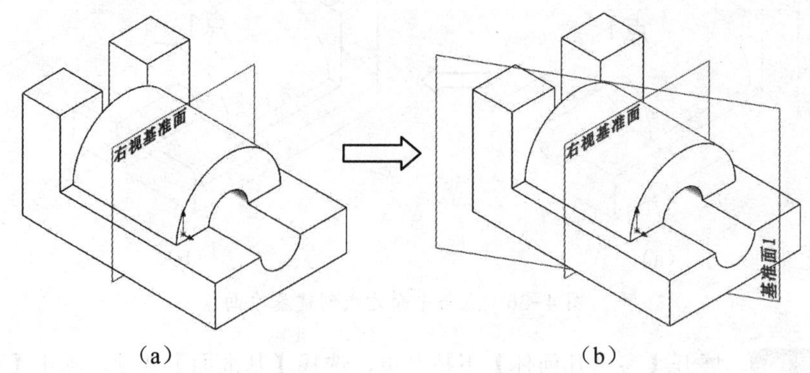

（a） （b）

图 4-38 角度方式创建基准面

步骤 01 展开【参考几何体】下拉菜单，选择【基准面】选项，弹出【基准面】属性菜单。

步骤 02 选择右视基准面为新平面的第一参考对象，选择实体上一条垂直边线为新平面的第二参考对象，设置偏移角度值为“120.00 度”，系统将预览出新基准面，如图 4-39 所示。

步骤 03 单击✓按钮完成基准面的创建。

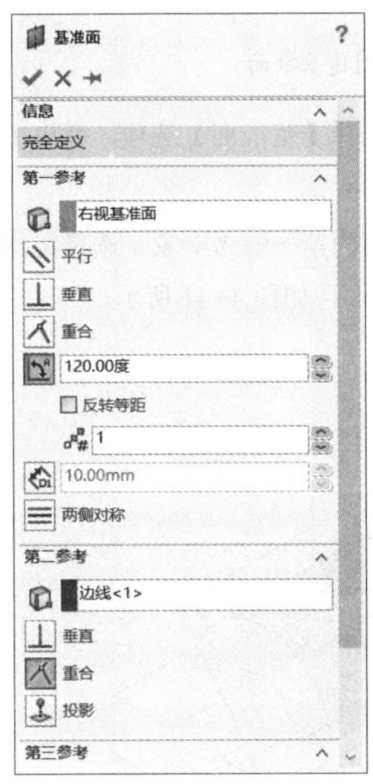

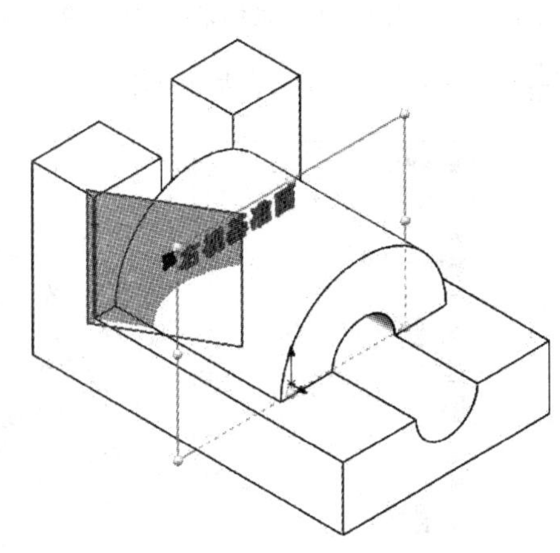

图 4-39 定义角度偏移基准面

技能拓展

在完成边线对象的选择后，系统将默认使用垂直于第一参考平面的方式来创建基准面，用户需要手动指定新基准面的旋转角度。

4.3.4 相切于曲面方式创建基准面

在执行【基准面】命令后，选择一条直线或实体边线作为第一参考对象，选择一个已知的曲面对象作为第二参考对象，系统将创建出一个相切于曲面的基准面。

打开学习资料文件“第 4 章\素材文件\相切面方式创建平面 . SLDPRT”，如图 4-40（a）所示。使用曲面相切方式将图 4-40（a）修改为图 4-40（b），具体操作步骤如下。

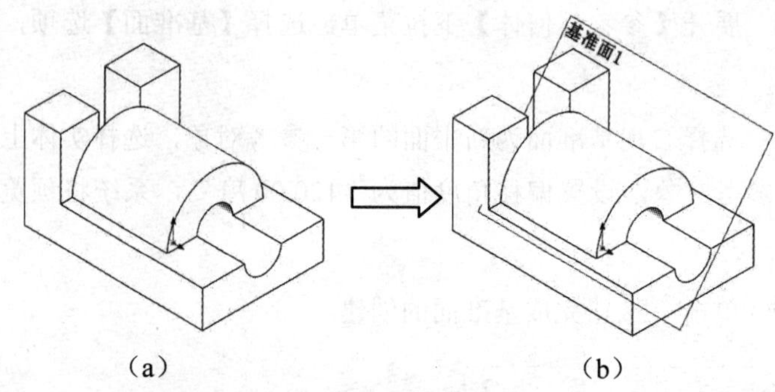

图 4-40 曲面相切方式创建基准面

步骤 01 展开【参考几何体】下拉菜单，选择【基准面】选项，弹出【基准面】属性菜单。

步骤 02 选择实体上一条水平边线为新平面的第一参考对象，选择实体的圆弧曲面为新平面的第二参考对象，系统将预览出新基准面，如图 4-41 所示。

步骤 03 单击✓按钮完成基准面的创建。

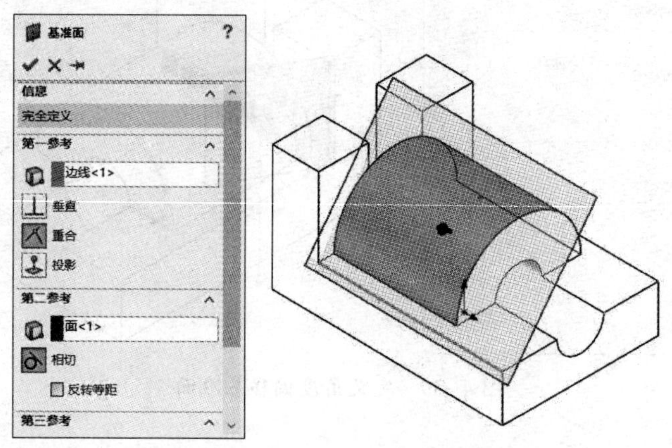

图 4-41 定义曲面相切基准面

课堂范例——阀管

执行【拉伸凸台/基体】【拉伸切除】【圆周阵列】命令创建出阀管零件模型，如图 4-42 所示，具体操作步骤如下。

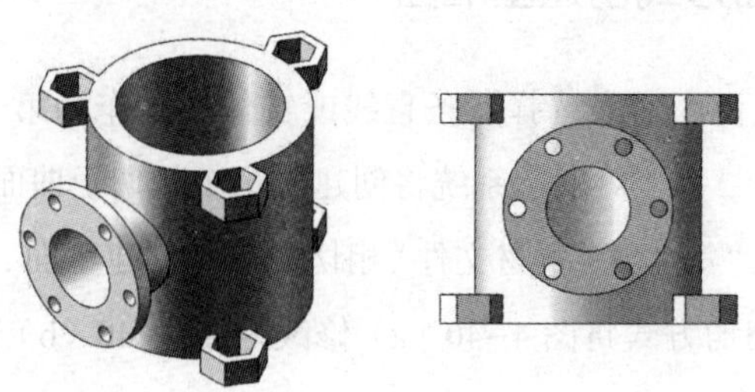

图 4-42 阀管

步骤 01 单击【拉伸凸台 / 基体】按钮，选择上视基准面为草图绘制平面，绘制如图 4-43 所示的同心圆并退出草图环境；将绘制的草图轮廓向两侧拉伸 40mm。单击按钮完成拉伸凸台特征的创建，如图 4-44 所示。

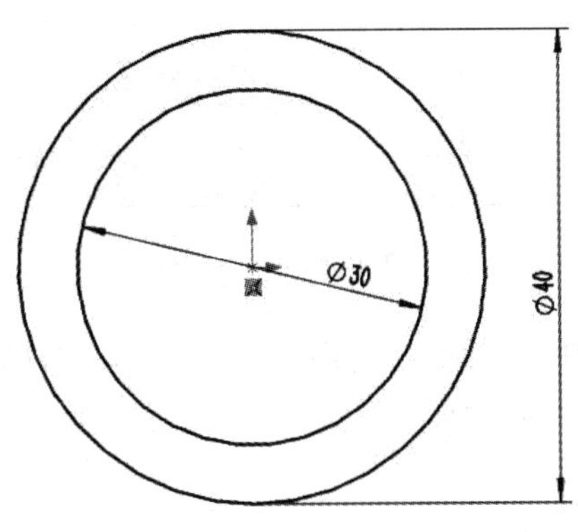

图 4-43 绘制同心圆

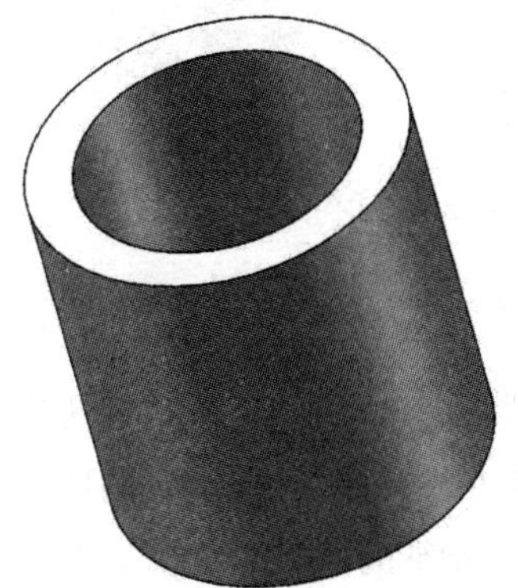

图 4-44 创建拉伸凸台

步骤 02 单击【拉伸凸台 / 基体】按钮，选择实体顶平面为草图绘制平面，绘制如图 4-45 所示的两个同心正六边形并退出草图环境；将绘制的草图轮廓向下拉伸 5mm。单击按钮完成拉伸凸台特征的创建。

步骤 03 单击【圆周阵列】按钮，将正多边形凸台实体以圆柱轴线为参考，进行三等分圆周阵列；单击【镜向】按钮，将阵列的正多边形实体以上视基准面为镜像面创建出对称的结构实体，如图 4-46 所示。

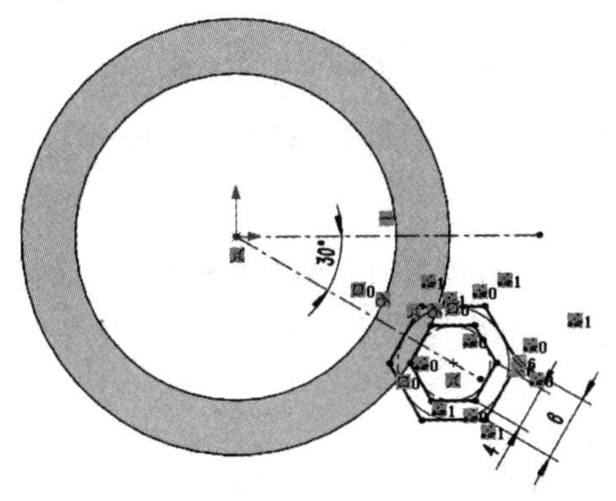

图 4-45 绘制正多边形

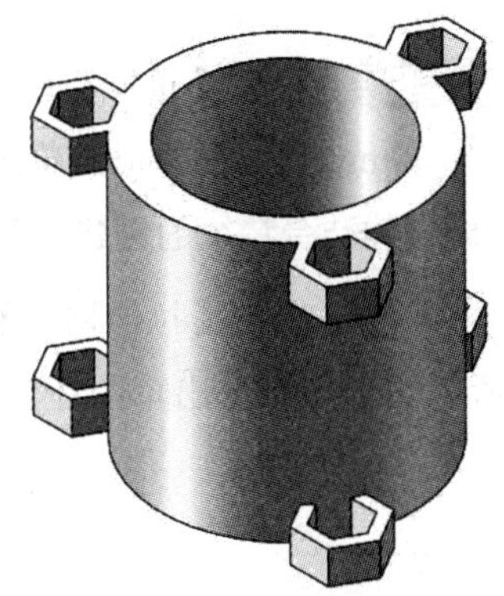

图 4-46 镜像实体

步骤 04 执行【基准面】命令，选择前视基准面为参考平面，创建偏移距离为 30mm 的基准面 1，如图 4-47 所示。

步骤 05 单击【拉伸凸台 / 基体】按钮，选择基准面 1 为草图绘制平面，绘制如图 4-48 所示的圆形并退出草图环境；将绘制的草图轮廓拉伸至圆柱外表面。单击按钮完成拉伸凸台特征的创建，如图 4-49 所示。

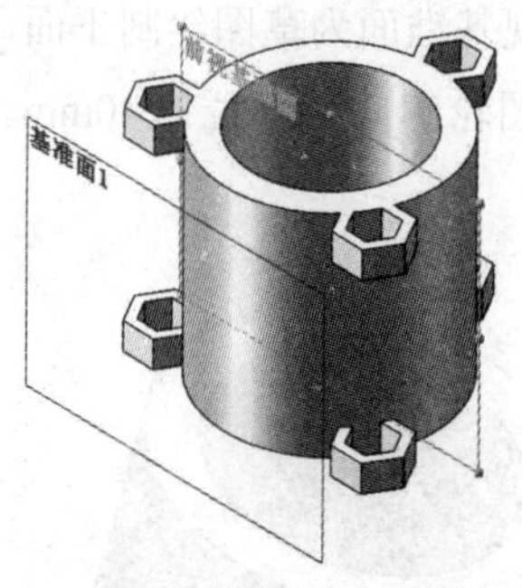

图 4-47　创建平行基准面

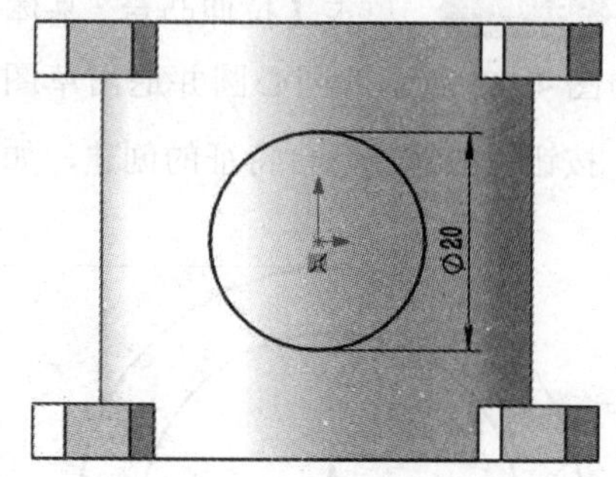

图 4-48　绘制圆形

步骤 06　单击【拉伸切除】按钮，选择圆柱侧平面为草图绘制平面，绘制直径为 15mm 的圆形并退出草图环境；将绘制的圆形向内侧拉伸 20mm。单击按钮完成拉伸切除特征的创建，如图 4-50 所示。

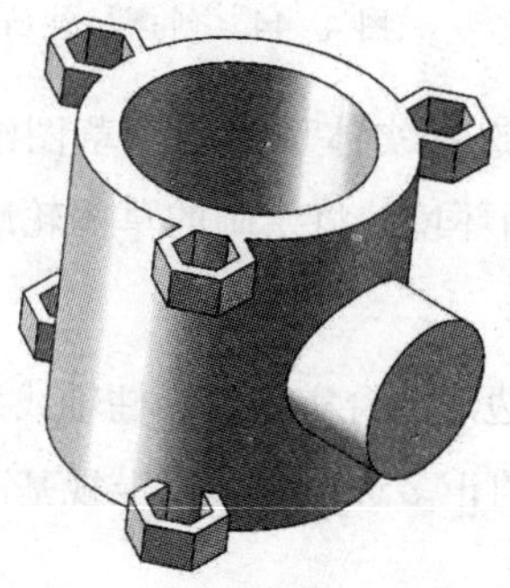

图 4-49　创建拉伸凸台 1

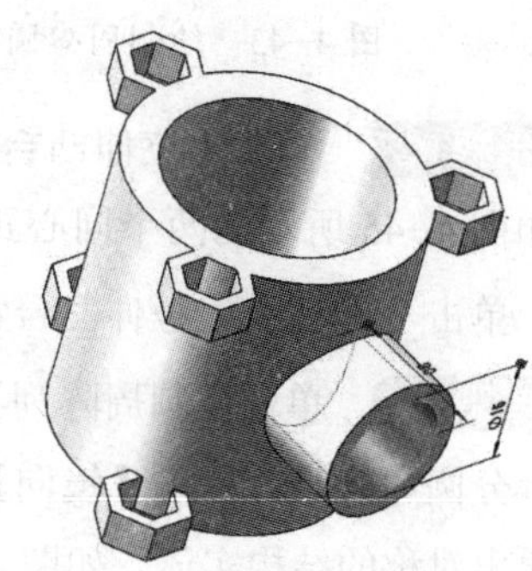

图 4-50　创建拉伸切除孔

步骤 07　单击【拉伸凸台 / 基体】按钮，选择实体侧平面为草图绘制平面，绘制直径为 30mm 的圆形并退出草图环境；将绘制的草图轮廓向内侧下拉伸 3mm。单击按钮完成拉伸凸台特征的创建，如图 4-51 所示。

步骤 08　单击【拉伸切除】按钮，选择圆柱侧平面为草图绘制平面，绘制如图 4-52 所示的圆形并退出草图环境；将绘制的圆形向内侧拉伸 5mm。单击按钮完成拉伸切除特征的创建。

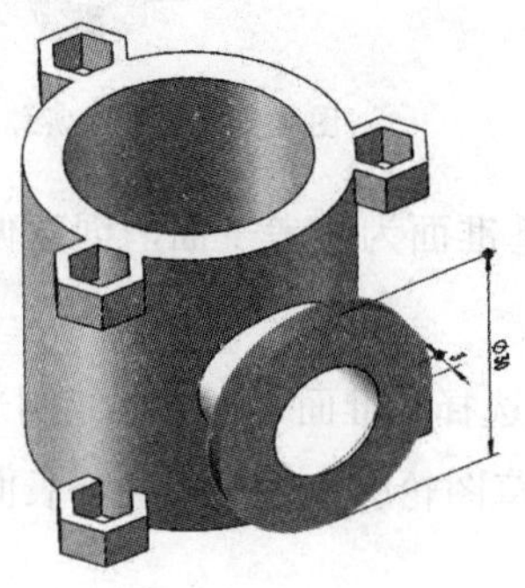

图 4-51　创建拉伸凸台 2

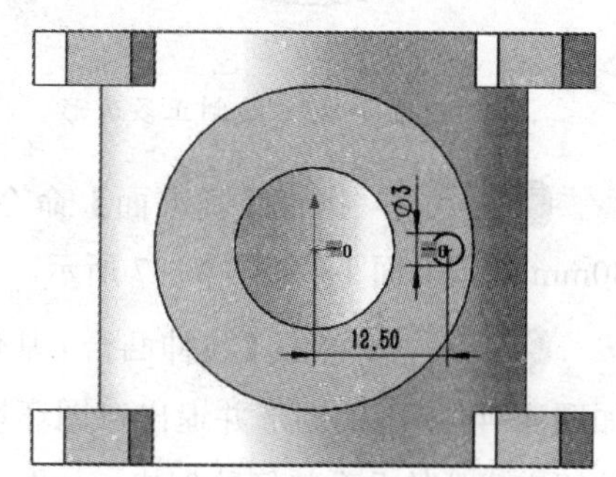

图 4-52　绘制圆形轮廓

步骤 09 单击【圆周阵列】按钮，将拉伸切除孔以圆柱轴线为参考，进行六等分圆周阵列，结果如图 4-53 所示。

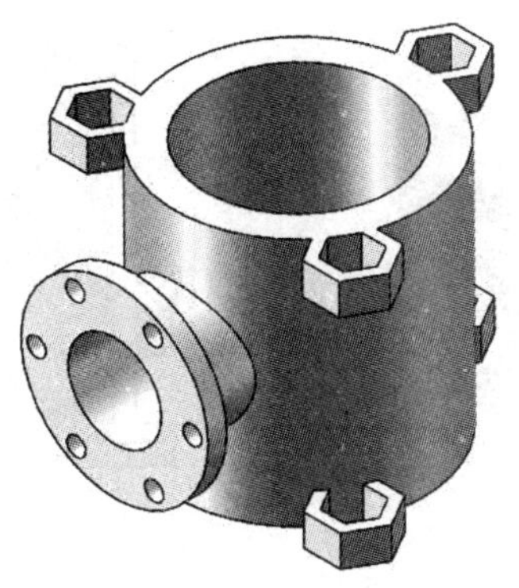

图 4-53 创建圆周阵列特征

课堂问答

本章通过对 SolidWorks 2016 几何参考基准的介绍，演示了建模过程中如何运用辅助参考的思路与方法。下面将列出一些常见的问题供读者学习与参考。

问题❶：参考点有何作用？

答：使用 SolidWorks 创建较为复杂的数模过程中，通过灵活运用参考点的手段可精确定位曲线的通过点及实体特征的放置点。

问题❷：怎样在绘图区域中显示或隐藏参考基准？

答：显示或隐藏参考基准的方式主要有如下两种。

（1）在 FeatureManager 设计树中选择参考基准并右击，在弹出的快捷菜单中单击【隐藏】按钮可隐藏对象，当选择的对象已隐藏，则单击【显示】按钮。

（2）展开【隐藏 / 显示项目】下拉菜单，再选择相应的项目名称可快速隐藏或显示同类几何对象。

问题❸：基准面常见的创建方式有哪几种？

答：基准面最常见的创建方式主要有平行方式创建基准面、点与直线方式创建基准面、点与平面方式创建基准面、角度方式创建基准面等。

上机实战——机械箱体

为巩固本章所介绍的内容，下面将以机械箱体零件为例，综合演示本章所讲解的参考基准辅助建模方法。

效果展示

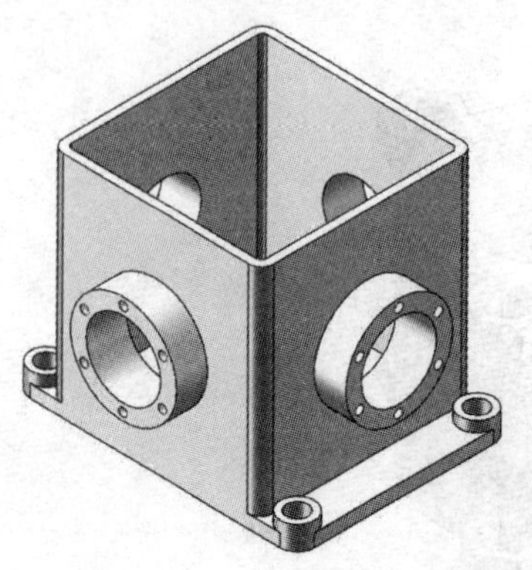

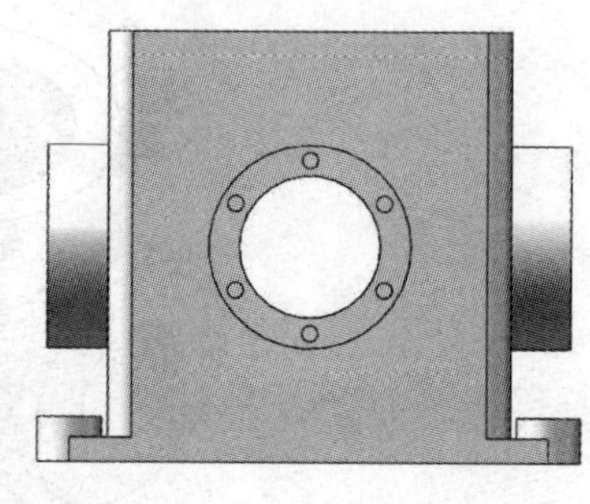

思路分析

在机械箱体建模过程中，将体现 SolidWorks 实体建模的基本思路与方法，重点使用拉伸特征、阵列特征，以及基准面、基准轴的操作技巧。其主要有如下几个基本步骤。

(1) 创建基本结构实体。

(2) 添加多实体结构。

(3) 合并多实体对象。

制作步骤

步骤 01 单击【拉伸凸台 / 基体】按钮，选择上视基准面为草图绘制平面，绘制如图 4-54 所示的矩形并退出草图环境；将绘制的草图轮廓向上拉伸 6mm。单击按钮完成拉伸凸台特征的创建。

步骤 02 单击【拉伸凸台 / 基体】按钮，选择实体顶平面为草图绘制平面，绘制如图 4-55 所示的圆角矩形并退出草图环境；将绘制的草图轮廓向上拉伸 100mm。单击按钮完成拉伸凸台特征的创建。

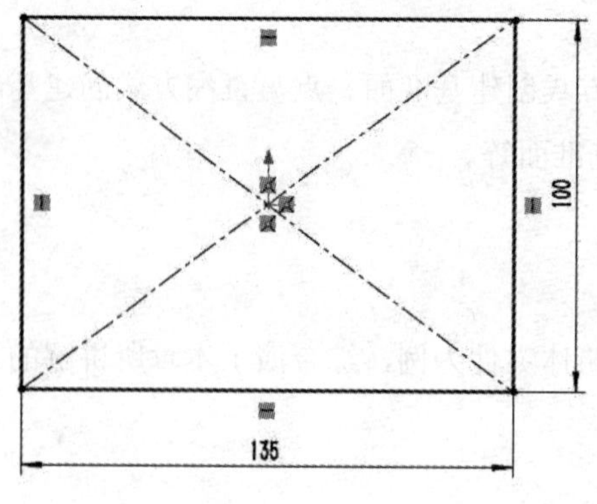

图 4-54 绘制矩形

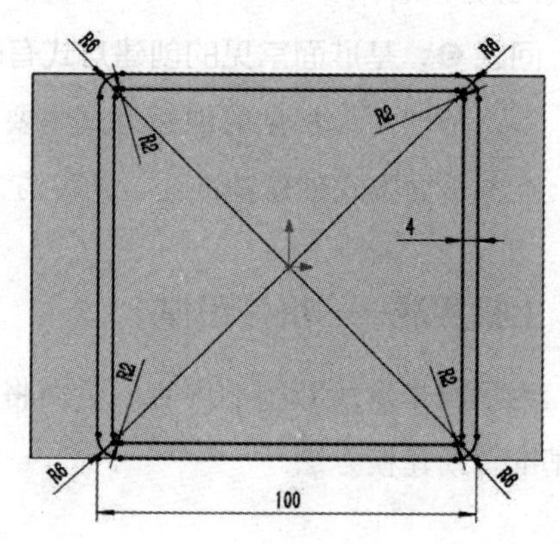

图 4-55 绘制圆角矩形

步骤 03 单击【圆角】按钮，设置圆角半径为 8mm，选择底座实体的 4 条垂直边线为圆角参考边。单击按钮完成圆角特征的创建。

步骤 04 单击【拉伸凸台 / 基体】按钮，选择实体顶平面为草图绘制平面，绘制如图 4–56 所示的圆形并退出草图环境；将绘制的草图轮廓向上拉伸 5mm。单击按钮完成拉伸凸台特征的创建。

步骤 05 单击【拉伸切除】按钮，选择圆柱顶平面为草图绘制平面，绘制如图 4–57 所示的圆形并退出草图环境；指定拉伸方式为“完全贯穿”。单击按钮完成拉伸切除特征的创建。

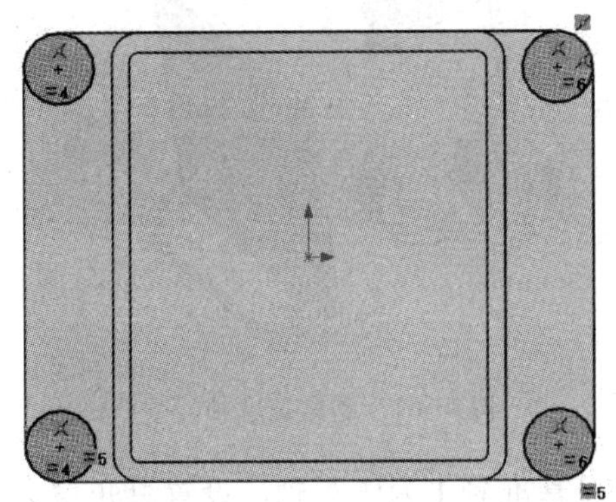

图 4–56 绘制圆形

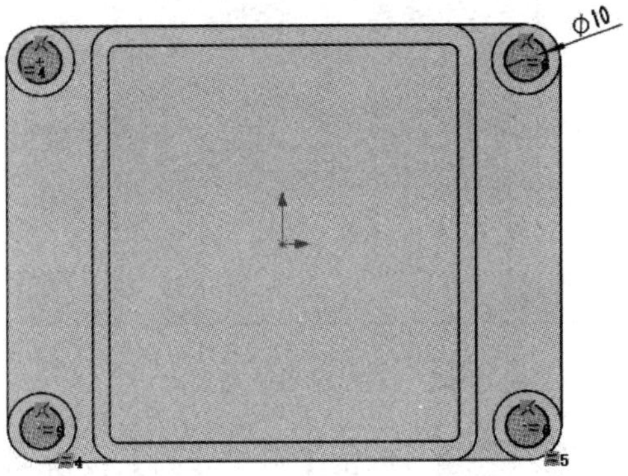

图 4–57 绘制同心圆 1

步骤 06 执行【基准面】命令，选择右视基准面为参考平面，创建偏移距离为 65mm 的基准面 1，如图 4–58 所示。

步骤 07 单击【拉伸凸台 / 基体】按钮，选择基准面 1 为草图绘制平面，绘制如图 4–59 所示的圆形并退出草图环境；将绘制的草图轮廓拉伸至实体模型外表面；取消选中【合并结果】复选框。单击按钮完成拉伸凸台特征的创建。

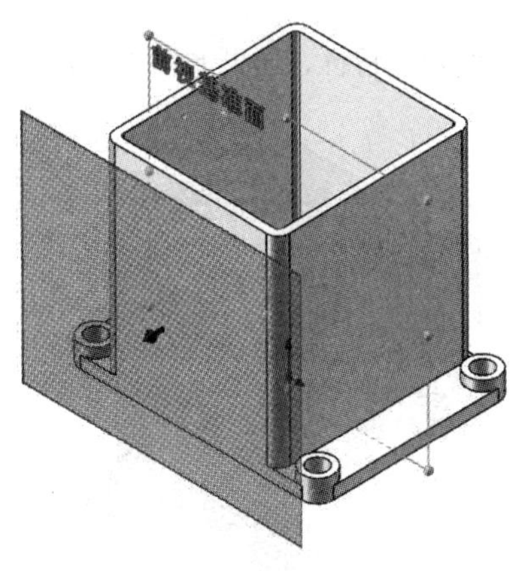

图 4–58 创建平行基准面

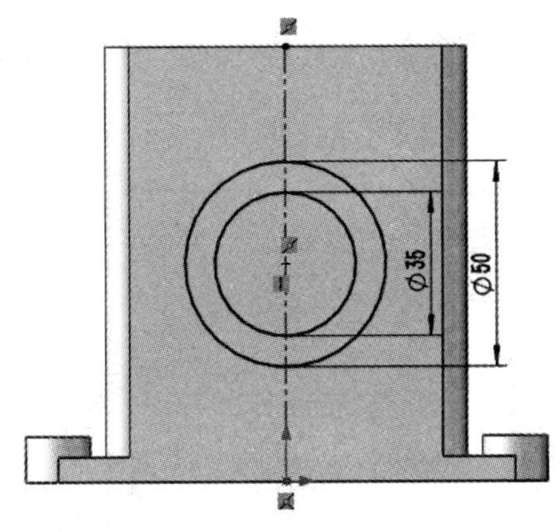

图 4–59 绘制同心圆 2

步骤 08　单击【拉伸切除】按钮，选择侧面圆柱体平面为草图绘制平面，绘制如图 4-60 所示的圆周阵列圆形并退出草图环境；将绘制的圆形向内侧拉伸 15mm。单击按钮完成拉伸切除特征的创建。

步骤 09　执行【基准轴】命令，单击【两平面】按钮，选择上视基准面与前视基准面为参考面。单击按钮完成基准轴的创建，如图 4-61 所示。

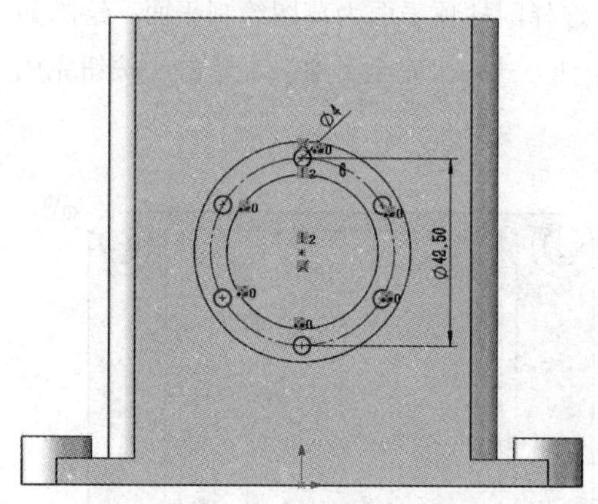

图 4-60　绘制圆周阵列圆

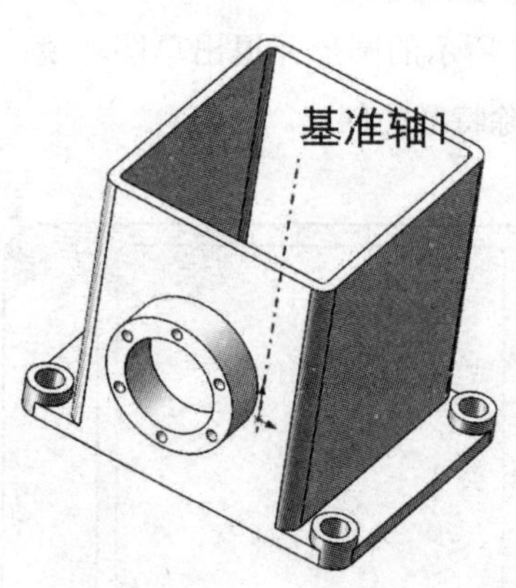

图 4-61　创建基准轴

步骤 10　单击【圆周阵列】按钮，选择基准轴 1 为阵列轴，设置总角度为 360°，实例数为“4”，选中【等间距】复选框；侧面的圆环实体为阵列对象。单击按钮完成实体的圆周阵列复制。

步骤 11　单击【组合】按钮，选择所有三维实体为合并对象。单击按钮完成实体的合并操作。

步骤 12　单击【拉伸切除】按钮，选择侧面圆柱体平面为草图绘制平面，绘制如图 4-62 所示的同心圆并退出草图环境；指定拉伸方式为“完全贯穿”。单击按钮完成拉伸切除特征的创建。

步骤 13　参照上一步骤，在另一面创建出拉伸切除孔特征，结果如图 4-63 所示。

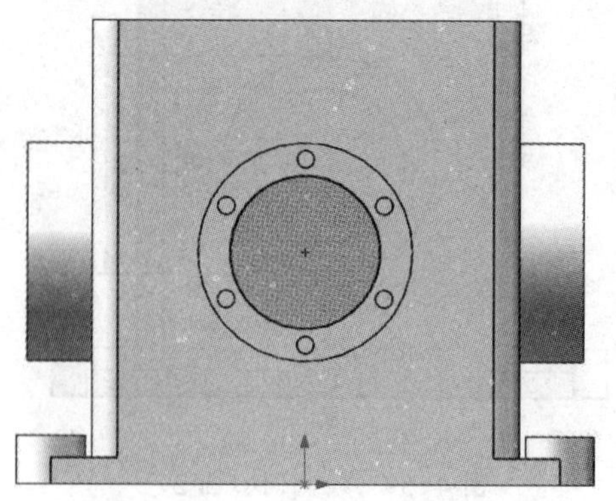
图 4-62　绘制同心圆

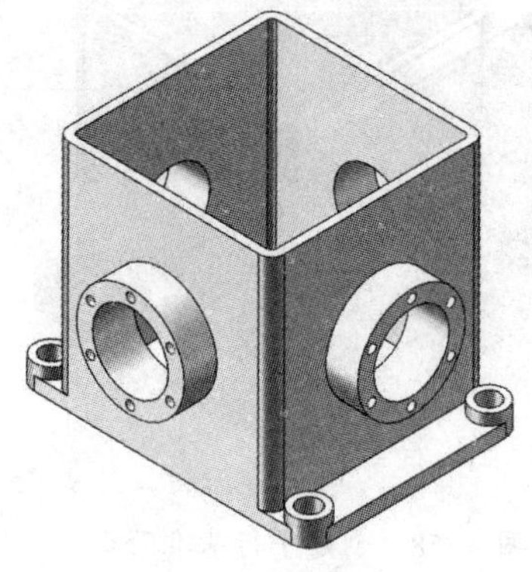
图 4-63　创建拉伸切除孔

同步训练——叉架

图解流程

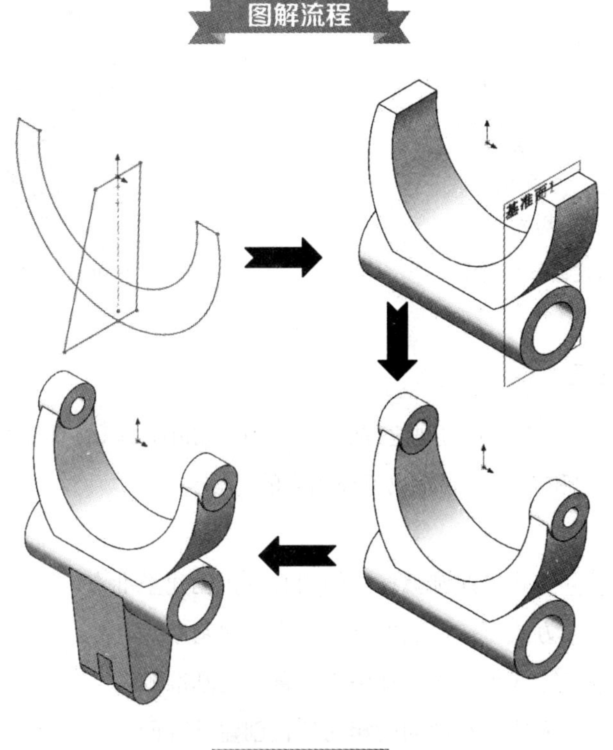

思路分析

在叉架零件的建模过程中，首先使用了多实体建模的思路来创建基础结构实体，其次执行了【拉伸凸台 / 基体】【拉伸切除】等命令创建出叉架零件的其他细节特征。

关键步骤

步骤 01　单击【草图绘制】按钮，选择前视基准面为草图绘制平面，绘制圆弧结构曲线。

步骤 02　单击【草图绘制】按钮，选择右视基准面为草图绘制平面，绘制梯形直线段。

步骤 03　执行【拉伸凸台 / 基体】【组合】命令，创建出多实体组合模型，如图 4-64 所示。

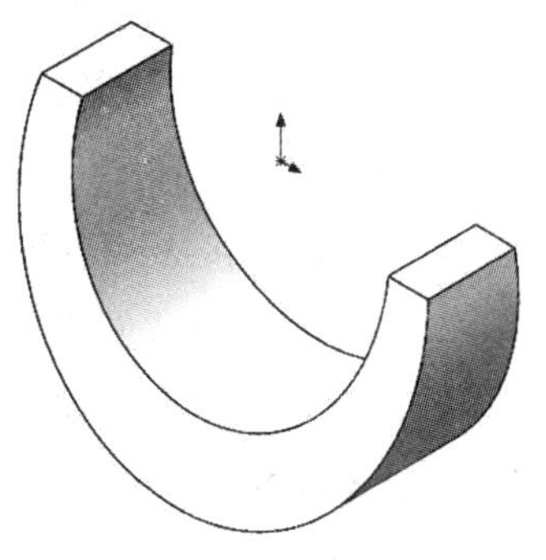

图 4-64　创建多实体组合模型

步骤 04　执行【基准面】【拉伸凸台 / 基体】【拉伸切除】命令，创建出叉架零件的圆柱体特征，如图 4-65 所示。

步骤 05　执行【拉伸凸台 / 基体】【拉伸切除】命令，创建出叉架零件的连接结构特征，如图 4-66 所示。

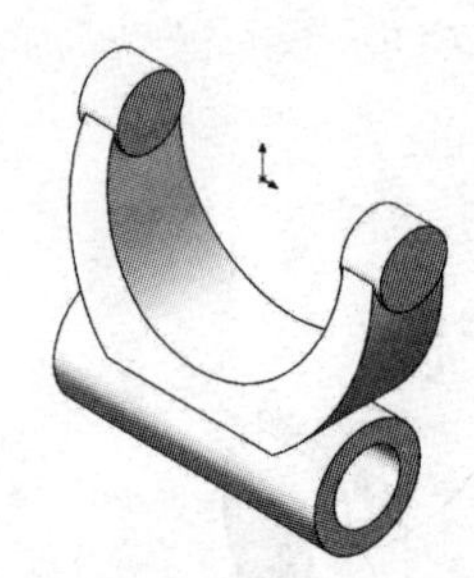

图 4-65　创建圆柱体特征

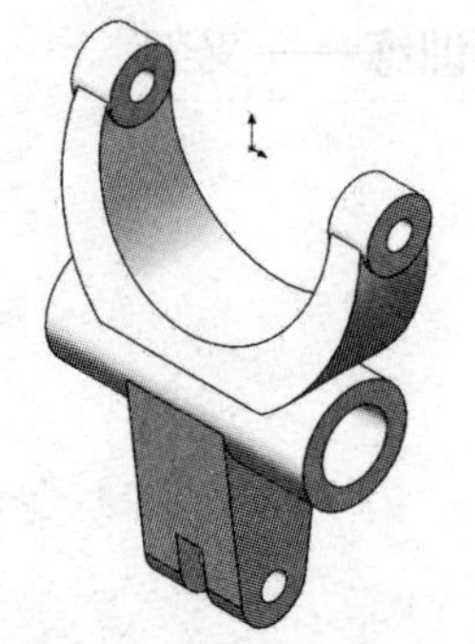

图 4-66　创建连接结构特征

知识与能力测试

本章主要介绍了参考基准的创建方法，体现了 SolidWorks 实体建模的一些基本技巧，为了对知识进行巩固和考核，请完成下列相应的习题。

一、填空题

1．使用________方式可在圆弧曲线的圆心位置创建基准点。

2．使用________方式可在曲面的圆心位置创建基准点。

3．使用________方式可在圆柱体中心位置创建基准轴。

4．使用________方式可在曲面的相切位置创建基准面。

二、选择题

1．下面（　　）方式可将已知特征点映射至其他几何对象上。

A．投影点　　B．圆弧中心点　　C．交叉点　　D．面中心点

2．下面（　　）可在两平面的相交处创建一个基准轴。

A．两平面方式创建轴　　B．两点 / 顶点创建轴

C．圆柱 / 圆锥面创建轴　　D．点和面 / 基准面创建轴

3．下面（　　）可创建一个平行于参考平面的基准面。

A．角度方式创建平面　　B．平行方式创建平面

C．相切于曲面方式创建平面　　D．3 点方式创建平面

4．下面（　　）可创建一个倾斜于参考平面的基准面。

A．角度方式创建平面　　B．平行方式创建平面

C．相切于曲面方式创建平面　　D．3 点方式创建平面

三、简答题

1．基准点的创建方法有哪些？

2．基准轴的创建方法有哪些？

3．基准面的创建方法有哪些？

SolidWorks 2016

第5章 零件属性设置与模型测量

本章将介绍如何使用 SolidWorks 2016 来完成三维实体零件的属性设置与结构尺寸的测量操作。

针对各种制图标准，SolidWorks 提供了多种计量单位作为文档的属性模板，用户可根据设计需要对零件属性进行实时的调整。

学习目标

- 掌握零件模型的单位设置方法
- 掌握零件模型的材料定义方法
- 了解零件模型的外观设置方法
- 熟练零件模型的尺寸测量方法

5.1 零件模型的属性设置

使用 SolidWorks 创建的任何三维模型都具有相应的属性，如单位、材料、显示颜色、贴图等基本属性。这些属性既可在零件模板文件中预先设置，也可在当前激活的零件文件中临时设置。

单击【选项】按钮⚙，再选择【文档属性】选项卡切换设置页面。在该设置页面可对当前零件模型的绘图标准、单位、模型显示、材料属性等内容进行相应的设置，如图 5-1 所示。

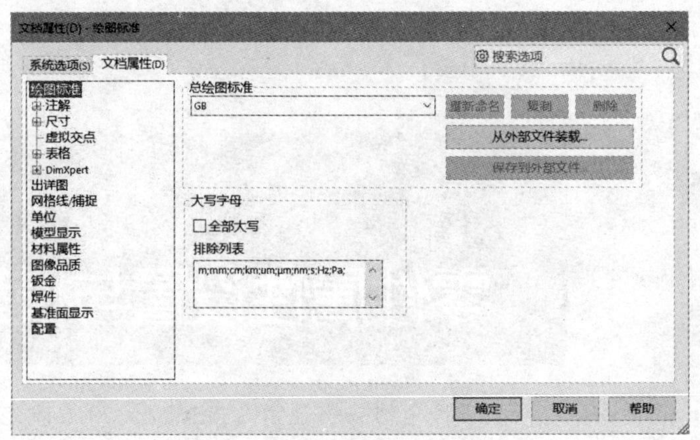

图 5-1 【文档属性】选项卡

5.1.1 设置零件模型的单位

在机械制图标准中有英制和公制（米制）两种基本计量单位，用于保证模型测量和材料应用计算的正确性。在 SolidWorks 中提供了一些预定义的单位系统，如 MKS（米、公斤、秒）、CGS（厘米、克、秒）、MMGS（毫米、克、秒）及 IPS（英寸、磅、秒）4 种，如图 5-2 所示。

在遵循各个零件单位系统统一的原则下，用户可自定义当前模型的计量单位，具体设置方法如下。

步骤 01 在【文档属性】选项卡中选择【单位】选项，切换设置面板。

步骤 02 在【单位系统】选项区域中选中【自定义】单选按钮。

步骤 03 在下方的表框中设置长度单位为“毫米”，角度单位为“度”，质量单位为“公斤”，如图 5-2 所示。

步骤 04 单击【确定】按钮完成零件模型的单位设置。

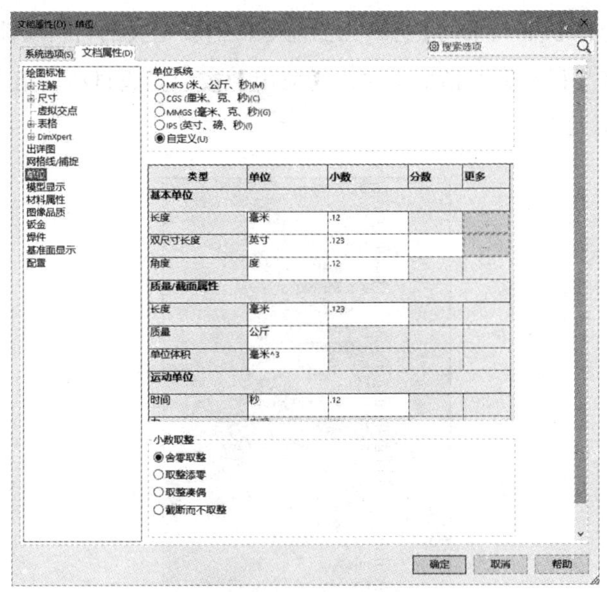

图 5-2 单位设置

5.1.2 设置零件模型的材料属性

在 SolidWorks 产品设计过程中，用户可通过对零部件添加材料属性的方式来辅助后续工程图的制作与有限元分析操作。

步骤 01 打开学习资料文件“第 5 章 \ 素材文件 \ 材料属性定义 .SLDPRT”。

步骤 02 在 FeatureManager 设计树中选择【材质】选项并右击，弹出快捷菜单，选择【编辑材料】选项，如图 5-3 所示。

步骤 03 弹出【材料】对话框，在 SolidWorks Materials 文件夹下展开【塑料】文件，如图 5-4 所示。

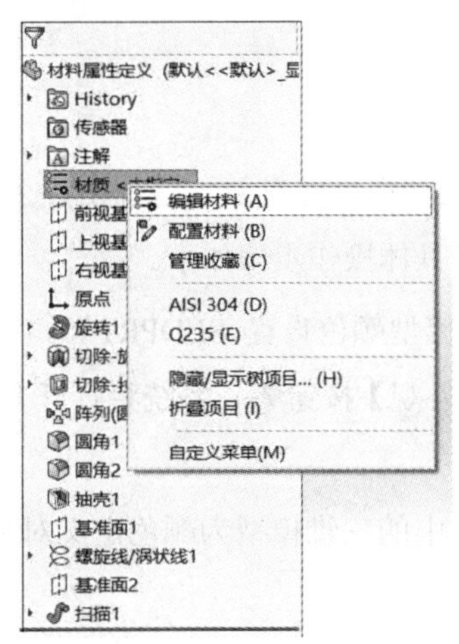

图 5-3 弹出快捷菜单

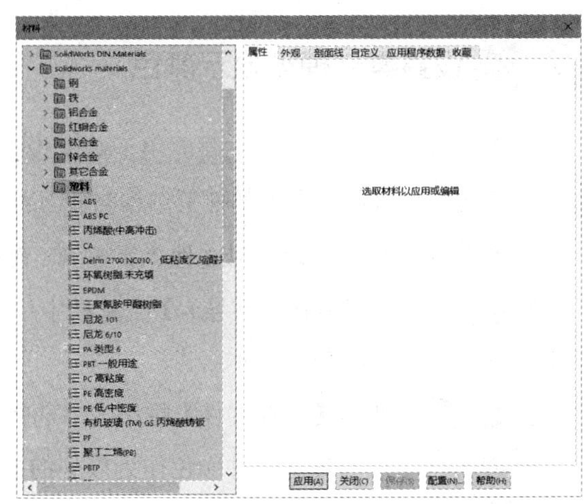

图 5-4 【材料】对话框

步骤 04　选择【PP 共聚物】材料为当前零件需要定义的材料属性，如图 5-5 所示。

步骤 05　在【材料】对话框中单击【应用】按钮完成材料的指定，单击【关闭】按钮退出该对话框。

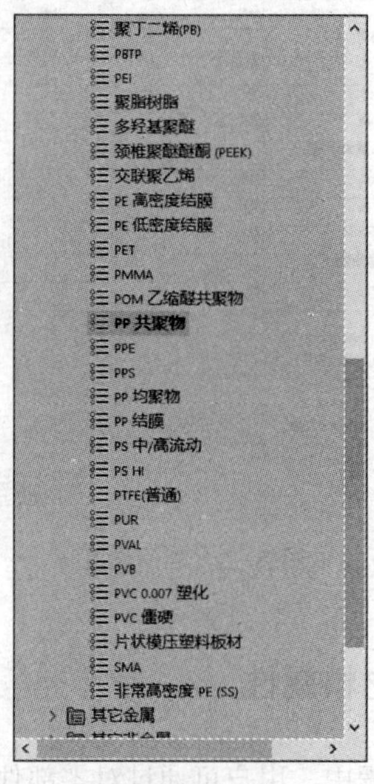

图 5-5　选择材料

SolidWorks 系统自带了常用的一些材料，如 304 不锈钢、Q235 碳钢、Q345 碳钢等。用户也可以自定义系统未能提供的一些材料，同时也可以加载已创建的材料文件来快速定义零件的材料属性。

5.1.3 设置零件模型显示颜色

设置零部件的显示颜色主要应用于装配设计之中，这种操作能有效地区分出各个零部件，方便用户查看各个零部件的结构与相互配合状态，具体操作步骤如下。

步骤 01　打开学习资料文件“第 5 章 \ 素材文件 \ 模型颜色设置 .SLDPRT”。

步骤 02　在【视图（前导）】工具栏中单击【编辑外观】按钮，系统将打开【颜色】属性菜单，如图 5-6 所示。

步骤 03　激活【选择零件】按钮，并选择当前文件中的三维模型为颜色定义对象。

步骤 04　选择任意一种颜色作为模型的显示颜色。

步骤 05　单击按钮完成模型颜色的设置。

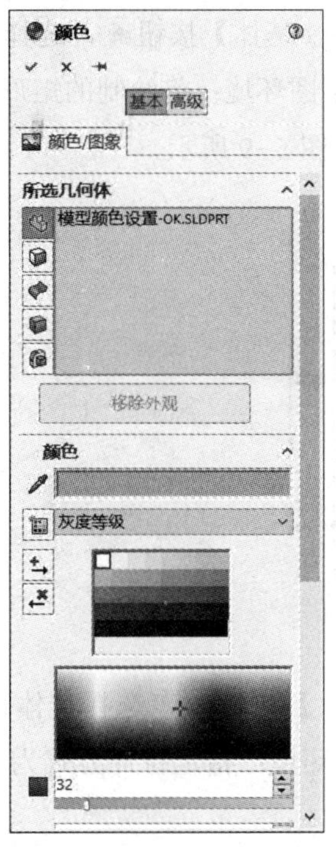

图 5-6 【颜色】属性菜单

在零件设计环境下，系统会自动选择当前文件中的三维模型作为颜色设置对象。用户也可以选择实体面、曲面、特征等对象作为颜色设置对象。

课堂范例——设置定位座模型属性

执行【拉伸凸台 / 基体】【拉伸切除】【圆角】命令创建定位座三维模型结构，再对该零件模型设置材料属性并修改模型显示颜色，如图 5-7 所示，具体操作步骤如下。

图 5-7 定位座模型

步骤 01 单击【拉伸凸台 / 基体】按钮，选择上视基准面为草图绘制平面，绘制如图 5-8 所示的矩形并退出草图环境；将绘制的矩形草图向上拉伸 10mm。单击按钮完成拉伸凸台特征的创建，如图 5-9 所示。

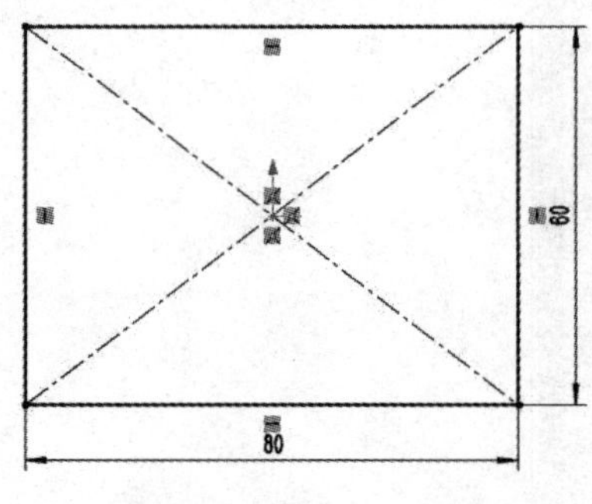

图 5-8 绘制矩形轮廓

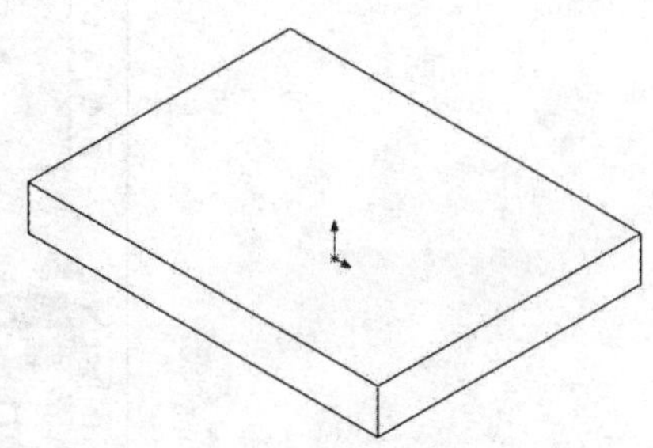

图 5-9 创建拉伸凸台

步骤 02 单击【拉伸切除】按钮，选择实体顶平面为草图绘制平面，绘制如图 5-10 所示的圆形并退出草图环境；指定拉伸方式为“完全贯穿”。单击按钮完成拉伸切除特征的创建。

步骤 03 单击【拉伸凸台 / 基体】按钮，选择实体顶平面为草图绘制平面，绘制如图 5-11 所示的同心圆并退出草图环境；将绘制的草图向上拉伸 40mm。单击按钮完成拉伸凸台特征的创建，如图 5-12 所示。

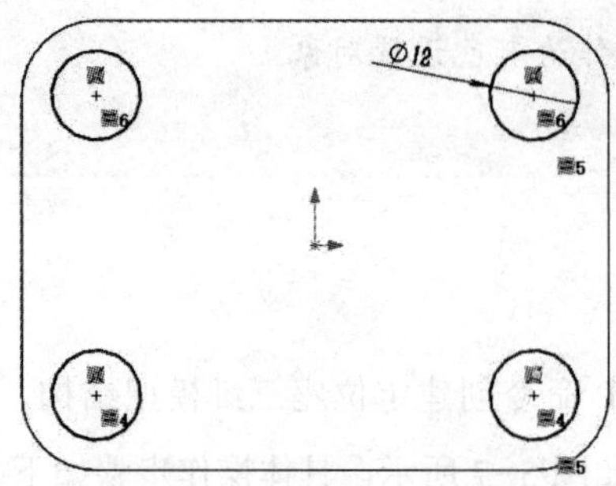

图 5-10 绘制圆形轮廓

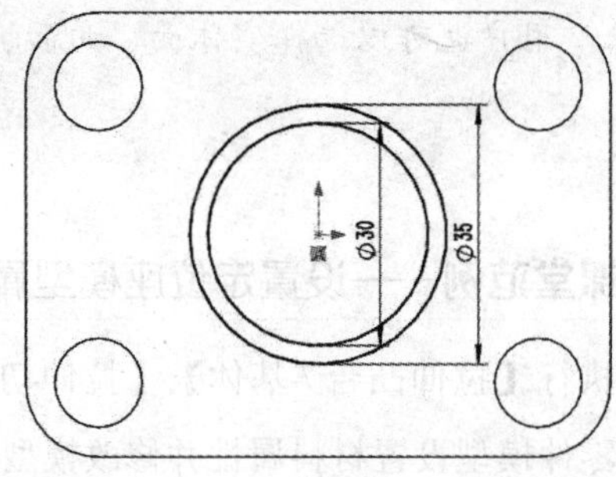

图 5-11 绘制同心圆

步骤 04 单击【拉伸凸台 / 基体】按钮，选择实体侧平面为草图绘制平面，绘制如图 5-13 所示的矩形和圆形并退出草图环境；将绘制的草图拉伸至圆柱面上。单击按钮完成拉伸凸台特征的创建。

步骤 05 单击【圆角】按钮，使用【完全圆角】模式在拉伸凸台顶部创建圆角特征，如图 5-14 所示。

步骤 06 在 FeatureManager 设计树中选择【材质】选项并右击，弹出快捷菜单，选择【编辑材料】选项，弹出【材料】对话框，在 SolidWorks Materials 文件夹下展开【钢】文件，再选择【普通碳钢】材料为当前零件需要定义的材料属性，如图 5-15 所示。

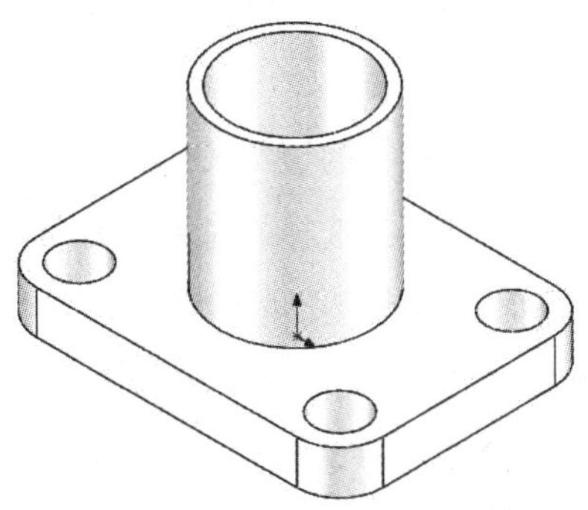

图 5-12　创建拉伸凸台

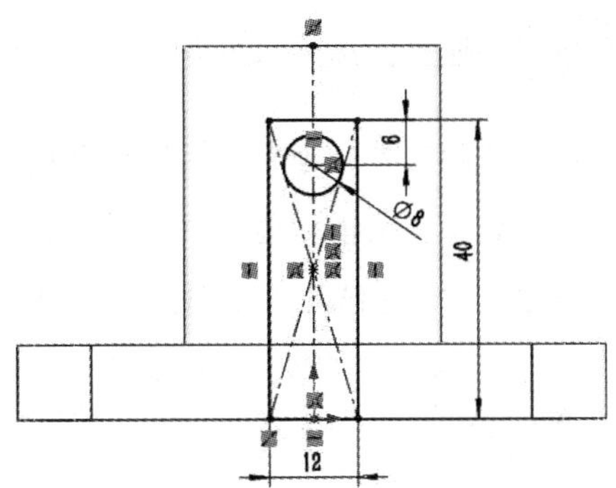

图 5-13　绘制矩形和圆形轮廓

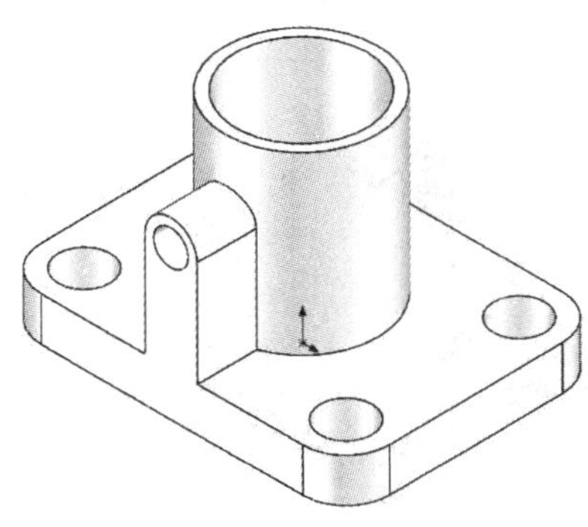

图 5-14　创建圆角特征

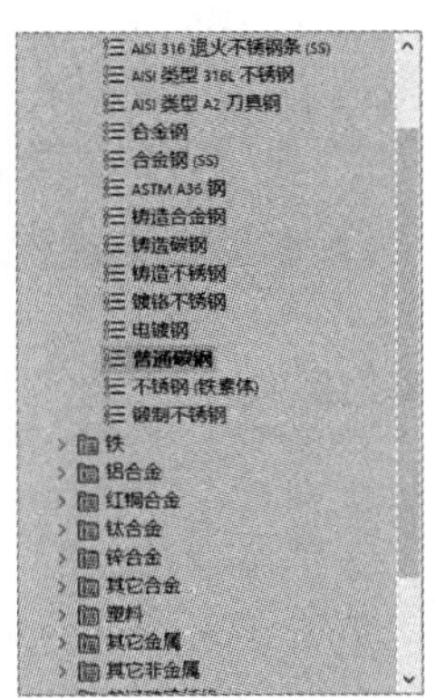

图 5-15　添加模型材料

步骤 07　在【材料】对话框中单击【应用】按钮完成材料的指定，单击【关闭】按钮退出该对话框。

步骤 08　在【视图（前导）】工具栏中单击【编辑外观】按钮，选择浅黑色为当前模型的显示颜色。单击按钮完成模型颜色的设置。

5.2 零件模型的测量

使用 SolidWorks 创建的任何形状的三维模型均可以对其进行尺寸测量，以检查产品设计的准确性。零件模型的测量主要有长度测量、距离测量、角度测量、面积周长测量及质量分析等，而在产品设计过程中最常使用的是距离测量和质量分析。

在 CommandManager 工具集中选择【评估】选项卡切换工具集，如图 5-16 所示。

图 5-16　【评估】命令界面

5.2.1 测量长度与距离

执行【测量】命令后通过选择几何对象可测量出该三维模型的边线长度与距离。当选择的对象是一条模型边线时，系统将测量出该边线的长度。当选择的对象是两个平面或两条边线时，系统将测量出两个几何对象之间的距离值，具体操作步骤如下。

步骤 01　打开学习资料文件“第 5 章 \ 素材文件 \ 长度与距离测量 .SLDPRT”。

步骤 02　单击【测量】按钮，系统将弹出【测量】对话框，如图 5-17（a）所示。

步骤 03　选择模型实体上的一条边线为测量对象，系统将显示出该边线的长度值，如图 5-17（b）所示。

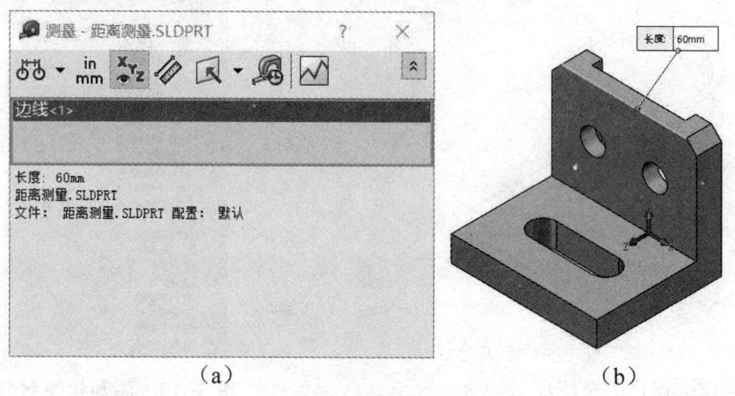

（a）　（b）

图 5-17　测量模型边线长度

步骤 04　继续选择模型实体上的另一条边线为测量对象，系统将测量出两条边线之间的水平、垂直与直线距离值，如图 5-18 所示。

温馨提示

单击【显示 XYZ 测量】按钮，可测量出坐标方向上的距离值；取消该按钮，则只能测量直线距离，如图 5-19 所示。

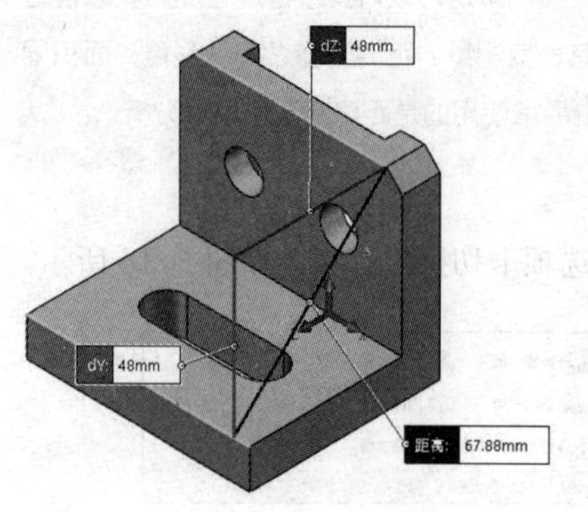

图 5-18　测量两边线距离值

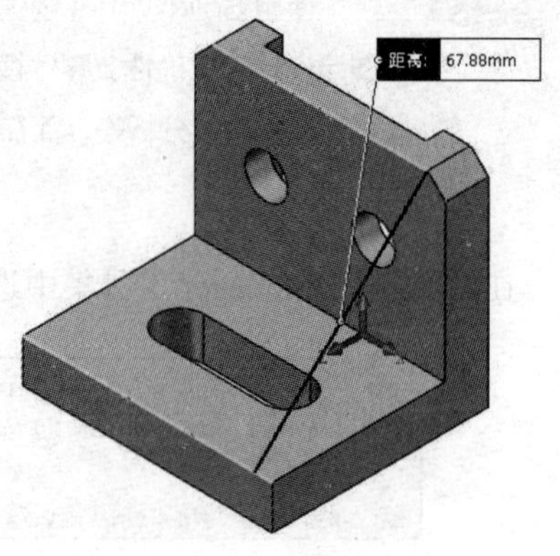

图 5-19　测量直线距离

5.2.2 测量角度

执行【测量】命令后通过选择两个非平行的几何对象，可测量出两个几何对象的相对倾斜角度。

步骤 01 打开学习资料文件“第 5 章 \ 素材文件 \ 角度测量 .SLDPRT”。

步骤 02 单击【测量】按钮，系统将弹出【测量】对话框。

步骤 03 依次选择实体的两个相交平面为测量对象，系统将在【测量】对话框中显示出两平面的相交角度，如图 5-20 所示。

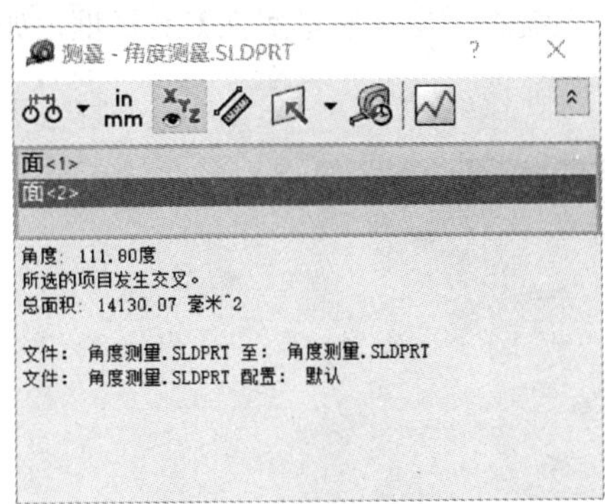

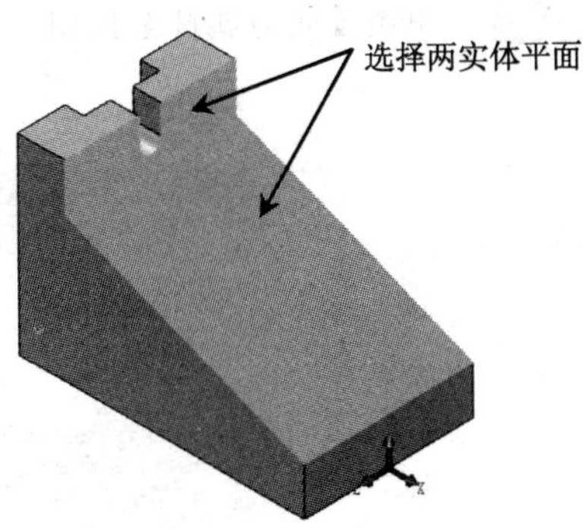

图 5-20 角度测量

5.2.3 测量面积与边线周长

在 SolidWorks 任意一种设计环境下执行【测量】命令后再选择已知的几何对象，系统将自动测量出该对象的相关属性，如面积、周长、直径、中心坐标等。

（1）当测量对象是直线时，测量结果为该直线的长度。

（2）当测量对象是圆弧曲线时，测量结果为该曲线的半 / 直径尺寸和中心坐标值，如图 5-21 所示。

（3）当测量的对象是曲面时，测量的结果为该曲面的面积、半 / 直径尺寸、周长尺寸等，如图 5-22 所示。

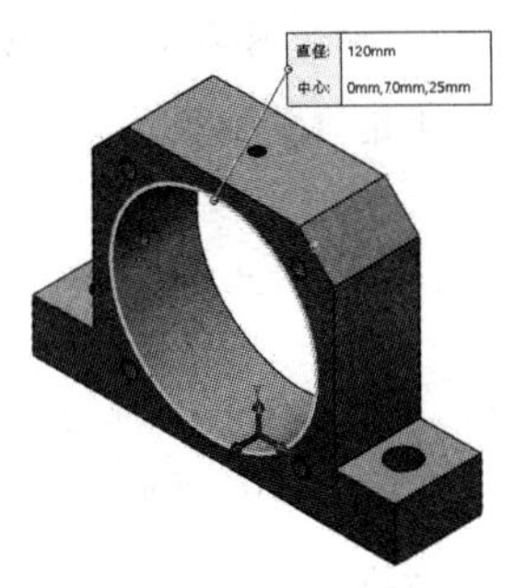

图 5-21 测量曲线属性

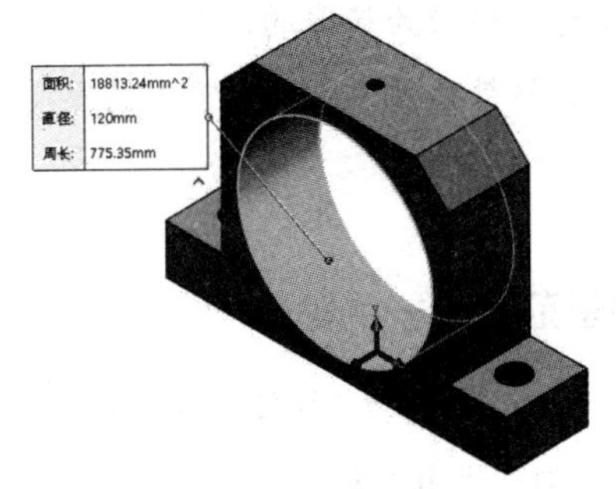

图 5-22 测量曲面属性

5.2.4 质量属性分析

在 SolidWorks 中三维模型的质量属性主要包括模型的密度、质量、体积、表面积、重心、惯性张量等。用户通过对三维模型的质量属性分析，可预先掌握产品的设计参数，优化设计过程，提高产品质量。

步骤 01 打开学习资料文件“第 5 章 \ 素材文件 \ 质量属性分析 .SLDPRT”。

步骤 02 在 FeatureManager 设计树中选择【材质】选项并右击，弹出快捷菜单，选择 Q235 碳钢材料为当前三维模型需要指定的材料并退出【材料】对话框。

步骤 03 单击【质量属性】按钮，系统将弹出【质量属性】对话框，如图 5–23 所示。

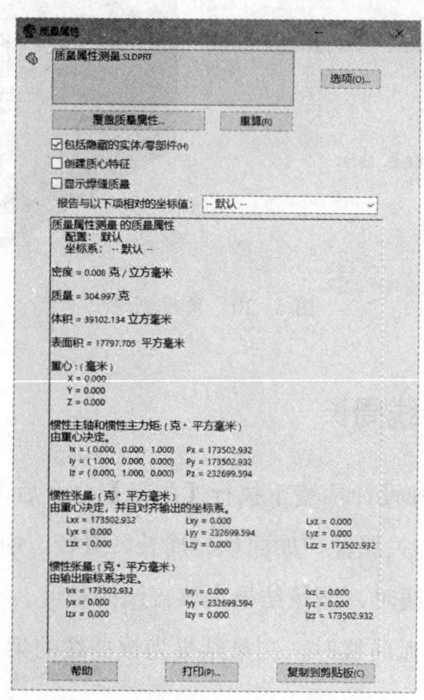

图 5–23 【质量属性】对话框

技能拓展

为获得较为精准的质量分析结果，在执行【质量属性】命令前需要对零件模型添加材料属性，从而定义出该模型的密度值，辅助系统计算质量结果。

课堂范例——平轮盘

执行【拉伸凸台 / 基体】【拉伸切除】【筋】【圆周阵列】命令创建平轮盘模型，再定义材料属性并分析出该模型的质量，如图 5–24 所示，具体操作步骤如下。

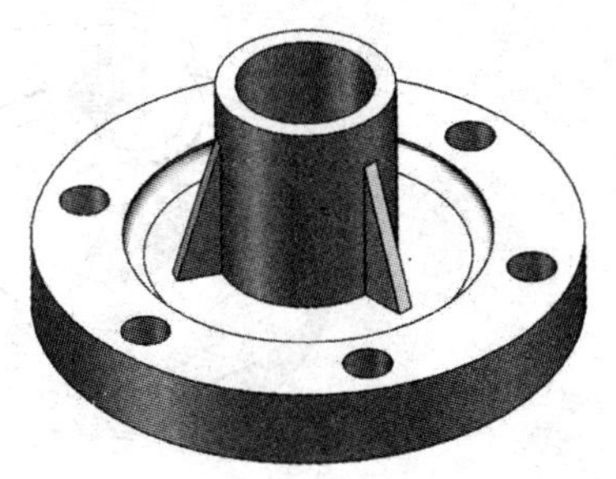
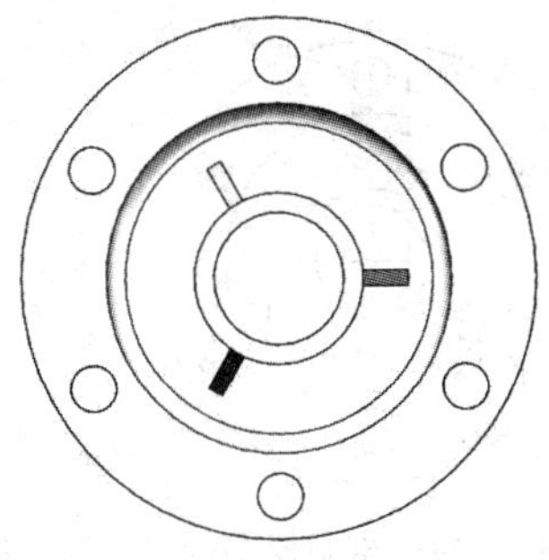

图 5-24 平轮盘

步骤 01 单击【旋转凸台 / 基体】按钮，选择前视基准面为草图绘制平面，绘制如图 5-25 所示的封闭轮廓曲线段并退出草图环境；在【方向 1】选项区域中设置旋转角度为 360°。单击按钮完成旋转凸台特征的创建，如图 5-26 所示。

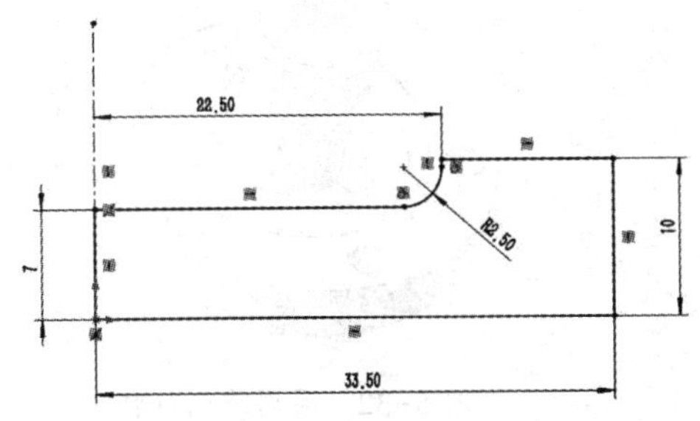

图 5-25 绘制草图轮廓

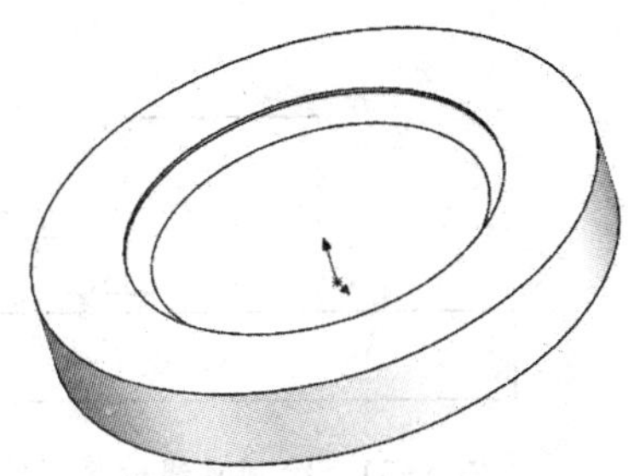

图 5-26 创建旋转凸台

步骤 02 单击【拉伸凸台 / 基体】按钮，选择实体凹槽底面为草图绘制平面，绘制如图 5-27 所示的圆形并退出草图环境；将绘制的圆形草图向上拉伸 25mm。单击按钮完成拉伸凸台特征的创建，如图 5-28 所示。

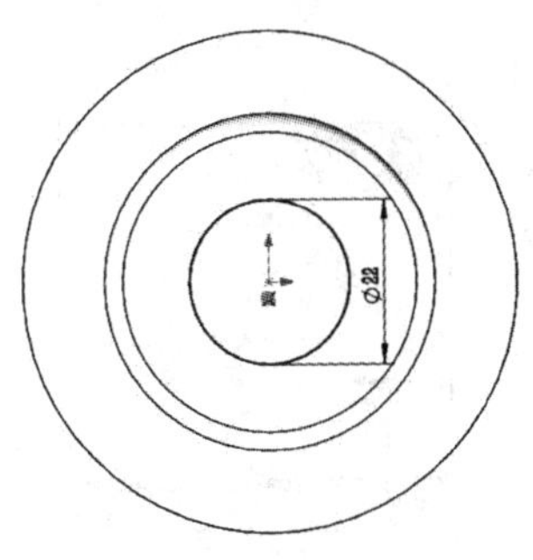

图 5-27 绘制圆形

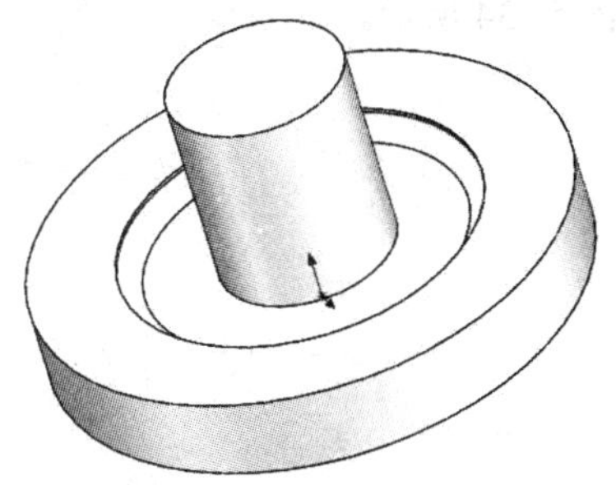

图 5-28 创建拉伸凸台

步骤 03 单击【拉伸切除】按钮，选择实体顶平面为草图绘制平面，绘制如图 5-29 所示的圆形组并退出草图环境；指定拉伸方式为“完全贯穿”。单击按钮完成拉伸切除特征的创建，如图 5-30 所示。

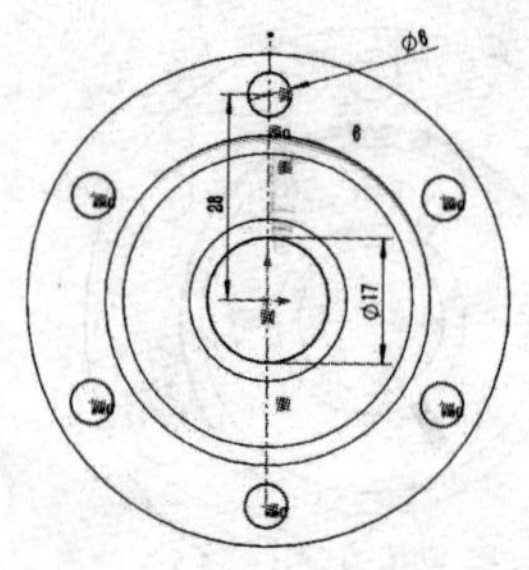

图 5-29　绘制圆形组

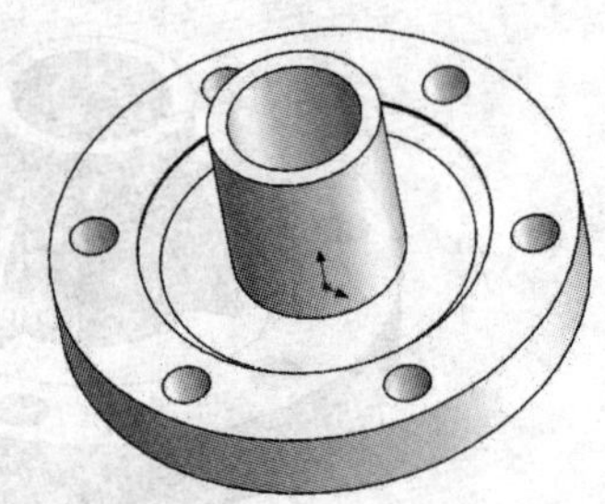

图 5-30　创建拉伸切除孔

步骤 04　单击【筋】按钮，选择前视基准面为草图绘制平面，绘制如图 5-31 所示的直线并退出草图环境；指定筋的加厚方向为两侧加厚并指定厚度为 2mm。单击按钮完成筋特征的创建，如图 5-32 所示。

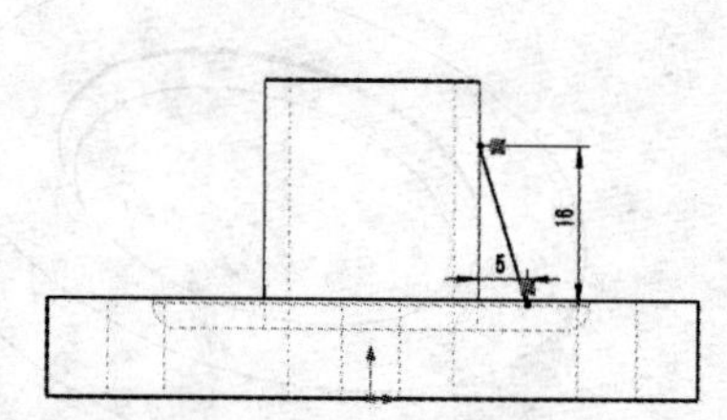

图 5-31　绘制直线段草图轮廓

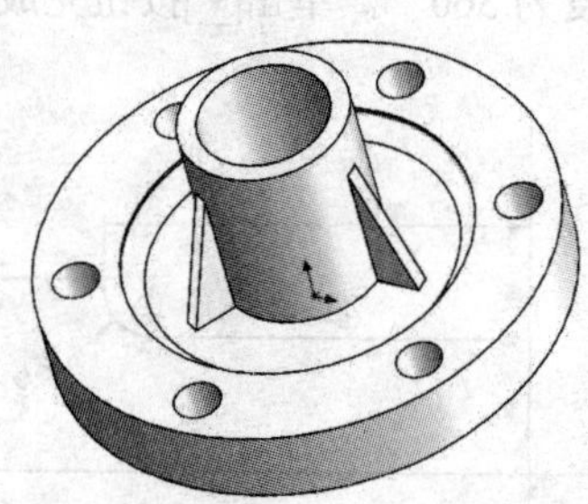

图 5-32　圆周阵列筋特征

步骤 05　将当前零件文件的长度单位设置为“毫米”，质量单位设置为“克”，如图 5-33 所示。

步骤 06　将当前零件模型的材料设置为“AISI 304”。

步骤 07　单击【质量属性】按钮，系统将完成三维模型的质量属性分析，如图 5-34 所示。

类型	单位	小数	分数	更多
基本单位				
长度	毫米	.12		
双尺寸长度	英寸	.123		
角度	度	.12		
质量/截面属性				
长度	毫米	.123		
质量	克			
单位体积	毫米^3			

图 5-33　设置模型单位

平轮盘 的质量属性
配置：默认
坐标系：-- 默认 -

密度 = 0.008 克 / 立方毫米

质量 = 252.289 克

体积 = 31536.183 立方毫米

表面积 = 13496.747 平方毫米

重心：(毫米)
X = 0.000
Y = 6.405
Z = 0.000

惯性主轴和惯性主力矩：(克 · 平方毫米)
由重心决定。
Ix = (0.000, 0.000, 1.000)　Px = 80206.631
Iy = (1.000, 0.000, 0.000)　Py = 80206.631
Iz = (0.000, 1.000, 0.000)　Pz = 141553.241

惯性张量：(克 · 平方毫米)
由重心决定，并且对齐输出的坐标系。
Lxx = 80206.631　Lxy = 0.000　Lxz = 0.000
Lyx = 0.000　Lyy = 141553.241　Lyz = 0.000
Lzx = 0.000　Lzy = 0.000　Lzz = 80206.631

惯性张量：(克 · 平方毫米)
由输出座标系决定。
Ixx = 90557.258　Ixy = 0.000　Ixz = 0.000
Iyx = 0.000　Iyy = 141553.241　Iyz = 0.000
Izx = 0.000　Izy = 0.000　Izz = 90557.258

图 5-34　质量属性分析结果

课堂问答

本章通过介绍零件模型的属性设置与零件模型的测量方法，演示了机械设计的基本技巧与操作思路。下面将列出一些常见的问题供读者学习与参考。

问题❶：SolidWorks 常用的计量单位有哪些？

答：SolidWorks 提供的长度计量单位一般有毫米、厘米、米、千分英寸、英寸、密耳等，角度计量单位一般有度、度 / 分、度 / 分秒、弧度，质量单位一般有毫克、克、公斤、磅。

问题❷：定义材料属性有何意义？

答：在完成零件模型的三维造型后，通过对零件模型赋予材料属性不仅能辅助用户计算出模型的实际重量，还可以将该材料名称关联至工程图内并完成材料一栏的自动填写。

问题❸：影响模型质量属性分析的因素有哪些？

答：在 SolidWorks 中计算模型的质量过程中通常需要指定该模型的体积和密度参数，其中体积可由实体模型自动计算得出，而密度则需要手动定义。用户也可以通过指定模型材料属性的方式来间接设置模型密度值。

上机实战——不锈钢轴头

为巩固本章所介绍的内容，下面将以不锈钢轴头零件为例，综合演示本章所讲解的零件模型属性设置方法。

效果展示

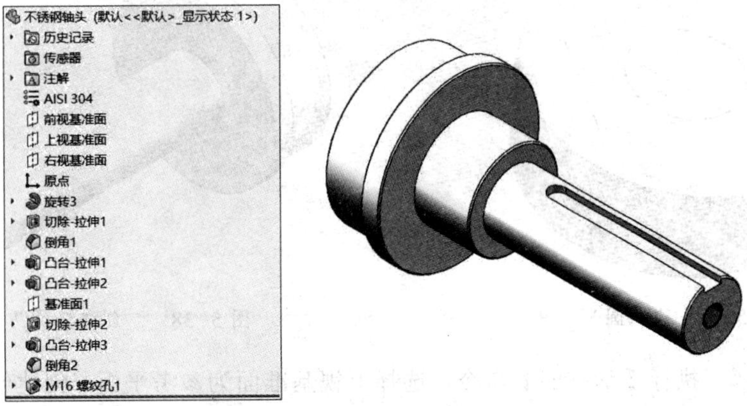

不锈钢轴头 (默认<<默认>_显示状态 1>)
- 历史记录
- 传感器
- 注解
- AISI 304
- 前视基准面
- 上视基准面
- 右视基准面
- 原点
- 旋转3
- 切除-拉伸1
- 倒角1
- 凸台-拉伸1
- 凸台-拉伸2
- 基准面1
- 切除-拉伸2
- 凸台-拉伸3
- 倒角2
- M16 螺纹孔1

思路分析

在不锈钢轴头建模过程中，将体现 SolidWorks 实体建模的基本思路与方法，重点使用旋转特征、倒角特征的操作技巧及材料属性的定义方法。其主要有如下几个基本步骤。

(1) 创建基本结构实体。

(2) 创建工程特征。

(3) 指定零件的材料属性。

步骤 01 单击【旋转凸台 / 基体】按钮，选择前视基准面为草图绘制平面，绘制如图 5-35 所示的直线段并退出草图环境；在【方向 1】选项区域中设置旋转角度为 360°。单击按钮完成旋转凸台特征的创建，如图 5-36 所示。

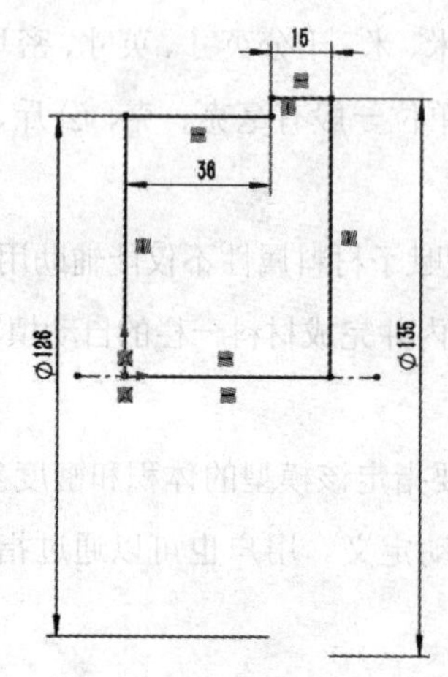

图 5-35 绘制直线段草图轮廓

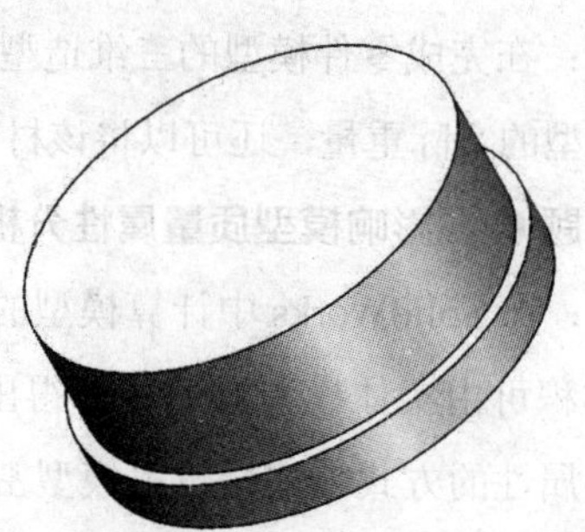

图 5-36 创建旋转凸台

步骤 02 单击【拉伸凸台 / 基体】按钮，选择圆柱体顶平面为草图绘制平面，绘制如图 5-37 所示的圆形并退出草图环境；将绘制的圆形草图拉伸 210mm。单击按钮完成拉伸凸台特征的创建，如图 5-38 所示。

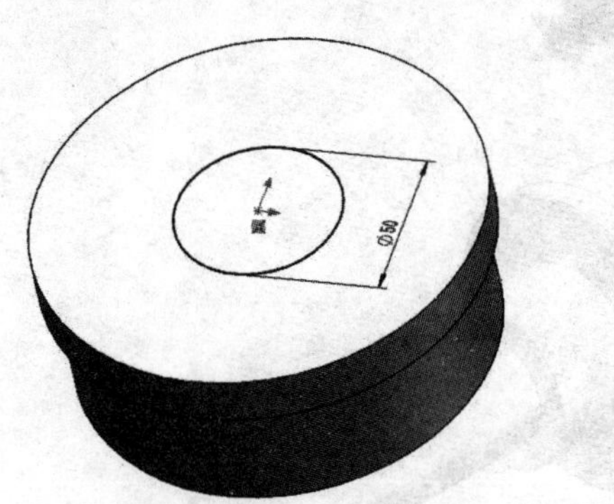

图 5-37 绘制圆形

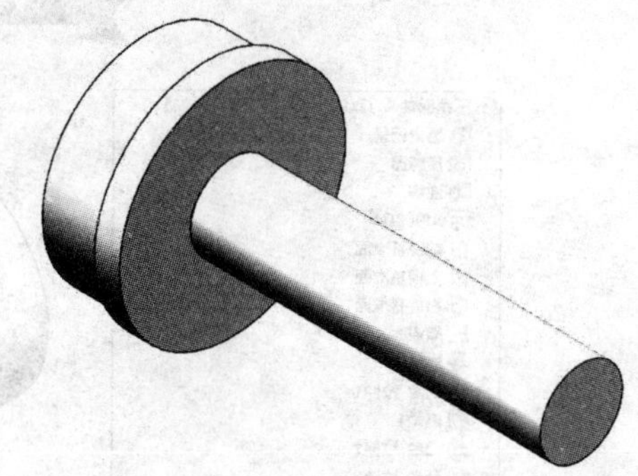

图 5-38 创建拉伸凸台

步骤 03 执行【基准面】命令，选择上视基准面为参考平面，创建偏移距离为 19.5mm 的基准面 1，如图 5-39 所示。

步骤 04 单击【拉伸切除】按钮，选择基准面 1 为草图绘制平面，绘制如图 5-40 所示的条形槽口并退出草图环境；指定拉伸方式为“完全贯穿”。单击按钮完成拉伸切除特征的创建。

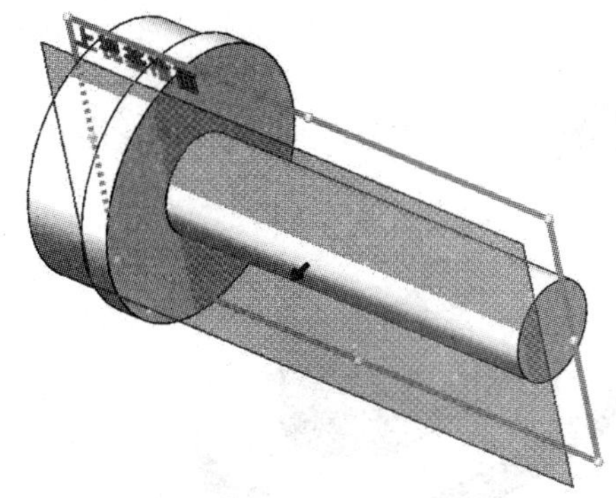

图 5-39 创建平行基准面 1

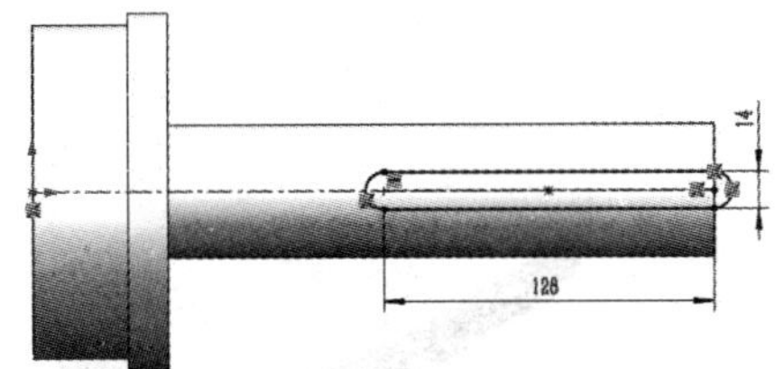

图 5-40 绘制条形槽口草图轮廓

步骤 05 单击【拉伸凸台 / 基体】按钮，选择圆柱体平面为草图绘制平面，绘制直径为 75mm 的圆形并退出草图环境；将绘制的圆形草图拉伸 45mm。单击按钮完成拉伸凸台特征的创建，如图 5-41 所示。

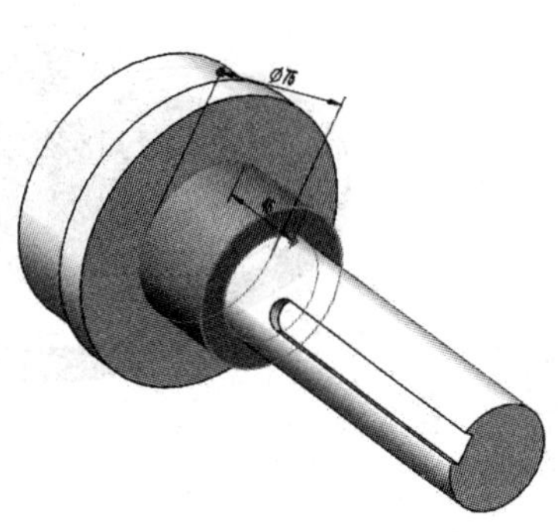

图 5-41 创建拉伸凸台

步骤 06 单击【异型孔向导】按钮，在【孔类型】选项区域中单击【直螺纹孔】按钮，指定规格为 M16，并指定深度值为 30mm；切换至【位置】选项卡，分别选择圆柱端面圆心点为孔特征的放置点。单击按钮完成孔特征的创建，如图 5-42 所示。

步骤 07 将当前零件文件的长度单位设置为毫米，质量单位设置为克。

步骤 08 将当前零件模型的材料设置为 AISI 304。

步骤 09 单击【质量属性】按钮，系统将完成不锈钢轴头零件的质量属性分析，如图 5-43 所示。

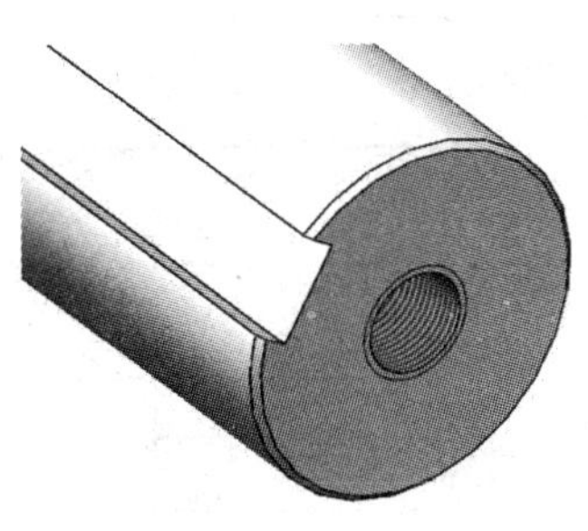

图 5-42 创建螺纹孔特征

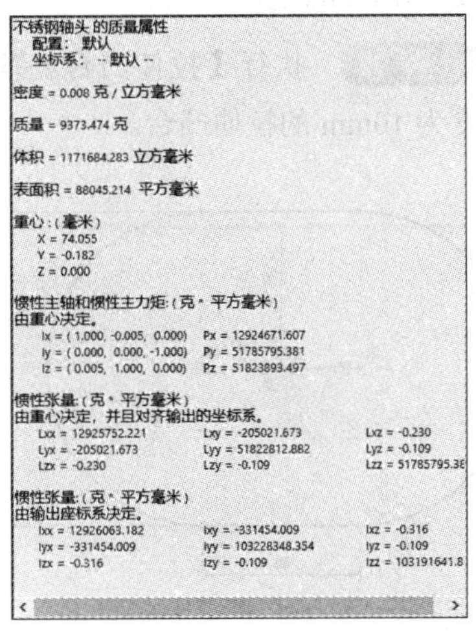

图 5-43 质量属性分析结果

同步训练——泵盖

图解流程

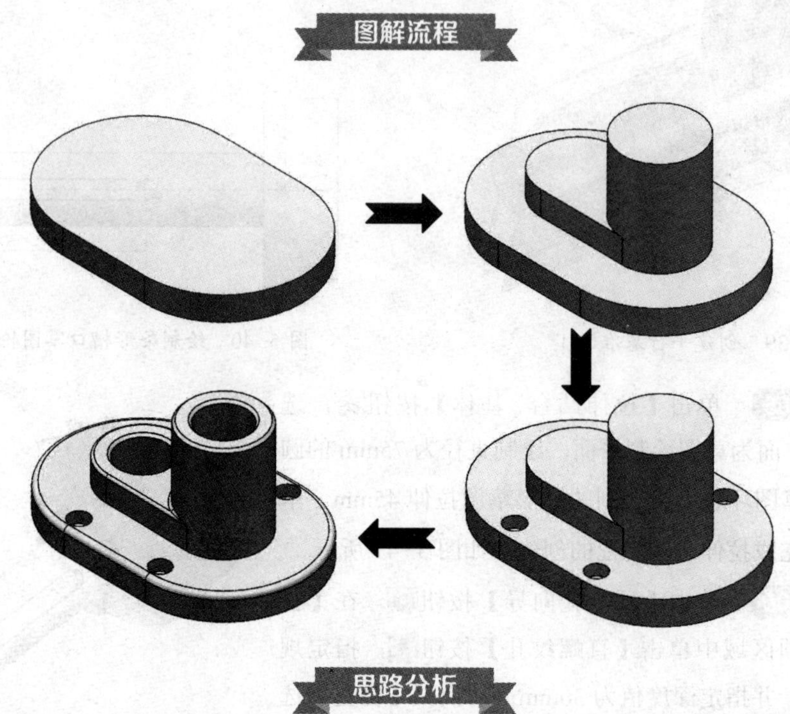

思路分析

在泵盖零件的实体建模过程中，综合运用了【拉伸凸台 / 基体】【拉伸切除】【异型孔向导】【圆角】【倒角】等命令，最后再通过指定模型的材料属性完成泵盖零件的最终设计。

关键步骤

步骤 01 执行【拉伸凸台 / 基体】命令并绘制如图 5-44 所示的草图轮廓，创建出高度为 10mm 的拉伸凸台。

步骤 02 执行【拉伸凸台 / 基体】命令并绘制如图 5-45 所示的草图轮廓，创建出高度为 10mm 的拉伸凸台。

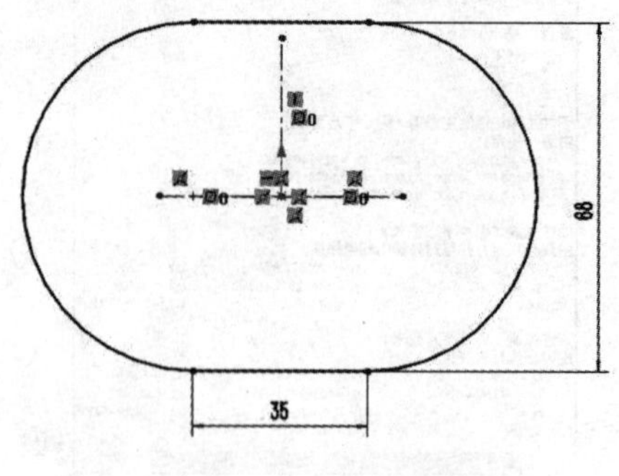

图 5-44 绘制草图轮廓 1

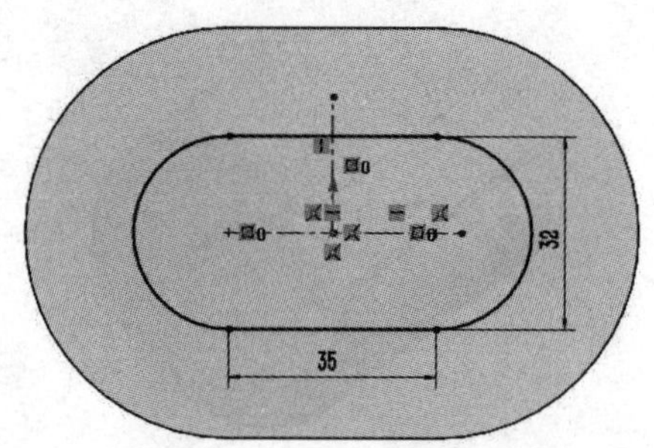

图 5-45 绘制草图轮廓 2

步骤 03 执行【异型孔向导】命令，创建出规格为 M4 的内六角圆柱体螺钉孔，如图 5-46 所示。

步骤 04 执行【拉伸切除】命令，创建出两个直径为 20mm 的圆孔特征，如图 5-47 所示。

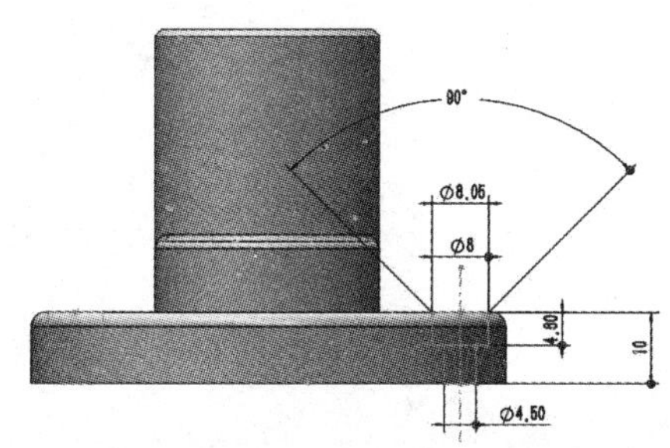

图 5-46 创建内六角螺钉孔

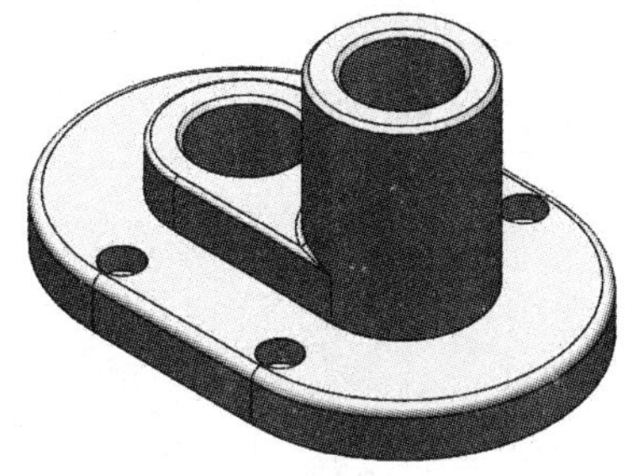

图 5-47 创建拉伸切除孔

知识与能力测试

本章主要介绍了三维模型的属性设置方法及模型结构的测量技巧，为了对知识进行巩固和考核，请完成下列相应的习题。

一、填空题

1．SolidWorks 系统中提供了________和________两种计量单位。

2．中国国标制图通常采用________单位。

3．公制单位一般包含了________和________。

4．英制单位一般包含了________和________。

二、选择题

1．下面（　　）计量单位是公制单位。

A．. 英寸　　B．毫米　　C．磅　　D．英尺

2．下面（　　）材料属于碳素结构钢。

A．Q235　　B．AISI 304　　C．PE　　D．ABS

3．下面（　　）命令可对零件模型添加颜色。

A．编辑外观　　B．选项　　C．测量　　D．删除

4．下面（　　）命令可以测量出模型的各项结构尺寸。

A．删除　　B．选项　　C．测量　　D．编辑外观

三、简答题

1．中国国标一般采用哪些计量单位？

2．赋予零件材料有何意义？

3．怎样为零件模型指定密度值？

SolidWorks 2016

第6章 曲面设计

在产品设计过程中，越来越多的曲面造型应用于现代工业产品设计之中，光顺平滑的曲面不仅能美化产品的外观，还能减少产品的应力集中作用。因此，掌握三维软件的曲面造型方法与技巧就显得尤为重要。

本章将介绍如何使用 SolidWorks 2016 来创建基础三维曲面对象，以及如何修改编辑这些曲面对象，从而创建出产品的光顺外观面。

学习目标

- 掌握空间曲线的创建方法
- 掌握基础曲面的创建方法与技巧
- 熟悉曲面的一般编辑方法
- 熟悉曲面转换实体的操作方法

6.1 SolidWorks 曲面设计简介

在 SolidWorks 2016 零件设计环境下，通过在 CommandManager 上加载【曲面】工具集，就可以调用各种曲面造型工具。

本章将介绍使用 SolidWorks 创建各种基础曲面的方法及编辑技巧，另外通过相关的实例演练进一步加强读者对曲面造型的理解。

6.1.1 什么是曲面设计

曲面也称片体，它是一种没有厚度的面特征。从数学原理上来看，曲面是由曲线在空间中做连续运动所产生的轨迹而形成的三维对象，如图 6-1 所示。

曲面设计是针对外观较为复杂的产品所用的一种片体组合造型方法，它是三维零件造型设计中的一种特殊造型技巧。

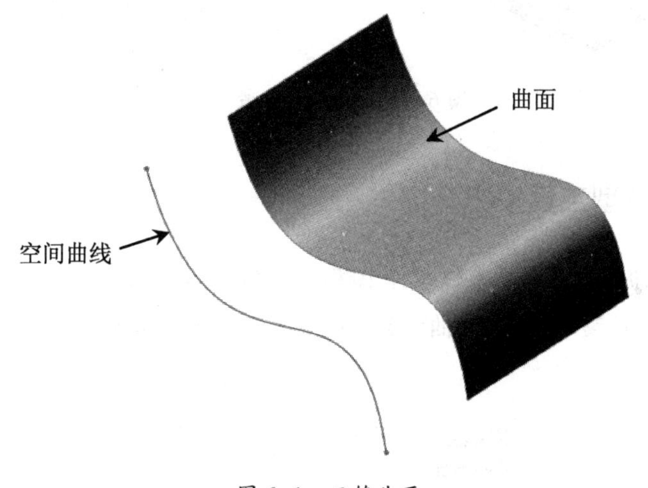

图 6-1　三维曲面

6.1.2 SolidWorks 曲面设计的特点

曲面设计一般应用于实体造型不能直接完成的设计对象中，如在概念汽车外形、数码产品、塑料产品等流线型的三维建模中通常需要先创建出外观曲面结构，再将其转换为实体三维模型，从而完成零件的设计目标。

SolidWorks 曲面设计一般具有以下几个特点。

（1）创建基础结构曲线与基础曲面。

（2）编辑与修改曲面特征。

（3）合并各个曲面特征，使曲面成组。

（4）将曲面组转换为三维实体模型。

SolidWorks 曲面设计的一般流程如图 6-2 所示。

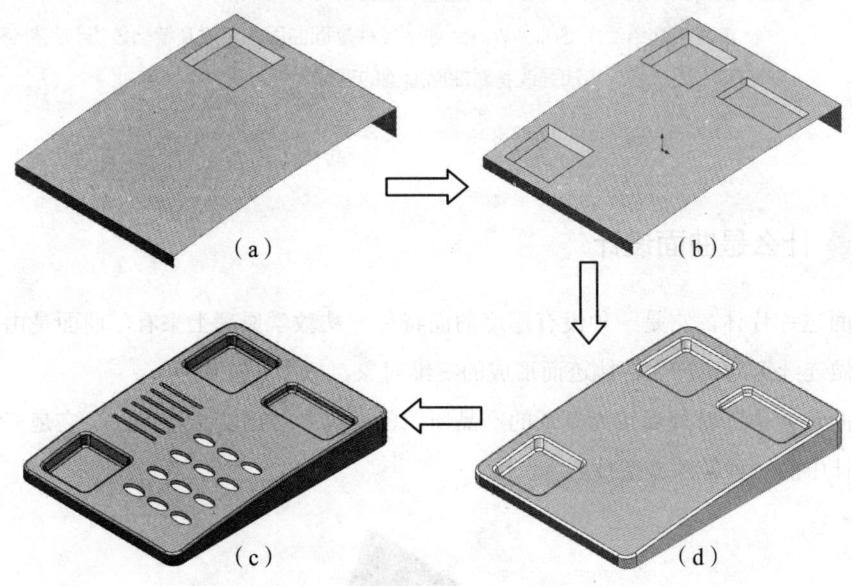

图 6-2　曲面设计一般流程

6.1.3 曲面造型工具按钮介绍

SolidWorks 曲面设计属于零件设计范畴，通过在 CommandManager 工具集的名称上右击，在弹出的快捷菜单中选择【曲面】选项，可快速添加曲面设计的相应命令，如图 6-3 所示。

图 6-3　添加【曲面】工具

在未创建任何图形对象前，系统将只激活了【拉伸曲面】和【旋转曲面】命令，当绘图区域中已创建更多的三维对象后，用户可使用更多的曲面设计命令，如图 6-4 所示。

图 6-4 【曲面】命令界面

6.2 曲线设计

曲线是创建曲面对象的几何基础，是使用 SolidWorks 进行曲面造型的重要环节，熟练掌握空间曲线的创建是保证曲面设计顺利进行的基本条件。

使用 SolidWorks 创建空间曲线的方式主要有如下几种。

（1）通过草图方式创建符合设计的平面曲线。

（2）使用组合方式将两个平面内的曲线进行投影组合，从而创建出 3D 空间曲线。

（3）直接执行【曲线】命令快速创建 3D 空间曲线。

针对草图环境下难以完成的结构曲线，SolidWorks 提供了一系列专用命令来辅助用户快速创建空间曲线，如表 6-1 所示。

表 6-1 曲线命令

国标类型	轮廓类型
❶ 分割线	该命令是通过使用已知的草图曲线或模型边线来分割三维模型面
❷ 投影曲线	该命令是通过将绘制的草图曲线投影至指定的模型面上，而创建出与面曲率相同的曲线特征
❸ 组合曲线	该命令是通过将互相连接的草图曲线、空间曲线进行合并操作，从而创建出一条新的曲线
❹ 过 XYZ 点的曲线	该命令是通过指定三维方向上的坐标点来创建一条空间曲线
❺ 通过参考点的曲线	该命令是通过选择草图点或几何顶点等点特征来创建一条空间曲线
❻ 螺旋线 / 涡状线	该命令是通过定义起始平面、起始直径圆及螺距，从而创建出一条二维涡状线或三维螺旋线

6.2.1 分割线

分割线是通过将绘制的草图曲线投影至指定的曲面上，从而创建出多个独立的曲面特征。

打开学习资料文件“第 6 章 \ 素材文件 \ 分割线 . SLDPRT”，如图 6-5（a）所示。执行【分割线】命令将图 6-5（a）修改为图 6-5（b），具体操作步骤如下。

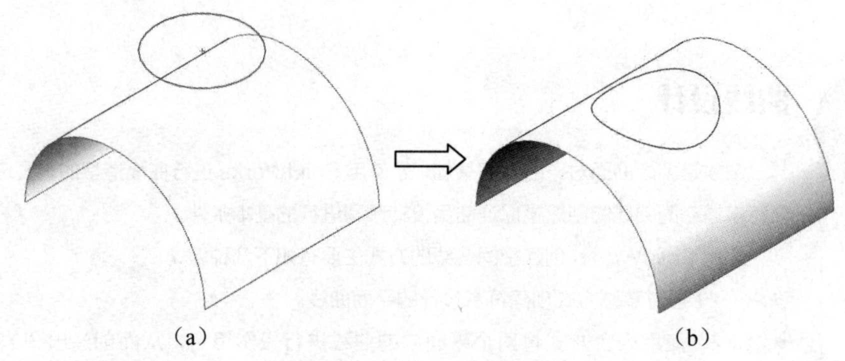

图 6-5　使用曲线分割曲面

步骤 01　单击【分割线】按钮，选中【投影】单选按钮为分割线的基本类型，如图 6-6（a）所示。

步骤 02　选择草图 2 为分割操作的草图投影曲线，选择曲面体为要分割的曲面对象，如图 6-6（b）所示。

步骤 03　单击按钮完成曲面的分割操作。

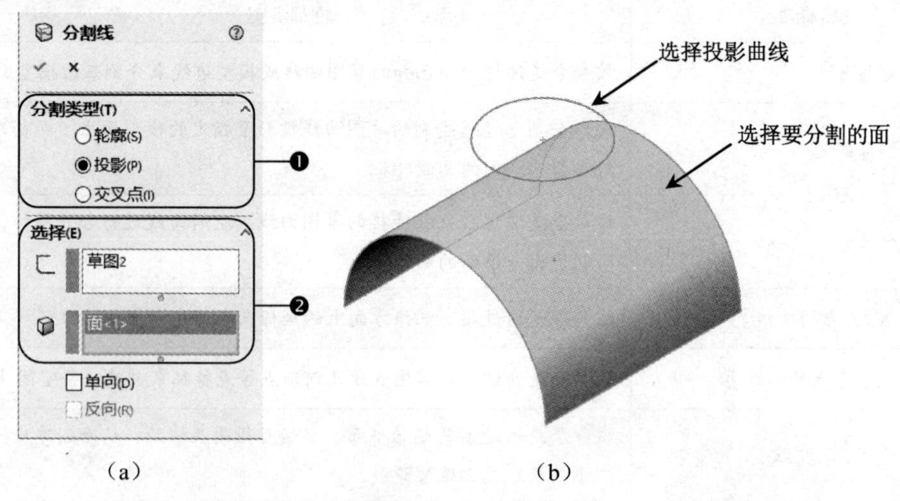

图 6-6　定义分割线

❶ 分割类型	用于定义分割线的基本类型，主要包括了【轮廓】【投影】及【交叉点】3 种。
❷ 选择	用于定义投影草图曲线及要分割的曲面对象。

技能拓展

在完成要分割曲面的选择后，系统将自动选择曲线的投影方向。

6.2.2 投影曲线

投影曲线上将已绘制完成的曲线沿指定方向投影至曲面上，从而创建与曲面曲率相同的曲线特征。

打开学习资料文件“第 6 章 \ 素材文件 \ 投影曲线 . SLDPRT”，如图 6-7（a）所示。执行【投影曲线】命令将图 6-7（a）修改为图 6-7（b），具体操作步骤如下。

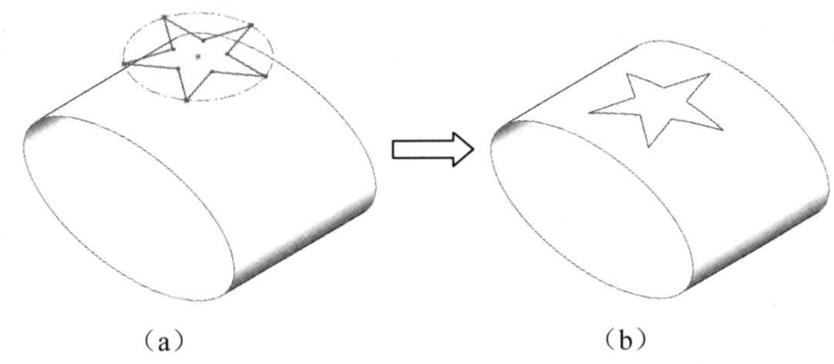

（a）　（b）

图 6-7　投影曲线

步骤 01　单击【投影曲线】按钮，选中【面上草图】单选按钮为投影曲线的基本类型，如图 6-8（a）所示。

步骤 02　选择草图 2 为要投影的草图，选择曲面体为要投影的目标对象，系统将预览出投影曲线，如图 6-8（b）所示。

步骤 03　单击按钮完成投影曲线的创建。

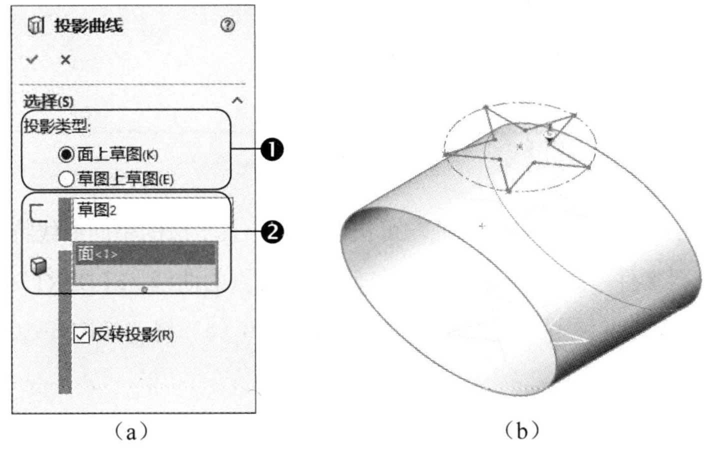

（a）　（b）

图 6-8　定义投影曲线

❶ 投影类型	用于定义投影曲线的基本类型，主要有【面上草图】和【草图上草图】两种。当选择【面上草图】类型时，需要指定一个投影目标曲面；当选择【草图上草图】类型时，可通过两个草图曲线的混合投影来创建一条空间曲线。
❷ 投影对象	用于选择投影的源对象草图和投影的目标曲面。

当投影曲线有多个投影结果时，系统将选择离源对象草图最近的一个结果作为保留对象。

6.2.3 组合曲线

组合曲线通过将所选择的草图曲线、几何边线及空间曲线合并，从而创建出一条独立单元的曲线特征。

打开学习资料文件“第 6 章 \ 素材文件 \ 组合曲线 . SLDPRT”，如图 6-9（a）所示。执行【组合曲线】命令将图 6-9（a）修改为图 6-9（b），具体操作步骤如下。

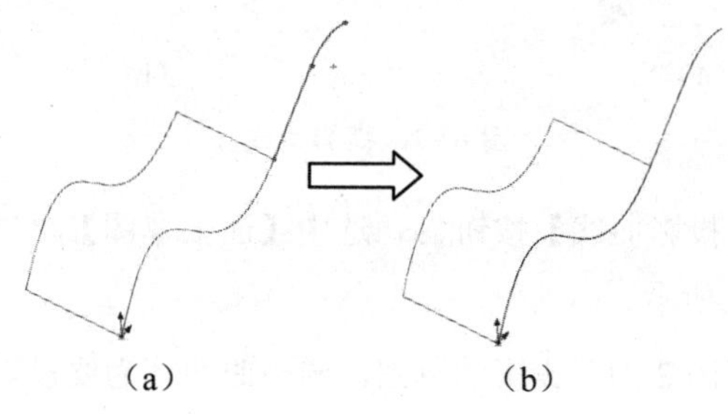

图 6-9　组合曲线

步骤 01　单击【组合曲线】按钮，选择曲面的圆弧边线为组合曲线的边线，选择草图 2 为组合曲线的草图边线。

步骤 02　单击按钮完成组合曲线的创建。

6.2.4 通过参考点的曲线

通过选择绘图区域中的已知点特征，可快速创建一条平滑的空间曲线特征。

打开学习资料文件“第 6 章 \ 素材文件 \ 通过参考点的曲线 . SLDPRT”，如图 6-10（a）所示。执行【通过参考点的曲线】命令将图 6-10（a）修改为图 6-10（b），具体操作步骤如下。

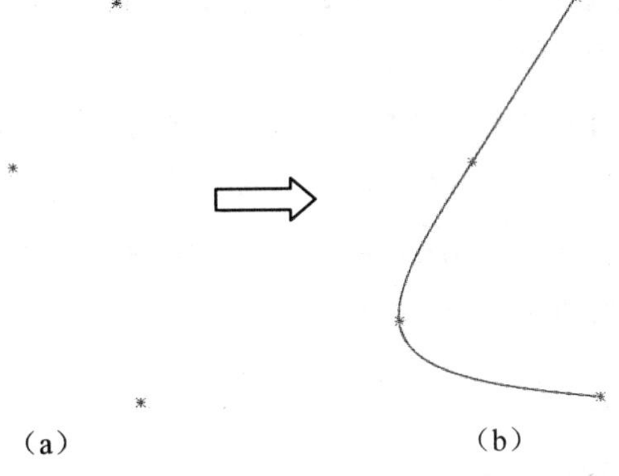

图 6-10 通过参考点创建曲线

步骤 01 单击【通过参考点的曲线】按钮，依次选择绘图区中已知的草图点为曲线的通过点，系统将预览出曲线特征，如图 6-11 所示。

步骤 02 单击按钮完成曲线的创建。

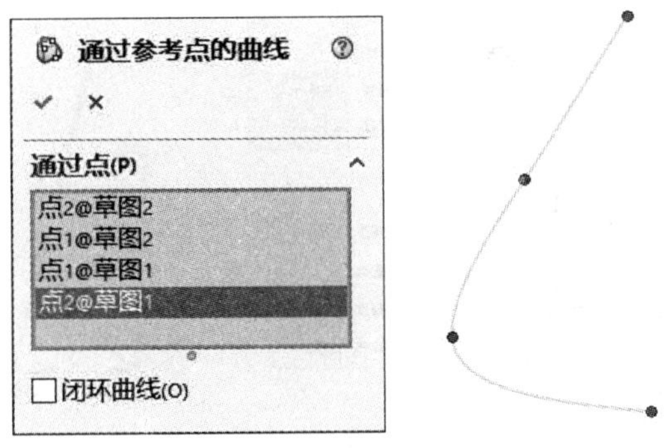

图 6-11 定义曲线的通过点

6.2.5 螺旋线 / 涡状线

通过绘制圆形定义螺旋线 / 涡状线的直径大小，再指定螺距、圈数等参数，可快速创建出空间三维螺旋曲线，如图 6-12 所示。

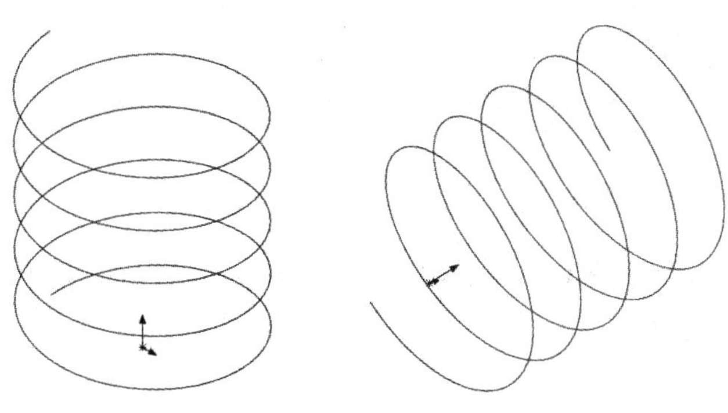

图 6-12 螺旋线

步骤 01　单击【螺旋线 / 涡状线】按钮，选择上视基准面为草图绘制平面，绘制直径为 80mm 的圆形并退出草图环境。

步骤 02　选择【螺距和圈数】选项为螺旋线的定义方式，选中【恒定螺距】单选按钮为螺旋线的基本类型，如图 6-13（a）所示。

步骤 03　设置螺距为“20.00mm”、圈数为“5”、起始角度为“270.00 度”，系统将预览出螺旋线，如图 6-13（b）所示。

步骤 04　单击按钮完成螺旋线的创建。

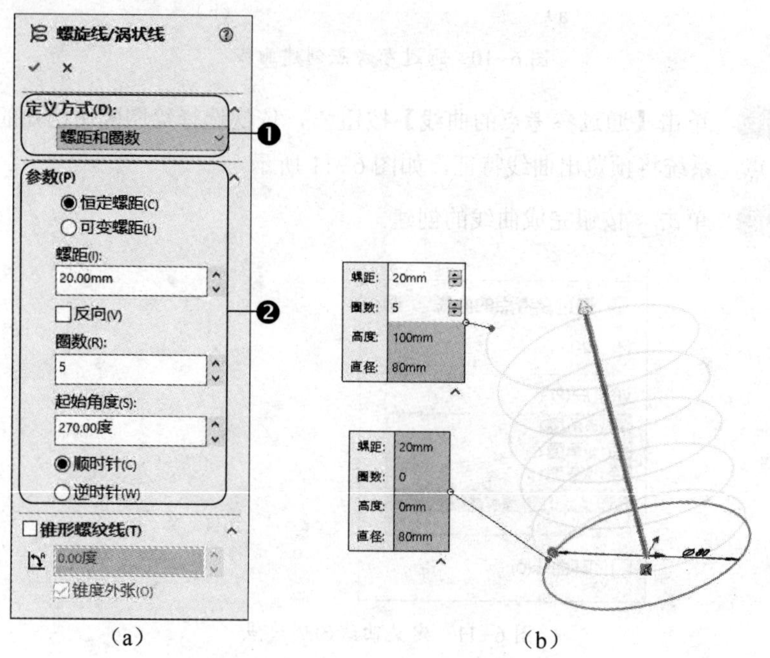

（a）　（b）

图 6-13　定义螺旋线 / 涡状线

温馨提示

通过选中【可变螺距】单选按钮可创建多个螺距值的空间螺旋曲线。

❶ 定义方式	用于定义螺旋线的基本定义方式，主要有【螺距和圈数】【高度和圈数】【高度和螺距】和【涡状线】4 种。
❷ 参数	用于定义螺旋线的螺距形式、螺距值、圈数、起始角度等相应的参数值。

课堂范例——锥形弹簧

执行【螺旋线 / 涡状线】【草图绘制】及【扫描】命令创建出锥形弹簧模型，如图 6-14 所示，具体操作步骤如下。

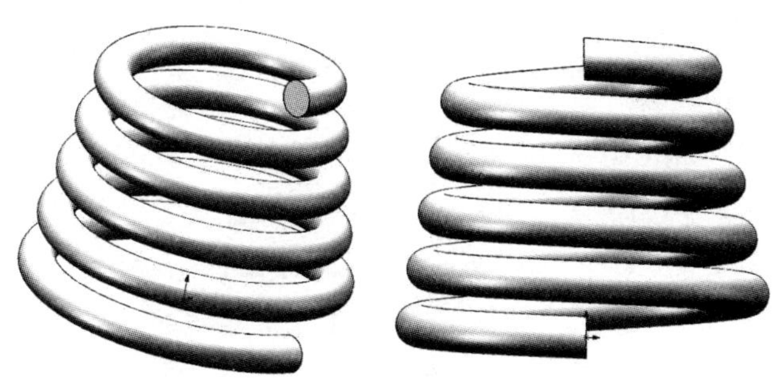

图 6-14 锥形弹簧

步骤 01 单击【螺旋线 / 涡状线】按钮，选择上视基准面为草图绘制平面，绘制直径为 50mm 的圆形并退出草图环境。

步骤 02 选择【高度和圈数】选项为螺旋线的定义方式，并设置高度值为“40mm”，圈数为“5”，起始角度为 0°；选中【锥形螺纹线】复选框，并设置锥度为 12°。单击按钮完成螺旋线的创建，如图 6-15 所示。

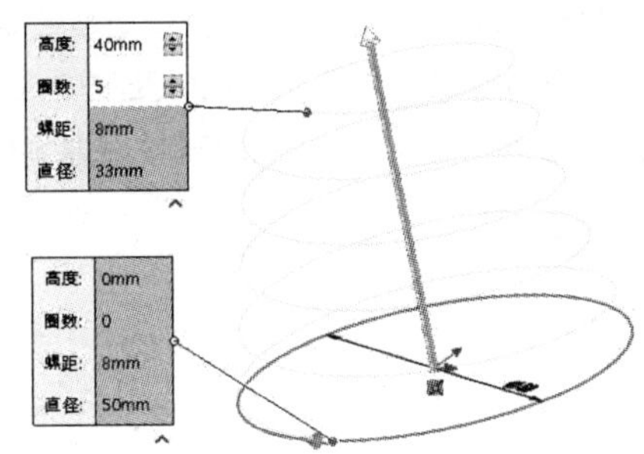

图 6-15 创建螺旋线

步骤 03 单击【草图绘制】按钮，选择右视基准面为草图绘制平面，绘制如图 6-16 所示的圆形并退出草图环境。

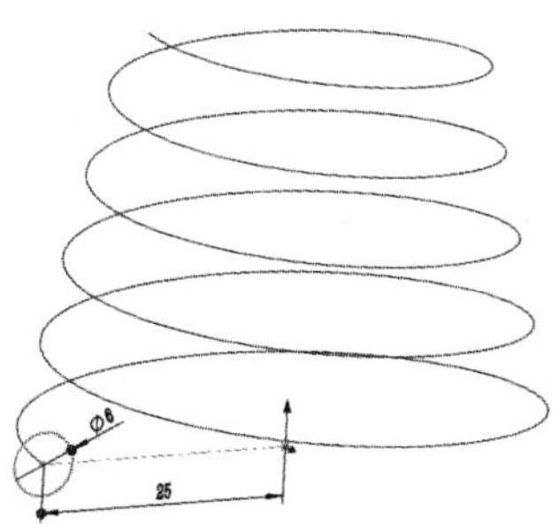

图 6-16 绘制草图圆形

步骤 04 单击【扫描】按钮，选中【草图轮廓】单选按钮，选择草图 2 为扫描特征的草图轮廓曲线，选择螺旋线为扫描特征的路径曲线。单击按钮完成扫描特征的创建，如图 6-17 所示。

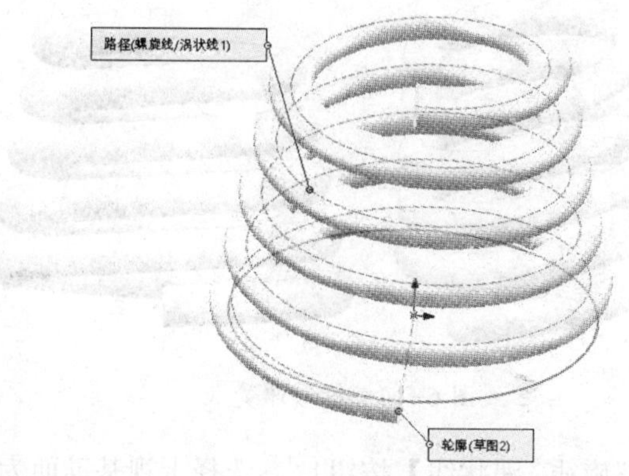

图 6-17　创建扫描实体

6.3 基础曲面设计

在 CommandManager 工具集中新增【曲面】工具后，可使用【拉伸曲面】【旋转曲面】【扫描曲面】【放样曲面】等曲面造型命令。本节将介绍如何使用 SolidWorks 的曲面造型工具来完成各种曲面特征的创建，其基本操作方法与第 3 章实体零件中的【拉伸凸台 / 基体】等命令的创建方法基本相同。

6.3.1 拉伸曲面

拉伸曲面上通过将已知曲线沿其法线方向进行延伸操作，从而创建出的曲面特征。

打开学习资料文件“第 6 章 \ 素材文件 \ 拉伸曲面 . SLDPRT”，如图 6-18（a）所示。执行【拉伸曲面】命令将图 6-18（a）修改为图 6-18（b），具体操作步骤如下。

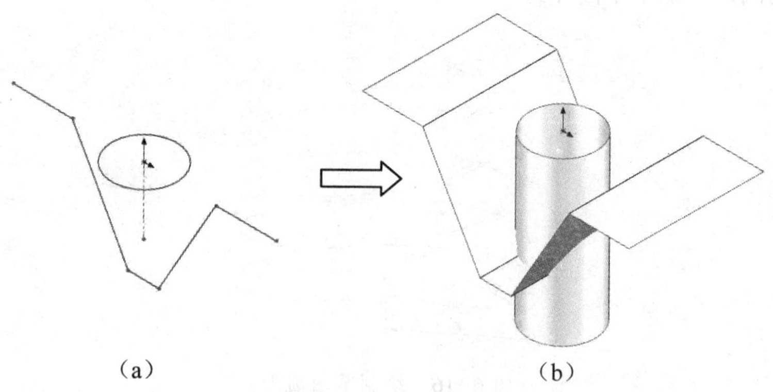

图 6-18　拉伸曲面

步骤 01　单击【拉伸曲面】按钮，在【方向 1】区域中选择【两侧拉伸】选项为曲面的拉伸方式，并设置拉伸长度为 100mm；选择直线段为拉伸轮廓曲线，系统将预览出拉伸曲面，如图 6-19 所示。

步骤 02 单击按钮完成拉伸曲面的创建。

步骤 03 单击【拉伸曲面】按钮，在【方向 1】区域中选择【给定深度】选项为曲面的拉伸方式，并设置拉伸长度为 120mm；选择圆形为拉伸轮廓曲线，指定曲面拉伸方向为向下，系统将预览出拉伸曲面，如图 6-20 所示。

步骤 04 单击按钮完成拉伸曲面的创建。

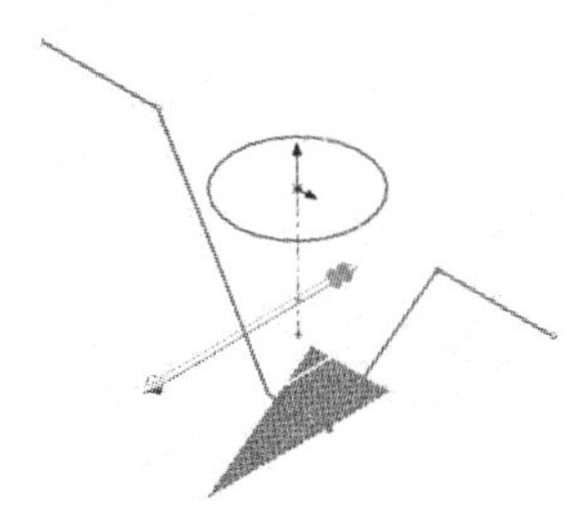

图 6-19 定义两侧拉伸曲面

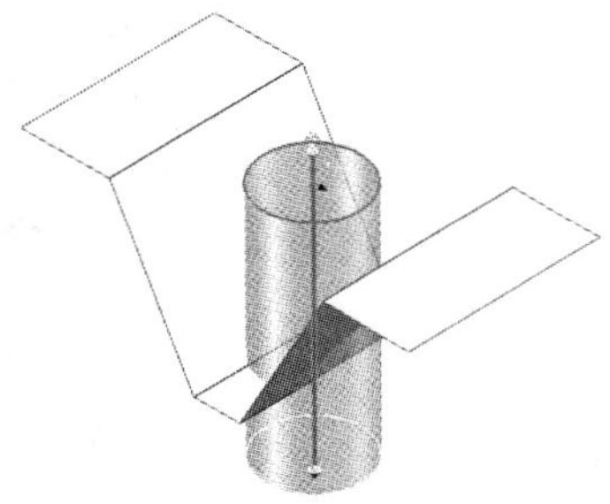

图 6-20 定义深度拉伸曲面

创建拉伸曲面也可先执行【拉伸曲面】命令，再指定某个平面作为草图平面进入草图环境绘制轮廓曲线。

6.3.2 旋转曲面

旋转曲面是通过将曲线轮廓绕中心轴线进行一定角度的旋转操作，从而创建出的曲面特征。

打开学习资料文件“第 6 章 \ 素材文件 \ 旋转曲面 . SLDPRT”，如图 6-21（a）所示。执行【旋转曲面】命令将图 6-21（a）修改为图 6-21（b），具体操作步骤如下。

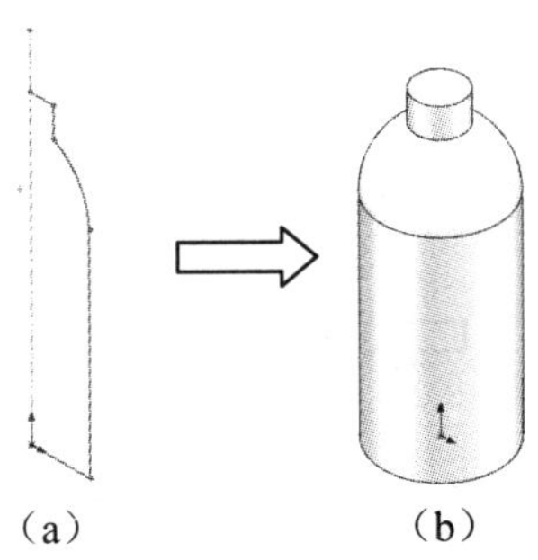

图 6-21 旋转曲面

步骤 01 单击【旋转曲面】按钮，选择草图中的中心线为旋转曲面的旋转轴，在【方向 1】区域中设置旋转角度为“360.00 度”，如图 6-22（a）所示。

步骤 02 选择草图 1 为旋转曲面的轮廓，系统将预览出旋转曲面特征，如图 6-22（b）所示。

步骤 03 单击按钮完成旋转曲面的创建。

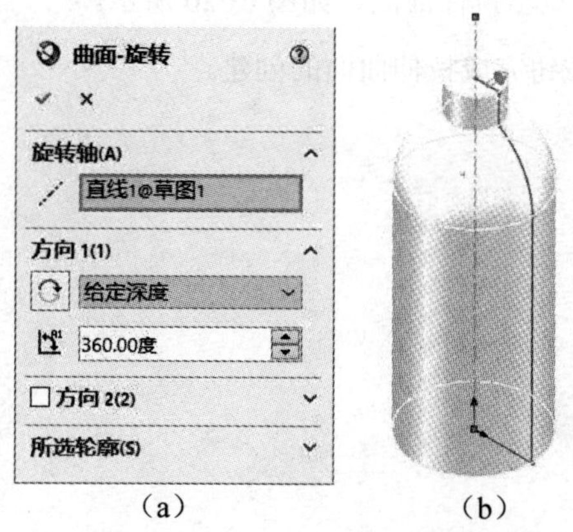

（a）（b）

图 6-22 定义旋转曲面

温馨提示

如果先执行【旋转曲面】命令后再绘制草图曲线，系统将自动选择草图中唯一的中心线作为旋转轴。

6.3.3 扫描曲面

扫描曲面是将已知的轮廓曲线沿指定的一条或多条引导曲线进行延伸操作，从而创建出的曲面特征。

打开学习资料文件“第 6 章 \ 素材文件 \ 扫描曲面 . SLDPRT”，如图 6-23（a）所示。执行【扫描曲面】命令将图 6-23（a）修改为图 6-23（b），具体操作步骤如下。

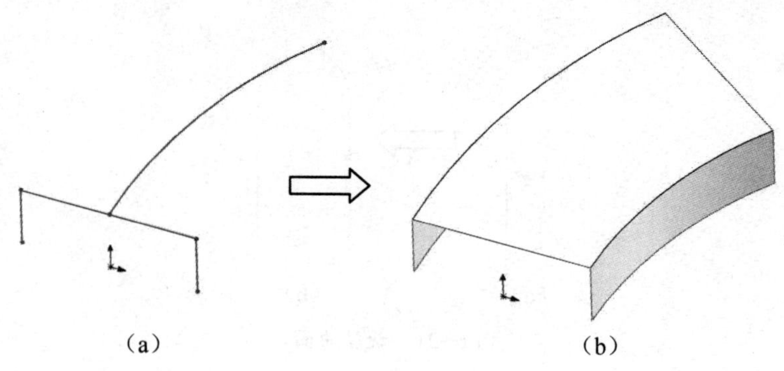
（a）（b）

图 6-23 扫描曲面

步骤 01　单击【扫描曲面】按钮，选中【草图轮廓】单选按钮，并选择草图 1 为扫描曲面的草图轮廓曲线，如图 6–24（a）所示。

步骤 02　选择草图 2 为扫描曲面的路径曲线，系统将预览出曲面特征，如图 6–24（b）所示。

步骤 03　单击按钮完成扫描曲面的创建。

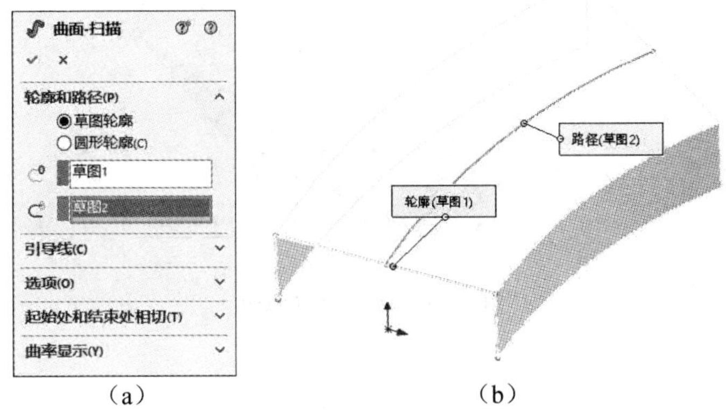

（a）　（b）

图 6–24　定义扫描曲面

技能拓展

当选中【圆形轮廓】单选按钮后，系统将自动默认圆形为扫描曲面的轮廓草图形状。

6.3.4 放样曲面

放样曲面是通过将两组或多组空间曲线用平滑曲线或引导曲线进行连接，从而创建出的曲面特征。

打开学习资料文件“第 6 章 \ 素材文件 \ 放样曲面 . SLDPRT”，如图 6–25（a）所示。执行【放样曲面】命令将图 6–25（a）修改为图 6–25（b），具体操作步骤如下。

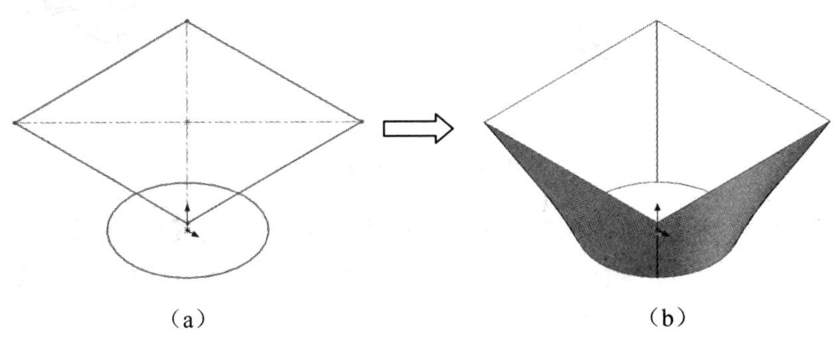

（a）　（b）

图 6–25　放样曲面

步骤 01　单击【放样曲面】按钮，依次选择草图 1 和草图 2 为放样曲面的轮廓曲线，系统将预览出放样曲面，如图 6-26 所示。

步骤 02　单击按钮完成放样曲面的创建。

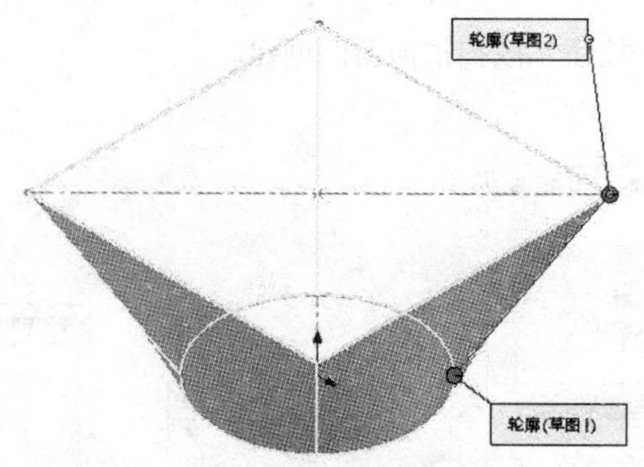

图 6-26　定义放样曲面

在未选择任何引导线或中心线的条件下，系统将自动使用平滑的曲线对轮廓曲线进行连接。

6.3.5 填充曲面

填充曲面是在一组封闭的轮廓曲线或边线内部创建的一个填补型曲面特征。

打开学习资料文件“第 6 章 \ 素材文件 \ 填充曲面 . SLDPRT”，如图 6-27（a）所示。执行【填充曲面】命令将图 6-27（a）修改为图 6-27（b），具体操作步骤如下。

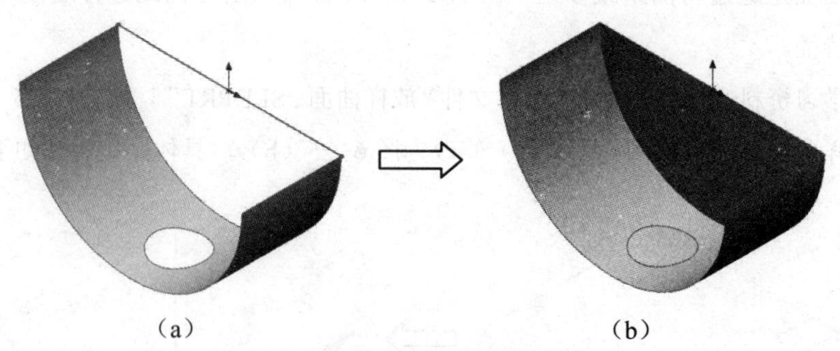

（a）　（b）

图 6-27　填充曲面

步骤 01　单击【填充曲面】按钮，在【边线设定】的【交替面】下拉列表框中选择【相切】选项为填充曲面的相接方式；选中【优化曲面】和【显示预览】复选框，如图 6-28（a）所示。

步骤 02　选择曲面上的圆形孔边线为填充曲面的修补边界，系统将预览出填充曲面，如图 6-28（b）所示。

步骤 03　单击✓按钮完成填充曲面的定义。

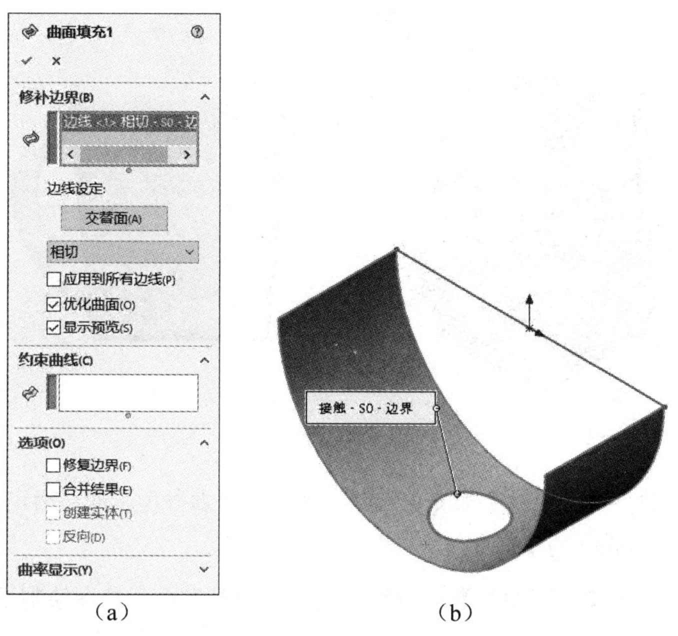

（a）　　（b）

图 6-28　定义填充曲面

步骤 04　单击【填充曲面】按钮，选择草图 2 和曲面的圆弧边线为填充边界，系统将预览出填充曲面，如图 6-29 所示。

步骤 05　单击✓按钮完成填充曲面的创建。

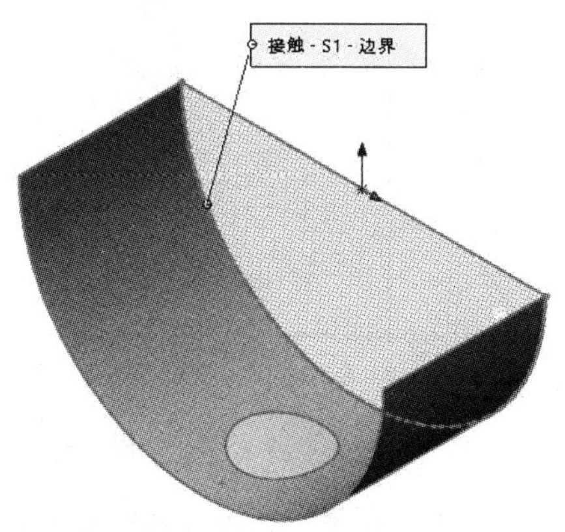

图 6-29　预览填充曲面

填充曲面的修补边界必须是连续相接的曲线特征。

课堂范例——水壶

执行【扫描曲面】【放样曲面】【填充曲面】及【剪裁曲面】等命令创建出水壶曲面模型，如图 6-30 所示，具体操作步骤如下。

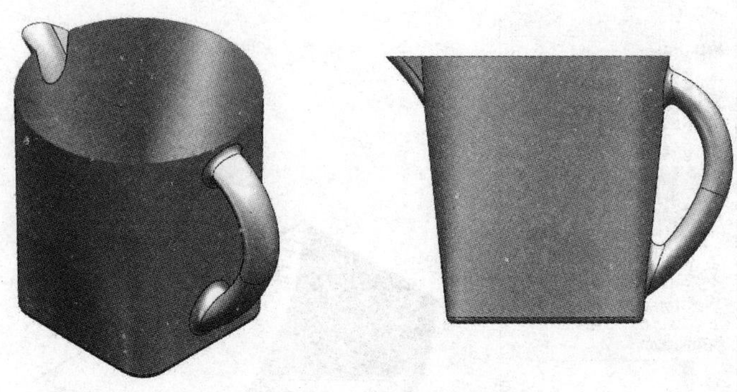

图 6-30　水壶

步骤 01　执行【基准面】命令，选择上视基准面为参考平面，指定偏移方向向下，创建偏移距离为 190mm 的基准面 1。

步骤 02　单击【草图绘制】按钮，选择上视基准面为草图绘制平面，绘制如图 6-31 所示的圆形并退出草图环境。

步骤 03　单击【草图绘制】按钮，选择基准面 1 为草图绘制平面，绘制如图 6-32 所示的圆角矩形并退出草图环境。

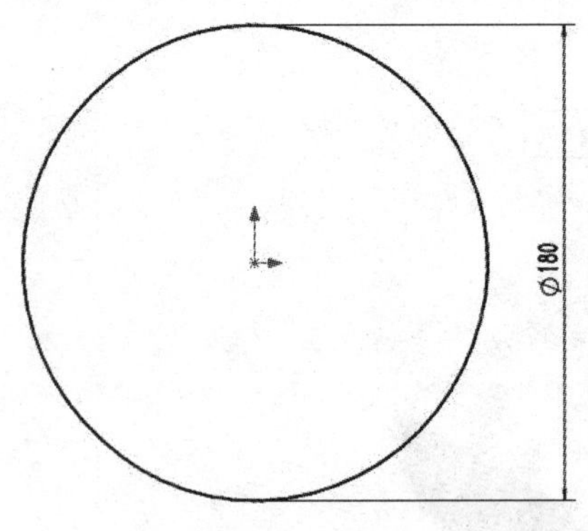

图 6-31　绘制圆形

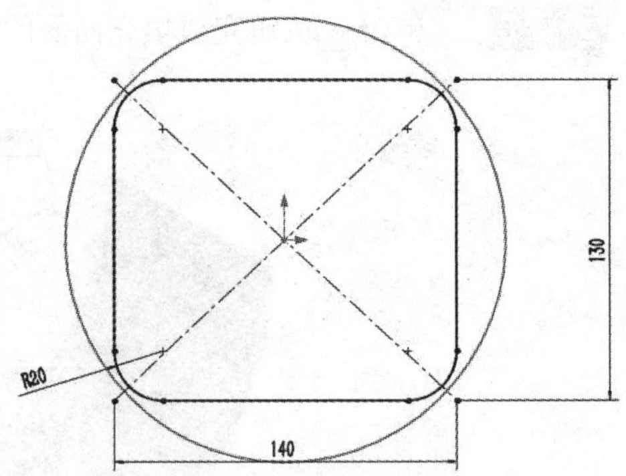

图 6-32　绘制圆角矩形

步骤 04　单击【放样曲面】按钮，依次选择草图 1 和草图 2 为放样曲面的轮廓曲线，系统将预览出放样曲面；单击按钮完成放样曲面的创建，如图 6-33 所示。

步骤 05　单击【平面区域】按钮，选择曲面的圆角矩形边为平面区域的边界实体；单击按钮完成平面区域曲面的创建，如图 6-34 所示。

图 6-33 创建放样曲面

图 6-34 创建平面区域曲面

步骤 06 单击【草图绘制】按钮，选择上视基准面为草图绘制平面，绘制如图 6-35 所示的轮廓曲线并退出草图环境。

步骤 07 单击【草图绘制】按钮，选择前视基准面为草图绘制平面，绘制如图 6-36 所示的路径曲线并退出草图环境。

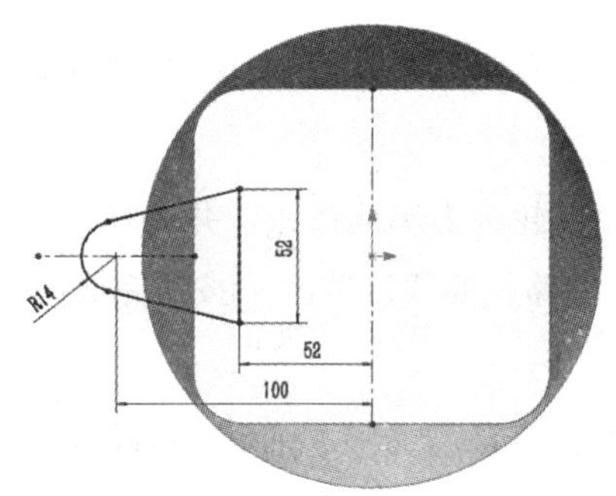

图 6-35 绘制扫描轮廓曲线（1）

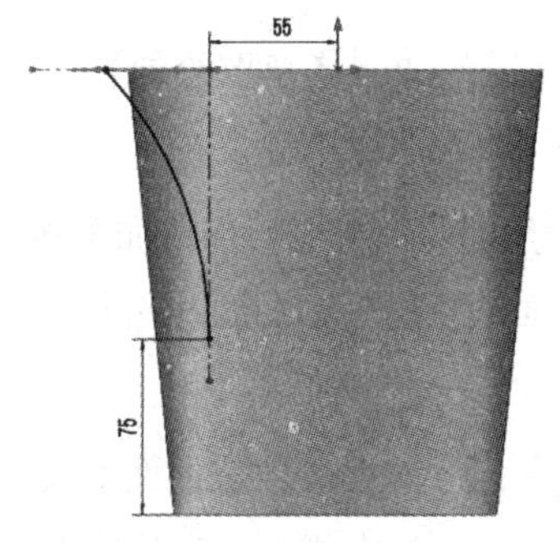

图 6-36 绘制扫描路径曲线（1）

步骤 08 单击【扫描曲面】按钮，选中【草图轮廓】单选按钮，并选择草图 3 为扫描曲面的草图轮廓曲线，选择草图 4 为扫描曲面的路径曲线；单击按钮完成扫描曲面的创建，如图 6-37 所示。

步骤 09 单击【剪裁曲面】按钮，选择相交的放样曲面和扫描曲面为剪裁对象，指定两曲面相交的内侧部分为移除面；单击按钮完成曲面的剪裁操作，如图 6-38 所示。

图 6-37 创建扫描曲面

图 6-38 剪裁曲面（1）

步骤 10 单击【草图绘制】按钮，选择前视基准面为草图绘制平面，绘制如图 6-39 所示的两相切圆弧并退出草图环境。

步骤 11 执行【基准面】命令，选择右视基准面为参考平面，选择草图 5 曲线的端点为通过点，创建基准面 2，如图 6-40 所示。

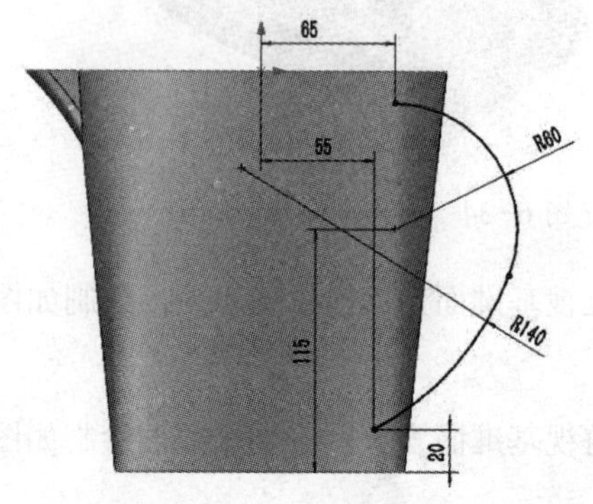

图 6-39 绘制扫描路径曲线（2）

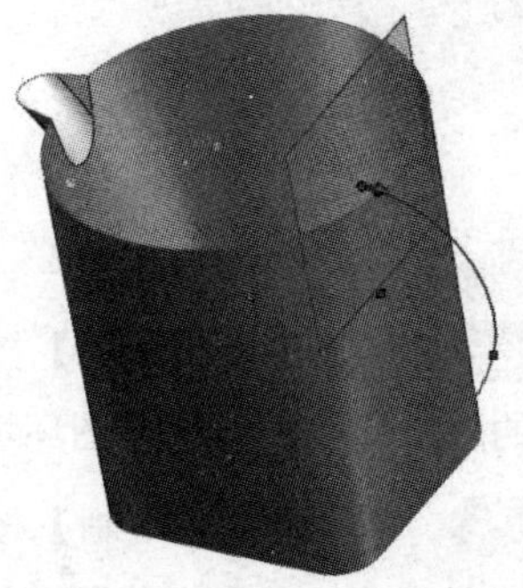

图 6-40 创建基准面（2）

步骤 12 单击【草图绘制】按钮，选择基准面 2 为草图绘制平面，绘制如图 6-41 所示的椭圆并退出草图环境。

步骤 13 单击【扫描曲面】按钮，选中【草图轮廓】单选按钮，并选择草图 6 为扫描曲面的草图轮廓曲线，选择草图 5 为扫描曲面的路径曲线；单击按钮完成扫描曲面的创建。

步骤 14 单击【剪裁曲面】按钮，选择扫描曲面和与之相交的曲面为剪裁对象，指定两曲面相交的内侧部分为移除面。单击按钮完成曲面的剪裁操作，如图 6-42 所示。

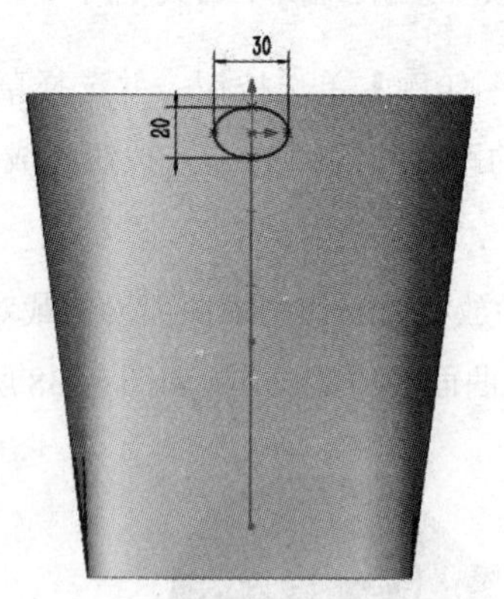

图 6-41 绘制扫描轮廓曲线（2）

图 6-42 剪裁曲面（2）

步骤 15 单击【缝合曲面】按钮，选择已创建的所有曲面为缝合对象；单击按钮完成曲面的缝合操作。

步骤 16 单击【圆角】按钮，设置圆角半径为 6mm，选择两个圆弧边线为圆角参考边；单击按钮完成圆角曲面的创建，如图 6-43 所示。

步骤 17 单击【圆角】按钮，设置圆角半径为 4mm，选择曲面底部边线为圆角参考边；单击按钮完成底部圆角曲面的创建，如图 6-44 所示。

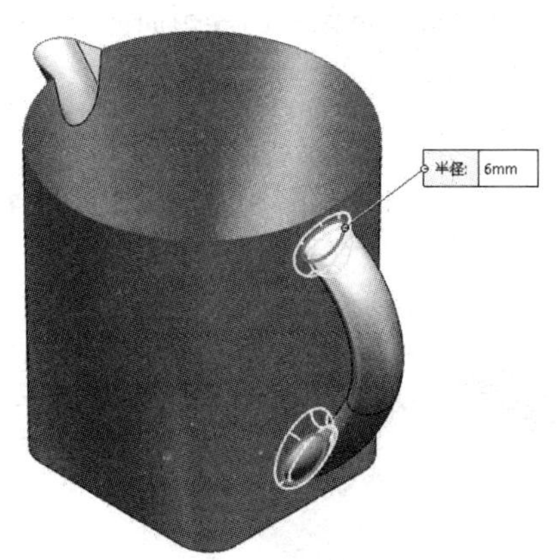

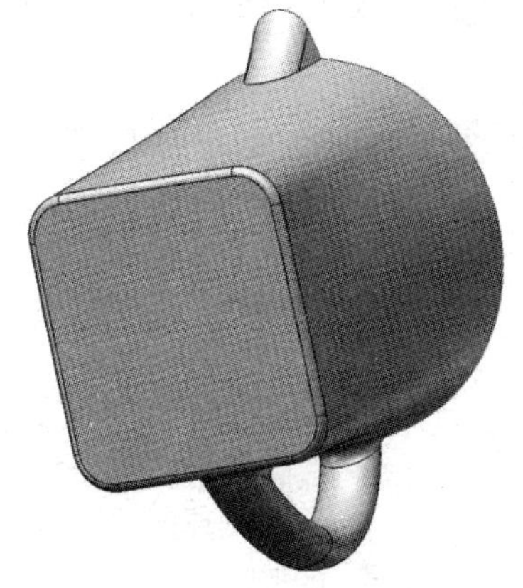

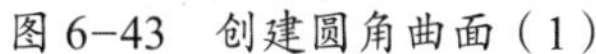

图 6-43 创建圆角曲面（1）

图 6-44 创建圆角曲面（2）

6.4 曲面的编辑

在曲面设计过程中，通常需要对已创建的基础曲面进行结构性修改，如剪裁、缝合等操作。另外，也可以使用等距、延伸、替换操作创建出新的曲面。

6.4.1 等距曲面

等距曲面是将已知的曲面或实体面沿其法线方向进行距离偏移复制操作，从而创建出与源对象曲面平行关系的曲面特征。

打开学习资料文件“第 6 章 \ 素材文件 \ 等距曲面 . SLDPRT”，如图 6-45（a）所示。执行【等距曲面】命令将图 6-45（a）修改为图 6-45（b），具体操作步骤如下。

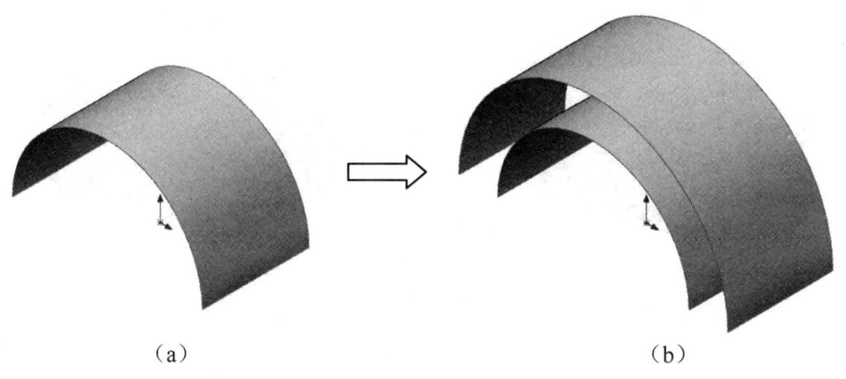

（a） （b）

图 6-45 等距曲面

步骤 01　单击【等距曲面】按钮，设置等距曲面的偏移距离为“20.00mm”，如图 6-46（a）所示。

步骤 02　选择拉伸曲面为等距曲面的参考面，系统将预览出等距曲面，如图 6-46（b）所示。

步骤 03　单击按钮完成等距曲面的创建。

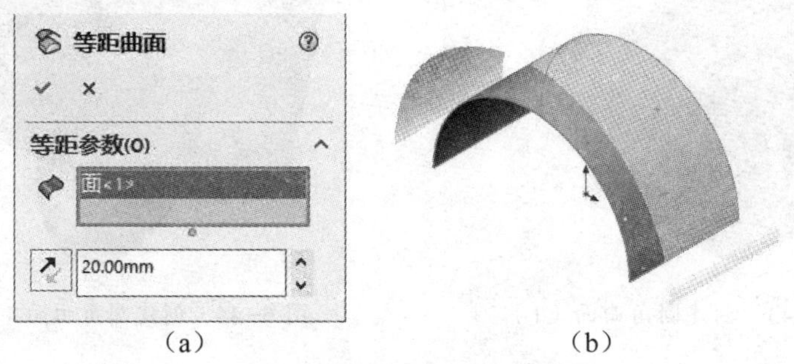

（a）　　（b）

图 6-46　定义等距曲面

技能拓展

单击【反转等距方向】按钮，可调整等距曲面的偏移方向。

6.4.2 平面区域

平面区域是通过应用一平面在指定的曲面开放端口处进行封闭操作，从而创建出新的曲面特征。

打开学习资料文件“第 6 章 \ 素材文件 \ 平面区域 . SLDPRT”，如图 6-47（a）所示。执行【平面区域】命令将图 6-47（a）修改为图 6-47（b），具体操作步骤如下。

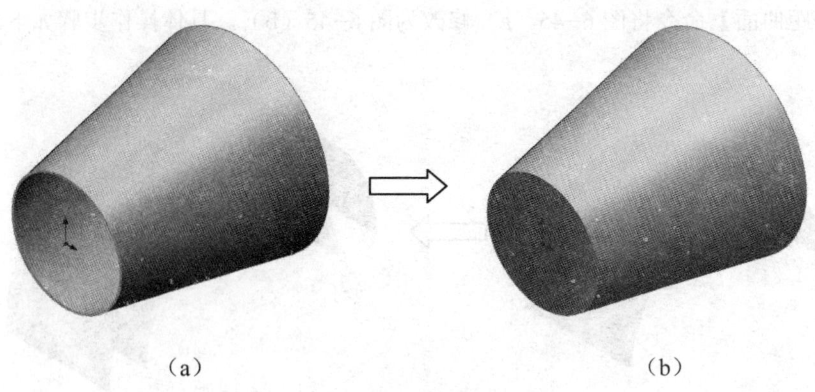

（a）　　（b）

图 6-47　平面区域

步骤 01 单击【平面区域】按钮，选择曲面的圆形边线为平面区域的边界实体，系统将预览出平面区域曲面，如图 6-48 所示。

步骤 02 单击按钮完成平面区域曲面的创建。

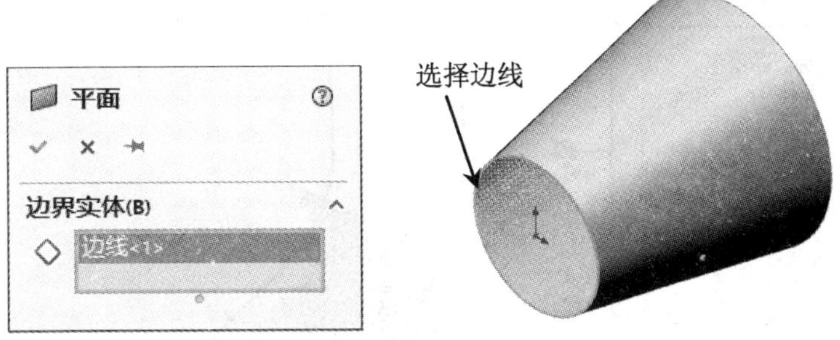

图 6-48 定义平面区域

6.4.3 曲面展平

曲面展平是通过指定曲面上的任意一点为参考原点，将曲面的所有边线进行展开操作，从而得到一个与源对象曲面面积相同的平整曲面特征。

打开学习资料文件“第 6 章 \ 素材文件 \ 曲面展平 . SLDPRT”，如图 6-49（a）所示。执行【曲面展平】命令将图 6-49（a）修改为图 6-49（b），具体操作步骤如下。

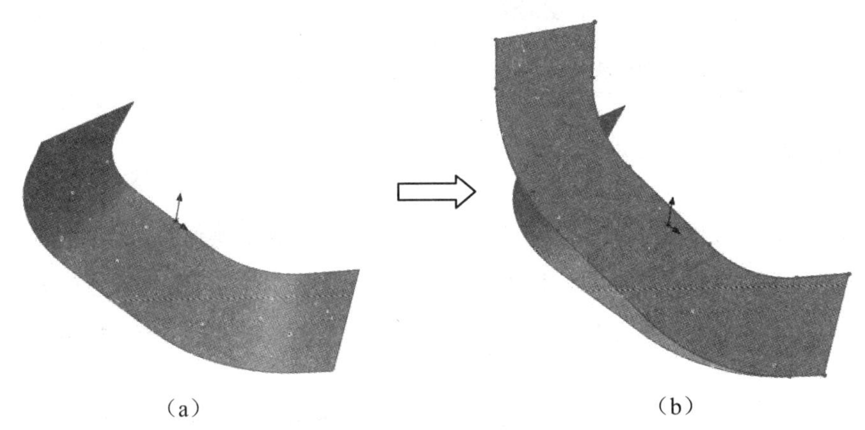

（a） （b）

图 6-49 曲面展平

步骤 01 单击【曲面展平】按钮，选择边界曲面体为需要展开的曲面对象，如图 6-50（a）所示。

步骤 02 选择曲面上的一个顶点为展平操作的参考点，系统将预览出曲面的展平结果，如图 6-50（b）所示。

步骤 03 单击按钮完成曲面展平的创建。

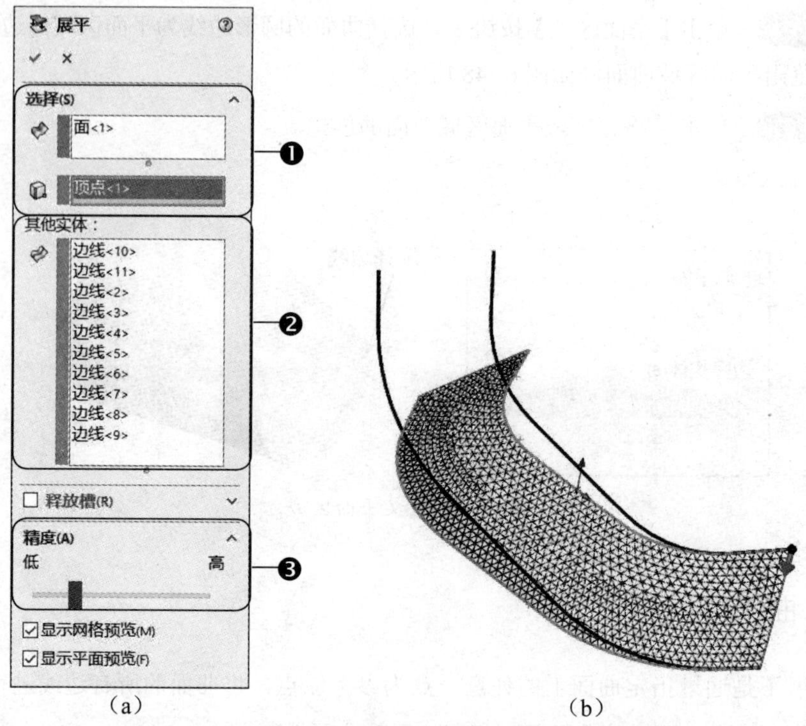

（a）　　（b）

图 6-50　定义曲面展平

❶ 选择	用于定义需要展平操作的曲面对象和展平参考顶点。
❷ 其他实体	用于定义曲面上的其他参考边线，此选项针对较为复杂的曲面对象可指定展平的延伸方向。
❸ 精度	用于定义曲面展平操作的精细度。

6.4.4 删除面

删除面是将三维模型上的某个局部表面或指定面进行删除操作的一个特征命令。

打开学习资料文件“第 6 章 \ 素材文件 \ 删除面 . SLDPRT”，如图 6-51（a）所示。执行【删除面】命令将图 6-51（a）修改为图 6-51（b），具体操作步骤如下。

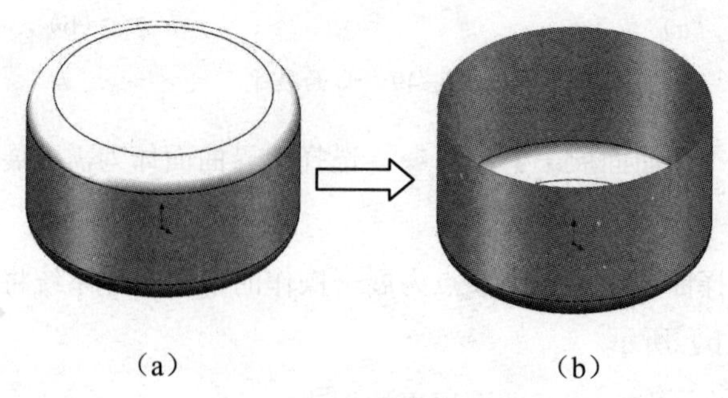

（a）　　（b）

图 6-51　删除面

步骤 01 单击【删除面】按钮，选中【删除】单选按钮为删除面的基本选项，如图 6-52（a）所示。

步骤 02 选择圆柱实体的顶平面为需要删除操作的曲面，如图 6-52（b）所示。

步骤 03 单击按钮完成曲面的删除操作。

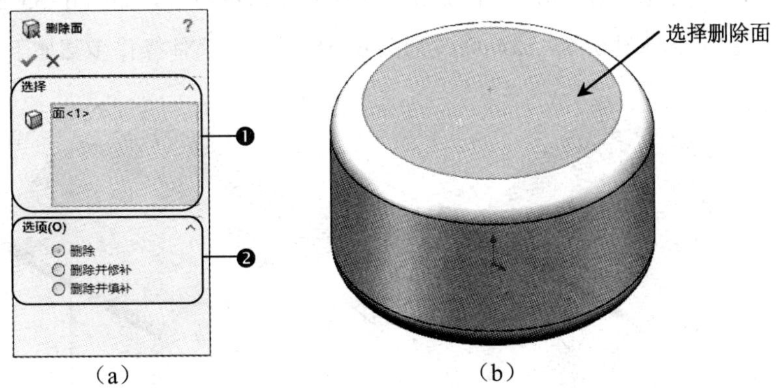

（a）（b）

图 6-52 定义删除面

❶ 选择	用于显示当前已选择的曲面对象。
❷ 选项	用于定义曲面的删除选项，主要有【删除】【删除并修补】和【删除并填补】3 个选项。其中，选中【删除并修补】单选按钮删除曲面后可快速将模型进行曲面修补操作，保证几何对象的完整性。

技能拓展

选中【删除】单选按钮删除实体面后，三维实体模型将被转换为曲面对象。

步骤 04 单击【删除面】按钮，选中【删除并修补】单选按钮为删除面的基本选项。

步骤 05 选择曲面体顶部的圆角曲面为删除修补对象，系统将预览出曲面删除修补的结果，如图 6-53 所示。

步骤 06 单击按钮完成曲面的删除与修补操作，如图 6-54 所示。

图 6-53 选择删除修补面

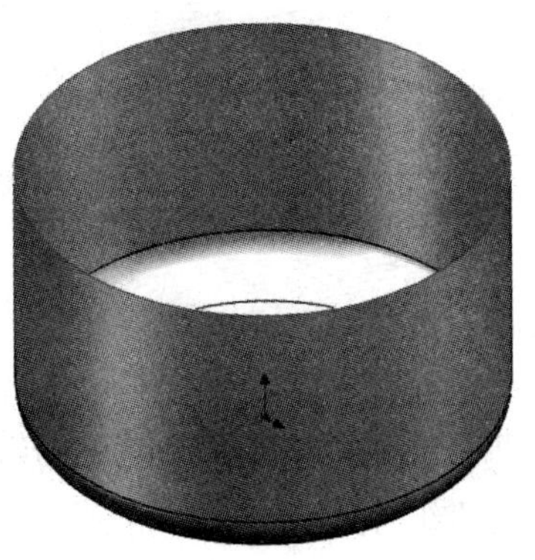

图 6-54 完成曲面删除与修补

6.4.5 替换面

替换面是以一个新的曲面去替换指定的曲面或实体的表面，从而修改被替换对象的表面结构。

打开学习资料文件“第 6 章 \ 素材文件 \ 替换面 . SLDPRT”，如图 6–55（a）所示。执行【替换面】命令将图 6–55（a）修改为图 6–55（b），具体操作步骤如下。

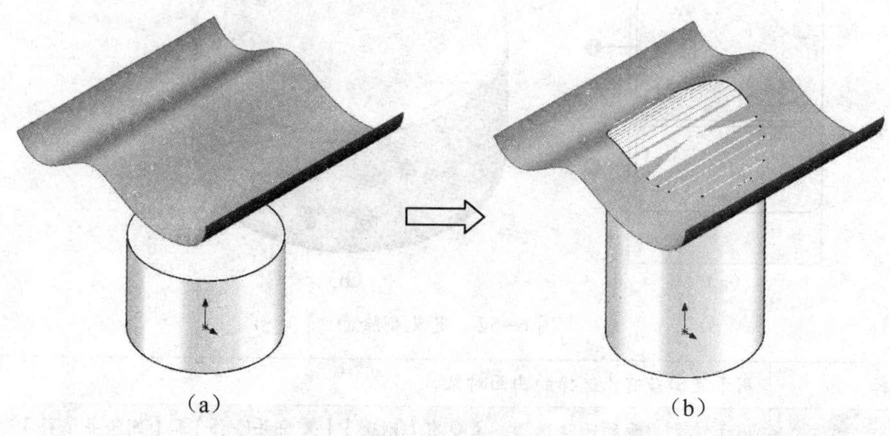

图 6–55　替换面

步骤 01　单击【替换面】按钮，选择圆柱实体的顶平面为替换的目标面，选择拉伸曲面为替换面，如图 6–56 所示。

步骤 02　单击按钮完成曲面的替换操作。

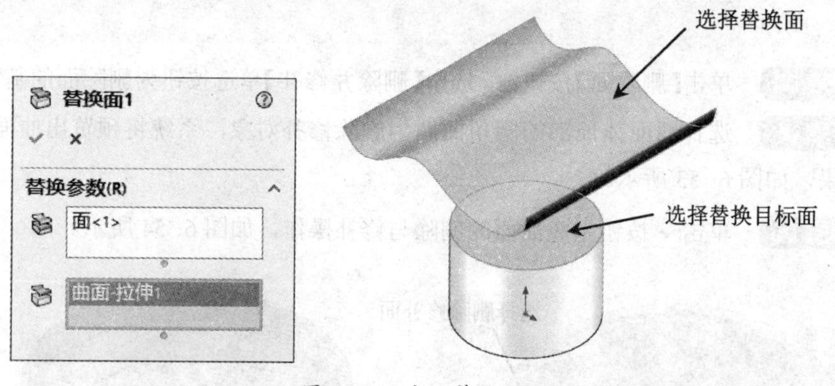

图 6–56　定义替换面

6.4.6 延伸曲面

延伸曲面是将已创建的曲面边线按照切线方向进行延伸操作，从而得到一个与源对象曲面相接的新曲面特征。

打开学习资料文件“第 6 章 \ 素材文件 \ 延伸曲面 . SLDPRT”，如图 6–57（a）所示。

执行【延伸曲面】命令将图 6-57（a）修改为图 6-57（b），具体操作步骤如下。

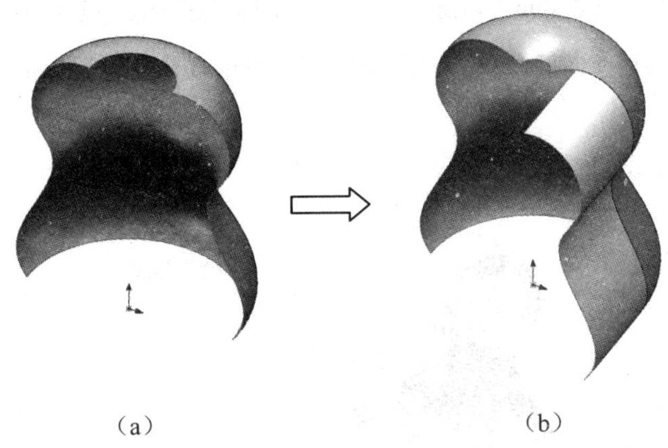

（a）（b）

图 6-57 延伸曲面

步骤 01 单击【延伸曲面】按钮，选中【距离】单选按钮为曲面延伸的终止条件，并设置延伸距离为“8.00mm”，选中【同一曲面】单选按钮为曲面延伸的类型，如图 6-58（a）所示。

步骤 02 选择曲面顶部的圆弧边线为曲面的拉伸边线，系统将预览出延伸曲面，如图 6-58（b）所示。

步骤 03 单击按钮完成延伸曲面的创建。

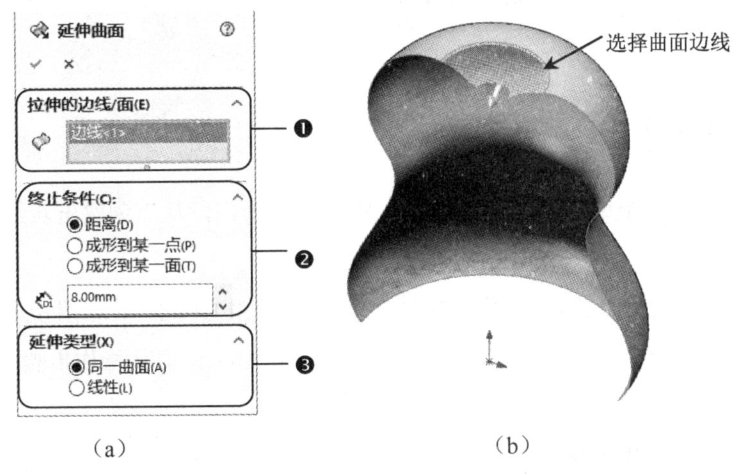

（a）（b）

图 6-58 定义相切延伸曲面

❶ 拉伸的边线 / 面	用于显示当前已选择的曲面延伸边线。
❷ 终止条件	用于定义曲面边线的延长度量方式与距离值，主要有【距离】【成形到某一点】和【成形到某一面】3 个选项。当选中【距离】单选按钮时，需要指定曲面延伸的具体长度值。
❸ 延伸类型	用于定义曲面的延伸类型，主要有【同一曲面】和【线性】两种类型。当使用【同一曲面】方式进行曲面延伸时，曲面将沿曲率方向进行延伸操作。

步骤 04 单击【延伸曲面】按钮，选中【距离】单选按钮为曲面延伸的终止条件，并设置延伸距离为“35.00mm”，选中【线性】单选按钮为曲面延伸的类型。

步骤 05 选择曲面的侧边线为曲面的拉伸边线，系统将预览出延伸曲面，如图 6-59 所示。

步骤 06 单击按钮完成延伸曲面的创建。

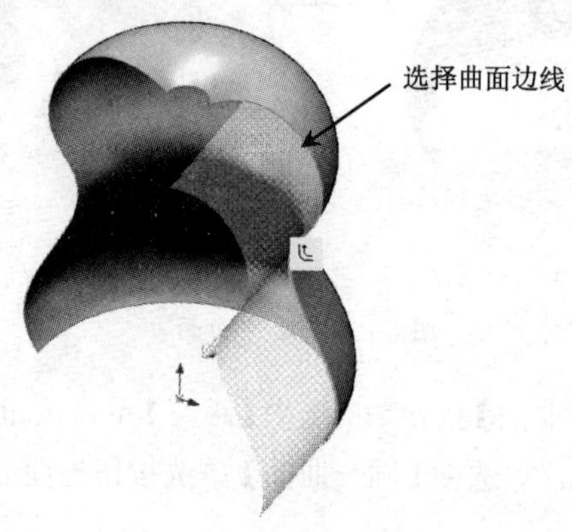

图 6-59 预览延伸曲面

技能拓展

延伸曲面既可以将曲面边线沿直线方向进行延伸，也可以沿曲面的曲率方向进行延伸，创建出与源对象曲面相切的新曲面。

6.4.7 剪裁曲面

剪裁曲面是将两个或多个相交曲面进行修剪合并操作，从而创建出新结构的独立曲面特征。

打开学习资料文件“第 6 章 \ 素材文件 \ 剪裁曲面 . SLDPRT”，如图 6-60（a）所示。执行【剪裁曲面】命令将图 6-60（a）修改为图 6-60（b），具体操作步骤如下。

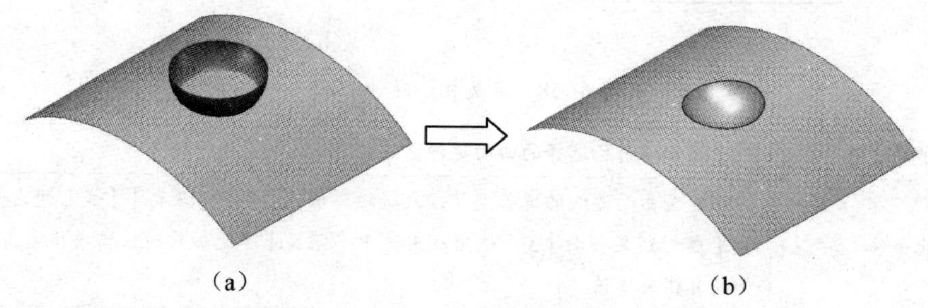

（a）（b）

图 6-60 剪裁曲面

步骤 01 单击【剪裁曲面】按钮，选中【相互】单选按钮为剪裁的类型，选择相交的拉伸曲面和旋转曲面为剪裁对象，如图 6-61（a）所示。

步骤 02 选中【移除选择】单选按钮，分别选择两相交曲面的局部侧为需要移除的曲面，如图 6-61（b）所示。

步骤 03 单击✓按钮完成曲面的剪裁。

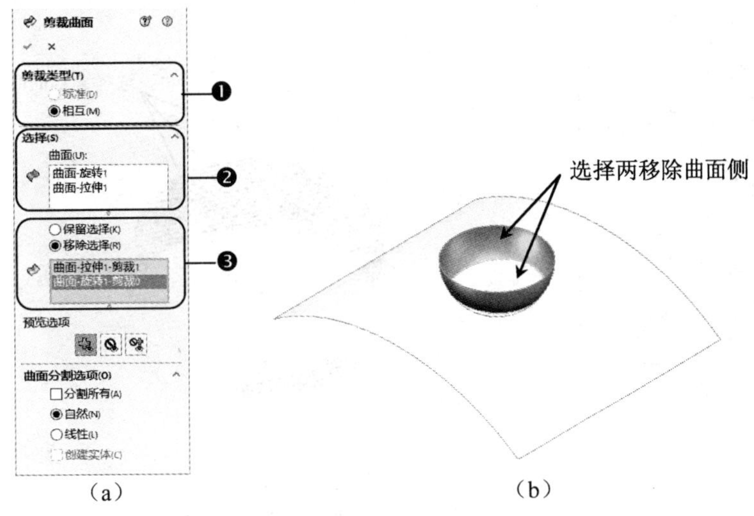

图 6-61 定义剪裁曲面

❶ 剪裁类型	用于定义曲面剪裁的基本类型，主要有【标准】和【相互】两种。当使用【相互】方式剪裁曲面时，相交的曲面将同时被修剪。
❷ 选择	用于显示当前已选择的两个或多个相交曲面。
❸ 保留 / 移除选择	用于定义曲面剪裁后需要保留或删除的区域。

6.4.8 缝合曲面

缝合曲面是通过将两个或多个相接的独立曲面进行合并操作，从而创建出新的曲面特征。

打开学习资料文件“第 6 章 \ 素材文件 \ 缝合曲面 . SLDPRT”，如图 6-62（a）所示。执行【缝合曲面】命令将图 6-62（a）修改为图 6-62（b），具体操作步骤如下。

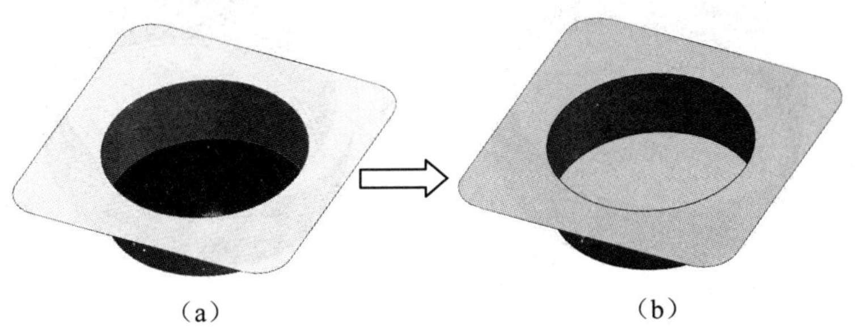

图 6-62 缝合曲面

步骤 01 单击【缝合曲面】按钮，选中【缝隙控制】复选框，并设置缝合公差为“0.0025mm”，如图 6-63（a）所示。

步骤 02 选择绘图区域中的 3 个相接曲面为缝合对象，如图 6-63（b）所示。

步骤 03 单击按钮完成曲面的缝合操作。

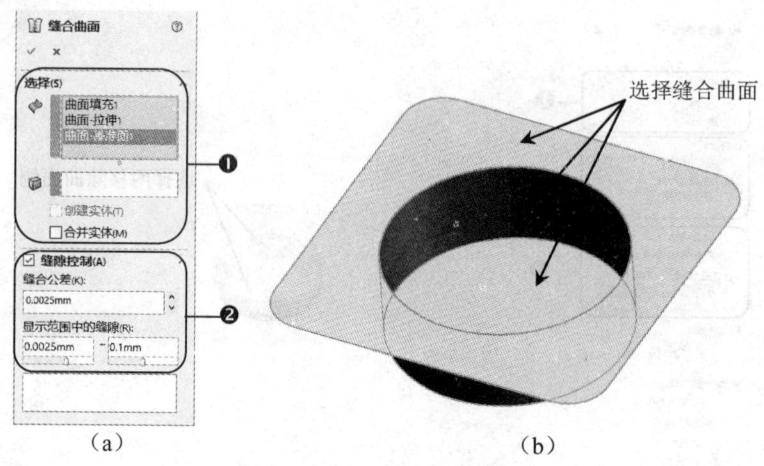

图 6-63　定义缝合曲面

❶ 缝合对象选择	用于显示已选择的缝合对象，当选中【创建实体】复选框后，可将缝合曲面直接转换为三维实体。
❷ 缝隙控制	用于设置曲面之间的缝合缝隙公差值。针对特殊的曲面体，可通过调整缝隙的相关参数来辅助完成曲面的缝合操作。

6.4.9 加厚

通过将已知的曲面组进行加厚操作，可将源对象曲面转换为一个具有一定厚度的三维实体。

打开学习资料文件“第 6 章\素材文件\加厚 . SLDPRT”，如图 6-64（a）所示。执行【加厚】命令将图 6-64（a）修改为图 6-64（b），具体操作步骤如下。

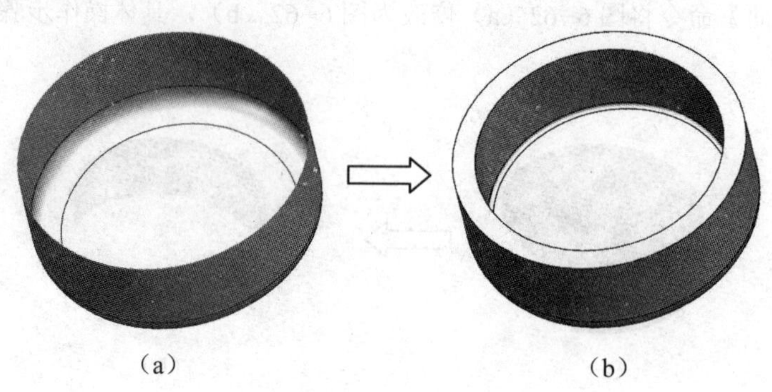

图 6-64　曲面加厚

步骤 01 单击【加厚】按钮，在【厚度】区域中单击【加厚侧边 2】按钮，并设置加厚尺寸为“5.00mm”，如图 6-65（a）所示。

步骤 02 选择已缝合并圆角的曲面体为加厚对象，系统将预览出加厚结果，如图 6-65（b）所示。

步骤 03 单击按钮完成曲面的加厚操作。

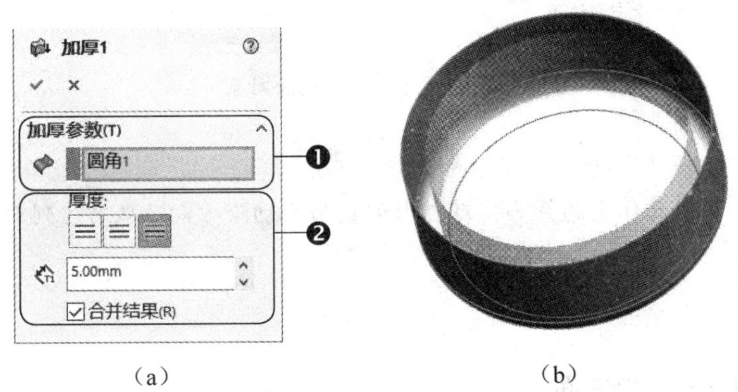

（a） （b）

图 6-65 定义加厚参数

❶ 加厚参数	用于显示已选择的加厚曲面。
❷ 加厚厚度	用于定义加厚曲面的加厚方式及厚度值。加厚方式主要有【加厚侧边 1】【两边加厚】和【加厚侧边 2】3 种。

6.4.10 使用曲面切除

针对结构轮廓较为复杂的实体切除操作，SolidWorks 提供了使用曲面特征来切除三维实体的命令。

打开学习资料文件“第 6 章\素材文件\使用曲面切除 . SLDPRT”，如图 6-66（a）所示。执行【使用曲面切除】命令将图 6-66（a）修改为图 6-66（b），具体操作步骤如下。

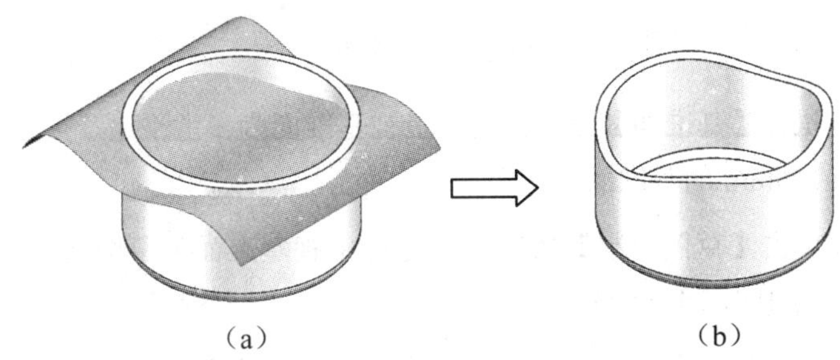

（a） （b）

图 6-66 使用曲面切除实体

步骤 01 单击【使用曲面切除】按钮，选择拉伸曲面为切除参考曲面，指定切除方向向上，如图 6-67 所示。

步骤 02 单击✓按钮完成使用曲面切除实体的操作。

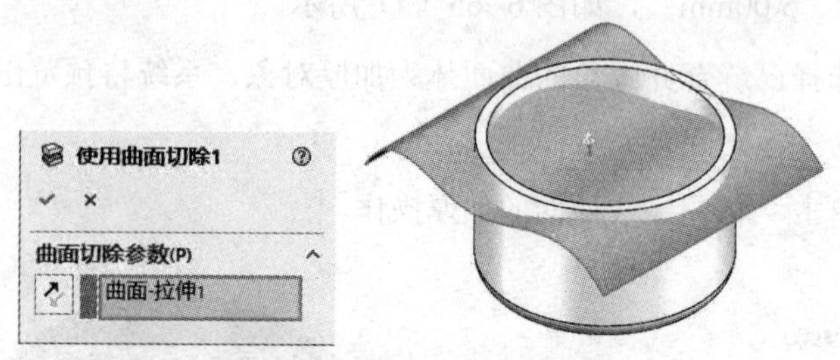

图 6-67 定义曲面切除对象

技能拓展

通过单击曲面体上的箭头，可自由调整曲面切除方向，从而达到曲面切除的设计目标。

课堂范例——瓶体曲面

执行【拉伸曲面】【放样曲面】【剪裁曲面】及【缝合曲面】等命令创建出瓶体曲面模型，如图 6-68 所示。

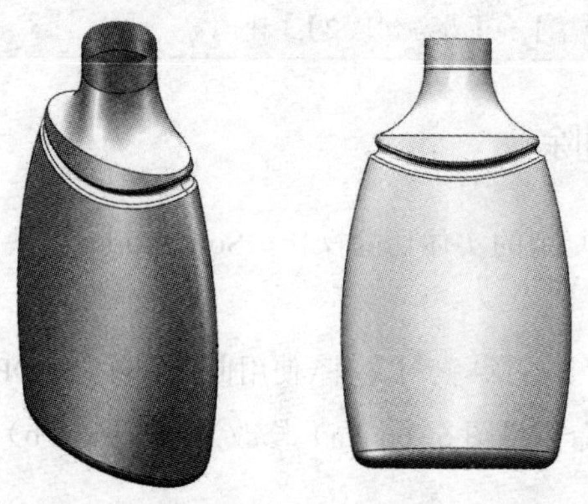

图 6-68 瓶体曲面

步骤 01 执行【基准面】命令，选择上视基准面为参考平面，指定偏移方向向上，创建偏移距离为 175mm 的基准面 1。

步骤 02 单击【草图绘制】按钮，选择上视基准面为草图绘制平面，绘制如图 6-69 所示的椭圆并退出草图环境。

步骤 03 单击【草图绘制】按钮，选择基准面 1 为草图绘制平面，绘制如图 6-70 所示的椭圆并退出草图环境。

步骤 04 单击【草图绘制】按钮，选择前视基准面为草图绘制平面，绘制如图 6-71 所示的两条圆弧并退出草图环境。

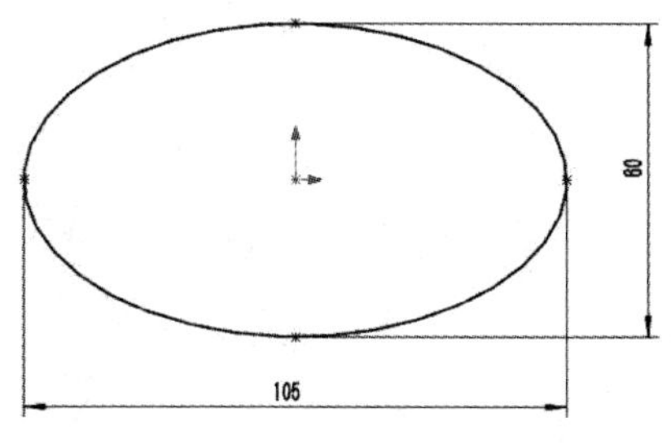

图 6-69 绘制椭圆形（1）

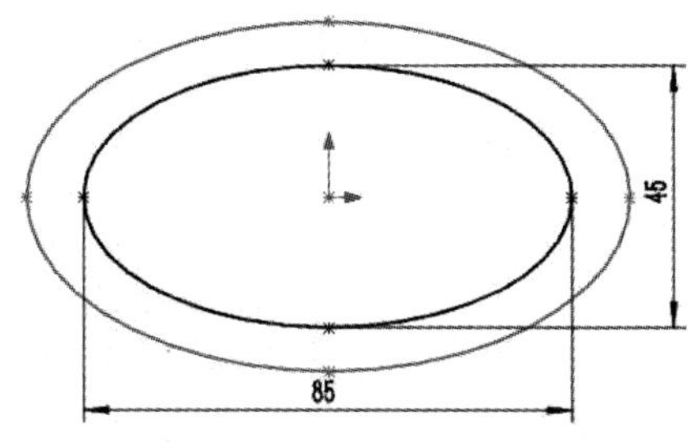

图 6-70 绘制椭圆形（2）

步骤 05 单击【放样曲面】按钮，依次选择草图 1 和草图 2 为放样曲面的轮廓曲线，选择两条圆弧曲线为放样曲面的引导线，系统将预览出放样曲面，如图 6-72 所示。单击按钮完成放样曲面的创建。

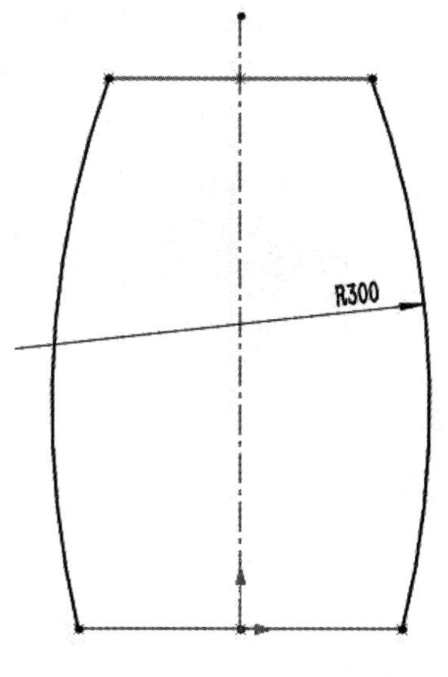

图 6-71 绘制圆弧曲线

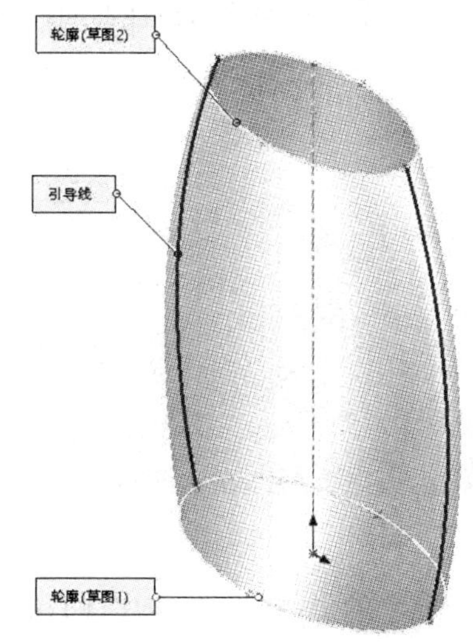

图 6-72 预览放样曲面

步骤 06 执行【基准面】命令，选择基准面 2 为参考平面，指定偏移方向向上，创建偏移距离为 35mm 的基准面 2。

步骤 07 单击【草图绘制】按钮，选择基准面 2 为草图绘制平面，绘制如图 6-73 所示的圆形并退出草图环境。

步骤 08 单击【草图绘制】按钮，选择前视基准面为草图绘制平面，绘制如图 6-74 所示的两条圆弧并退出草图环境。

步骤 09 单击【放样曲面】按钮，依次选择草图 2 和草图 4 为放样曲面的轮廓曲线，选择两条圆弧曲线为放样曲面的引导线，系统将预览出放样曲面，如图 6-75 所示；单击按钮完成放样曲面的创建。

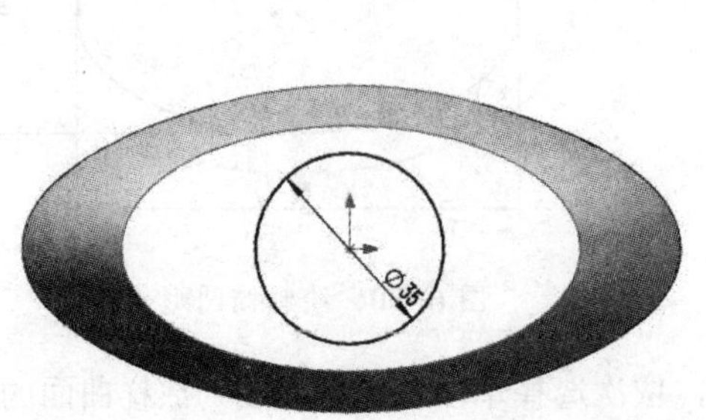

图 6-73　绘制圆形

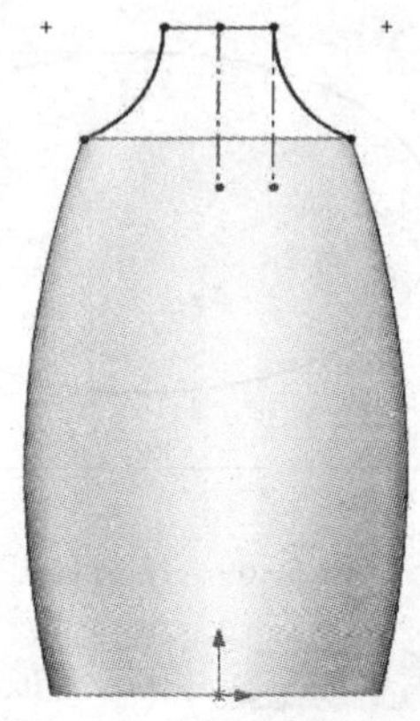

图 6-74　绘制两条圆弧

步骤 10　单击【拉伸曲面】按钮，选择草图 4 为拉伸轮廓曲线，指定曲面拉伸方向向上，系统将预览出拉伸曲面，如图 6-76 所示；单击按钮完成拉伸曲面的创建。

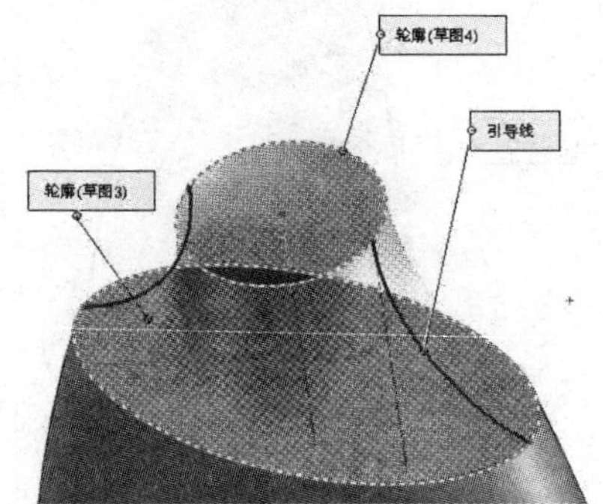

图 6-75　预览放样曲面

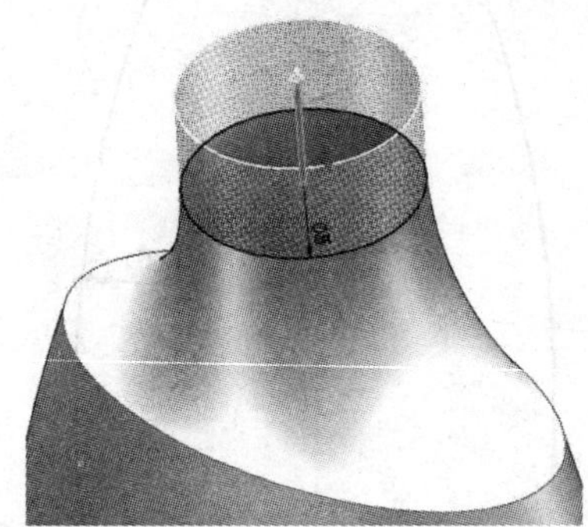

图 6-76　预览拉伸曲面

步骤 11　单击【平面区域】按钮，选择曲面底部的椭圆边线为平面区域的边界实体，单击按钮完成平面区域曲面的创建，如图 6-77 所示。

步骤 12　单击【草图绘制】按钮，选择前视基准面为草图绘制平面，绘制如图 6-78 所示的圆弧并退出草图环境。

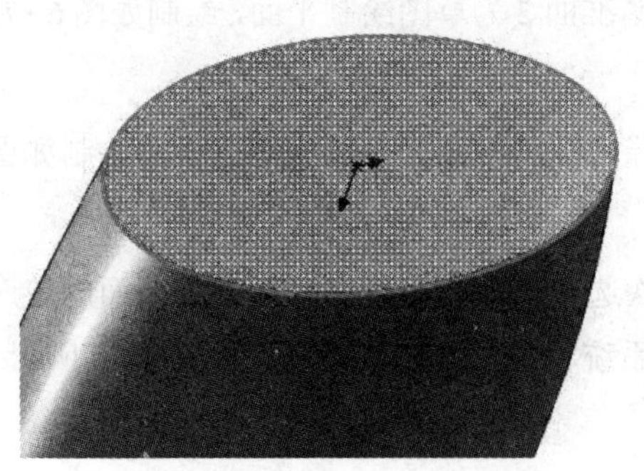

图 6-77　创建平面区域曲面

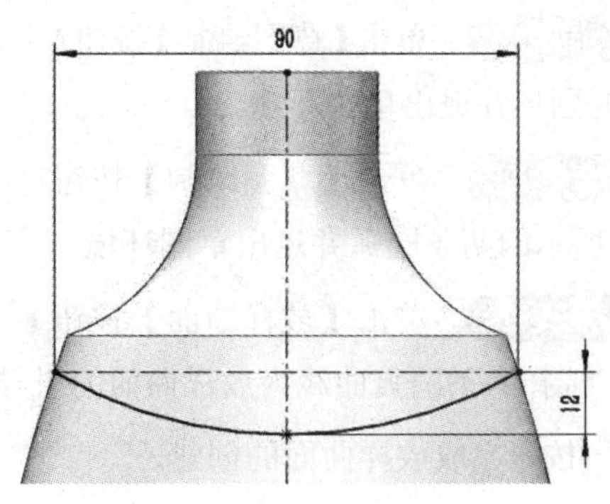

图 6-78　绘制圆弧

步骤 13 单击【投影曲线】按钮，选中【面上草图】单选按钮为投影曲线的基本类型；选择草图 6 为要投影的草图，选择放样曲面体为要投影的目标对象；单击按钮完成投影曲线的创建，如图 6-79 所示。

步骤 14 单击【草图绘制】按钮，选择前视基准面为草图绘制平面，绘制如图 6-80 所示的圆形并退出草图环境。

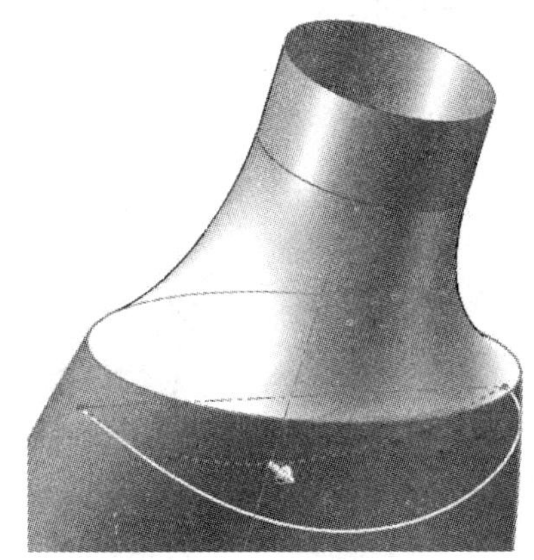

图 6-79 创建投影曲线

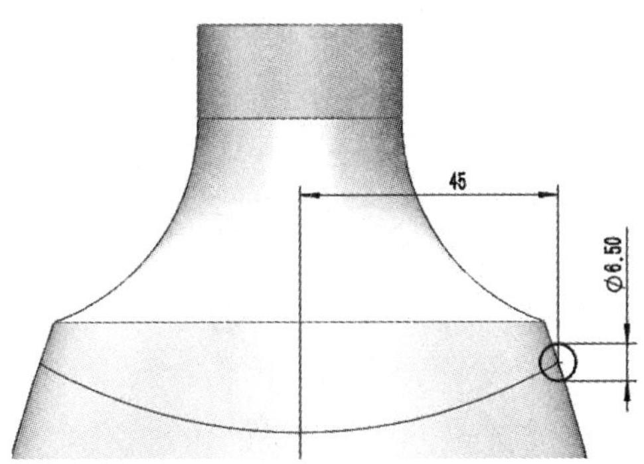

图 6-80 绘制截面圆形

步骤 15 单击【扫描曲面】按钮，选中【草图轮廓】单选按钮，选择草图 7 为扫描曲面的草图轮廓曲线，选择投影曲线为扫描曲面的路径曲线；单击按钮完成扫描曲面的创建，如图 6-81 所示。

步骤 16 单击【镜向】按钮，选择前视基准面为参考平面，选择扫描曲面为镜像对象；单击按钮完成扫描曲面的镜像复制操作。

步骤 17 单击【剪裁曲面】按钮，选中【相互】单选按钮为剪裁的类型；选择放样曲面、扫描曲面和镜像曲面为剪裁对象，指定移除相交曲面的外侧部分；单击按钮完成曲面的剪裁操作，如图 6-82 所示。

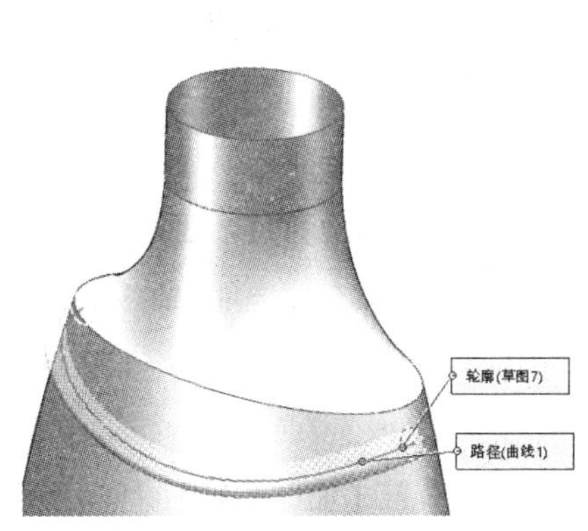

图 6-81 创建扫描曲面

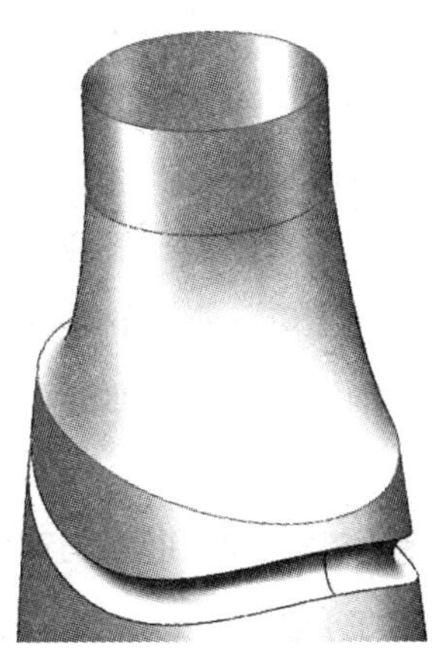

图 6-82 剪裁曲面

步骤 18 单击【缝合曲面】按钮，选择已创建的所有曲面为缝合对象；单击按钮完成曲面的缝合操作。

步骤 19 单击【圆角】按钮，设置圆角半径为“10mm”，选择曲面底部椭圆边线为圆角参考边；单击按钮完成圆角曲面的创建，如图 6-83 所示。

步骤 20 单击【圆角】按钮，设置圆角半径为“2mm”，选择曲面凹槽边线为圆角参考边；单击按钮完成圆角曲面的创建，如图 6-84 所示。

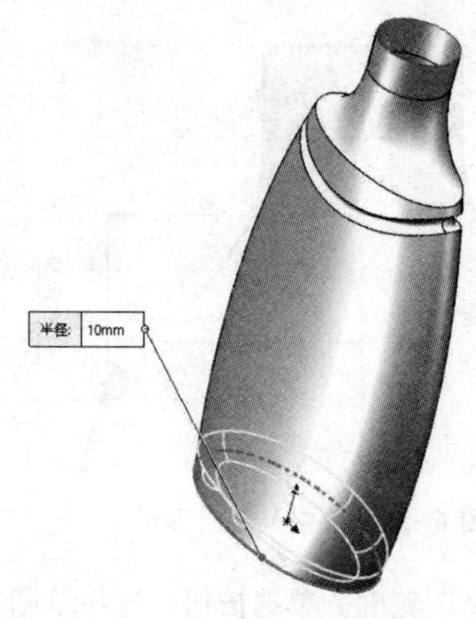

图 6-83 创建底部圆角曲面

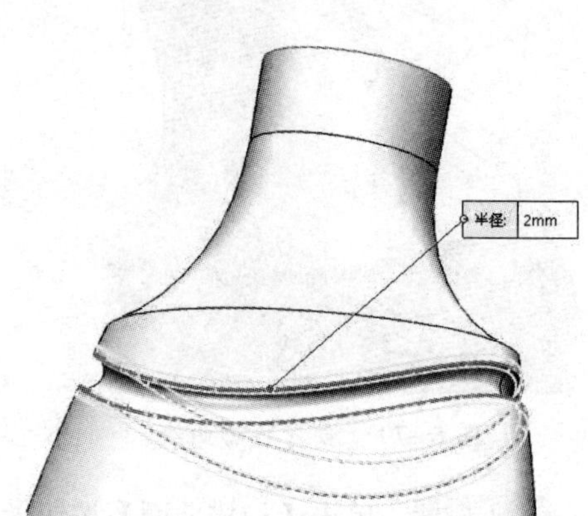

图 6-84 创建凹槽圆角曲面

课堂问答

本章通过对 SolidWorks 曲面设计工具的介绍，演示了基础曲面的创建与编辑方法，再通过范例分析深入介绍了曲面设计的基本思路。下面将列出一些常见的问题供读者学习与参考。

问题❶：投影曲面有哪几种类型？

答：投影曲面一般有【面上草图】和【草图上草图】两种类型。【面上草图】是直接将绘制的草图曲线投影至已知的曲面上，而【草图上草图】是通过将两个草图曲线进行混合，从而投影创建的一个空间曲线。

问题❷：填充曲面一般应用于哪些设计场合？

答：执行【填充曲面】命令不仅能快速创建出一个封闭的曲面特征，还能根据源对象的曲率自动调整填充曲面的连接方式。针对曲面上的破孔，填充曲面能快速完成曲面上破孔的修补。

问题❸：怎样完成曲面与实体的相互转换？

答：执行【删除面】命令可将三维实体转换为曲面，而执行【加厚】和【缝合曲面】命令则可以将曲面转换为三维实体。

上机实战——电话座壳体

通过本章的学习，为了让读者能巩固本章知识点，下面将以电话座壳体为例，综合演示本章所介绍的曲面设计方法，使大家对本章的知识有更深入的了解。

效果展示

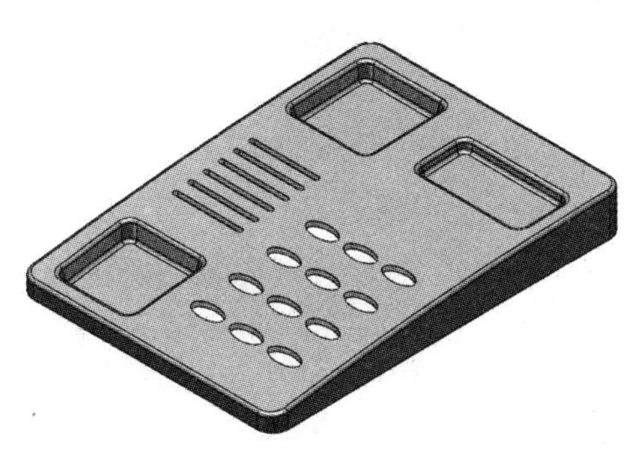

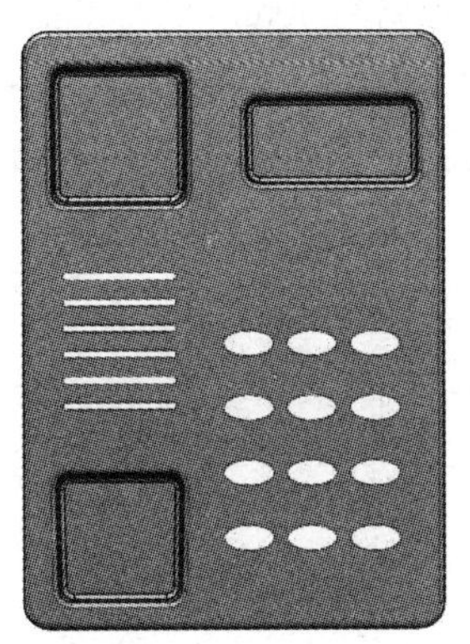

思路分析

在电话座壳体的创建过程中，将使用 SolidWorks 曲面设计的基本思路与操作方法，重点体现了曲面的编辑技巧，主要有如下几个基本步骤。

(1) 创建基本结构曲面。

(2) 剪裁相交曲面。

(3) 缝合各相接的曲面。

(4) 将曲面转换为实体。

(5) 使用实体建模思路创建孔特征。

制作步骤

步骤 01 单击【拉伸曲面】按钮，选择前视基准面为草图绘制平面，绘制如图 6-85 所示的轮廓曲线并退出草图环境；指定拉伸方向为“两侧对称”，并设置拉伸长度 165mm，单击按钮完成拉伸曲面的创建，如图 6-86 所示。

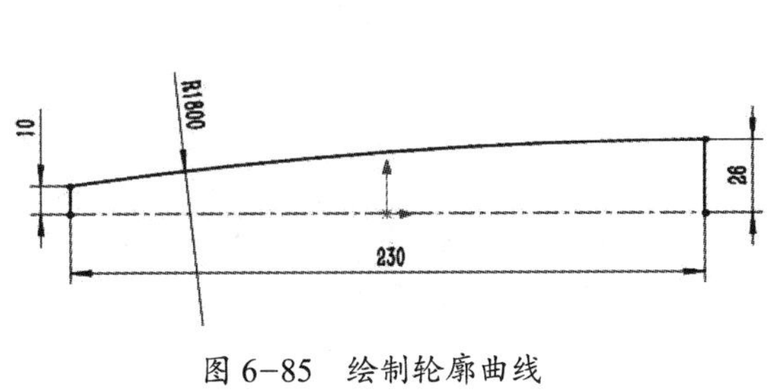

图 6-85 绘制轮廓曲线

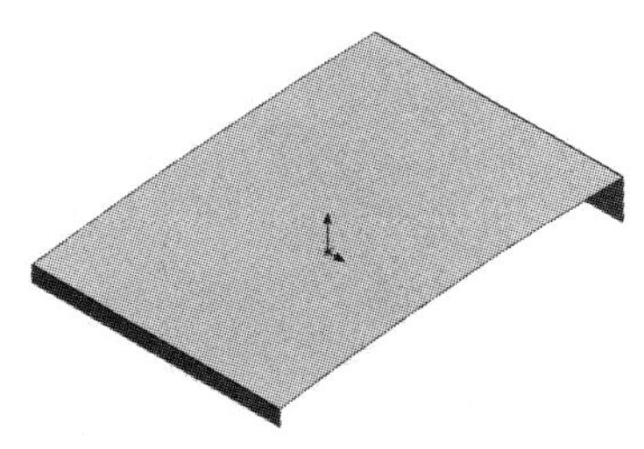

图 6-86 创建拉伸曲面

步骤 02 单击【等距曲面】按钮，将拉伸曲面向下偏移 10mm；单击按钮完成等距曲面的创建。

步骤 03 单击【草图绘制】按钮，选择上视基准面为草图绘制平面，绘制如图 6-87 所示的正方形并退出草图环境。

步骤 04 执行【基准面】命令，选择上视基准面为参考平面，指定偏移方向向上，创建偏移距离为 30mm 的基准面 1。

步骤 05 单击【草图绘制】按钮，选择基准面 1 为草图绘制平面，绘制如图 6-88 所示的等距正方形并退出草图环境。

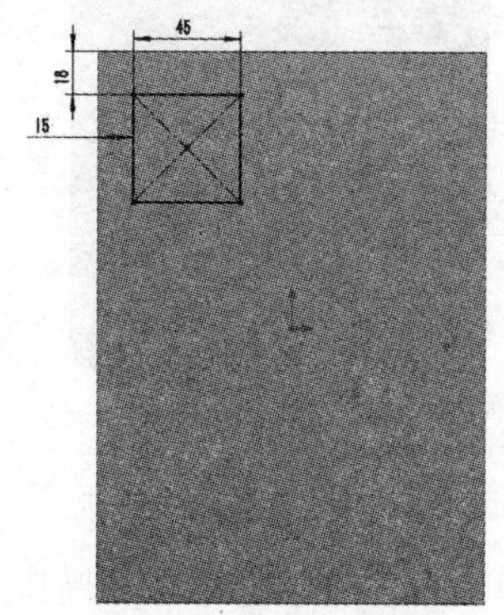

图 6-87 绘制正方形

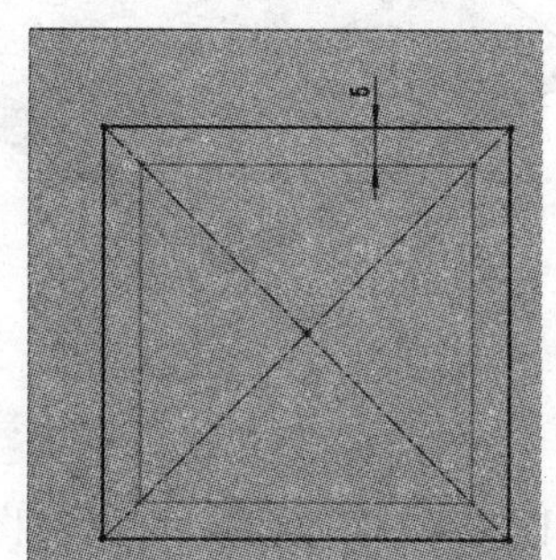

图 6-88 绘制等距正方形

步骤 06 单击【放样曲面】按钮，依次选择草图 2 和草图 3 为放样曲面的轮廓曲线；单击按钮完成放样曲面的创建。

步骤 07 单击【剪裁曲面】按钮，选中【相互】单选按钮为剪裁的类型；选择放样曲面、拉伸曲面和等距曲面为剪裁对象，指定移除相交曲面的外侧部分；单击按钮完成曲面的剪裁操作，如图 6-89 所示。

步骤 08 单击【草图绘制】按钮，选择上视基准面为草图绘制平面，绘制如图 6-90 所示的正方形并退出草图环境。

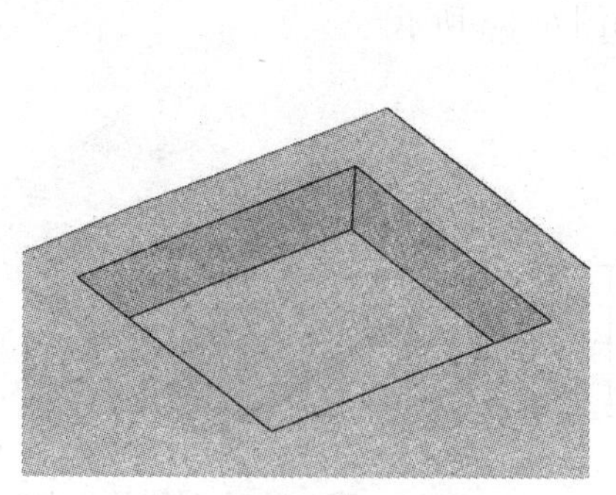
图 6-89 剪裁曲面

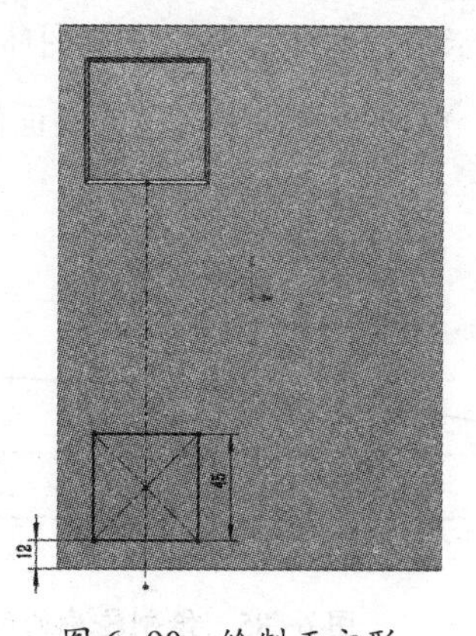

图 6-90 绘制正方形

步骤 09 单击【草图绘制】按钮，选择基准面 1 为草图绘制平面，绘制如图 6-91 所示的等距正方形并退出草图环境。

步骤 10 单击【放样曲面】按钮，依次选择草图 4 和草图 5 为放样曲面的轮廓曲线；单击按钮完成放样曲面的创建。单击【等距曲面】按钮，再次将拉伸曲面向下偏移 10mm；单击按钮完成等距曲面的创建。

步骤 11 单击【剪裁曲面】按钮，选中【相互】单选按钮为剪裁的类型；选择相交的 3 个曲面为剪裁对象，指定移除相交曲面的外侧部分；单击按钮完成曲面的剪裁操作，如图 6-92 所示。

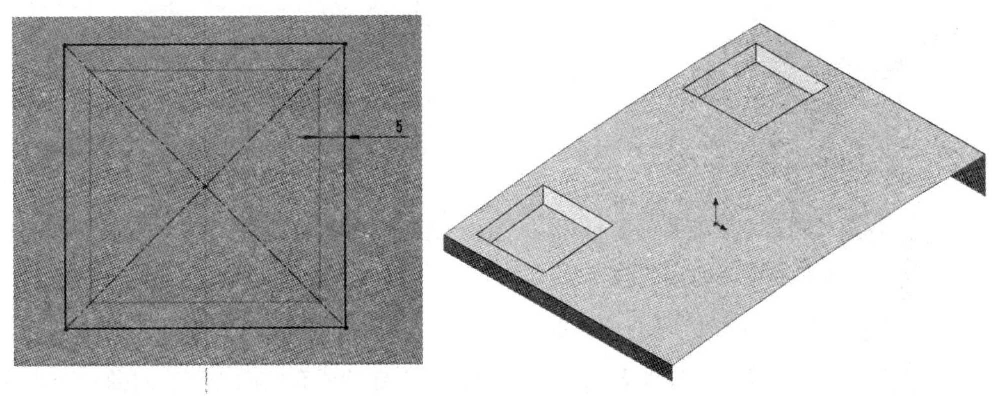

图 6-91　绘制等距正方形　　图 6-92　剪裁曲面（1）

步骤 12 单击【草图绘制】按钮，选择上视基准面为草图绘制平面，绘制如图 6-93 所示的矩形并退出草图环境。

步骤 13 单击【草图绘制】按钮，选择基准面 1 为草图绘制平面，绘制如图 6-94 所示的等距矩形并退出草图环境。

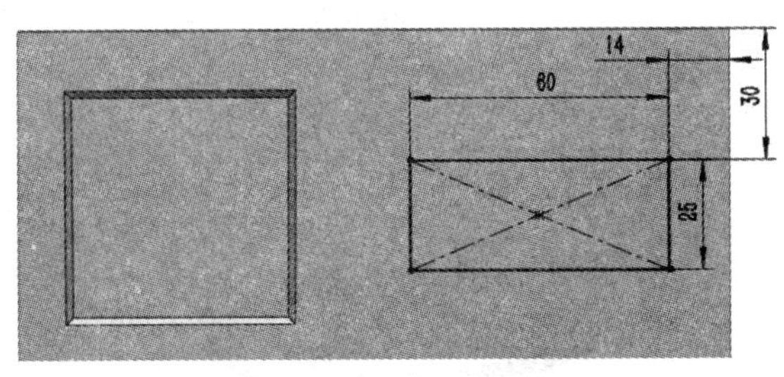

图 6-93　绘制矩形

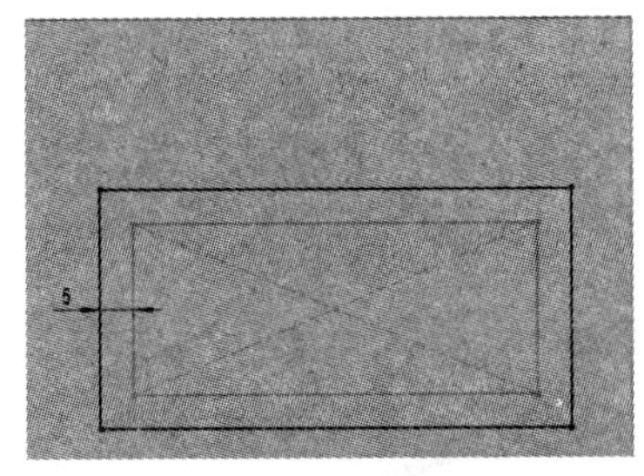

图 6-94　绘制等距矩形

步骤 14 单击【放样曲面】按钮，依次选择草图 6 和草图 7 为放样曲面的轮廓曲线；单击按钮完成放样曲面的创建。单击【等距曲面】按钮，再次将拉伸曲面向下偏移 10mm；单击按钮完成等距曲面的创建。

步骤 15 单击【剪裁曲面】按钮，选中【相互】单选按钮为剪裁的类型；选择相交的 3 个曲面为剪裁对象，指定移除相交曲面的外侧部分。单击✓按钮完成曲面的剪裁操作，如图 6-95 所示。

步骤 16　单击【3D 草图】按钮，捕捉曲面的两个顶点绘制一条空间直线并退出草图环境，如图 6-96 所示。

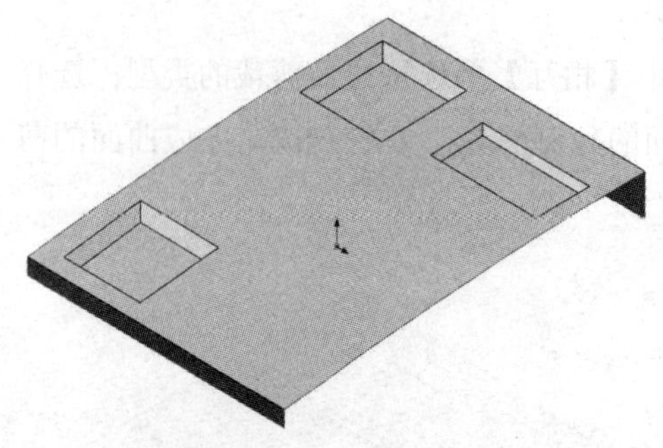

图 6-95　剪裁曲面（2）

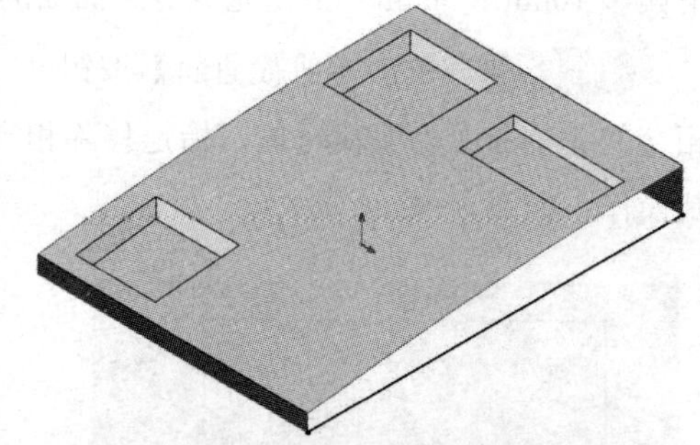

图 6-96　绘制空间直线

步骤 17　单击【填充曲面】按钮，选择曲面侧边线和空间直线为填充曲面的边界；单击✓按钮完成填充曲面的创建。

步骤 18　参照步骤 17 填充曲面的操作方法，创建对称位置上的另一个填充曲面。

步骤 19　单击【缝合曲面】按钮，选择已创建的所有曲面为缝合对象；单击✓按钮完成曲面的缝合操作。

步骤 20　单击【圆角】按钮，设置圆角半径为“10mm”，选择曲面的 4 条垂直边线为圆角参考边；单击✓按钮完成圆角曲面的创建，如图 6-97 所示。

步骤 21　单击【圆角】按钮，设置圆角半径为“5mm”，选择曲面凹槽的 12 条垂直边线为圆角参考边；单击✓按钮完成圆角曲面的创建，如图 6-98 所示。

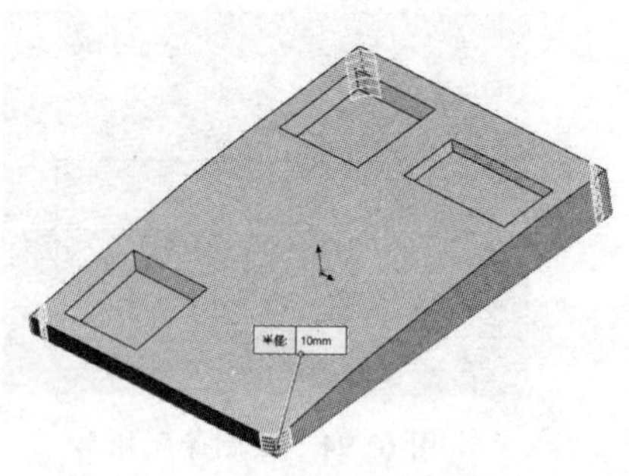

图 6-97　创建 4 条垂直边的圆角曲面

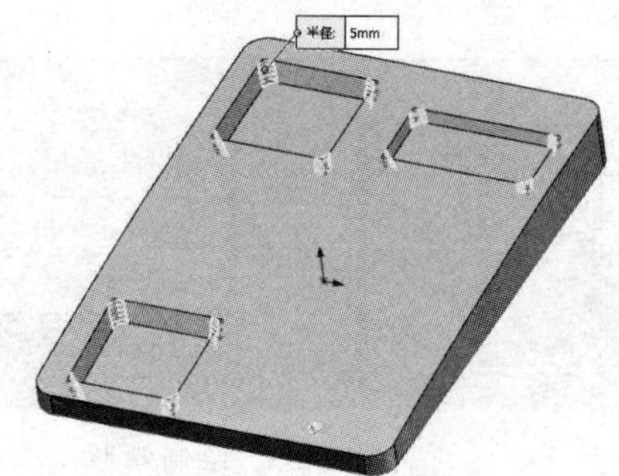

图 6-98　创建凹槽的 12 条垂直边的圆角曲面

步骤 22　单击【圆角】按钮，设置圆角半径为“2mm”，选择顶部曲面和凹槽底面为圆角参考面；单击✓按钮完成圆角曲面的创建，如图 6-99 所示。

步骤 23　单击【加厚】按钮，将圆角后的曲面体向内侧加厚 3mm；单击✓按钮完成实体模型的转换。

步骤 24 单击【拉伸切除】按钮，选择上视基准面为草图绘制平面，绘制如图 6-100 所示的条形槽口轮廓并退出草图环境；指定拉伸方式为“完全贯穿”，单击按钮完成拉伸切除特征的创建。

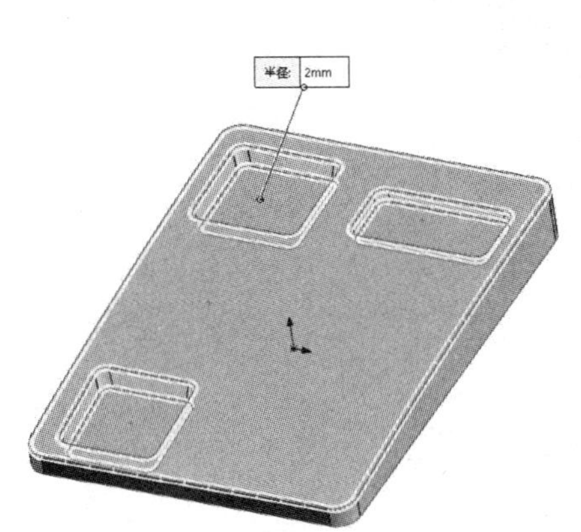

图 6-99 创建顶部和凹槽底部的圆角曲面

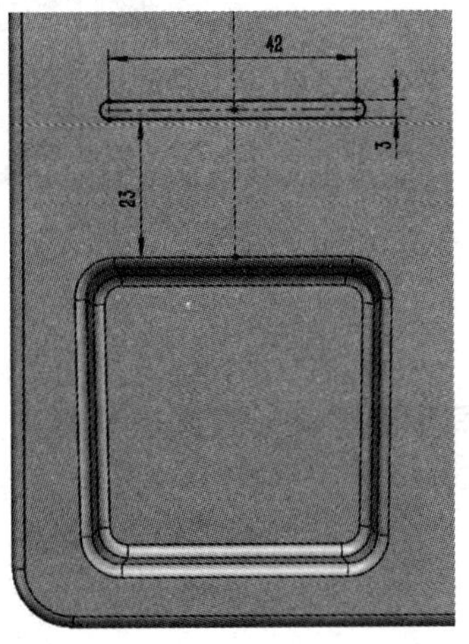

图 6-100 绘制条形槽口轮廓

步骤 25 单击【线性阵列】按钮，选择前视基准面为方向 1 的参考，设置阵列间距值为“10mm”，阵列项目数为“6”；选择拉伸切除特征为需要阵列的特征，单击按钮完成特征的线性阵列复制，如图 6-101 所示。

步骤 26 单击【拉伸切除】按钮，选择上视基准面为草图绘制平面，绘制如图 6-102 所示的椭圆并退出草图环境；指定拉伸方式为“完全贯穿”，单击按钮完成拉伸切除特征的创建。

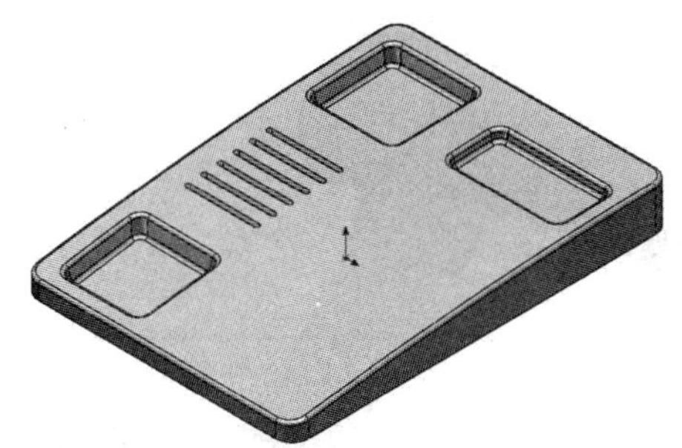

图 6-101 阵列拉伸切除特征

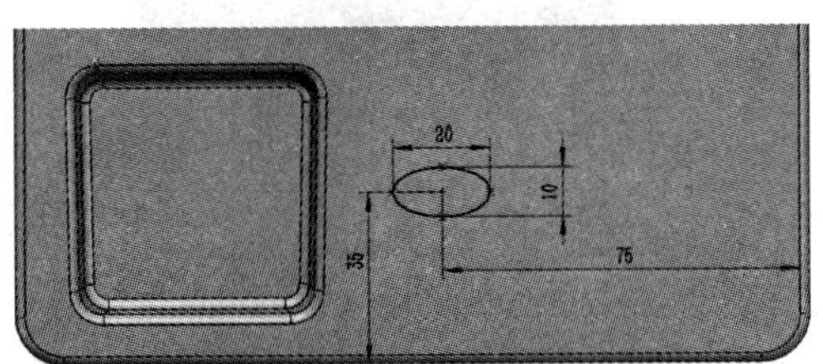

图 6-102 绘制椭圆

步骤 27 单击【线性阵列】按钮，选择前视基准面为方向 1 的参考，设置阵列间距值为“25mm”、阵列项目数为“4”；选择右视基准面为方向 2 的参考，设置阵列间距值为“25mm”、阵列项目数为“3”；选择拉伸切除特征为需要阵列的特征，单击按钮完成特征的线性阵列复制，如图 6-103 所示。

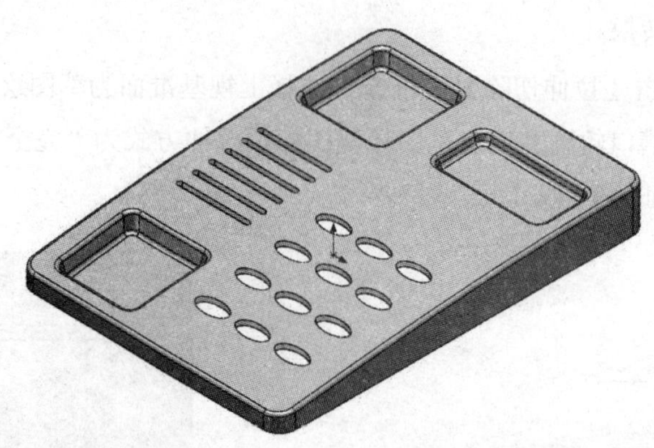

图 6-103　阵列拉伸切除特征

同步训练——吹风机壳体

图解流程

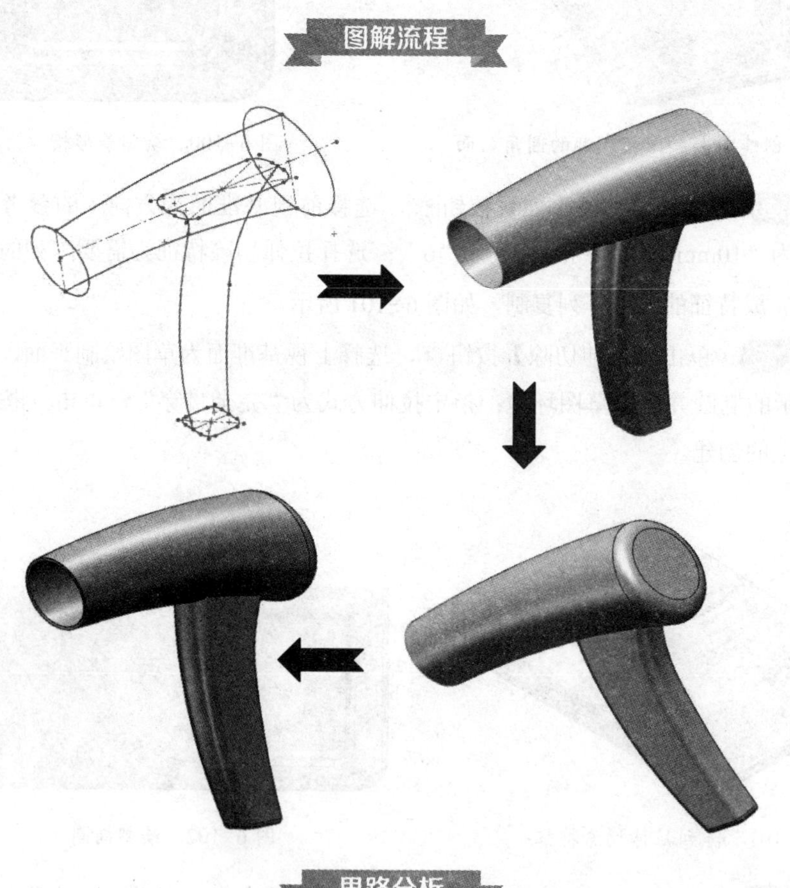

思路分析

在吹风机壳体的曲面造型过程中，重点体现了空间曲线的创建技巧与曲面修剪的基本思路。首先创建出定位的基准平面，其次进入草图环境绘制壳体的外形结构曲线，最后创建出基本曲面并修剪合并操作。

关键步骤

步骤 01 执行【基准轴】命令，创建出右视基准面与上视基准面的相交轴线；执行【基准面】命令，创建出与右视基准面角度为 18° 的基准面 1；执行【基准面】命令，创建出与基准面 1 平行距离为 180mm 的基准面 2，如图 6-104 所示。

步骤 02 在各个方位的基准面上绘制圆弧曲线与圆形，如图 6-105 所示。

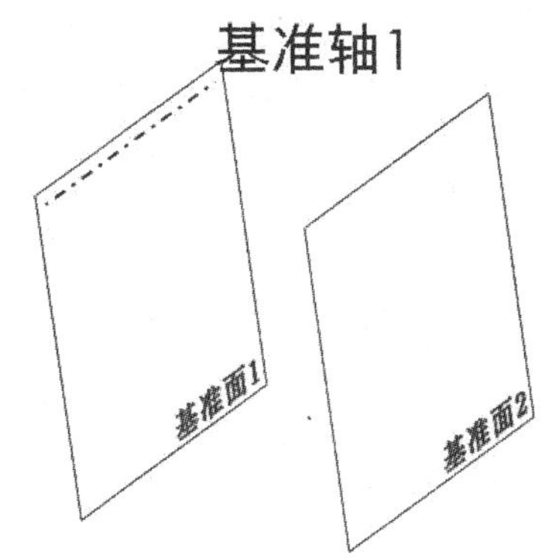

图 6-104 创建基准轴与基准面

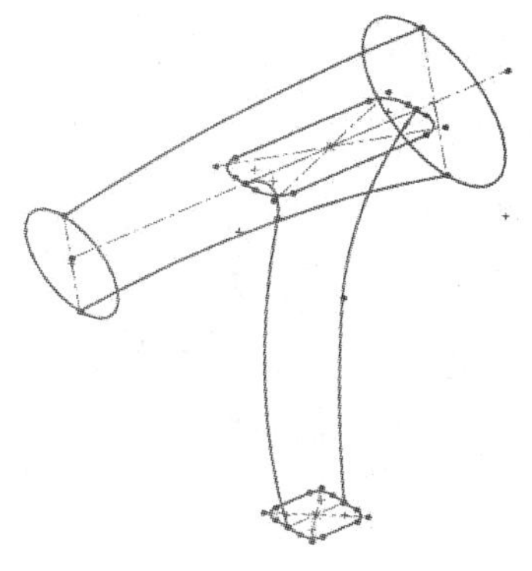

图 6-105 绘制空间曲线

步骤 03 执行【放样曲面】命令，创建出两个相交的放样曲面；执行【剪裁曲面】命令将两个相交曲面进行修剪操作，如图 6-106 所示。

步骤 04 执行【加厚】命令将曲面体转换为实体，如图 6-107 所示。

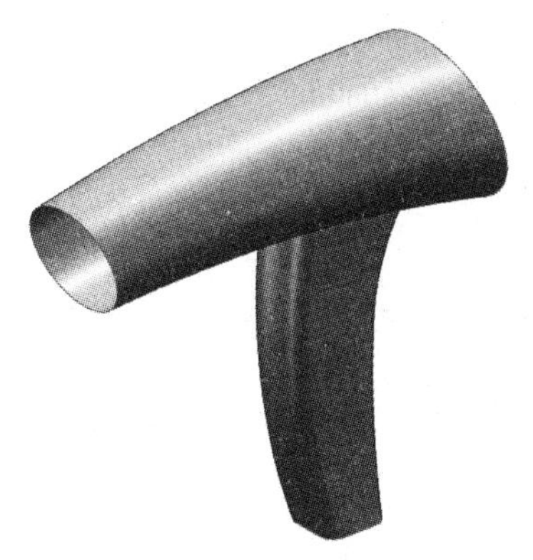

图 6-106 修剪曲面

图 6-107 曲面转换实体

知识与能力测试

本章介绍了使用 SolidWorks 完成曲面设计的基本方法，为对知识进行巩固和考核，布置相应的练习题。

一、填空题

1. 执行【分割线】命令，可将________分割为多个独立的单元。

2．执行________命令，可将两个不同方向上的曲线混合为一个空间曲线。

3．执行________命令，可快速填补曲面上的破孔。

4．执行________命令，可快速创建出与源对象曲面平行的曲面。

二、选择题

1．下面（　　）命令可将多条曲线合并为一条曲线。

A．【分割线】　　B．【投影曲线】

C．【组合曲线】　　D．【螺旋线 / 涡状线】

2．下面（　　）命令常用于曲面破孔的修补。

A．【拉伸曲面】　　B．【等距曲面】

C．【填充曲面】　　D．【替换面】

3．下面（　　）命令可将实体转换为曲面。

A．【拉伸曲面】　　B．【等距曲面】

C．【填充曲面】　　D．【删除面】

4．下面（　　）命令可将曲面转换为实体。

A．【拉伸曲面】　　B．【等距曲面】

C．【填充曲面】　　D．【加厚】

三、简答题

1．怎样将一个曲面分割为两个或多个独立的曲面？

2．怎样将两个或多个相交曲面进行修剪合并操作？

3．怎样在删除实体上圆角面的同时保持实体不被转换为曲面？

SolidWorks 2016

第7章 装配设计

本章将介绍如何使用 SolidWorks 2016 来完成一个完整产品的装配设计过程，以及修改编辑这些装配体的方法。

一个完整的产品设计一般由多个零件组成，各零件既可以在零件设计环境下完成设计，也可以在装配设计环境下完成设计。而对于具有装配关系的一些特征，在装配设计环境下完成设计更具有意义且能更精准地表达出设计意图。

学习目标

- 了解装配设计的基本思路
- 掌握自底向上装配的设计方法
- 了解自顶向下装配的设计方法
- 掌握装配体中编辑修改零件的方法
- 熟练制作装配爆炸视图

7.1 SolidWorks 装配设计的特点

使用 SolidWorks 2016 装配设计进行产品开发设计具有如下几个特点。

（1）精确定位零部件位置。使用 SolidWorks 装配设计环境下提供的各种约束工具，不仅能快速定位零件的空间位置，还能准确地表达出各零部件之间的装配关系。

（2）快速编辑修改指定零部件。在 SolidWorks 装配设计环境下可通过激活指定零部件的方式切换至零件设计环境对零件进行重定义操作，以提高设计效率。

（3）调用各类型的标准件库。SolidWorks 系统提供了多国标准的标准件库，用户通过加载 ToolBox 插件就可方便地调用螺栓、螺母等标准件至当前装配体中。

7.1.1 自底向上装配

自底向上装配是 SolidWorks 装配设计中最基本的一种装配思路，它是先通过加载已创建的零部件至当前装配体文件中，再使用约束工具定位各零件的空间位置关系，从而完成装配设计。

SolidWorks 的自底向上装配思路类似于堆积木的操作，总是需要先完成零部件的设计后才能调用至装配体，其设计流程如图 7-1 所示。本章将重点介绍自底向上装配的基本操作与设计思路。

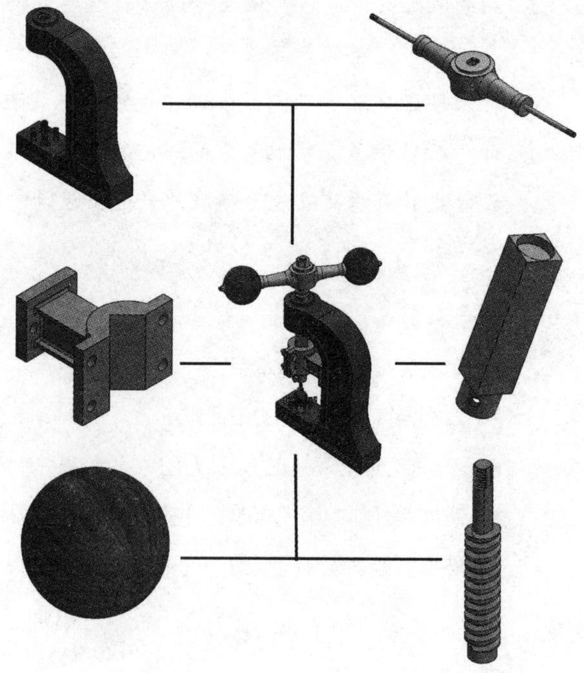

图 7-1　自底向上装配流程图

7.1.2 自顶向下装配

自顶向下装配也称为关联装配设计或 Top-Down 设计，它是现今产品设计、机械设计行业的高效设计方法，是一种由整体到局部、由装配到零件的设计思路。其特点主要是在参数化设计方法的基础之上运用草图设计、装配设计的相关功能和命令将多个零部件进行参数关联，使各个零部件之间具有一定的设计关系。自顶向下装配设计的操作流程如图 7-2 所示。

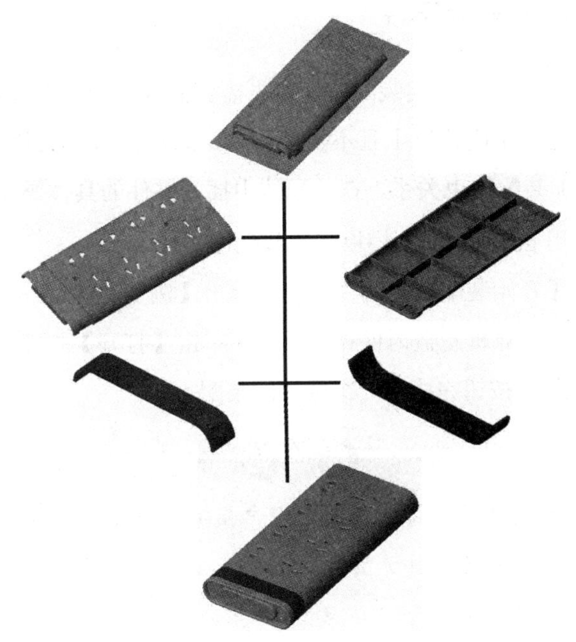

图 7-2 自顶向下装配流程图

7.1.3 装配工具按钮介绍

新建装配体文件后，系统将自动进入装配设计环境并切换至【装配体】工具集。在未插入零部件之前，系统还将执行【插入零部件】命令。当插入了零部件后，用户可使用更多的装配命令，如图 7-3 所示。

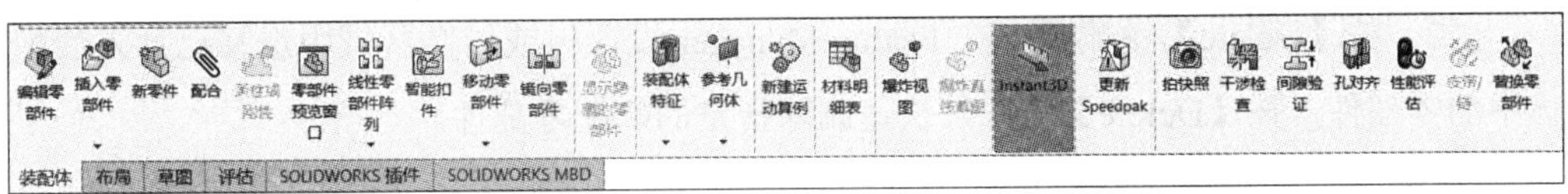

图 7-3 【装配体】命令界面

7.2 装配设计基本操作

SolidWorks 装配设计基本操作主要包括插入装配零件、删除装配零件、添加装配约束、镜像与阵列装配零件等。

本节应重点掌握插入装配零件及添加装配约束的操作思路与方法。

7.2.1 插入与删除装配零件

使用自底向上的方式来创建装配体，首先需要插入一个具有固定约束属性的零件，该零件被固定在指定的空间位置上且不能被移动，此后插入的其他零件都将以该零件为装配参考对象来添加装配约束关系。在装配体中插入零件的具体操作步骤如下。

步骤 01 使用 gb_assembly 模板新建装配体文件。

步骤 02 在【开始装配体】属性菜单中单击【浏览】按钮。

步骤 03 浏览计算机磁盘内保存的零件，单击【打开】按钮完成零件的选择。

步骤 04 单击✓按钮完成第一个零件的装配。

技能拓展

在完成零件的选择后，系统会要求用户指定一个位置来放置零件。用户可选择绘图区域中任意一点为零件放置点，也可直接单击✓按钮将该零件的坐标系与装配体的坐标系完全重合。

插入零件的另一种方法是通过单击【插入零部件】按钮，在弹出的【插入零部件】属性菜单中，通过浏览磁盘零件的方式来选择需要插入装配体的零部件对象。

在完成零部件的插入操作后，也可将指定的零件从装配体中删除，其删除方法主要有如下两种。

（1）右键快捷菜单删除。在 FeatureManager 设计树中选中已插入装配体中的零部件并右击，在弹出的快捷菜单中选择【删除】选项。

（2）按【Delete】键删除。在 FeatureManager 设计树或绘图区域中选择已插入装配体中的零部件，按【Delete】键即可快速删除指定的装配零部件。

7.2.2 添加零件的装配约束

在 SolidWorks 装配设计环境下，通过对零部件添加装配约束可指定零部件在装配体中的空间位置与放置方式。

【标准配合】约束功能一般包括了“重合”“平行”“垂直”“相切”“同轴心”和“锁定”6 种，如图 7-4 所示。

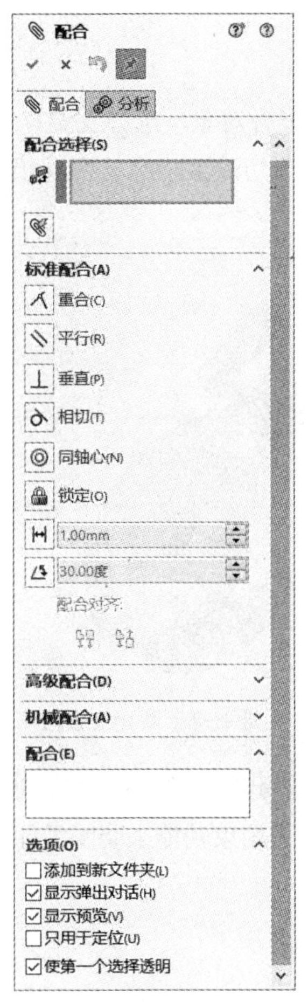

图 7-4　【标准配合】约束功能

> **温馨提示**
> 执行【配合】命令后，系统将弹出【配合】属性菜单，该菜单中主要包括【标准配合】【高级配合】【机械配合】3 种基本类型。而使用【标准配合】中的装配约束功能就能完成产品的所有装配设计。

打开学习资料文件“第 7 章 \ 素材文件 \ 添加装配约束 .SLDASM”，如图 7-5（a）所示。使用【标准配合】中的装配约束功能将图 7-5（a）修改为图 7-5（b），具体操作步骤如下。

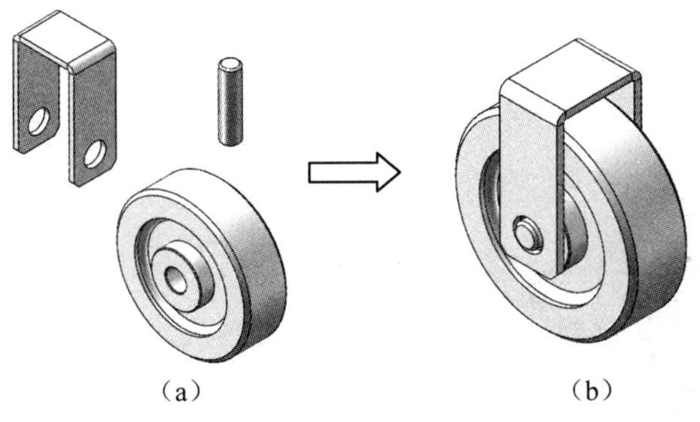

图 7-5　添加装配约束

步骤 01　单击【配合】按钮，选择滚轮零件的圆孔曲面为第一个配合对象，选择支架零件的圆孔曲面为第二个配合对象，系统将自动识别并使用【同轴心】约束功能来装配零件，如图 7-6 所示。

步骤 02　单击按钮完成同轴心装配约束的添加。

步骤 03　继续选择滚轮零件的侧平面为第一个配合对象，选择支架零件的内侧平面为第二个配合对象，系统将自动识别并使用【重合】约束功能来装配零件，如图 7-7 所示。

步骤 04　单击按钮完成重合装配约束的添加。

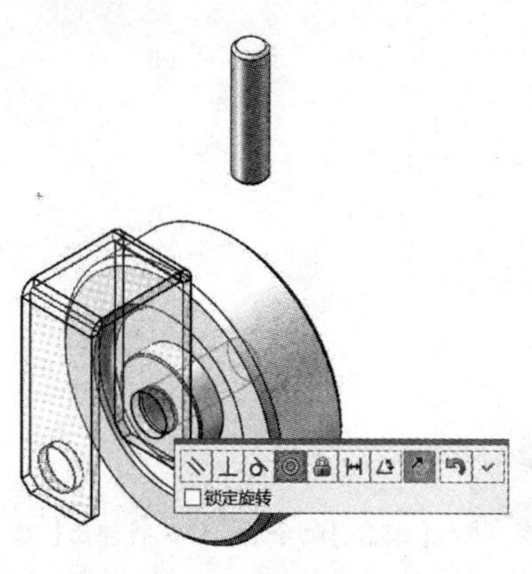

图 7-6　添加同轴心约束（1）

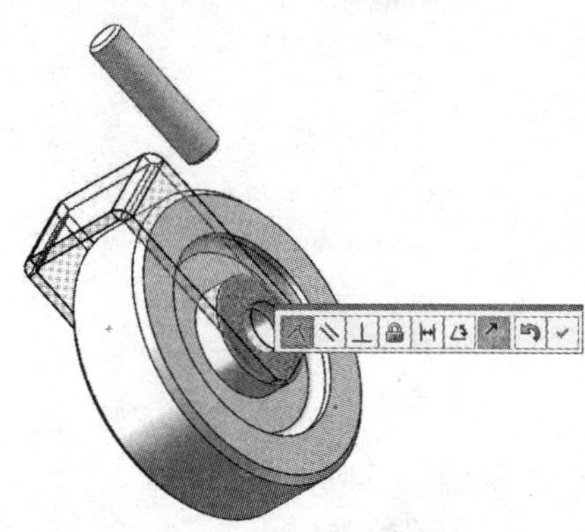

图 7-7　添加重合约束

步骤 05　继续选择滚轮零件的圆孔曲面为第一个配合对象，选择轴零件的圆弧曲面为第二个配合对象，系统将自动识别并使用【同轴心】约束功能来装配零件，如图 7-8 所示。

步骤 06　单击按钮完成同轴心装配约束的添加。

步骤 07　继续选择轴零件的端平面为第一个配合对象，选择支架零件的外侧平面为第二个配合对象，系统将自动识别并使用【重合】约束功能来装配零件；单击【距离】按钮并设置平行距离为“1.5mm”。

步骤 08　单击按钮完成平行装配约束的添加，再次单击按钮完成零件的装配操作，结果如图 7-9 所示。

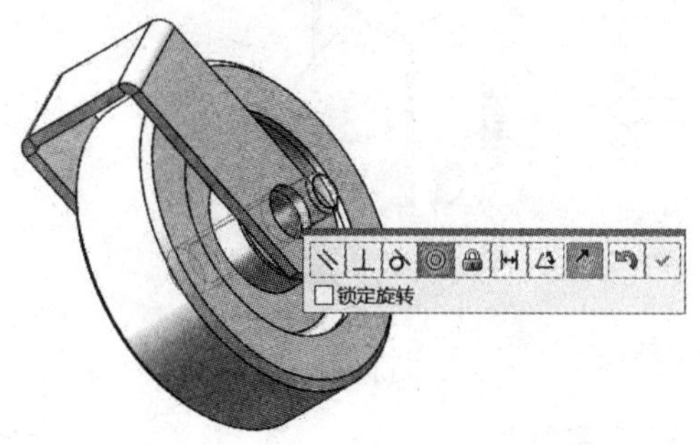

图 7-8　添加同轴心约束（2）

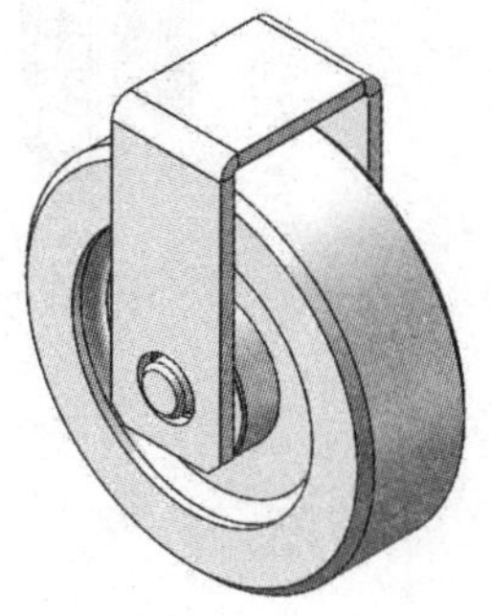

图 7-9　完成零件装配

技能拓展

在完成配合对象的选择后，系统会自动识别对象的几何属性并添加适合的装配约束，用户也可通过手动指定的方式来重定义装配约束。

7.2.3 重定义零件的装配关系

在 SolidWorks 装配环境下完成零部件的装配约束操作后，系统将在各零件的 PropertyManager 菜单（属性菜单）中记录该零件的所有装配约束。用户不仅可以对这些装配约束关系进行删除操作，还可以重定义这些装配约束关系。

关于零件装配约束关系的重定义，具体操作步骤如下。

步骤 01 选择装配体中已完成装配约束的零件。

步骤 02 单击【PropertyManager】选项卡切换至属性菜单，系统将显示指定零件的装配约束，如图 7-10 所示。

步骤 03 选中任意一个装配约束并右击。

步骤 04 在弹出的快捷菜单中单击【编辑特征】按钮，系统将返回该约束的定义界面，用户可在此界面重定义零件的装配约束关系。

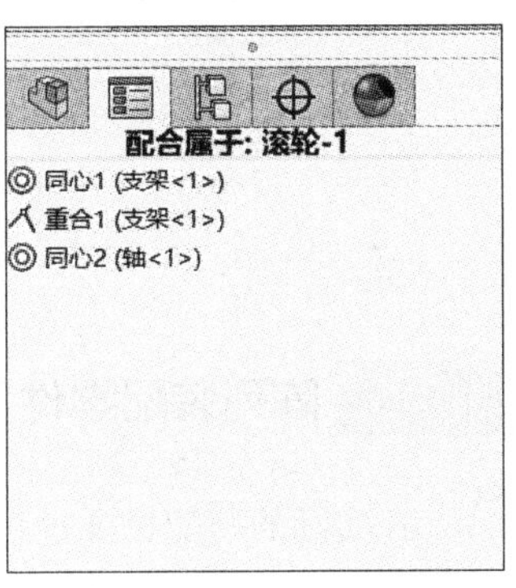

图 7-10 装配约束属性菜单

7.2.4 镜像装配零件

在装配体环境中针对具有对称结构关系的零件装配操作，可直接使用镜像方式来快速创建出一个与源对象零件成对称位置的副本零件。

打开学习资料文件“第 7 章 \ 素材文件 \ 镜像装配零件 .SLDASM”，如图 7-11（a）所示。执行【镜像零部件】命令将图 7-11（a）修改为图 7-11（b），具体操作步骤如下。

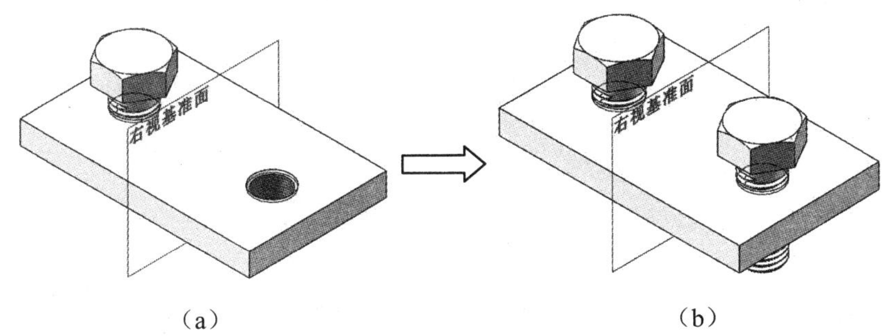

（a） （b）

图 7-11 镜像装配零件

步骤 01 单击【镜向零部件】按钮，选择右视基准面为镜像基准面。

步骤 02 选择六角头螺栓 M16×40 为要镜像的零部件对象，如图 7-12 所示。

步骤 03 单击按钮完成镜像零部件的装配操作。

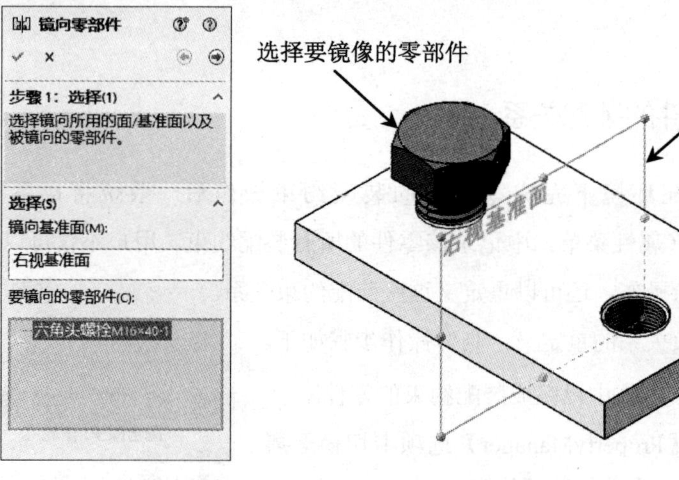

图 7-12 定义镜像零部件

7.2.5 阵列装配零件

在实际的装配设计过程中，设计人员往往会重复使用相同的零部件在不同的位置上进行装配，为避免重复操作，可使用阵列的方式在装配体中创建出具有规则排布的零部件。

在 SolidWorks 装配设计环境下，可使用的阵列方式主要有线性零部件阵列、圆周零部件阵列、阵列驱动零部件阵列、草图驱动零部件阵列、曲线驱动零部件阵列、链零部件阵列 6 种，其中最常使用的方式为线性零部件阵列，这种零部件阵列可在指定的方向上创建出多个零件副本。

打开学习资料文件“第 7 章\素材文件\线性零部件阵列.SLDASM”，如图 7-13(a)所示。执行【线性零部件阵列】命令将图 7-13（a）修改为图 7-13（b），具体操作步骤如下。

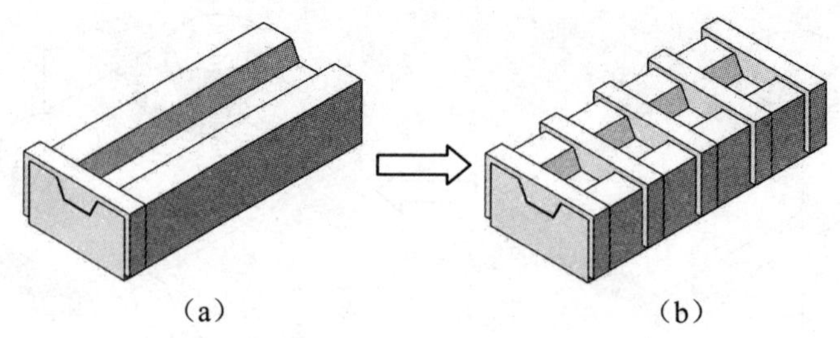

(a) (b)

图 7-13 线性阵列零部件

步骤 01 单击【线性零部件阵列】按钮，选择 V 形槽体零件的直线边为方向 1 的参考方向；设置间距值为“50.00mm”，设置实例数为“5”，如图 7-14（a）所示。

步骤 02　激活“要阵列的零部件”文本框并选择滑动体零件为阵列零部件，系统将预览出阵列结果，如图 7-14（b）所示。

步骤 03　单击✓按钮完成零部件的线性阵列。

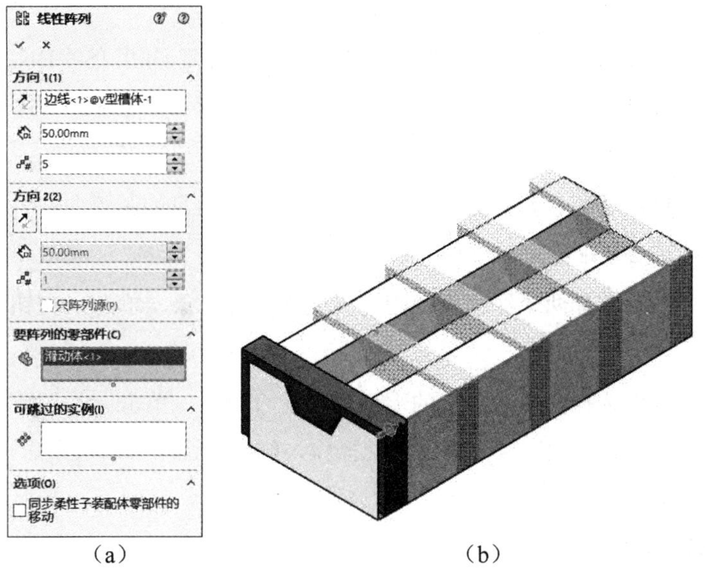

（a）　　　　　　　　（b）

图 7-14　定义线性阵列零部件

温馨提示

在完成方向 1 的参考边指定后，系统会自动激活方向 2，如不需要指定另一方向上的阵列，则将手动激活“要阵列的零部件”文本框。

课堂范例——法兰盘装配

执行【插入零部件】【配合】命令，为法兰盘零件与六角头螺栓、螺母零件添加同心轴和重合装配约束，如图 7-15 所示，具体操作步骤如下。

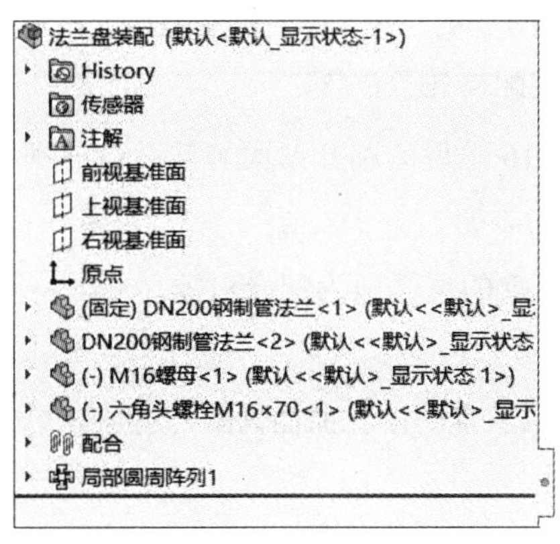

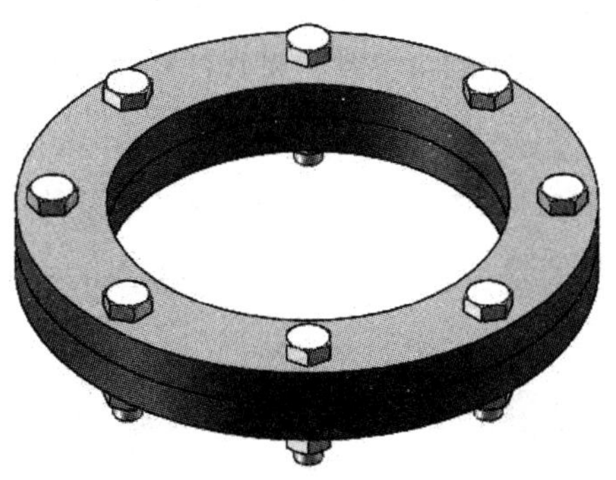

图 7-15　法兰盘装配

步骤 01 使用 gb_assembly 模板新建装配体文件。

步骤 02 在【开始装配体】属性菜单中单击【浏览】按钮，浏览至“第 7 章 \ 课堂范例 \DN200 钢制管法兰 . SLDPRT”文件并将其打开。

步骤 03 单击☑按钮完成第一个零件的装配。

步骤 04 在 FeatureManager 设计树中选择已固定约束的“DN200 钢制管法兰 .SLDPRT”零件并按【Ctrl+C】组合键复制零件，再按【Ctrl+V】组合键将零件粘贴至装配体中，如图 7–16 所示。

步骤 05 单击【配合】按钮，分别选择两个法兰盘的圆弧曲面为配合对象，单击☑按钮完成同轴心装配约束的添加。

步骤 06 分别选择两个法兰盘的圆孔曲面为配合对象，单击☑按钮完成同轴心装配约束的添加。

步骤 07 分别选择两个法兰盘的端平面为配合对象，单击☑按钮完成重合装配约束的添加；再次单击☑按钮完成零件的装配操作，结果如图 7–17 所示。

图 7–16 复制零件

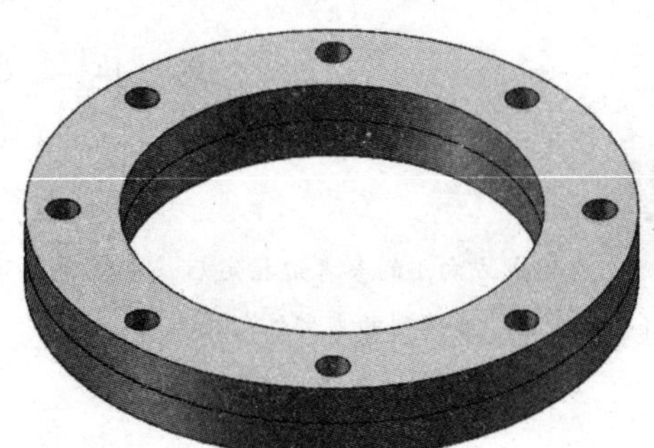

图 7–17 完成零件装配约束（1）

步骤 08 单击【插入零部件】按钮，浏览至“第 7 章 \ 课堂范例 \M16 螺母 .SLDPRT”文件，将其打开并插入至装配体任意位置。

步骤 09 单击【插入零部件】按钮，浏览至“第 7 章 \ 课堂范例 \ 六角头螺栓 M16×70. SLDPRT”文件，将其打开并插入至装配体任意位置。

步骤 10 单击【配合】按钮，选择 M16 螺母的圆孔曲面与法兰盘的圆孔曲面为配合对象，单击☑按钮完成同轴心装配约束的添加。

步骤 11 选择 M16 螺母的端平面与法兰盘的端平面为配合对象，单击☑按钮完成重合装配约束的添加。

步骤 12 选择六角头螺栓的圆形曲面与法兰盘的圆孔曲面为配合对象，单击☑按钮完成同轴心装配约束的添加。

步骤 13 选择六角头螺栓的下端面与法兰盘的端平面为配合对象，单击✓按钮完成重合装配约束的添加；再次单击✓按钮完成零件的装配操作，结果如图 7–18 所示。

步骤 14 单击【圆周零部件阵列】，选择法兰盘的圆形边线为参考边，选中【等间距】复选框并设置实例数为“8”；选择六角头螺栓和 M16 螺母为要阵列的零部件，如图 7–19 所示。

步骤 15 单击✓按钮完成零部件的圆周阵列复制。

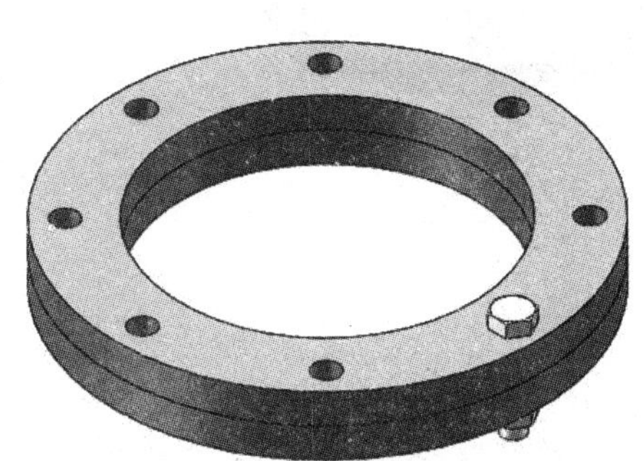

图 7–18 完成零件装配约束（2）

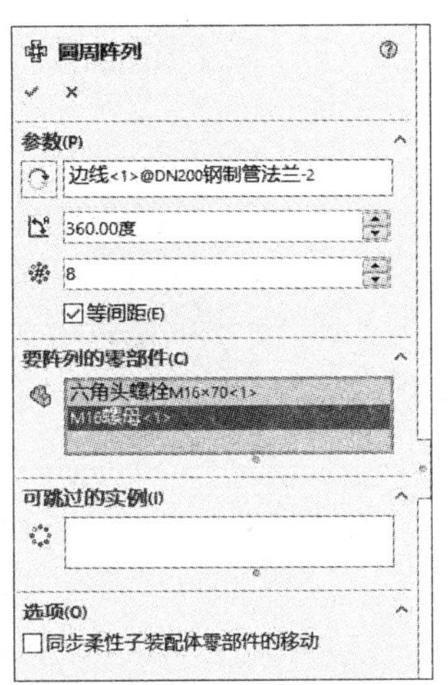

图 7–19 定义零部件圆周阵列

7.3 在装配体中修改零件

装配设计的过程中常根据设计需要对指定的零件进行编辑修改，而 SolidWorks 的装配设计环境为用户提供了 3 种常用的方式来编辑装配体中的零件特征。

本节重点介绍在装配环境下激活零件直接编辑的方法。

7.3.1 激活零件

在 SolidWorks 装配设计环境下直接激活零件的方式，可快速将指定零件设定为工作对象并切换至零件设计环境下。激活装配体中的指定零件后，用户不仅可以使用零件环境下的各种特征命令来创建新的零件特征，还可以重定义该零件的某些特征步骤，从而达到在装配体中修改编辑零件的设计目的。

直接激活零件并进入零件设计环境的操作步骤如下。

步骤 01 在 FeatureManager 设计树或绘图区域中选择已装配的零部件。

步骤 02 单击【编辑零部件】按钮，系统将激活指定零件并进入零件设计环境，如图 7-20 所示。

步骤 03 在 FeatureManager 设计树中展开激活零件的特征节点，添加或重定义零件特征。

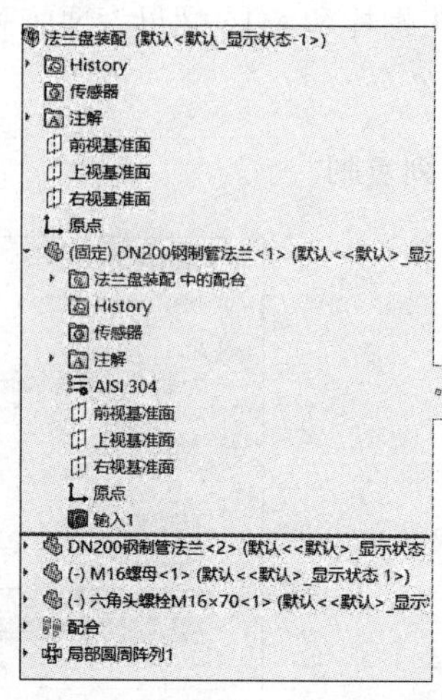

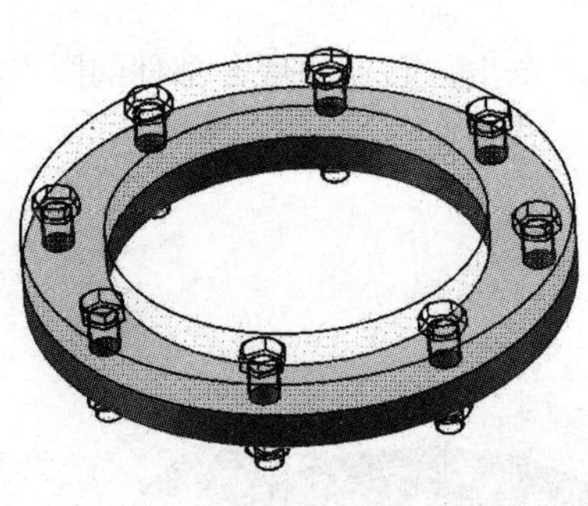

图 7-20 激活零件

技能拓展

在激活指定零部件后，系统将透明显示其他装配零件，用户只能对已激活的零件编辑与重定义特征。

7.3.2 单独打开零件

在 SolidWorks 装配设计环境下也可将指定的零件在新窗口中打开，从而进入零件设计环境，以方便用户对指定的零件添加或重定义特征。

使用新窗口单独打开装配体零件的方法主要有如下两个基本步骤。

步骤 01 在 FeatureManager 设计树或绘图区域中选择已装配的零部件。

步骤 02 在弹出的快捷菜单中单击【打开零件】按钮，如图 7-21 所示。

在新窗口打开零件后，用户可自由编辑零件特征，其操作方法与零件设计方法相同。另外，完成零件的编辑修改后，其结构特征会自动关联至装配体文件中，从而保证了设计的一致性。

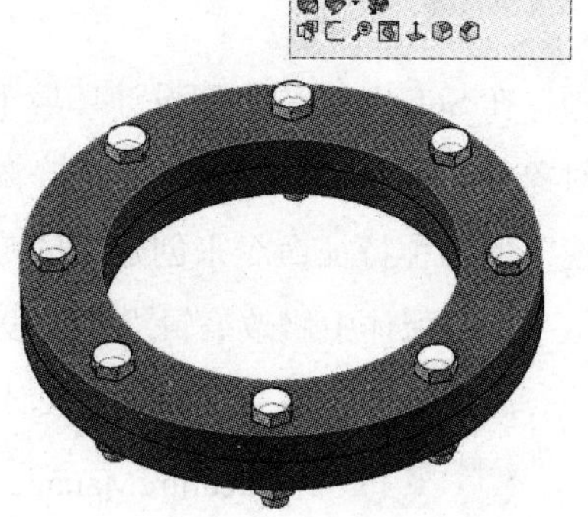

图 7-21 打开零件

课堂范例——气缸轴装配

首先，执行【插入零部件】命令将气缸活塞零件装配至装配体文件中；其次，执行【新零件】命令在当前装配体中直接新建一个零件文件并完成气缸轴零件的关联设计；最后，通过修改气缸活塞零件特征尺寸，使气缸轴零件得到自动更新，结果如图 7-22 所示，具体操作步骤如下。

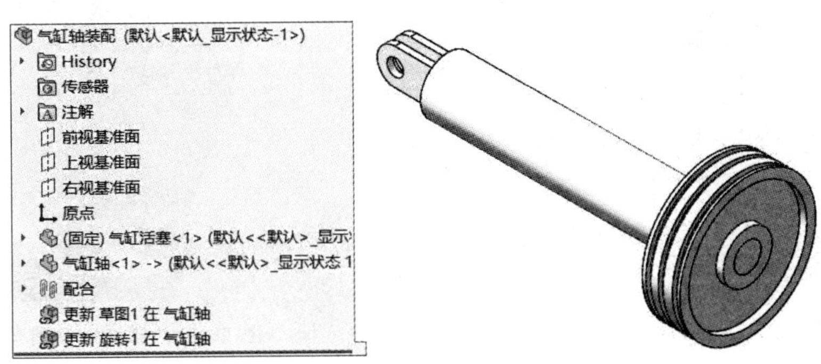

图 7-22　气缸轴装配

步骤 01　使用 gb_assembly 模板新建装配体文件。

步骤 02　在【开始装配体】属性菜单中单击【浏览】按钮，浏览至“第 7 章 \ 课堂范例 \ 气缸活塞 . SLDPRT”文件并将其打开。

步骤 03　单击按钮完成第一个零件的装配。

步骤 04　单击【新零件】按钮，使用 gb_part 模板新建一个名称为“气缸轴的零件”文件，再将其保存至“第 7 章 \ 课堂范例”路径下。

步骤 05　选择装配体中的前视基准面为草图平面进入草图环境，执行【转换实体引用】【中心线】和【直线】命令，绘制如图 7-23 所示的直线段并退出草图环境。

步骤 06　单击【旋转凸台 / 基体】按钮，选择草图 1 旋转凸台的草图轮廓，创建如图 7-24 所示的旋转凸台。

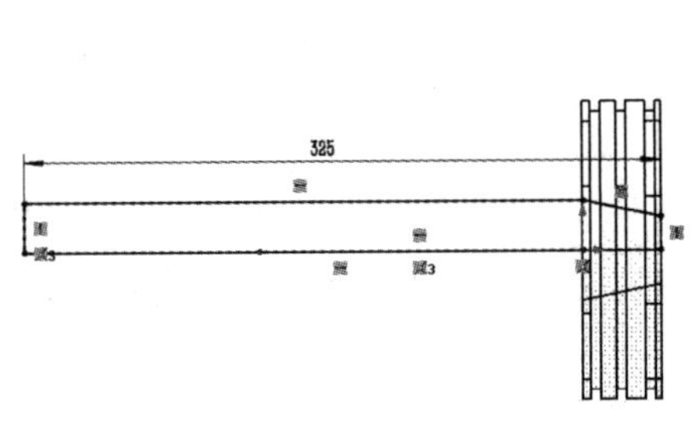

图 7-23　绘制草图轮廓

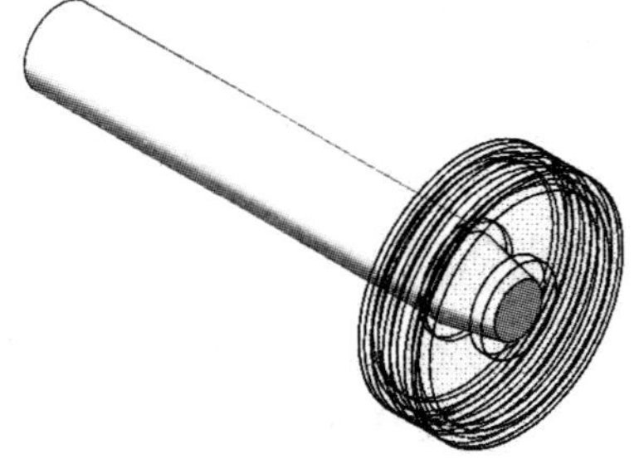

图 7-24　创建旋转凸台

步骤 07　单击【拉伸凸台 / 基体】按钮，选择圆柱实体的顶平面为草图绘制平面，绘制如图 7-25 所示的矩形并退出草图环境；将绘制的矩形草图向上拉伸 65mm；单击按钮完成拉伸凸台特征的创建。

步骤 08 分别单击【圆角】和【完整圆角】按钮，依次选择拉伸凸台的 3 个平面为圆角参考对象，创建如图 7-26 所示的完全圆角特征。

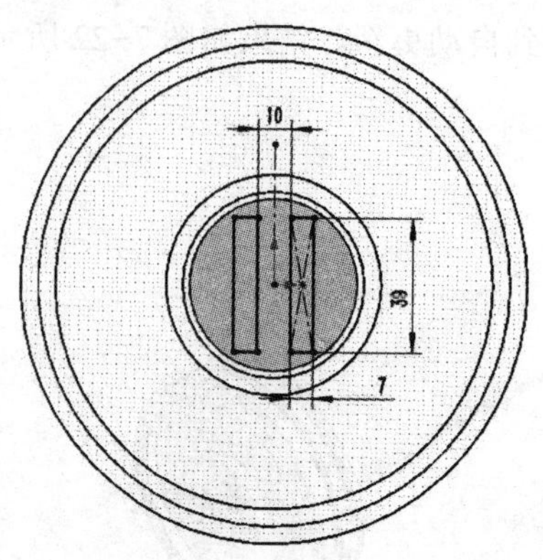

图 7-25 绘制草图轮廓

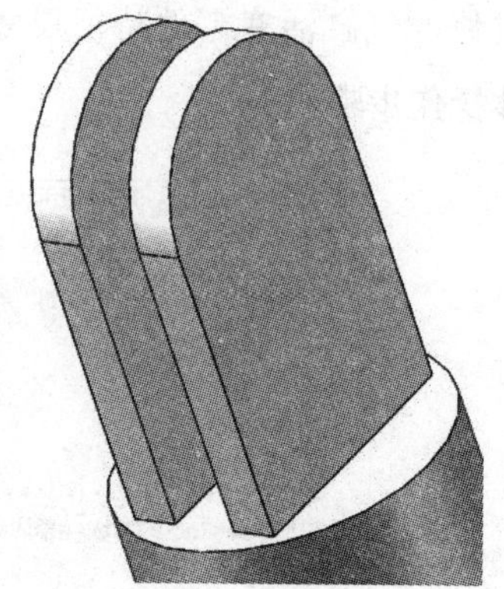

图 7-26 创建完全圆角特征

步骤 09 单击【拉伸切除】按钮，选择实体侧平面为草图绘制平面，绘制如图 7-27 所示的圆形并退出草图环境；指定拉伸方式为“完全贯穿”；单击按钮完成拉伸切除特征的创建，如图 7-28 所示。

步骤 10 单击【编辑零部件】按钮，退出气缸轴零件的编辑状态并返回装配设计环境。

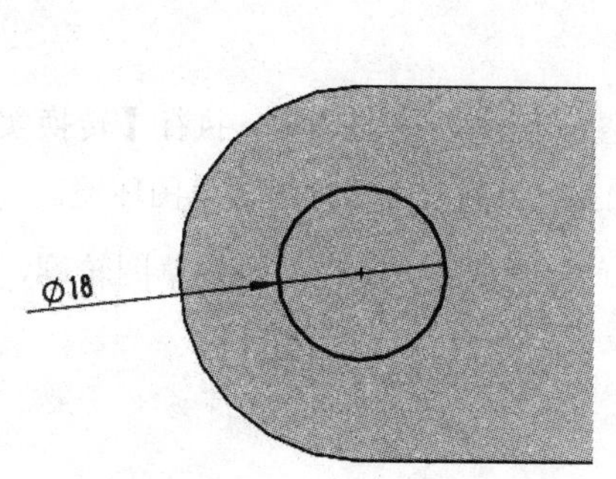

图 7-27 绘制草图圆形

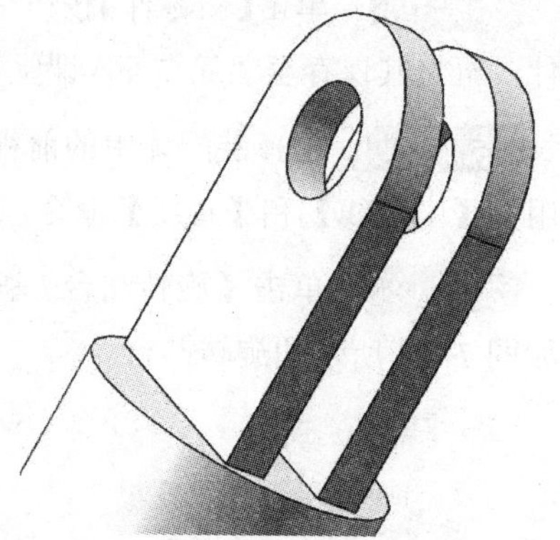

图 7-28 创建拉伸切除孔

步骤 11 选择气缸活塞零件并单击【编辑零部件】按钮，切换至零件设计环境。

步骤 12 在 FeatureManager 设计树中选择气缸活塞零件的“切除－旋转 1”特征，在弹出的快捷菜单中单击【编辑草图】按钮，进入草图设计环境；修改已标注的尺寸值，如图 7-29 所示。

步骤 13 退出草图设计环境，单击【编辑零部件】按钮，退出气缸活塞零件的编辑状态并返回装配设计环境。

步骤 14 按【Ctrl+B】组合键，更新装配体中所有的零部件。

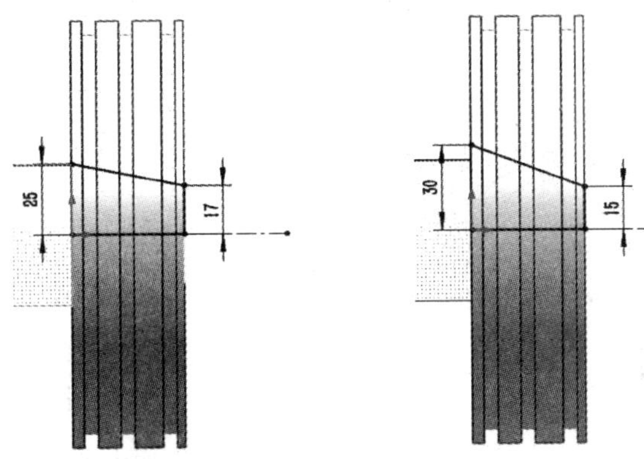

图 7-29 修改草图尺寸标注

7.4 制作爆炸视图

使用 SolidWorks 装配爆炸视图能快速有效地将各个零件在空间中分离开，其视图能清晰地反映产品的装配结构与位置，为用户检查产品装配关系提供了良好的视角。

7.4.1 创建爆炸视图

在 SolidWorks 装配设计环境下创建爆炸视图最直接的方法是通过拖动动态轴的方式来定义出各零件的分解位置。

打开学习资料文件“第 7 章 \ 素材文件 \ 气缸模型爆炸视图 .SLDASM”，执行【爆炸视图】命令创建分离的装配视图，如图 7-30 所示，具体操作步骤如下。

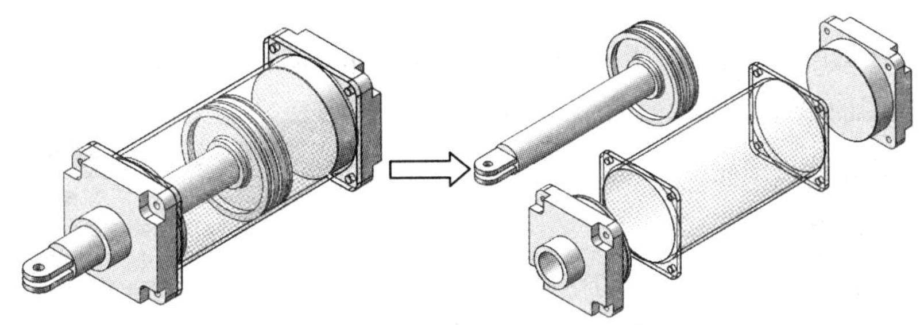

图 7-30 气缸模型爆炸视图

步骤 01 单击【爆炸视图】按钮，在爆炸步骤类型中单击【常规步骤】按钮。

步骤 02 选择气缸前挡板零件为爆炸零件，按住鼠标左键将 Z 轴向正方向拖动，如图 7-31 所示。

步骤 03 选择气缸后挡板零件为爆炸零件，按住鼠标左键将 Z 轴向反方向拖动，如图 7-32 所示。

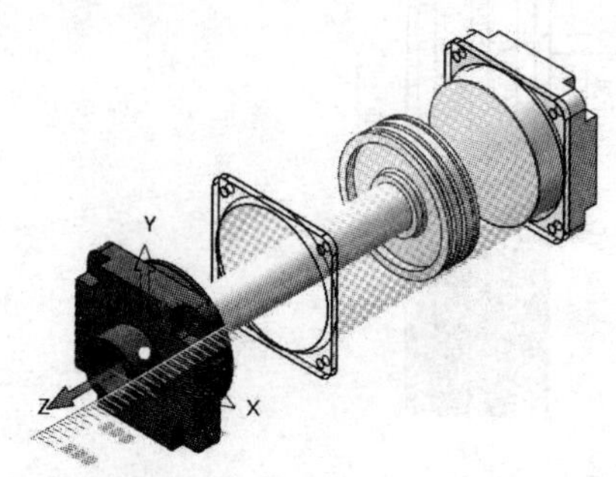

图 7-31 指定 Z 轴方向距离（1）

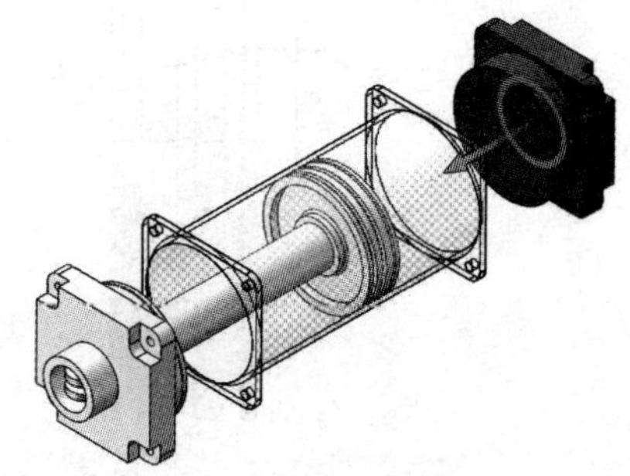

图 7-32 指定 Z 轴方向距离（2）

步骤 04 选择气缸轴、活塞零件为爆炸零件，按住鼠标左键将 Z 轴向正方向拖动，如图 7-33 所示。

步骤 05 选择气缸轴、活塞零件为爆炸零件，按住鼠标左键将 Y 轴向正方向拖动，如图 7-34 所示。

步骤 06 单击✓按钮完成气缸零件爆炸视图的创建。

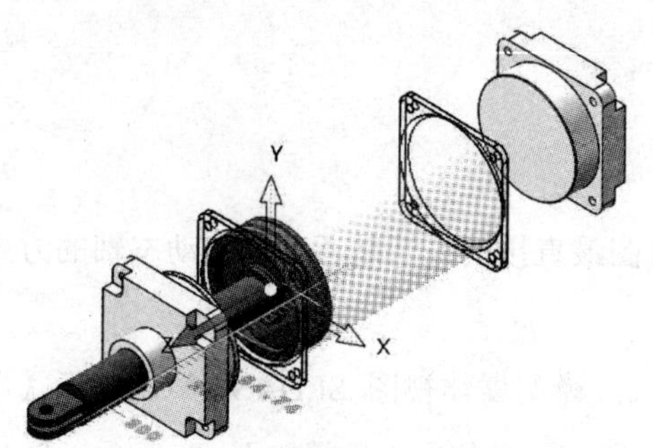

图 7-33 指定 Z 轴方向距离

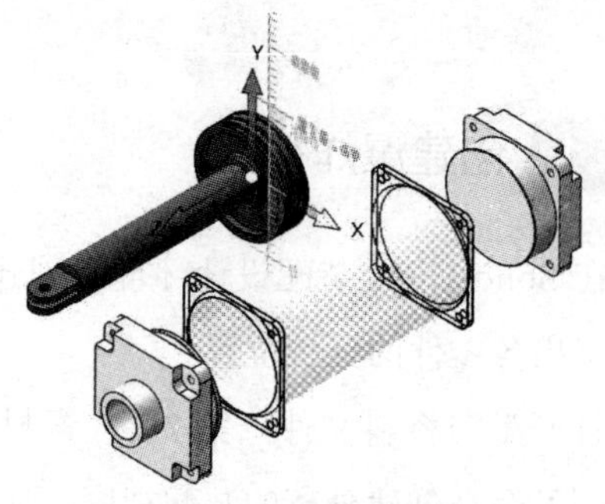

图 7-34 指定 Y 轴方向距离

完成爆炸视图的创建后，系统会在 ConfigurationManager 设计树（配置目录树）中记录爆炸视图的爆炸步骤，如图 7-35 所示。用户不仅可以在此设计树中删除指定的爆炸步骤，还可以重定义爆炸视图。

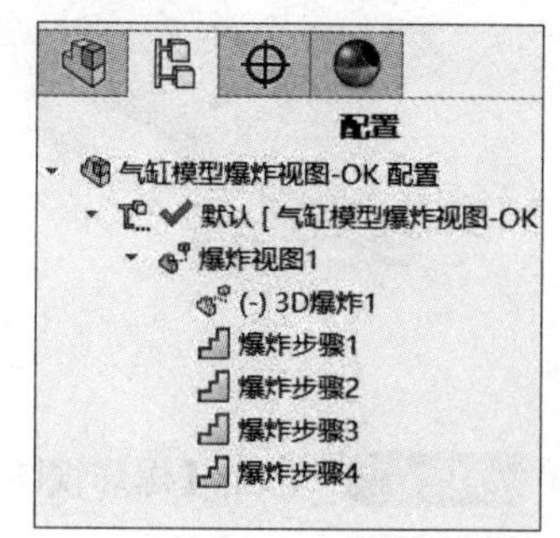

图 7-35 ConfigurationManager 设计树

选择设计树中的任意一个爆炸步骤并右击，在弹出的快捷菜单中选择【删除】选项，即可删除指定的爆炸步骤。

选中【爆炸视图】总节点并右击，在弹出的快捷菜单中单击【编辑特征】按钮，系统将重新进入【爆炸】属性菜单。通过选择重新编辑或修改步骤特性，即可重新定义爆炸步骤的方向与距离。

7.4.2 显示与关闭爆炸视图

在完成爆炸视图的创建后，SolidWorks 将会以爆炸状态显示装配零件。解除爆炸视图显示状态主要有如下两种方式。

（1）直接解除爆炸视图。在 FeatureManager 设计树中选择总装配命令节点并右击，在弹出的快捷菜单中选择【解除爆炸】选项，系统将返回零件的完整装配状态，如图 7-36 所示。

（2）动画解除爆炸视图。在 FeatureManager 设计树中选择总装配命令节点并右击，在弹出的快捷菜单中选择【动画解除爆炸】选项，系统将以步骤倒序的方式逐步返回零件的完整装配状态。

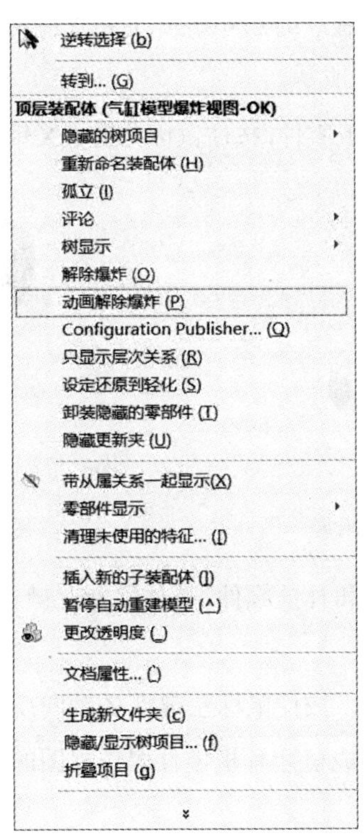

图 7-36 选择【解除爆炸】选项

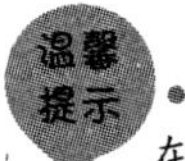

在 ConfigurationManager 设计树中右击，也可使用【解除爆炸】和【动画解除爆炸】命令。

课堂范例——创建蓝牙耳机爆炸视图

蓝牙耳机爆炸视图如图 7-37 所示，具体操作步骤如下。

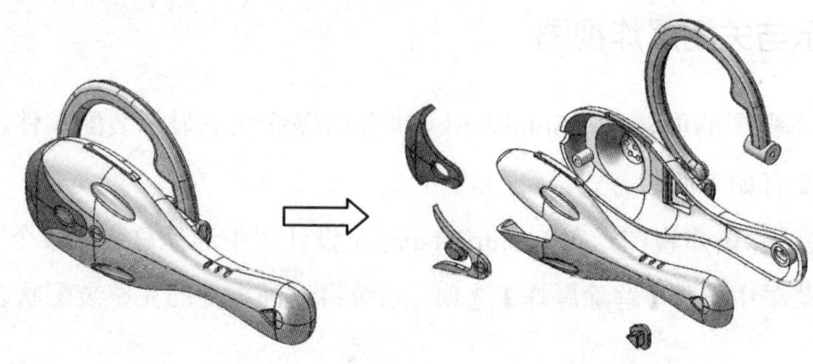

图 7-37　蓝牙耳机爆炸视图

步骤 01　打开学习资料文件“第 7 章\课堂范例\蓝牙耳机爆炸视图. SLDASM”文件。

步骤 02　单击【爆炸视图】按钮，在爆炸步骤类型中单击【常规步骤】按钮。

步骤 03　选择耳机中背板、耳机电源开关和耳机接听开关零件，按住鼠标左键将 Z 轴向正方向拖动，如图 7-38 所示。

步骤 04　选择耳机头背板零件，按住鼠标左键将 X 轴向反方向拖动，如图 7-39 所示。

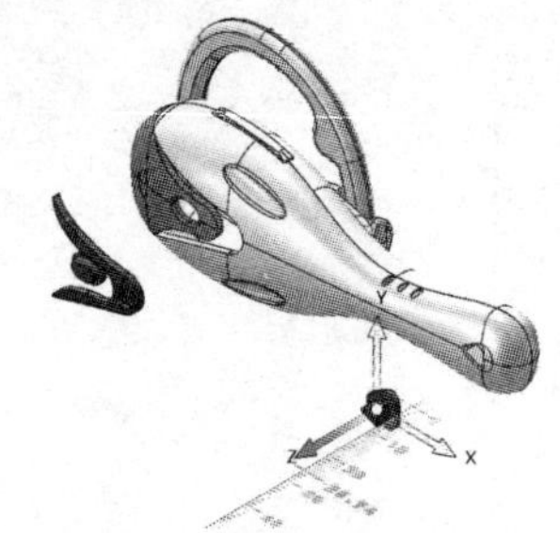

图 7-38　指定 Z 轴方向距离

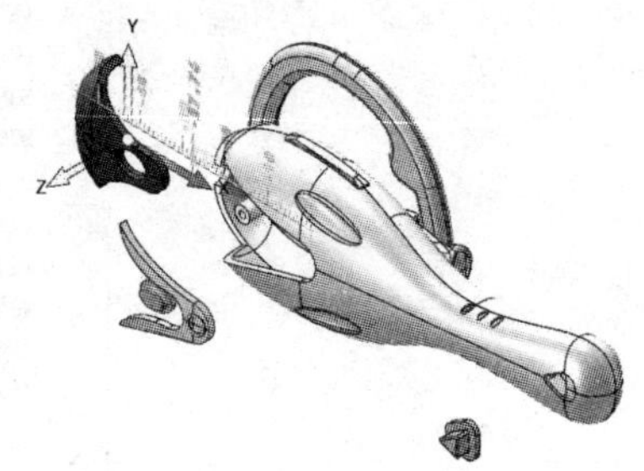

图 7-39　指定 X 轴方向距离

步骤 05　选择耳机内侧和耳挂零件，按住鼠标左键将 Z 轴向反方向拖动，如图 7-40 所示。

步骤 06　选择耳挂零件，按住鼠标左键将 Z 轴向反方向拖动，如图 7-41 所示。

步骤 07　单击按钮完成蓝牙耳机零件爆炸视图的创建。

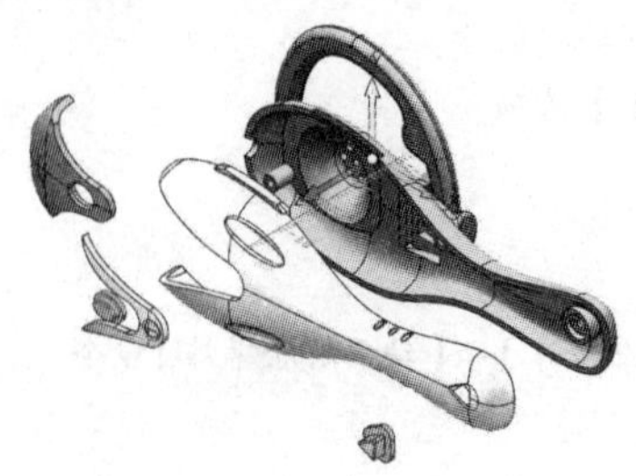

图 7-40　指定 Z 轴方向距离（1）

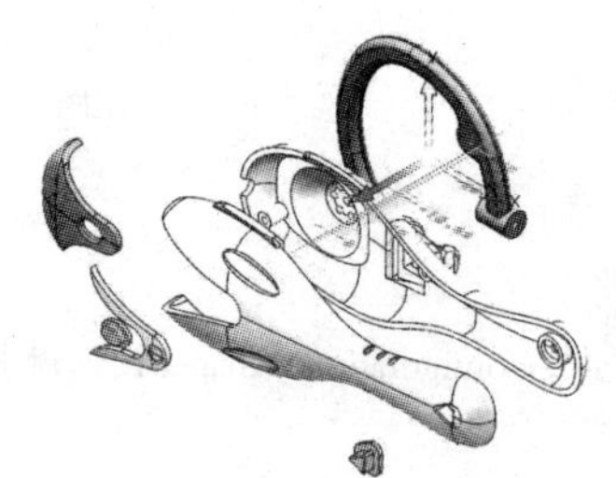

图 7-41　指定 Z 轴方向距离（2）

课堂问答

本章通过对 SolidWorks 2016 装配设计基础的介绍，演示了装配设计的一般思路与操作方法。下面将列出一些常见的问题供读者学习与参考。

问题❶：SolidWorks 装配设计主要有哪几种方法？

答：使用 SolidWorks 进行装配设计的思路主要有自底向上装配和自顶向下装配两种设计方法。其中，自底向上装配设计是最常用的装配思路，而自顶向下装配设计是从整体到局部的设计思路，主要特点是具有参数关联性。

问题❷：在装配体中编辑零件主要有哪些方法？

答：在 SolidWorks 装配设计环境下，不仅可以使用单独打开零件的方式将指定的零件在新窗口中打开，还可以使用激活零件的方法在装配体中对零件进行编辑。

问题❸：怎样显示与关闭爆炸视图？

答：在 FeatureManager 设计树中选择总装配命令节点，再单击右键快捷菜单执行【解除爆炸】或【爆炸】命令，即可自由切换装配体的爆炸显示状态。

上机实战——轴承设计

为巩固本章所介绍的 SolidWorks 装配设计方法，下面通过一个综合实例的演练与讲解，使大家能更熟练地掌握本章所介绍的装配技巧。

效果展示

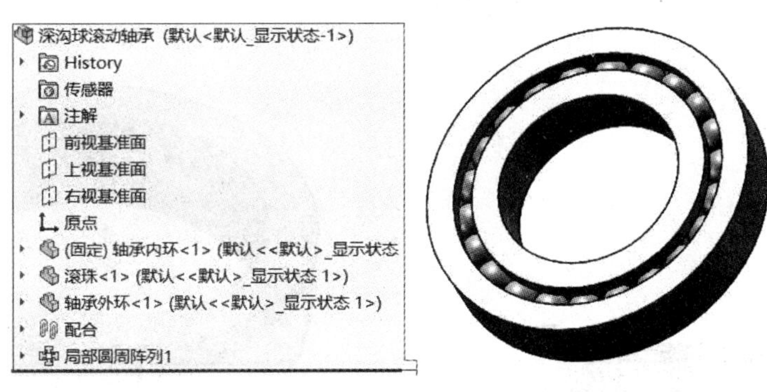

思路分析

在轴承设计过程中，将体现 SolidWorks 实体建模的基本方法与装配设计的基本思路，主要有如下几个基本步骤。

（1）完成各零件的实体建模。

（2）新建装配体文件。

（3）插入轴承的各零件至装配体。

(4) 对各零件添加装配约束。

制作步骤

步骤 01 使用 gb_part 模板新建一个零件文件。

步骤 02 单击【拉伸凸台 / 基体】按钮，选择上视基准面为草图绘制平面，绘制如图 7-42 所示的同心圆并退出草图环境；将绘制的同心圆向两侧拉伸 40mm；单击按钮完成拉伸凸台特征的创建，如图 7-43 所示。

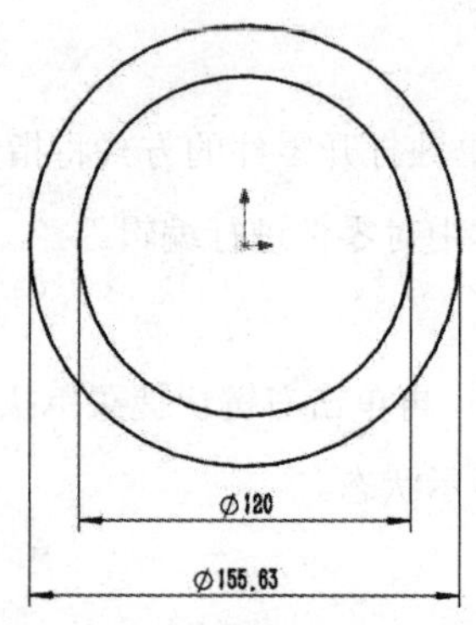

图 7-42　绘制同心圆（1）

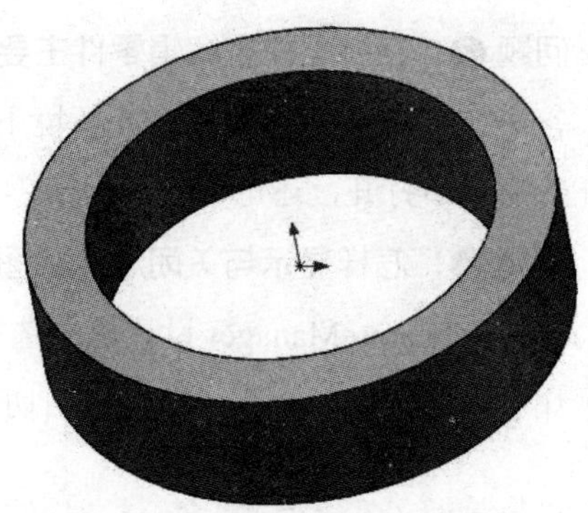

图 7-43　创建拉伸凸台（1）

步骤 03 单击【旋转切除】按钮，选择前视基准面为草图绘制平面，绘制如图 7-44 所示的圆形并退出草图环境；选择草图中的中心线为旋转凸台特征的旋转轴，在【方向 1】区域中设置旋转角度为“360°”；单击按钮完成旋转切除特征的创建，如图 7-45 所示。

步骤 04 将文件保存为“轴承内环”。

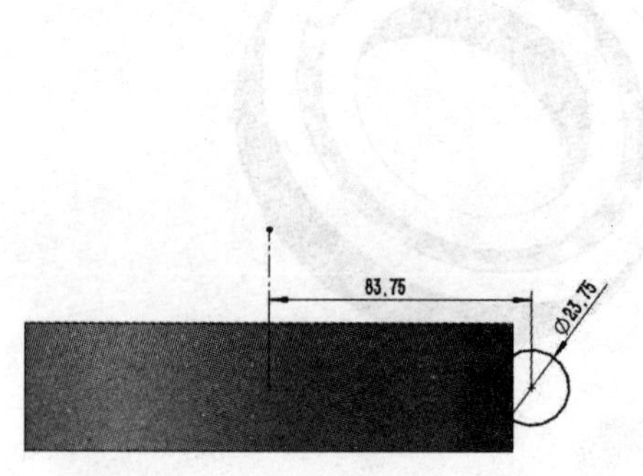

图 7-44　绘制圆形草图（1）

图 7-45　创建旋转切除槽（1）

步骤 05 使用 gb_part 模板新建一个零件文件。

步骤 06 单击【拉伸凸台 / 基体】按钮，选择上视基准面为草图绘制平面，绘制如图 7-46 所示的同心圆并退出草图环境；将绘制的同心圆向两侧拉伸 40mm；单击按钮完成拉伸凸台特征的创建，如图 7-47 所示。

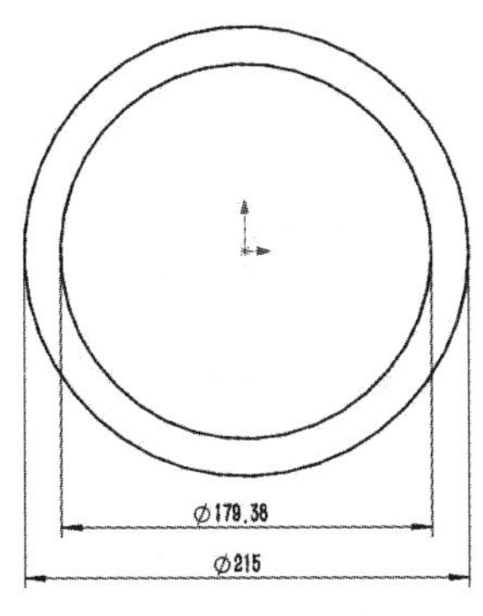

图 7-46 绘制同心圆（2）

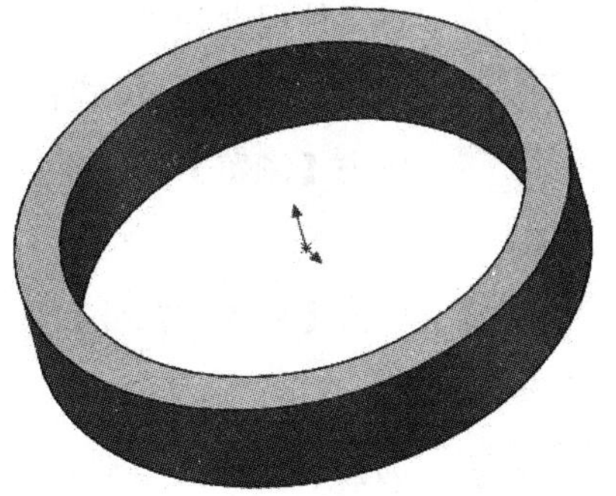

图 7-47 创建拉伸凸台（2）

步骤 07 单击【旋转切除】按钮，选择前视基准面为草图绘制平面，绘制如图 7-48 所示的圆形并退出草图环境；选择草图中的中心线为旋转凸台特征的旋转轴，在【方向 1】区域中设置旋转角度为“360°”；单击按钮完成旋转切除特征的创建，如图 7-49 所示。

步骤 08 将文件保存为“轴承外环”。

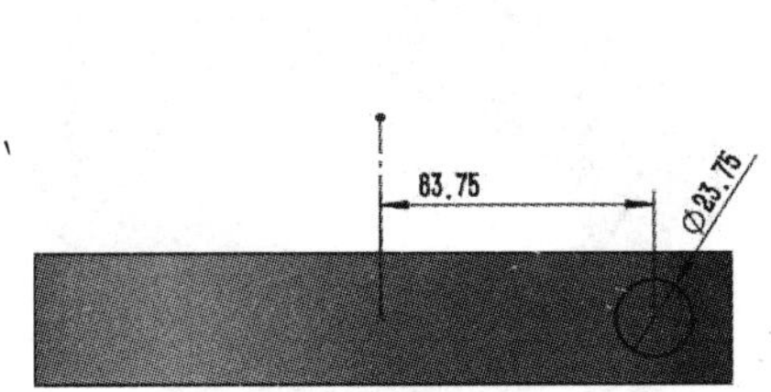

图 7-48 绘制圆形草图（2）

图 7-49 创建旋转切除槽（2）

步骤 09 使用 gb_part 模板新建一个零件文件。

步骤 10 单击【旋转凸台 / 基体】按钮，选择前视基准面为草图绘制平面，绘制如图 7-50 所示的封闭草图轮廓并退出草图环境；选择草图中的中心线为旋转凸台特征的旋转轴，在【方向 1】区域中设置旋转角度为“360°”；单击按钮完成旋转凸台特征的创建，如图 7-51 所示。

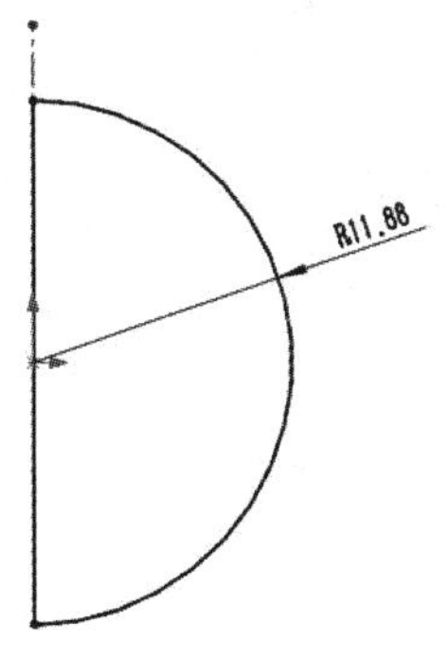

图 7-50 绘制草图轮廓

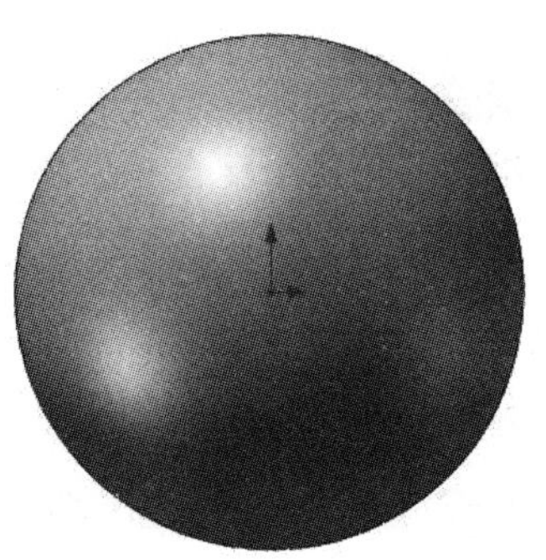

图 7-51 创建旋转凸台（3）

步骤 11　将文件保存为“滚珠”。

步骤 12　使用 gb_assembly 模板新建装配体文件。

步骤 13　单击【浏览】按钮，打开已保存的轴承内环零件，单击按钮完成第一个零件的装配。

步骤 14　单击【插入零部件】按钮，将已保存的滚珠零件插入装配体中的任意位置，如图 7-52 所示。

步骤 15　选择轴承内环零件的前视基准面为第一个配合对象，选择滚珠零件的前视基准面为第二个配合对象，使用【重合】约束功能来装配零件；选择轴承内环零件的上视基准面为第一个配合对象，选择滚珠零件的上视基准面为第二个配合对象，使用【重合】约束功能来装配零件；选择轴承内环零件的右视基准面为第一个配合对象，选择滚珠零件的右视基准面为第二个配合对象，单击【距离】按钮并设置平行距离为“83.75mm”；单击按钮完成轴承内环与滚珠的装配，如图 7-53 所示。

图 7-52　插入零件至装配体

图 7-53　完成零件装配约束（1）

步骤 16　单击【圆周零部件阵列】按钮，选择轴承内环的圆形边线为参考边，选中【等间距】复选框并设置实例数为“22”，选择滚珠零件为要阵列的零部件；单击按钮完成滚珠零件的圆周阵列复制，如图 7-54 所示。

步骤 17　单击【插入零部件】按钮，将已保存的轴承外环零件插入装配体中的任意位置。

步骤 18　选择轴承内环零件的前视基准面为第一个配合对象，选择轴承外环零件的前视基准面为第二个配合对象，使用【重合】约束功能来装配零件；选择轴承内环零件的上视基准面为第一个配合对象，选择轴承外环零件的上视基准面为第二个配合对象，使用【重合】约束功能来装配零件；选择轴承内环零件的圆弧曲面为第一个配合对象，选择轴承外环零件的圆弧曲面为第二个配合对象，使用【同心轴】约束功能来装配零件；单击按钮完成轴承内环与轴承外环的装配，如图 7-55 所示。

步骤 19　将装配体文件保存为“深沟球滚动轴承”。

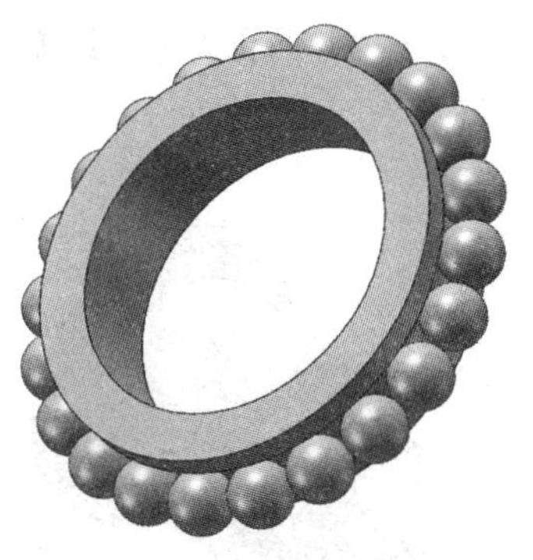

图 7-54 零件圆周阵列

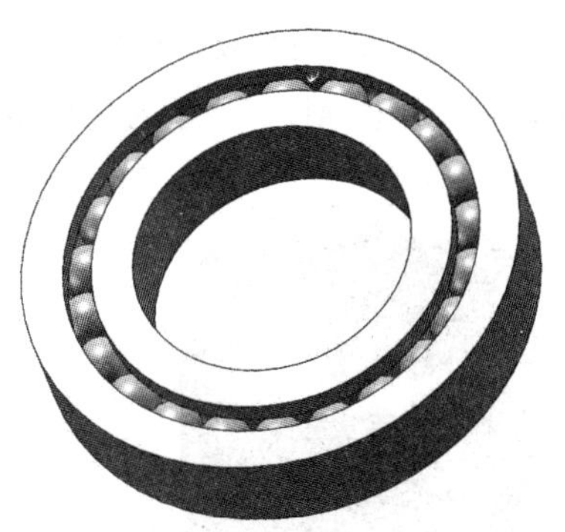

图 7-55 完成零件装配约束（2）

同步训练——导柱导套设计

图解流程

思路分析

在导柱导套设计过程中，使用【拉伸凸台 / 基体】【倒角】等命令来创建两个零件的实体模型，再分别将其插入装配体中，最后使用【同心轴】【重合】约束功能完成零件的装配。

关键步骤

步骤 01 使用 gb_part 模板新建一个零件文件；执行【拉伸凸台 / 基体】【倒角】命令创建导套零件的实体模型，如图 7-56 所示。

步骤 02　使用 gb_part 模板新建一个零件文件；执行【拉伸凸台 / 基体】【倒角】【圆顶】命令创建导柱零件的实体模型，如图 7-57 所示。

图 7-56　创建导套零件

图 7-57　创建导柱零件

步骤 03　执行【配合】命令完成两个零件的装配约束操作，如图 7-58 所示。

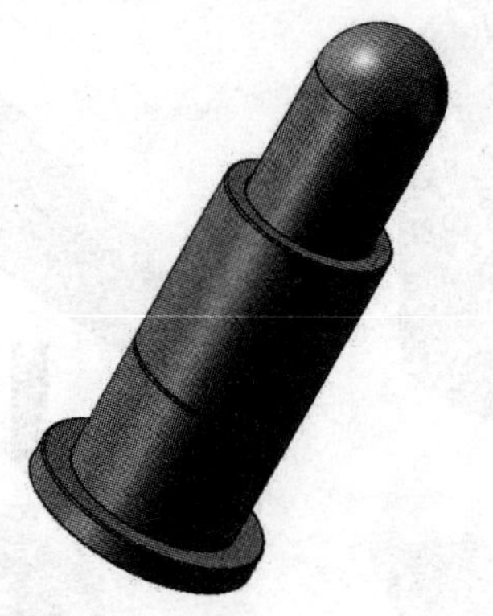

图 7-58　完成零件装配约束

知识与能力测试

本章主要介绍了 SolidWorks 装配设计的基本思路与操作方法，为对知识进行巩固和考核，请完成下列相应的习题。

一、填空题

1．SolidWorks 装配设计有________和________两种。

2．配合约束有________、________、________三种类型。

3．装配体中编辑零部件的方法有________和________两种。

4．在新窗口中打开装配体中的零件应执行________命令。

二、选择题

1．下面（ ）命令可在装配体插入零件。

A．【插入零部件】 B．【删除】

C．【镜像零部件】 D．【线性零部件阵列】

2．下面（ ）约束可使两零件的平面贴合。

A．【重合】 B．【平行】 C．【共线】 D．【同心轴】

3．下面（ ）命令可在装配体创建结构对称的零件。

A．【删除】 B．【插入零部件】

C．【线性零部件阵列】 D．【镜向零部件】

4．下面（ ）命令可在当前装配体中创建爆炸视图。

A．【插入零部件】 B．【删除】

C．【爆炸视图】 D．【镜向零部件】

三、简答题

1．SolidWorks 装配设计有哪些特点？

2．装配约束有哪几种类型？常用的装配约束有哪些？

3．在 SolidWorks 装配设计环境下怎样创建多个副本零件？

SolidWorks 2016

第 8 章 工程图设计

在产品设计、机械研发及各类制品的工程表达和制作流程中，任何复杂产品结构均可以由最基本的视图来表达。因此，工程图是技术人员相互交流的主要工具。

本章将详细介绍在 SolidWorks 工程图环境中如何创建基本视图、投影视图、剖视图来表达产品结构。

学习目标

- 掌握基本视图的创建方法
- 掌握剖视图的创建方法
- 了解工程视图页面的基本操作
- 熟练完成工程视图的尺寸标注

8.1 SolidWorks 工程图简介

工程图以光影投射成像为基础，用多个结构详图来表达出产品的几何结构。在产品设计研发过程中，为加深技术交流和讨论，需要使用清晰的工程视图来表达产品在各个方位上的投影形状或内部结构。因此，工程视图既是产品设计研发的重要基础，也是设计人员最基本的能力要求。

8.1.1 SolidWorks 工程图的特点

在 SolidWorks 工程图环境中创建的各种投影视图或剖面视图都将与指定的三维模型零件具有参数关联性。因此，当编辑或修改三维模型零件后工程视图也将自动得到更新。除此以外，在 SolidWorks 中制作工程图还具有以下几种特点。

（1）用户界面亲和、简洁，可方便地调用各种命令工具来创建不同类型的工程视图。

（2）SolidWorks 自带 GB 国家标准格式的工程图模板。

（3）可灵活快捷地编辑或修改已创建的工程视图。

（4）可自动或手动添加尺寸标注。

（5）可导入或导出其他格式的工程图文件，方便不同系统之间的数据交流。

8.1.2 进入工程制图环境

进入 SolidWorks 工程图环境主要有如下两种方式。

（1）新建工程图文件。执行【新建】命令，选择 a0~a4 的中国国标工程图模板，可进入 GB 国家标准制图标准的工程制图环境。

（2）平台切换进入工程图环境。在零件设计或装配设计环境下，执行【文件】→【从零件 / 装配体制作工程图】命令，可直接弹出【新建 SOLIDWORKS 文件】对话框，选择相应的工程图模板可快速进入工程制图环境，如图 8-1 所示。

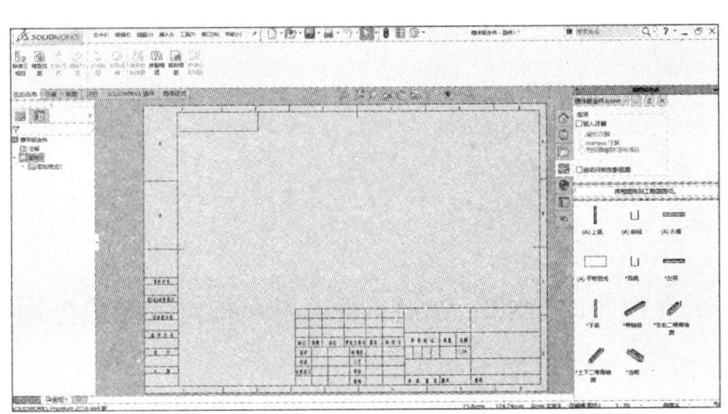

图 8-1 工程制图界面

技能拓展

执行【从零件/装配体制作工程图】命令进入工程图，系统会自动关联到当前已打开的模型对象，并在视图调色板中显示各方位上的投影视图；执行【新建】命令进入工程图，则需要用户手动指定模型对象。

8.1.3 工程图工具按钮介绍

进入工程图环境后，系统会切换至【视图布局】工具集。在未创建任何工程视图的状态下，系统默认激活创建基础视图的命令；在完成第一个视图的创建后，系统将激活更多的视图创建命令，如图 8-2 所示。

图 8-2 【视图布局】命令界面

在完成视图创建后切换至【注解】工具集，可在已知视图上创建尺寸标注、文字注释、零件序号、焊接符号、形位公差等工程图辅助符号，如图 8-3 所示。

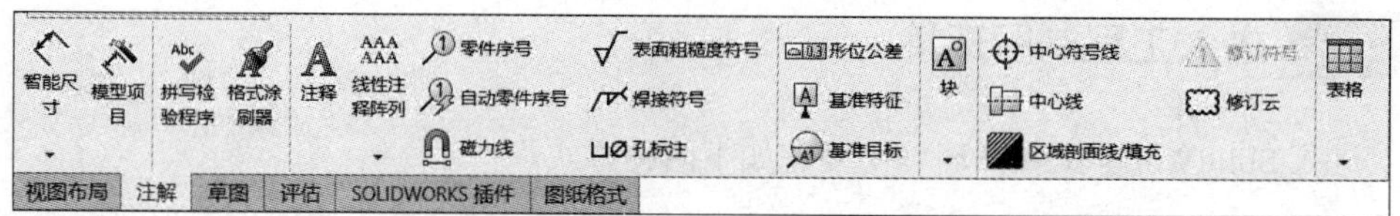

图 8-3 【注解】命令界面

8.2 工程视图的创建

工程视图由基本投影视图、剖视图、局部放大视图、断裂视图及剪裁视图组成，本节将详细介绍如何使用 SolidWorks 来创建各种类型的工程视图。

8.2.1 模型视图

在创建第一个工程视图时，SolidWorks 要求用户指定参考模型用于各视图的对象参考。指定模型视图的方式主要有如下两种。

（1）手动添加模型视图。通过将已保存的模型对象加载至当前工程图中，从而为工程视图提供参考依据，具体操作步骤如下。

步骤 01　单击【模型视图】按钮，弹出属性菜单。

步骤 02　单击【浏览】按钮，浏览至磁盘上已保存的零件模型并将其打开。

步骤 03　在图纸的任意位置上单击确定一个放置点，完成第一个视图的创建。

（2）自动添加模型视图。在零件设计或装配设计环境下，执行【文件】→【从零件/装配体制作工程图】命令，系统将自动添加当前内存中打开的模型为参考模型。

8.2.2 使用视图调色板

执行【文件】→【从零件/装配体制作工程图】命令，系统将在右侧的【任务窗口】中新增【视图调色板】面板，如图 8-4 所示。

通过将面板中提供的标准视图样式拖动至图纸上，可快速创建出设计需要的工程视图。

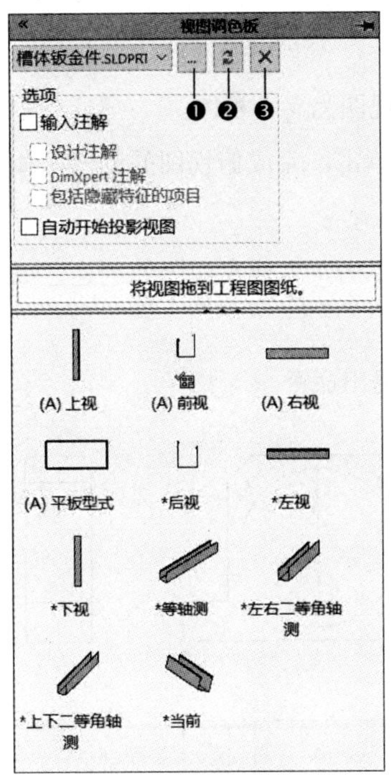

图 8-4　视图调色板

> **温馨提示**
> 通过单击视图调色板上的【浏览】按钮，可加载磁盘上已保存的其他模型零件为当前工程图的参考模型。

❶ 浏览	用于重新定义参考模型视图。
❷ 刷新	当参考模型编辑修改后，可使用该命令更新视图调色板上的各视图样式。
❸ 清除所有	用于删除已加载的参考模型视图。

8.2.3 投影视图

投影视图是将人的视线规定为平行投影方向，再将正对物体观察所见到的物体轮廓绘制出来的图形。

打开学习资料文件“第 8 章\素材文件\投影视图 .SLDDRW”，如图 8-5（a）所示。执行【投影视图】命令将图 8-5（a）修改为图 8-5（b），具体操作步骤如下。

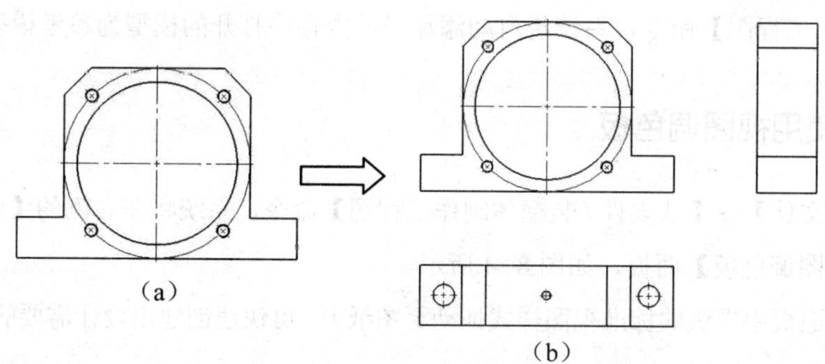

图 8-5 投影视图

步骤 01 单击【投影视图】按钮，选择主视图为参考视图。

步骤 02 将鼠标指针移动至主视图正下方并单击，完成俯视图的创建，如图 8-6 所示。

步骤 03 将鼠标指针移动至主视图正右方并单击，完成左视图的创建，如图 8-7 所示。

步骤 04 单击按钮完成投影视图的创建并退出命令。

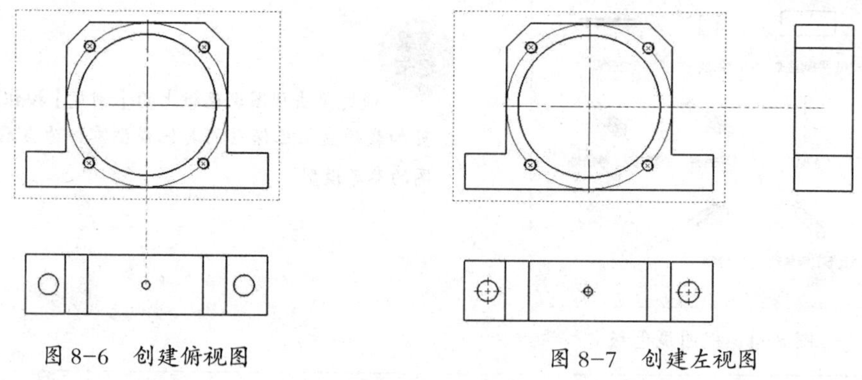

图 8-6 创建俯视图　　图 8-7 创建左视图

技能拓展

SolidWorks 系统会在完成两个投影视图的创建后自动退出【投影视图】命令，如系统未能退出命令，用户可单击按钮退出命令。

8.2.4 全剖视图

使用假想的剖切平面将物体完全剖切开，再通过投影所得的视图称为全剖视图。

打开学习资料文件“第 8 章 \ 素材文件 \ 全剖视图 . SLDDRW”，如图 8-8（a）所示。执行【剖面视图】命令将图 8-8（a）修改为图 8-8（b），具体操作步骤如下。

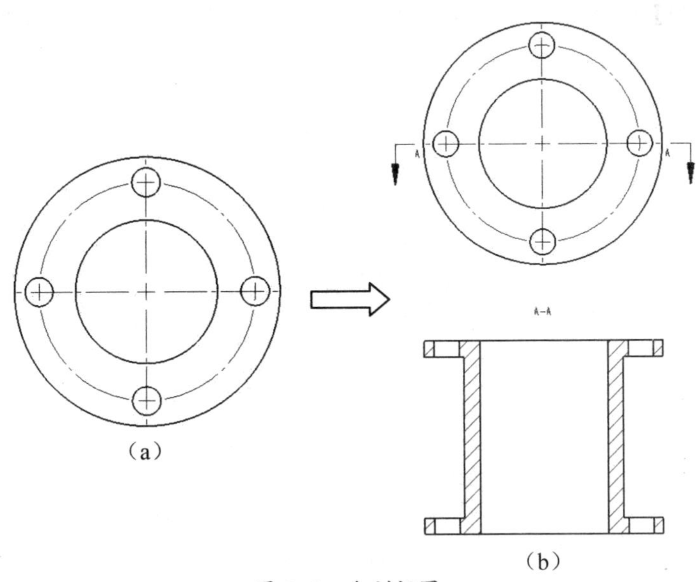

图 8-8　全剖视图

步骤 01　单击【剖面视图】按钮，再选择【水平】方式为剖切线的放置方向。

步骤 02　选择主视图上的圆心为水平剖切线的通过点，如图 8-9 所示。

步骤 03　单击按钮完成剖切线的指定，将鼠标指针移动至主视图正下方并单击，完成全剖视图的创建，如图 8-10 所示。

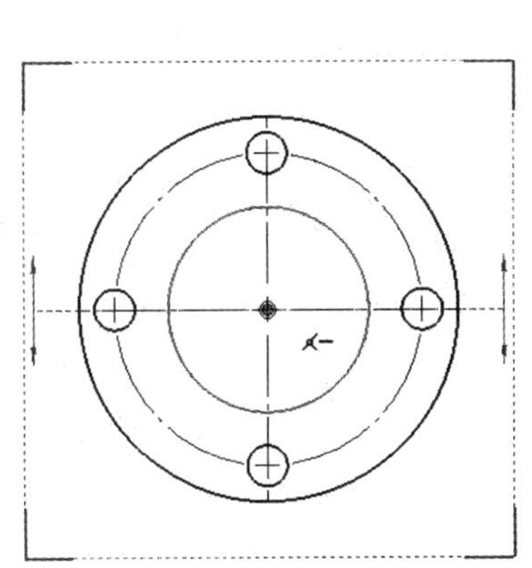

图 8-9　指定剖切线位置

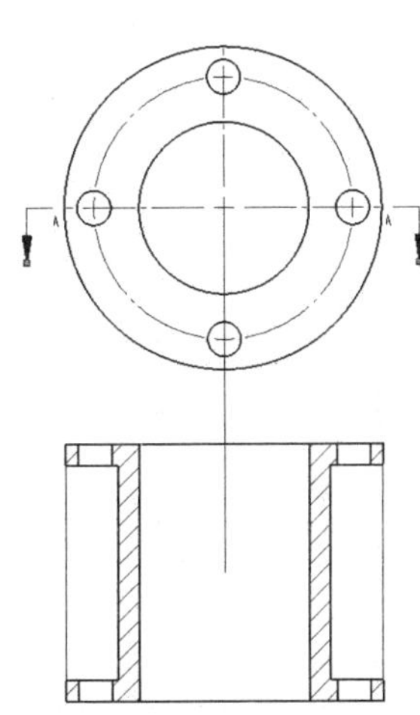

图 8-10　指定剖视图方位

8.2.5 半剖视图

半剖视图是以对称平面为参考对象，一半绘制为剖面图，另一半绘制为一般视图，其主要用于对称内部结构的表达。

打开学习资料文件“第 8 章 \ 素材文件 \ 半剖视图 . SLDDRW”，如图 8-11（a）所示。执行【剖面视图】命令将图 8-11（a）修改为图 8-11（b），具体操作步骤如下。

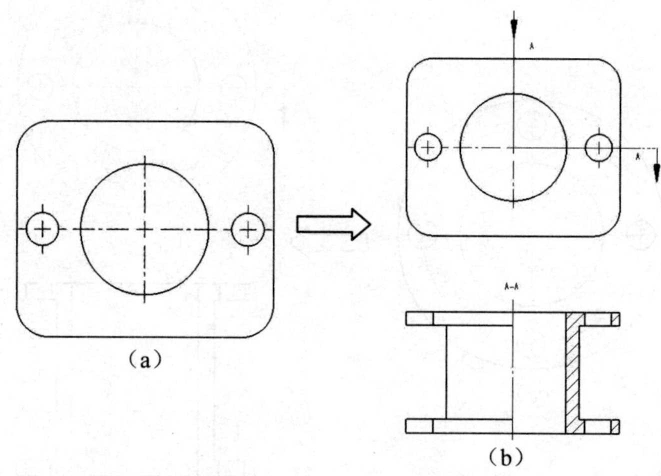

图 8-11　半剖视图

步骤 01　单击【剖面视图】按钮，选择【半剖面】选项卡切换剖面图类型。

步骤 02　单击【右侧向下】按钮，选择主视图上的圆心为剖切线的通过点，如图 8-12 所示。

步骤 03　将鼠标指针移动至主视图正下方并单击，完成半剖视图的创建，如图 8-13 所示。

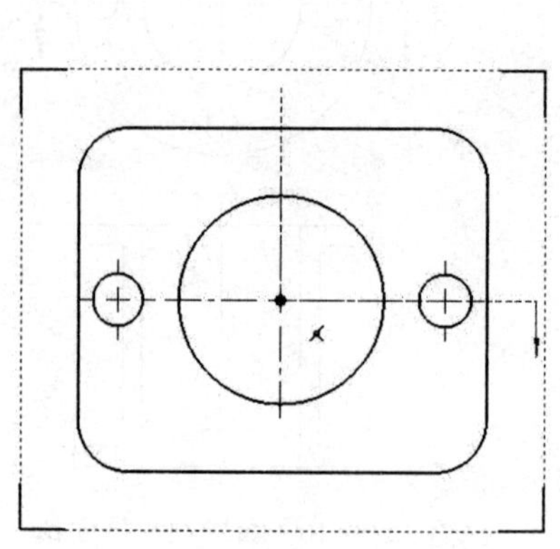

图 8-12　指定剖切线位置

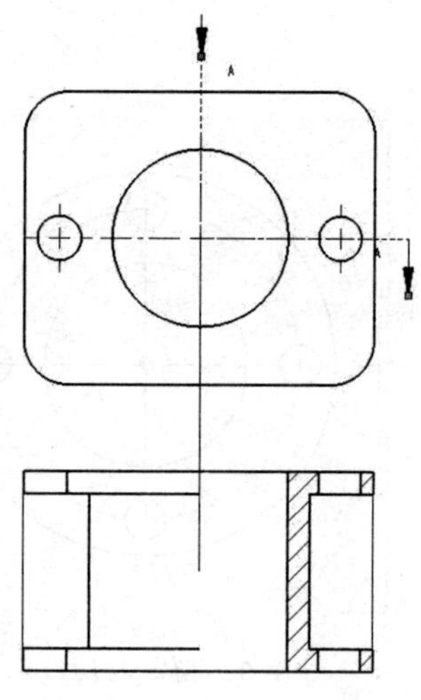

图 8-13　指定半剖视图方位

技能拓展

在【剖面视图】属性菜单中单击【反转反向】按钮，可自由调整剖切线箭头的指向。

8.2.6 局部视图

局部视图是将已知视图上的某个局部位置用大于原视图比例的形式来表达的视图。

打开学习资料文件“第 8 章 \ 素材文件 \ 局部视图 . SLDDRW”，如图 8-14（a）所示。执行【局部视图】命令将 8-14（a）修改为图 8-14（b），具体操作步骤如下。

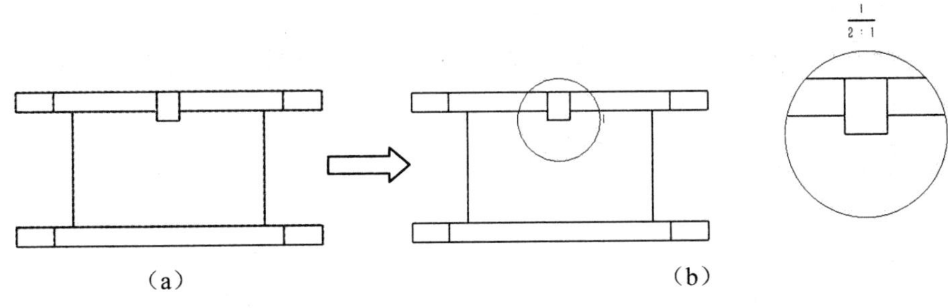

图 8-14　局部视图

步骤 01 单击【局部视图】按钮，捕捉水平直线的中点为圆心，绘制一个任意大小的圆形，如图 8-15 所示。

步骤 02 选中【完整外形】复选框，将鼠标指针移动至图纸区域上的任意位置并单击，完成局部视图的创建，如图 8-16 所示。

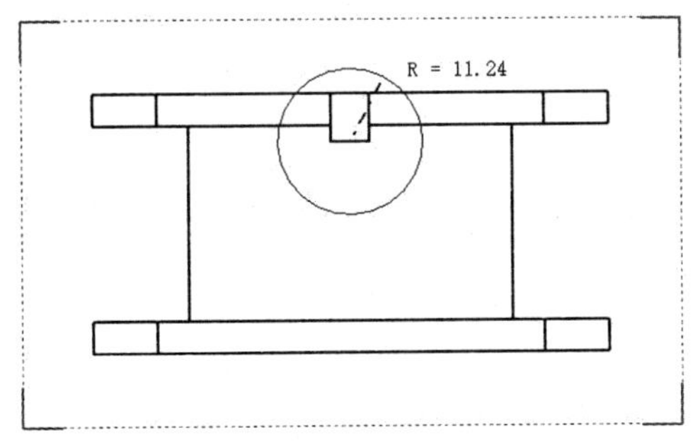

图 8-15　绘制框选圆形

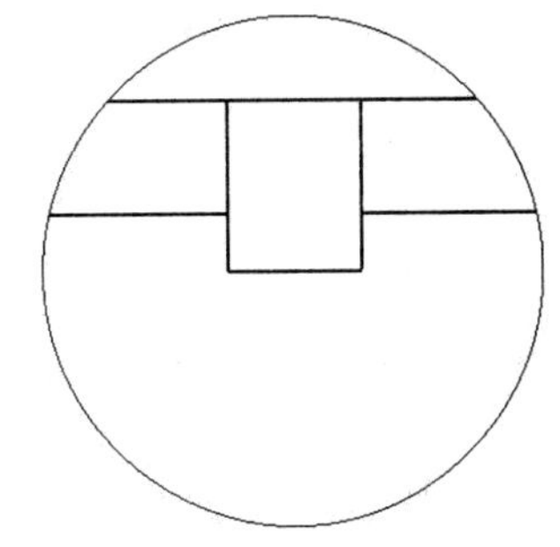

图 8-16　放置局部视图

8.2.7 局部剖视图

局部剖视图是在已知视图上的某个局部位置上用剖切面进行剖切操作，从而得到的投影视图。

打开学习资料文件“第 8 章 \ 素材文件 \ 局部剖视图 . SLDDRW”，如图 8–17（a）所示。执行【断开的剖视图】命令将图 8–17（a）修改为图 8–17（b），具体操作步骤如下。

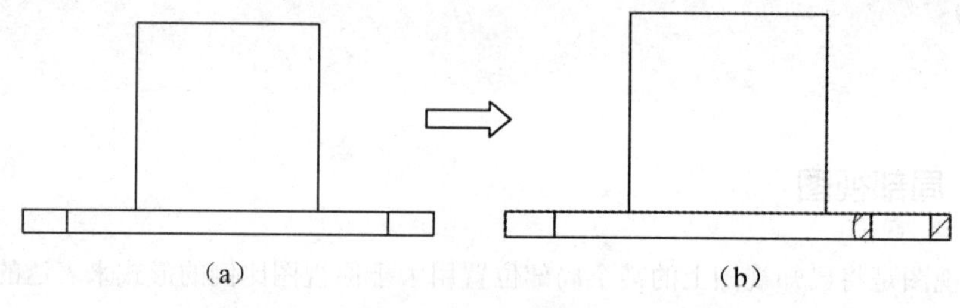

图 8–17　局部剖视图

步骤 01　单击【断开的剖视图】按钮，绘制一个封闭轮廓的样条曲线作为剖切范围，如图 8–18 所示。

步骤 02　在【断开的剖视图】属性菜单中设置剖切偏移距离为“10.00mm”，如图 8–19 所示。

步骤 03　单击按钮完成局部剖视图的创建。

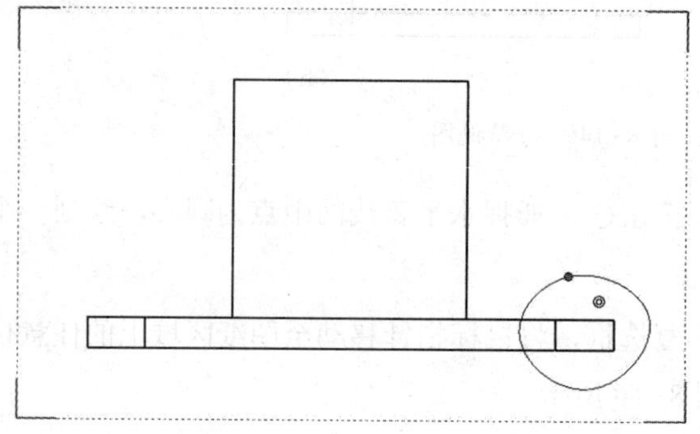

图 8–18　绘制剖切范围

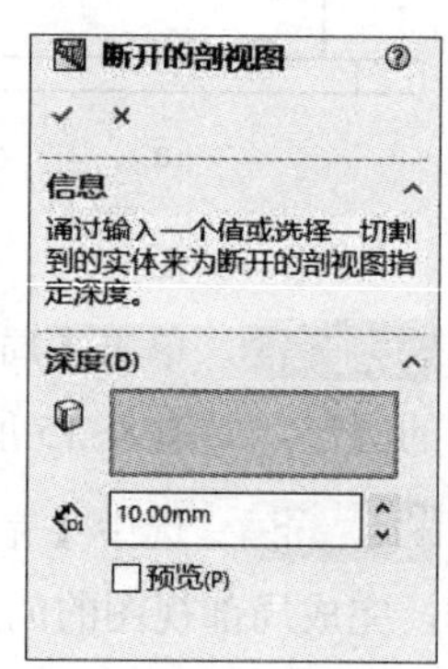

图 8–19　定义剖切深度

技能拓展

局部剖视图的剖切深度是以当前视图的最大外形边作为参考起始面，通过将参考起始面进行偏移从而定义出剖切面的位置。

8.2.8 断裂视图

断裂视图是用两个假想剖切面将物体的某一段进行切除操作，仅绘制出剖切面与物体接触的部分，它既可简化视图又能清楚地表达物体结构。

打开学习资料文件“第 8 章 \ 素材文件 \ 断裂视图 . SLDDRW”，如图 8–20（a）所示。执行【断裂视图】命令将图 8–20（a）修改为图 8–20（b），具体操作步骤如下。

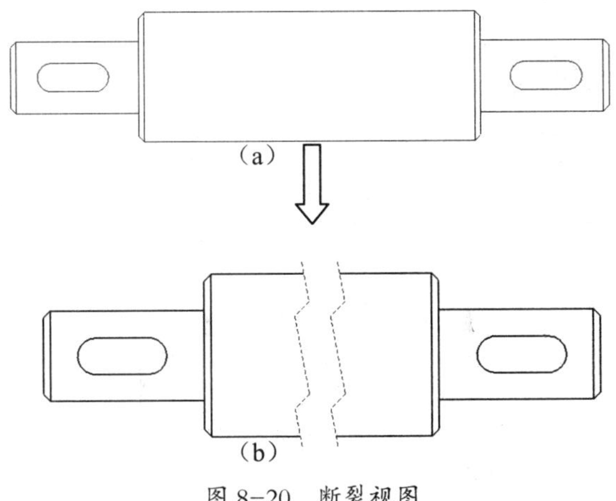

图 8-20　断裂视图

步骤 01　单击【断裂视图】按钮，选择主视图为参考视图。

步骤 02　在主视图上选择两个位置点作为断裂位置，如图 8-21 所示。

步骤 03　在【断裂视图】属性菜单中设置缝隙大小为“10mm”，折断线样式为“锯齿线切断”，如图 8-22 所示。

步骤 04　单击按钮完成断裂视图的创建。

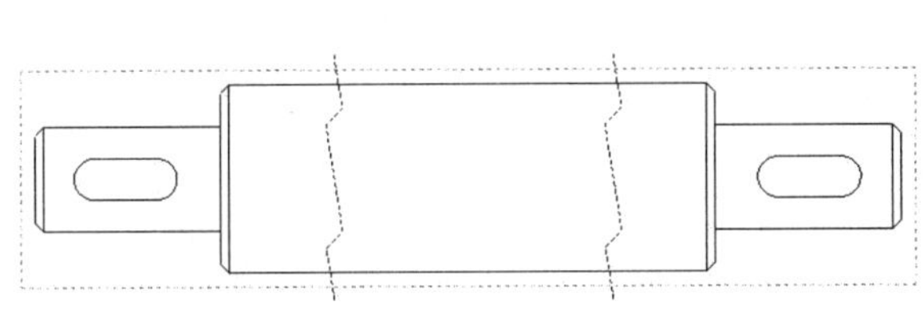

图 8-21　定义断裂位置

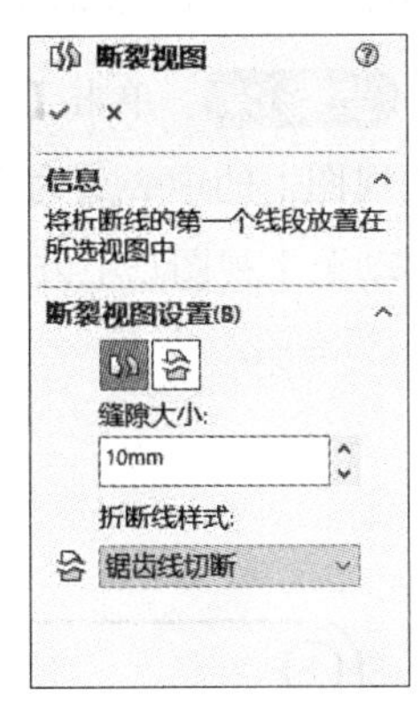

图 8-22　定义断裂样式

技能拓展

断裂视图有【添加竖直折断线】和【添加水平折断线】两种模式，系统一般默认为【添加竖直折断线】模式。

课堂范例——创建管座工程图

执行【投影视图】【剖面视图】及【视图调色板】命令，创建出管座零件的工程视图，如图 8-23 所示，具体操作步骤如下。

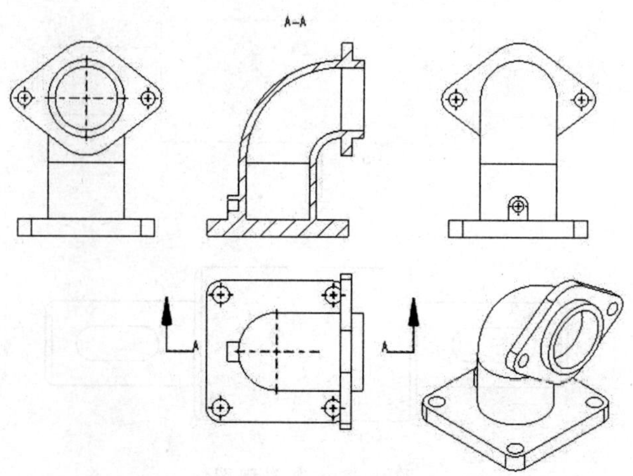

图 8-23　管座工程图

步骤 01　打开学习资料文件“第 8 章\课堂范例\管座工程图 . SLDPRT”零件模型。

步骤 02　执行【文件】→【从零件 / 装配体制作工程图】命令，选择 gb_a4 模板新建工程图文件。

步骤 03　在【视图调色板】上将系统提供的上视图拖动至图纸区域，完成主视图的创建，如图 8-24 所示。

步骤 04　单击【剖面视图】按钮，选择【水平】方式为剖切线的放置方向；选择主视图上的中心点为水平剖切线的通过点；单击按钮完成剖切线的指定，将鼠标指针移动至主视图正上方并单击，完成全剖视图的创建，如图 8-25 所示。

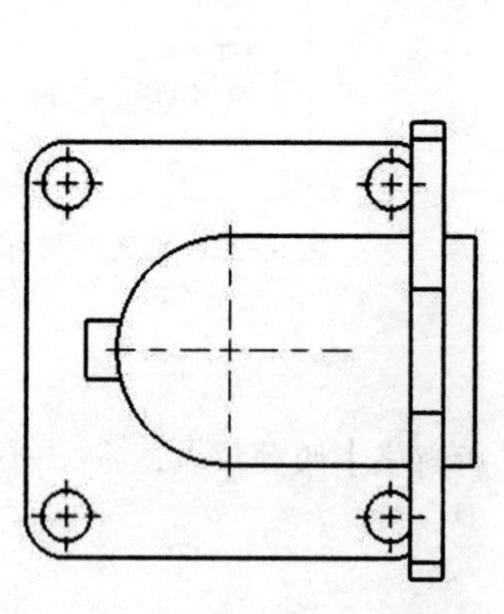

图 8-24　创建主视图

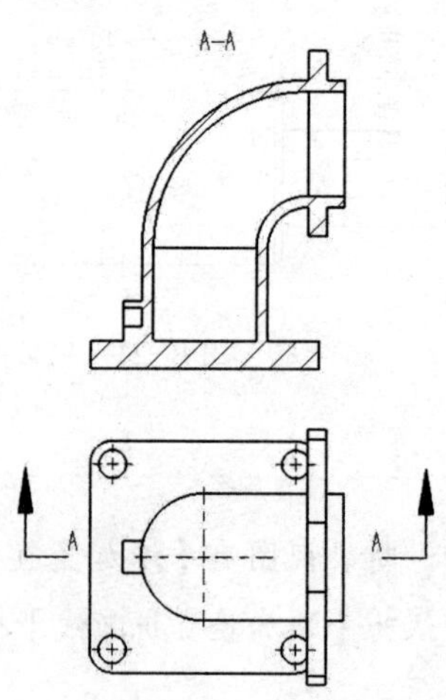

图 8-25　创建全剖视图

步骤 05　单击【投影视图】按钮，选择全剖视图为参考视图；将鼠标指针移动至主视图正右方并单击，完成左视图的创建；将鼠标指针移动至主视图正左方并单击，完成右视图的创建，如图 8-26 所示。

步骤 06 在【视图调色板】上将系统提供的等轴测视图拖动至图纸区域，完成等轴测视图的创建，如图 8-27 所示。

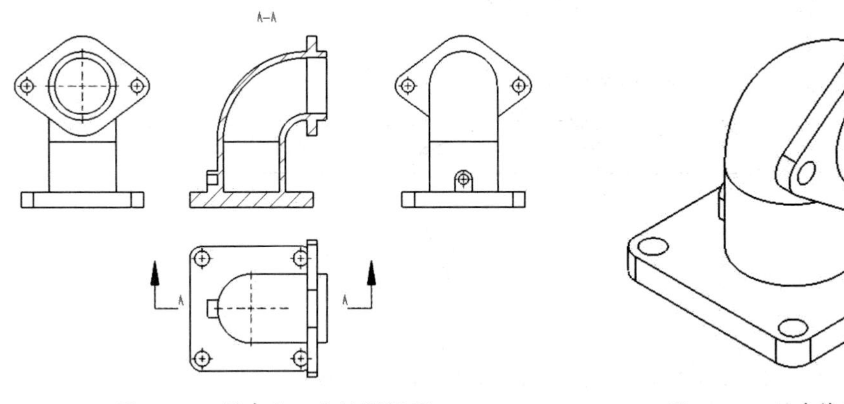

图 8-26 创建左、右投影视图

图 8-27 创建等轴测视图

8.3 工程图修饰与标注

在机械设计加工过程中，尺寸标注与文字注释是工程图必不可少的组成部分。它主要用于表达物体特征的空间位置与尺寸大小，也可通过文字注释的方式阐述加工方式与技术要求。

8.3.1 添加中心线

根据机械制图的要求，对于回转体特征需要在其轴心处添加中心线。

打开学习资料文件“第 8 章 \ 素材文件 \ 添加中心线 . SLDDRW”，如图 8-28（a）所示。执行【中心符号线】命令将图 8-28（a）修改为图 8-28（b），具体操作步骤如下。

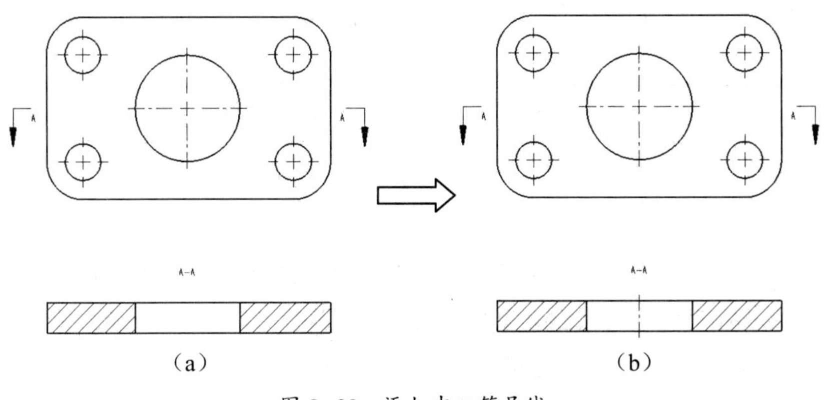

（a） （b）

图 8-28 添加中心符号线

步骤 01 选择【注释】选项卡切换工具集，再单击【中心符号线】按钮。

步骤 02 分别选择剖视图上的两条垂直直线为参考线，如图 8-29 所示。

步骤 03 单击按钮完成中心符号线的创建。

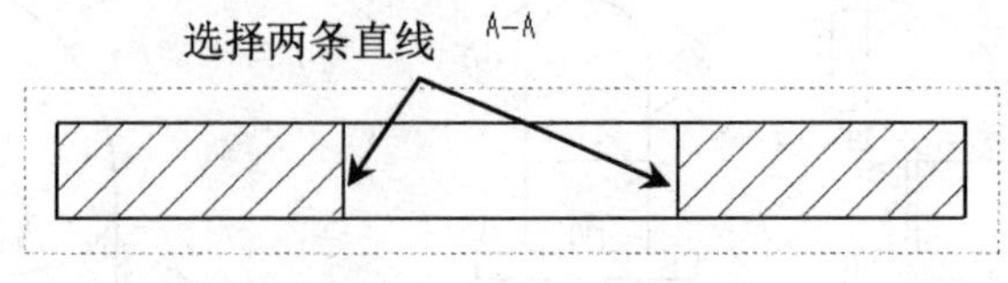

图 8-29 定义中心符号线

直接选择工程视图，系统将自动判断回转体特征并添加中心符号线。

8.3.2 智能尺寸标注

在 SolidWorks 工程图中，智能尺寸标注会根据选择对象的类型而自动判断出尺寸标注样式，因此使用智能尺寸标注方式可完成绝大多数的尺寸样式标注。

打开学习资料文件“第 8 章 \ 素材文件 \ 智能尺寸标注 . SLDDRW”，如图 8-30（a）所示。执行【智能尺寸】命令将图 8-30（a）修改为图 8-30（b），具体操作步骤如下。

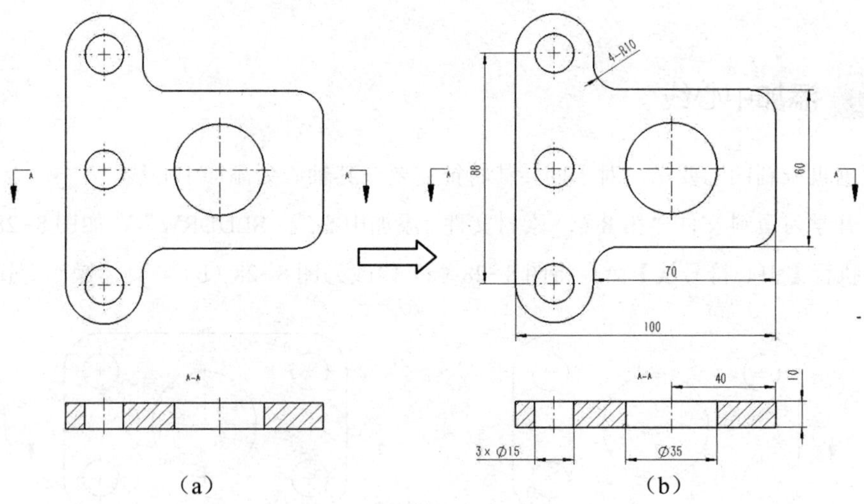

图 8-30 智能尺寸标注

步骤 01 单击【智能尺寸】按钮，在主视图和剖视图上选择两条平行直线为标注对象，将鼠标指针移动至空白处单击确定尺寸的放置点，完成距离尺寸的标注；选择两个圆形为标注对象，将鼠标指针向正左方移动并在空白处单击确定尺寸的放置点，完成两圆心距离尺寸的标注，如图 8-31 所示。

步骤 02 在剖视图上分别选择孔特征的两条垂直直线为标注对象，将鼠标指针向正下方移动并在空白处单击确定尺寸的放置点，完成孔特征直径的标注，如图 8-32 所示。

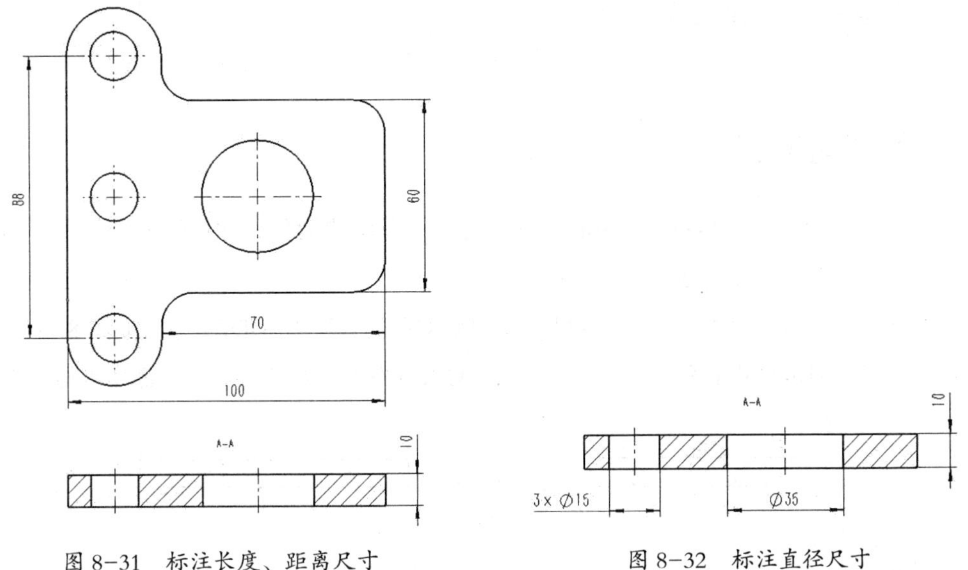

图 8-31 标注长度、距离尺寸　　　图 8-32 标注直径尺寸

步骤 03 在主视图上选择圆弧曲线为标注对象，将鼠标指针移动至空白处单击确定尺寸的放置点，在【标注尺寸文字】文本框中添加字符“4-”，完成半径尺寸的标注；在剖视图上选择孔轴线与垂直边线为标注对象，将鼠标指针向正上方移动并在空白处单击确定尺寸的放置点，完成圆心距离尺寸的标注，如图 8-33 所示。

步骤 04 单击✓按钮完成尺寸标注操作并退出命令。

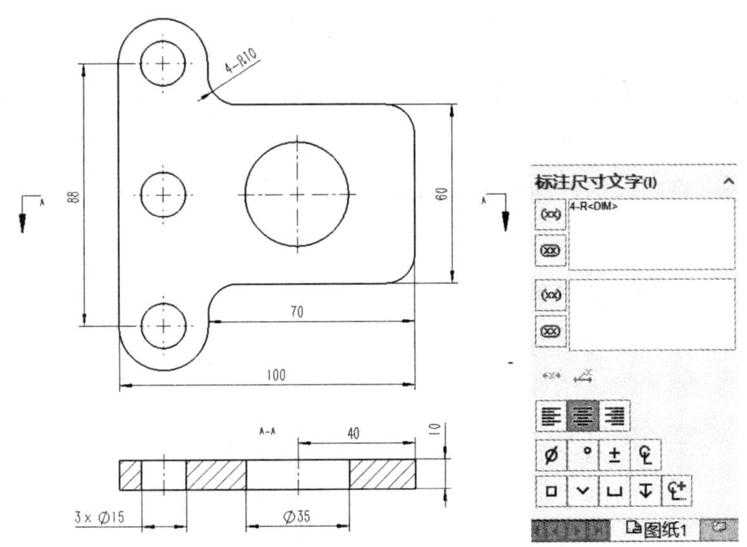

图 8-33 标注半径、距离尺寸

技能拓展

【智能尺寸】命令为连续操作命令，在未单击✓按钮或未按【Esc】键的状态下，系统将不会退出该命令。

8.3.3 倒角尺寸标注

针对工程图中的倒角特征，SolidWorks 提供了专用的倒角尺寸标注命令，可帮助用户快速标注出倒角加工尺寸。

打开学习资料文件“第 8 章 \ 素材文件 \ 倒角尺寸标注 . SLDDRW”，如图 8-34（a）所示。执行【倒角尺寸】命令将图 8-34（a）修改为图 8-34（b），具体操作步骤如下。

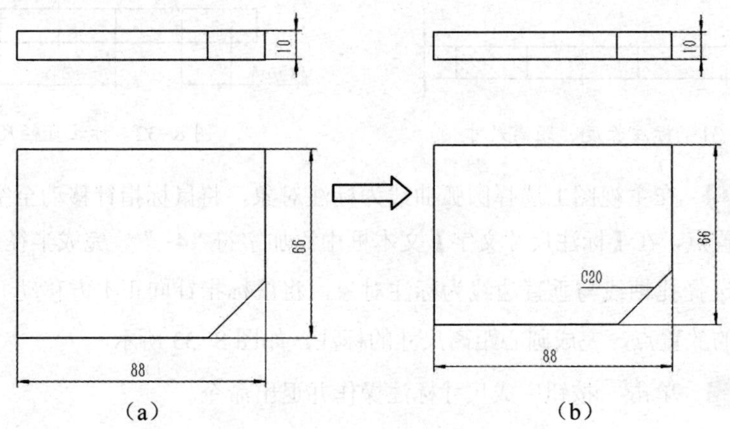

图 8-34　倒角尺寸标注

步骤 01　单击【倒角尺寸】按钮，在主视图上选择下方的水平直线与倾斜直线为标注对象，如图 8-35 所示。

步骤 02　将鼠标指针移动至视图内部并单击确定尺寸放置点，完成倒角尺寸的标注。

步骤 03　按【Esc】键退出倒角尺寸标注命令。

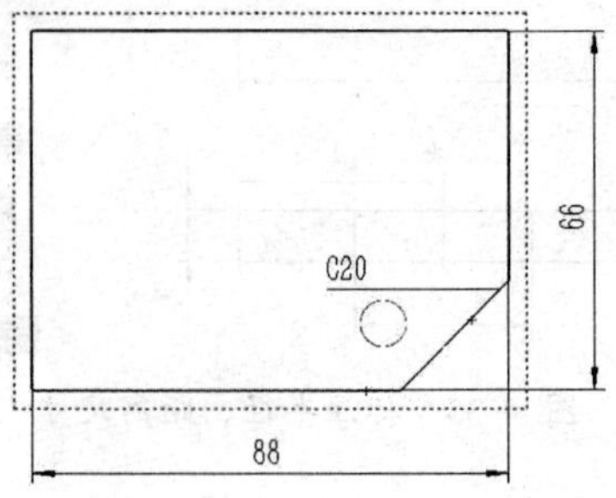

图 8-35　标注 C1 样式倒角尺寸

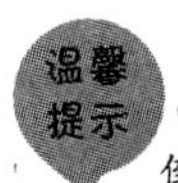

倒角尺寸标注的样式主要有1×1、1×45°、45°×1及C1 4种，用户可根据需要进行设置。

8.3.4 孔标注

在 SolidWorks 工程图中，孔特征尺寸既可以执行【智能尺寸】命令来标注，也可以执行【孔标注】命令来快速完成标注。而通过执行【孔标注】命令来标注孔特征更能完整地表达出孔特征的信息。

打开学习资料文件“第 8 章 \ 素材文件 \ 孔标注 . SLDDRW”，如图 8-36（a）所示。执行【孔标注】命令将图 8-36（a）修改为图 8-36（b），具体操作步骤如下。

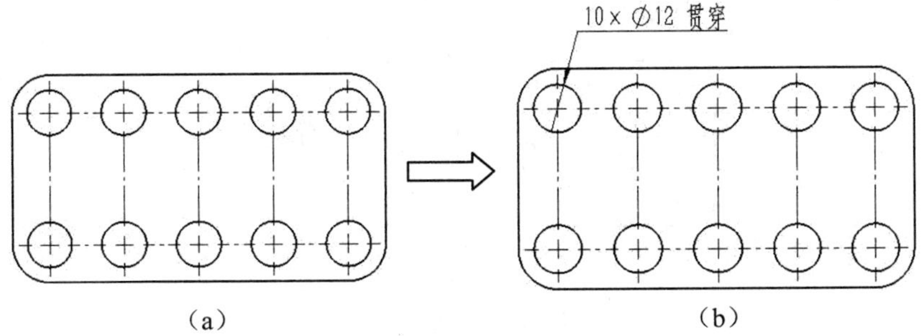

图 8-36　孔标注

步骤 01 单击【孔标注】按钮，选择左上角的圆形为标注对象，将鼠标指针移动至空白处单击确定尺寸的放置点，如图 8-37 所示。

步骤 02 在【标注尺寸文字】文本框中添加字符“10×”，完成孔特征标注。

步骤 03 按【Esc】键退出孔标注命令。

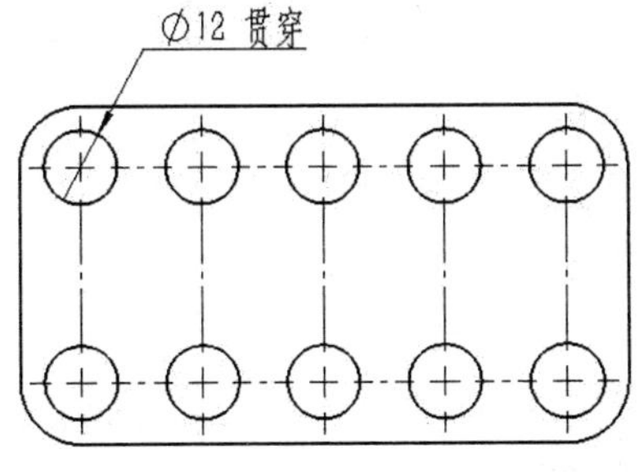

图 8-37　标注孔尺寸

技能拓展

当三维模型实体上的孔特征是通过执行【异型孔向导】命令创建时，工程图中执行【孔标注】命令则可快速标注出孔的数量、深度等信息。

8.3.5 文本注释

为表达必要的加工技术要求，在工程图绘制过程中还需创建相应的文字说明，如技术要求、铸件的铸造要求、表面处理方式、倒角尺寸等。

打开学习资料文件“第 8 章 \ 素材文件 \ 文本注释 . SLDDRW”，执行【注释】命令完成工程图技术要求的文本注释标注，如图 8-38 所示，具体操作步骤如下。

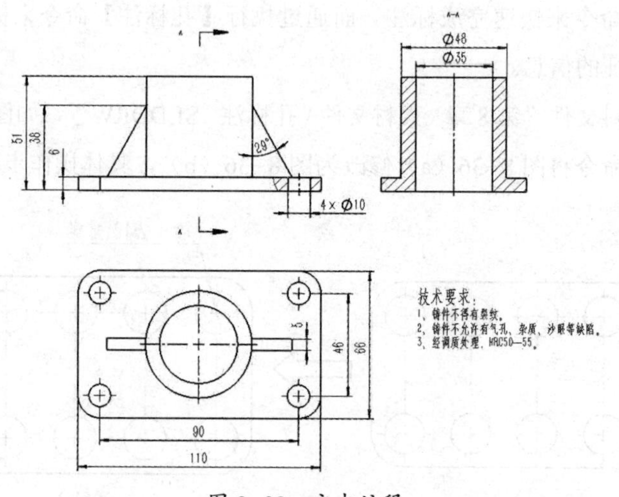

图 8-38 文本注释

步骤 01 单击【注释】按钮，在图纸空白区域单击确定文本注释放置点。

步骤 02 在激活的文本框中输入文字并设置其字体样式、字体高度，如图 8-39 所示。

步骤 03 单击按钮完成文本注释的标注。

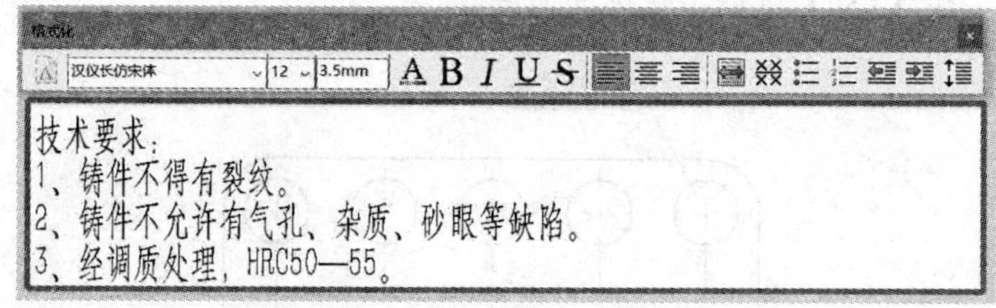

图 8-39 编辑文字

8.3.6 标注表面粗糙度符号

表面粗糙度是指加工件表面的微小峰谷不平度，两波峰或波谷之间的距离很小，肉眼难以辨别，因此它属于微观几何形状误差。

打开学习资料文件“第 8 章 \ 素材文件 \ 粗糙度标注 . SLDDRW”，如图 8-40（a）所示。执行【表面粗糙度符号】命令将图 8-40（a）修改为图 8-40（b），具体操作步骤如下。

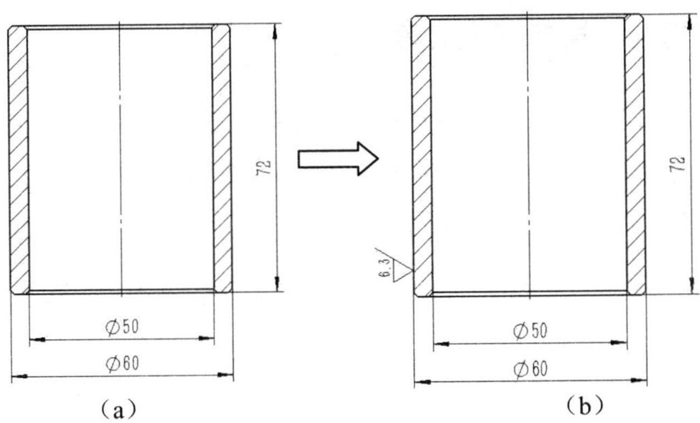

（a）（b）

图 8-40 表面粗糙度标注

步骤 01 单击【表面粗糙度符号】按钮，弹出【表面粗糙度】属性菜单。

步骤 02 在【符号】区域中单击【要求切削加工】按钮；在【符号布局】区域中设置粗糙度数值为“6.3”；在【角度】区域中单击【旋转 90 度】按钮，如图 8-41（a）所示。

步骤 03 在剖视图上选择外表面轮廓线为垂直度符号放置点，如图 8-41（b）所示。

步骤 04 单击按钮完成粗糙度的标注并退出命令。

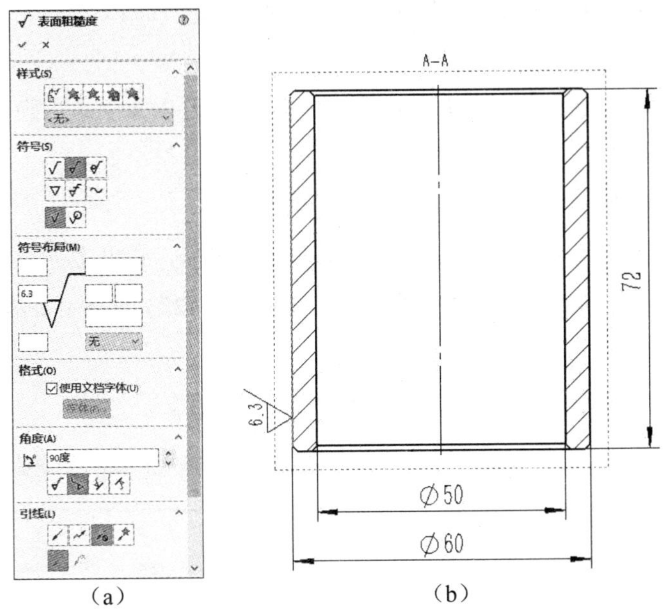

（a）（b）

图 8-41 定义粗糙度符号

技能拓展

粗糙度值为 6.3 代表表面有可见刀痕，一般使用精车、精铣、精刨等加工方式得到该表面；粗糙度值为 3.2 代表表面有微见刀痕，也使用精加工方式得到该表面。

8.3.7 标注基准符号与形位公差

在机械图纸表达过程中，任何设计尺寸标注都需要一个或多个参考基准；而形位公差的标注中还需将参考基准对象独立地表示出来以指导机械加工。

打开学习资料文件“第 8 章 \ 素材文件 \ 基准符号与形位公差 . SLDDRW”，执行【基准特征】与【形位公差】命令完成基准符号与形位公差的标注，如图 8-42 所示，具体操作步骤如下。

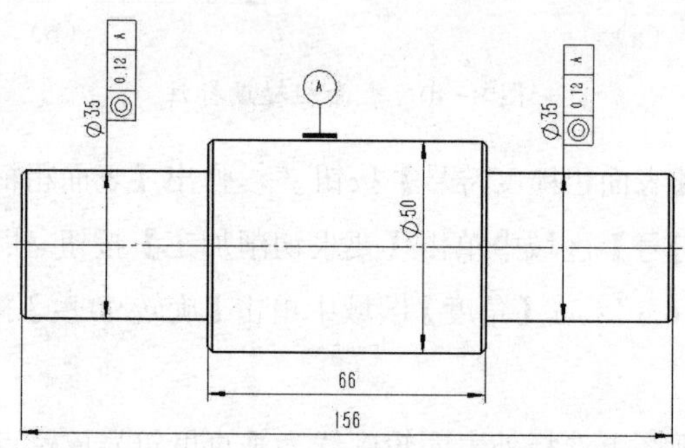

图 8-42　基准符号与形位公差标注

步骤 01 单击【基准特征】按钮，在阶梯轴的主视图上选择外侧轮廓直线为标注对象。

步骤 02 使用系统默认的基准字母符号 A，在标注对象上单击确定基准特征标注位置，如图 8-43 所示。

步骤 03 单击按钮完成基准特征符号的标注。

步骤 04 选择直径尺寸后单击【形位公差】按钮，弹出【属性】对话框。

步骤 05 选择同心圆符号并设置公差 1 的值为“0.12”，设置主要基准符号为“A”，如图 8-44 所示。

步骤 06 单击【确定】按钮，完成形位公差的标注。

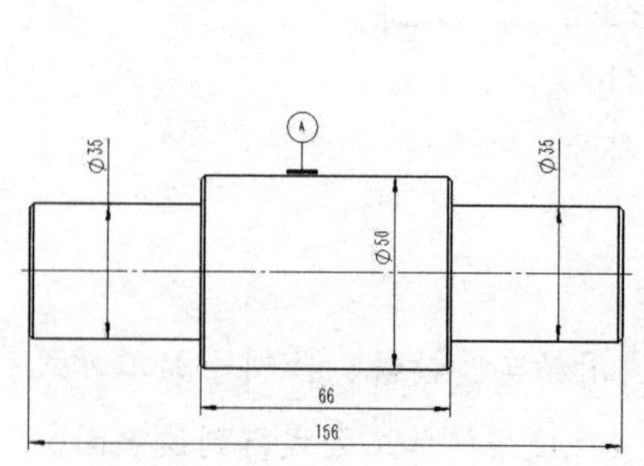

图 8-43　标注基准符号

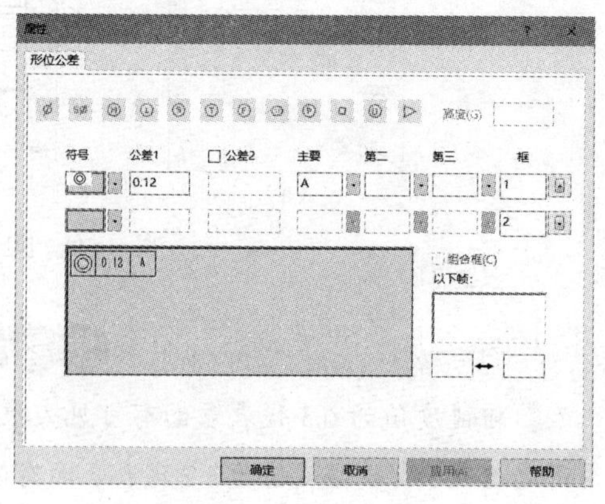

图 8-44　设置形位公差

课堂范例——轴头零件标注

执行【智能尺寸】【注释】【表面粗糙度符号】及【基准符号】【形位公差】命令，标注出轴头零件工程图的设计尺寸，如图 8-45 所示，具体操作步骤如下。

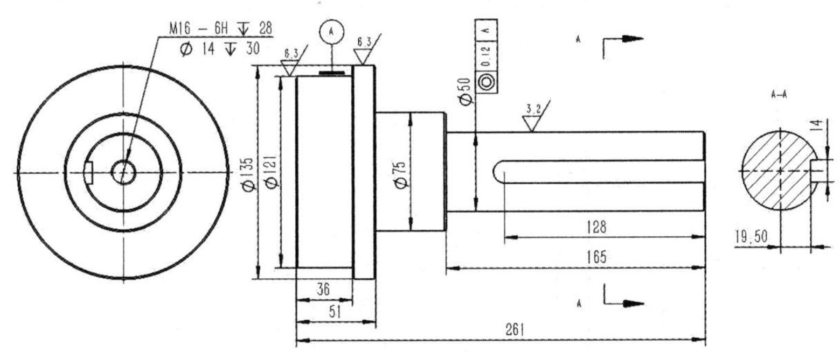

图 8-45 轴头零件工程图

步骤 01 打开学习资料文件“第 8 章 \ 课堂范例 \ 轴头 . SLDPRT”零件模型。

步骤 02 执行【文件】→【从零件 / 装配体制作工程图】命令，选择 gb_a4 模板新建工程图文件。

步骤 03 创建轴头零件的主视图、右视图及剖视图，结果如图 8-46 所示。

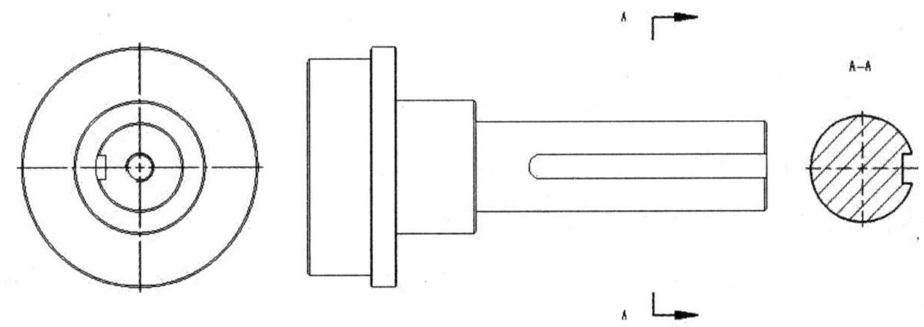

图 8-46 创建工程视图

步骤 04 单击【孔标注】按钮⌴⌀，在右视图上选择螺纹孔特征为标注对象，完成螺纹孔标注；单击【智能尺寸】按钮，分别在主视图、剖视图上选择相应的特征为标注对象，完成轴头外形尺寸的标注，如图 8-47 所示。

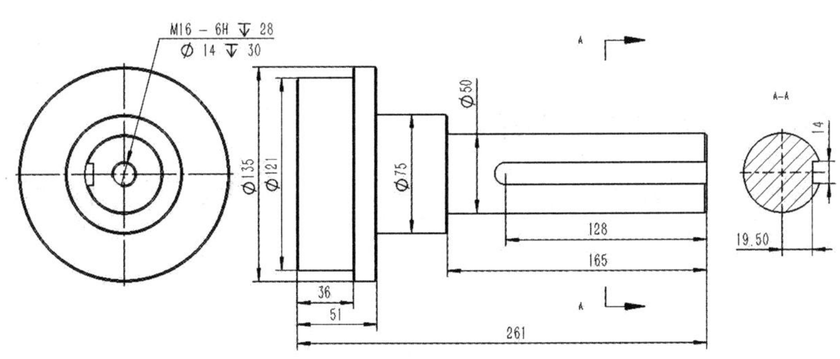

图 8-47 标注轴头外形尺寸

步骤 05 单击【基准特征】按钮，在轴头主视图上选择左侧轮廓直线为标注对象，完成基准符号 A 的标注。

步骤 06 选择直径为 50 的尺寸，单击【形位公差】按钮，选择同心圆符号并设置公差 1 的值为“0.12”，设置主要基准符号为“A”，完成形位公差的标注，如图 8-48 所示。

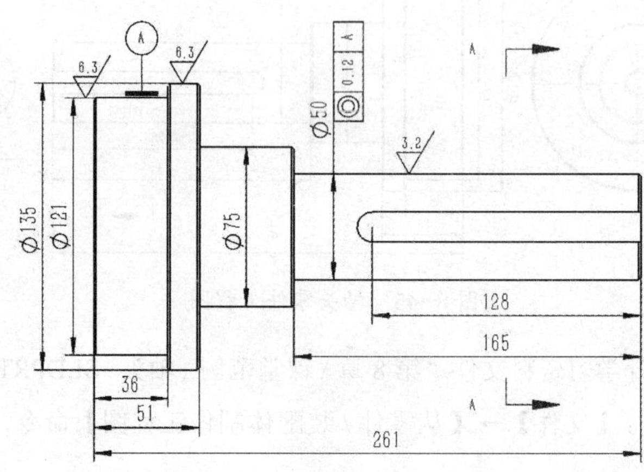

图 8-48　标注基准符号、形位公差

课堂问答

本章通过对 SolidWorks 工程图制作基础知识的介绍，演示了工程视图的一般制作流程和思路。下面将列出一些常见的问题供读者学习与参考。

问题❶：怎样快速对模型生成投影视图？

答：在关联三维模型的前提下，进入工程图环境可直接使用【视图调色板】上提供的工程视图来生产标准的投影视图。

问题❷：剖视图主要有哪些形式？

答：剖视图一般有全剖视图、半剖视图、局部剖视图、阶梯剖视图等。

问题❸：尺寸标注的基本思路是什么？

答：在标注产品尺寸的过程中，应首先标注出特征的定位尺寸，再标注出该特征的定型尺寸。

上机实战——制作法兰盘工程图

为巩固本章所介绍的内容，下面将以法兰盘零件为例，综合演示本章所阐述的工程图转换思路与标注方法。

效果展示

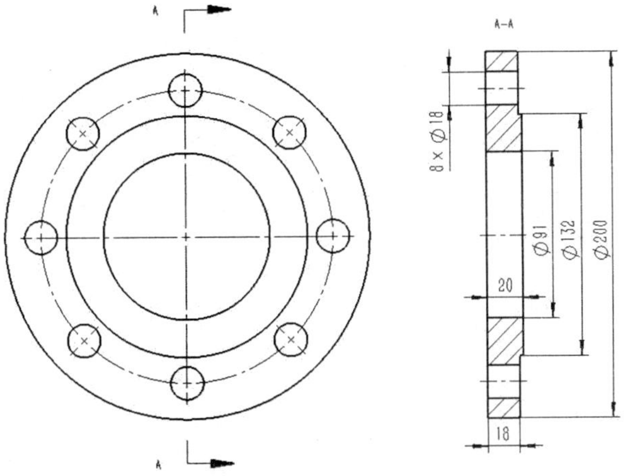

思路分析

在法兰盘工程图制作过程中，将体现 SolidWorks 工程图制作的基本思路与方法，重点体现了投影视图的创建与尺寸标注的基本方法，主要有如下几个基本步骤。

(1) 创建主视图与剖视图。

(2) 标注外形尺寸。

(3) 标注孔特征尺寸。

制作步骤

步骤 01 打开学习资料文件“第 8 章\上机实战与同步训练\DN80 法兰盘.SLDPRT”零件模型。

步骤 02 执行【文件】→【从零件 / 装配体制作工程图】命令，选择 gb_a4 模板新建工程图文件。

步骤 03 在【视图调色板】上将系统提供的上视图拖动至图纸区域，完成主视图的创建，如图 8-49 所示。

步骤 04 单击【剖面视图】按钮，选择【竖直】方式为剖切线的放置方向；选择主视图上的中心点为水平剖切线的通过点；单击按钮完成剖切线的指定，将鼠标指针移动至主视图正右方并单击，完成全剖左视图的创建，如图 8-50 所示。

步骤 05 单击【智能尺寸】按钮，在剖视图上标注出法兰盘零件的外形直径与厚度尺寸，如图 8-51 所示。

步骤 06 在剖视图上标注出孔特征的大小尺寸，在主视图上标注出孔特征的定位尺寸，如图 8-52 所示。

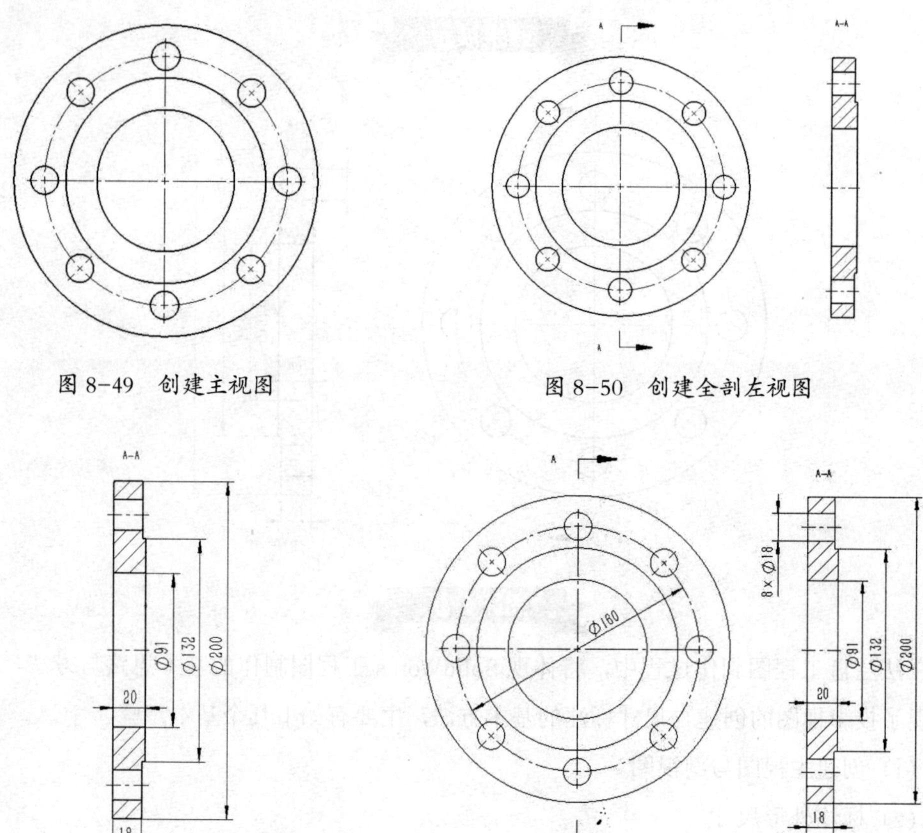

图 8-49　创建主视图　　图 8-50　创建全剖左视图

图 8-51　标注外形直径与厚度尺寸　　图 8-52　标注孔特征尺寸

同步训练——制作圆形螺母工程图

图解流程

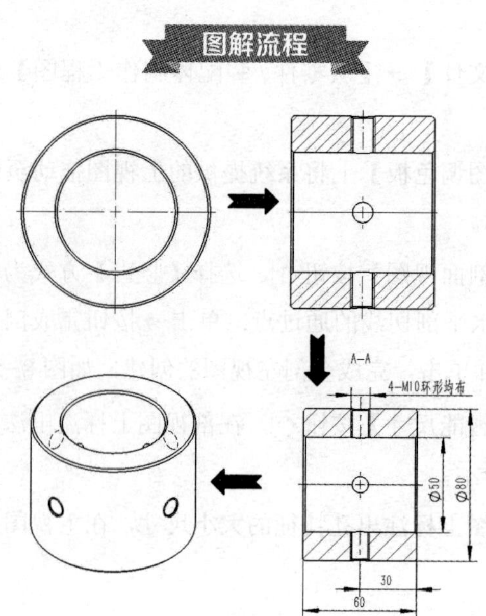

思路分析

首先执行【从零件/装配体制作工程图】命令进入工程图环境并关联零件模型，其次通过执行【视图调色板】命令创建出主视图，最后创建出全剖左视图并标注出设计尺寸。

关键步骤

步骤 01 打开学习资料文件“第8章\上机实战与同步训练\圆形螺母.SLDPRT”零件模型。

步骤 02 执行【视图调色板】命令创建出主视图，执行【剖面视图】命令创建出全剖左视图，如图8-53所示。

步骤 03 执行【智能尺寸】命令，在剖视图上标注出螺母的外形尺寸与特征尺寸，如图8-54所示。

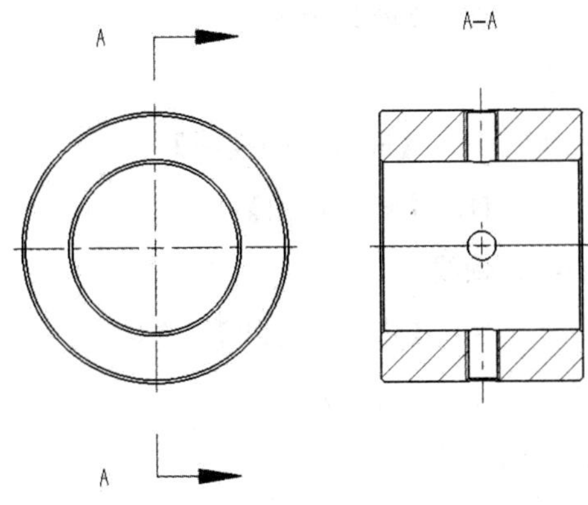

图 8-53 创建主视图、全剖左视图

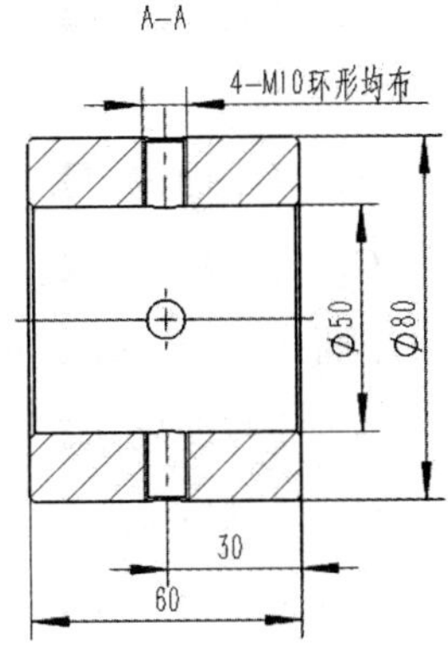

图 8-54 标注特征尺寸

步骤 04 执行【视图调色板】命令创建出轴测图，完成圆形螺母工程图的制作，如图8-55所示。

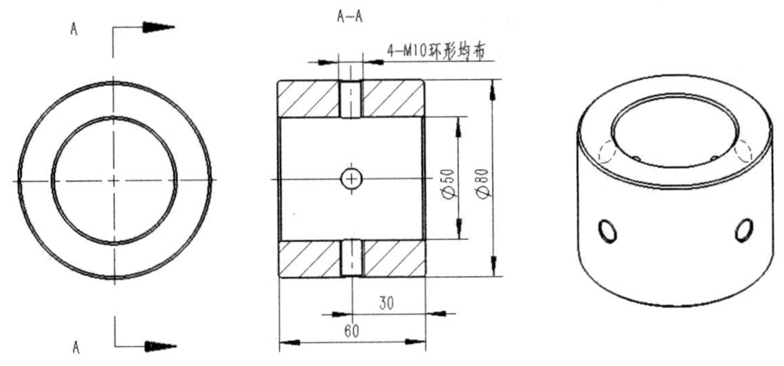

图 8-55 完成工程图制作

知识与能力测试

本章介绍了 SolidWorks 工程视图的基本创建方法与尺寸标注技巧，为对知识进行巩固和考核，请完成下列相应的习题。

一、填空题

1．使用________，可快速创建出标准工程视图。

2．执行________命令可创建用户自定义方位的工程视图。

3．剖视图命令主要由________和________两种类型组成。

4、执行________命令可将视图上的细节特征按照一定的比例做成独立的视图。

二、选择题

1．下面（　　）命令可创建出半剖视图。

A．【剖面视图】　　B．【投影视图】

C．【局部视图】　　D．【断裂视图】

2．下面（　　）命令可创建出局部剖视图。

A．【剖面视图】　　B．【断开的剖视图】

C．【局部视图】　　D．【断裂视图】

3．下面（　　）命令可对视图添加中心线或轴线。

A．【智能尺寸】　　B．【中心符号线】

C．【倒角尺寸】　　D．【孔标注】

4．下面（　　）命令可快速标注出孔特征的设计尺寸。

A．【孔标注】　　B．【中心符号线】

C．【倒角尺寸】　　D．【智能尺寸】

三、简答题

1．进入 SolidWorks 工程图环境主要有哪些方式？

2．在工程图中添加模型视图有哪些方式？

3．局部视图与局部剖视图有什么区别？

SolidWorks 2016

第 9 章 钣金设计

钣金产品通常由薄壁类的金属板件制作而成，主要应用于机械、化工、造船、建筑等行业，如钣金通风管道、带轮防护罩、天圆地方料斗等零件。

本章将介绍如何使用 SolidWorks 来创建各种钣金特征，以及钣金设计过程中的基本方法与技巧。

学习目标

- 掌握钣金壁的创建方法
- 掌握钣金壁的边界处理方法
- 熟悉钣金件的展开操作
- 了解钣金成型工具的使用

9.1 SolidWorks 钣金设计简介

针对金属板材零件的加工，SolidWorks提供了一整套完善的设计方案，对于折弯、冲压、拼接等制造工艺都能高效地完成设计任务。

本节将介绍钣金设计的基本知识、SolidWorks 钣金设计的基本方法及设计工具按钮的介绍。

9.1.1 什么是钣金零件

钣金是一种针对金属薄板零件的冷加工工艺，主要有折弯、冲压、拼接、成型等工艺，而钣金零件就是通过钣金工艺生产而成的一种金属制品。在 SolidWorks 实体零件的造型中，钣金零件是一种相对特殊的实体零件，它不仅是薄壁实体零件，还具有可展开的折弯特征。

钣金零件的用途比较广泛，生活中的锅、碗、盆，工业产品中的金属壳体零件等都属于钣金零件。它制造的主要工艺基本上是剪裁、折弯、焊接、拼接、冲压成型、弯曲成型等，其设计过程需要一定的几何知识与运算能力。

钣金零件加工方式一般有折弯和冲压成型两种，主要有如下几个特点。

（1）冲压成型。为提高生产效率，一些简易的钣金零件可采用冲压落料的方式来快速成型。

（2）剪裁与折弯。剪裁板材零件是钣金加工最常用的工艺，其主要目的是得到设计需要的基本外形，而折弯加工则是为了得到设计需要的功能外形。

（3）钣金展开。在钣金零件折弯加工之前通常需要将设计的钣金图进行展开操作，从而计算出钣金零件的基本外形和尺寸，为后续的加工做好准备。

9.1.2 SolidWorks 创建钣金件的方法

使用 SolidWorks 进行钣金实体零件的设计是基于特征的设计思路，所有的法兰特征都可以通过对草图控制来重新定义，同时钣金零件还与相应的工程图模块具有一定参数关联性，能快速地反映出设计目的。

使用 SolidWorks 进行钣金零件设计的方式主要有如下两种。

（1）转换为钣金零件。将已绘制好的薄壁实体零件通过专用命令，转换为可展开操作的钣金零件。

（2）直接创建钣金零件。使用钣金造型命令直接创建出各种钣金特征，从而完成钣金零件的设计。

9.1.3 钣金设计工具按钮介绍

在 CommandManager 工具集的名称上右击，在弹出的快捷菜单中选择【钣金】选项，可快速添加钣金设计的相应命令，如图 9-1 所示。

图 9-1 添加【钣金】工具

在未创建任何钣金特征前，系统将只激活【基体法兰 / 薄片】命令，当绘图区域中已创建出钣金实体特征后，用户可使用更多的钣金设计命令，如图 9-2 所示。

图 9-2 【钣金】命令界面

在系统默认状态下，部分钣金命令将处于隐藏模式，用户可通过自定义命令的方式将其显示在工具面板上。

9.2 创建钣金壁

在设计钣金零件前，应首先考虑好钣金零件的相应参数，如板材厚度、折弯半径、折弯系数等。而使用 SolidWorks 进行钣金零件设计，系统会将第一个钣金特征的参数设定为默认参数，后续的钣金特征将直接采用这种参数来进行造型设计，同时也允许用户对指定的钣金特征进行参数修改。

9.2.1 转换到钣金

针对已创建的三维实体薄壁零件，可执行【转换到钣金】命令直接将其转换为可展开的钣金实体。

打开学习资料文件“第 9 章 \ 素材文件 \ 转换到钣金 . SLDPRT”，如图 9-3（a）所示。执行【转换到钣金】命令将图 9-3（c），具体操作步骤如下。

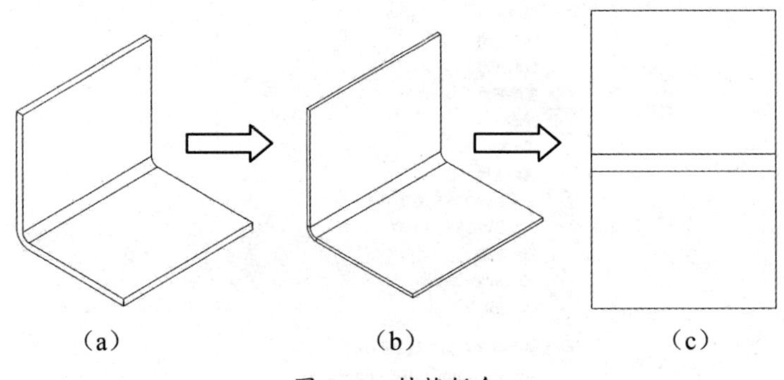

图 9-3　转换钣金

步骤 01 单击【转换到钣金】按钮，选择实体侧面为固定实体面。

步骤 02 定义钣金厚度为“3.00mm”，在 PropertyManager 属性菜单中单击【采集所有折弯】按钮，系统将自动识别出实体的圆角半径并自动填写折弯钣金值，如图 9-4 所示。

步骤 03 单击按钮完成钣金零件的转换。

步骤 04 单击【展开】按钮，将当前转换的钣金实体完全展开。

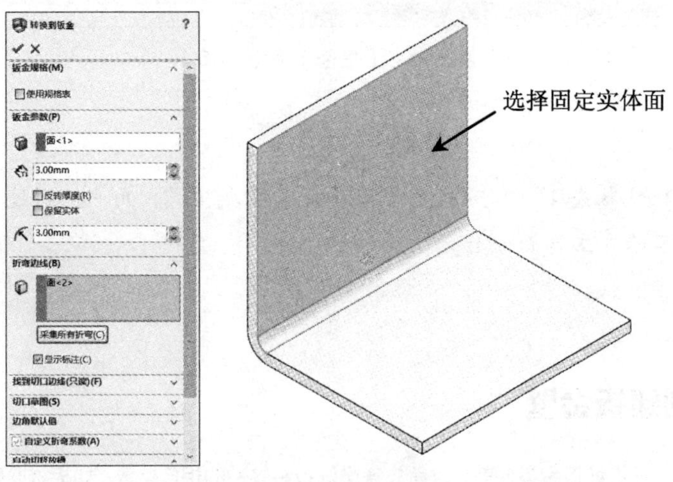

图 9-4　定义钣金转换

技能拓展

在指定折弯边线时，可单独选取与固定实体面相接的圆角曲面为折弯面。

9.2.2 基体法兰 / 薄片

基体法兰 / 薄片是钣金件中最基本的三维特征，它是使用 SolidWorks 进行钣金设计的第一个特征，是后续其他钣金特征的基础。

基体法兰 / 薄片特征类似于拉伸凸台特征，创建方式都是通过沿草图轮廓曲线的法线方向进行延伸操作而成。

打开学习资料文件“第 9 章 \ 素材文件 \ 基体法兰 . SLDPRT”，如图 9-5（a）所示。执行【基体法兰 / 薄片】命令将图 9-5（a）修改为图 9-5（b），具体操作步骤如下。

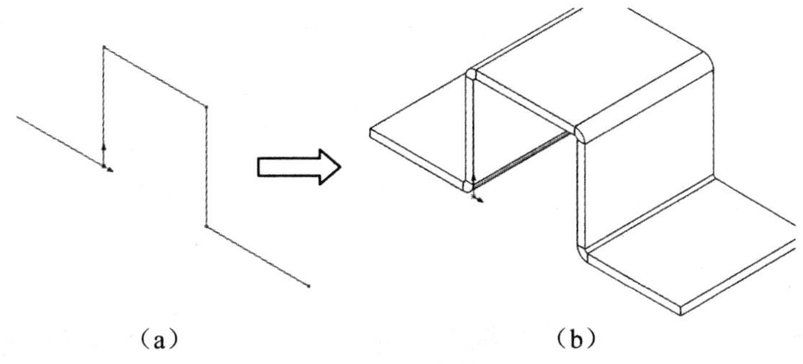

图 9-5　基体法兰 / 薄片

步骤 01　单击【基体法兰 / 薄片】按钮，选择草图 1 为基体法兰 / 薄片特征的草图轮廓曲线。

步骤 02　选择【给定深度】为基体法兰方向 1 上的终止方式；单击按钮调整基体法兰的拉伸方向，并设置深度尺寸为“50.00mm”；在【钣金参数】设置区域中分别定义钣金厚度为“3.00mm”，折弯半径为“1.00mm”，如图 9-6 所示。

步骤 03　单击按钮完成基体法兰的创建。

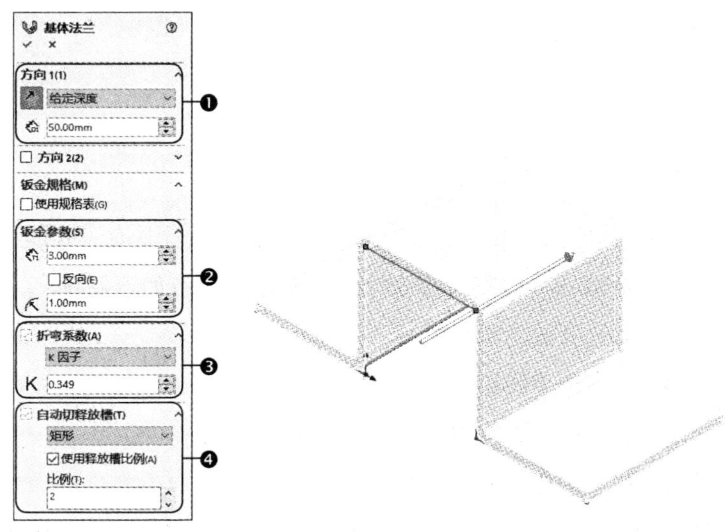

图 9-6　定义基体法兰

❶ 方向 1	系统默认激活的延伸方向，主要用于设定基体法兰的终止条件，包括【给定深度】【成形到一顶点】【成形到一面】【到离指定面指定的距离】【两侧对称】等选项。
❷ 钣金参数	用于设定钣金件的厚度与折弯半径参数，如选中【使用规格表】复选框，则可以从下拉菜单中选择某个规格。
❸ 折弯系数	用于计算钣金折弯时材料长度变化，包括【折弯系数表】【K 因子】【折弯系数】【折弯扣除】等选项，实际应用过程一般选用【K 因子】和【折弯扣除】两种方式。
❹ 自动切释放槽	用于在钣金壁干涉的转角处创建切口特征，包括【矩形】【撕裂形】和【矩圆形】选项。

- 矩形释放槽：在法兰壁的折弯处创建一个矩形的切除特征，如图 9–7 所示。
- 矩圆形释放槽：在法兰壁的折弯处创建一个带有圆角的矩形切除特征，如图 9–8 所示。
- 撕裂形释放槽：在法兰壁的折弯处创建一个撕裂口，而不需要创建切除特征，如图 9–9 所示。

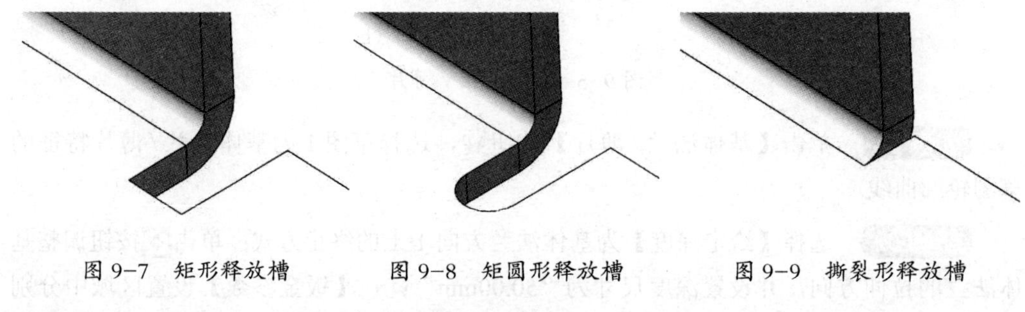

图 9–7　矩形释放槽　　图 9–8　矩圆形释放槽　　图 9–9　撕裂形释放槽

技能拓展

选中【使用释放槽比例】复选框，可设置切除尺寸与材料厚度的比例值，系统一般默认为 0.5，即切除宽度是材料厚度的一半。

9.2.3 放样折弯

放样折弯与放样实体的创建方法基本一致，其形成的钣金件具有一般钣金零件展开、折叠等特性。使用 SolidWorks 创建放样折弯特征，在操作上有如下限制。

（1）草图轮廓必须是开放的轮廓曲线。

（2）只能在两个平行的草图轮廓间进行放样操作。

（3）两平行草图轮廓必须具有相同数量的图元。

（4）不支持引导线和中心线。

打开学习资料文件“第 9 章 \ 素材文件 \ 放样折弯 . SLDPRT”，如图 9–10（a）所示。

执行【放样折弯】命令将图 9-10（a）修改为图 9-10（b），具体操作步骤如下。

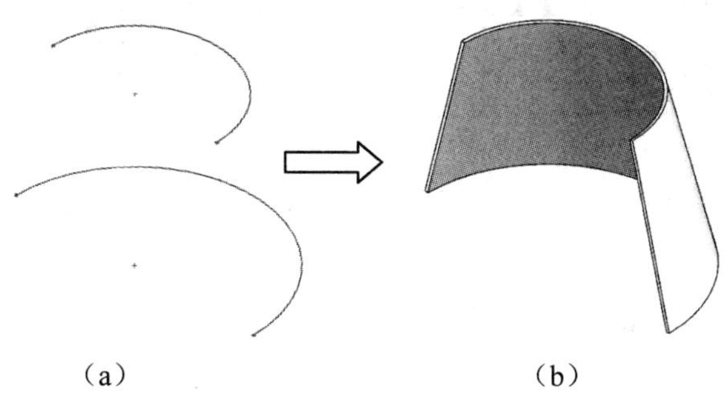

（a）　　　　（b）

图 9-10　放样折弯

步骤 01　单击【放样折弯】按钮，在【厚度】设置区域中定义钣金壁厚为“1.50mm”，其他参数使用系统默认，如图 9-11（a）所示。

步骤 02　分别选择草图 1、草图 2 为放样折弯特征的草图轮廓曲线，系统将预览出放样折弯特征，如图 9-11（b）所示。

步骤 03　单击按钮完成放样折弯特征的创建。

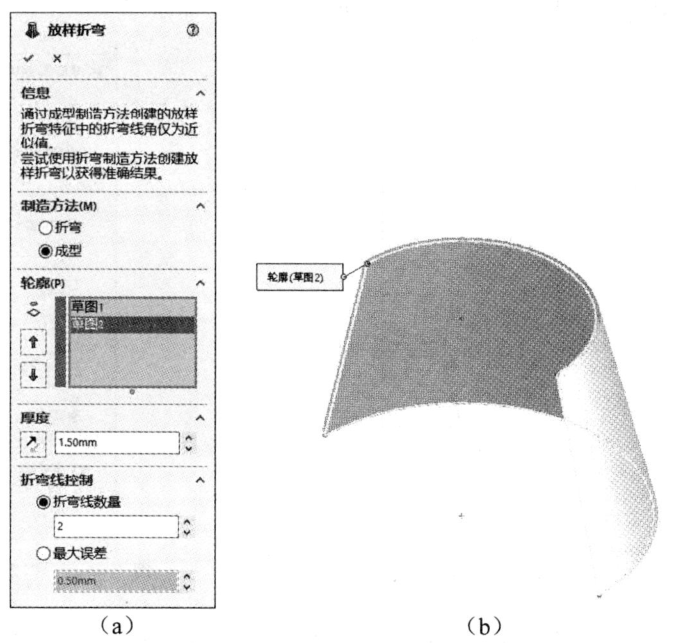

（a）　　　　（b）

图 9-11　定义放样折弯

技能拓展

钣金件的误差值将会直接影响折弯线的数量，而【最大误差】设置选项则主要用于控制折弯线数量。

课堂范例——螺旋叶片

使用【螺旋线】【放样折弯】【展开】等命令创建出单个螺旋叶片的零件，执行【插入零件】【线性阵列】等命令完成螺旋叶片的焊接装配，如图 9-12 所示，具体操作步骤如下。

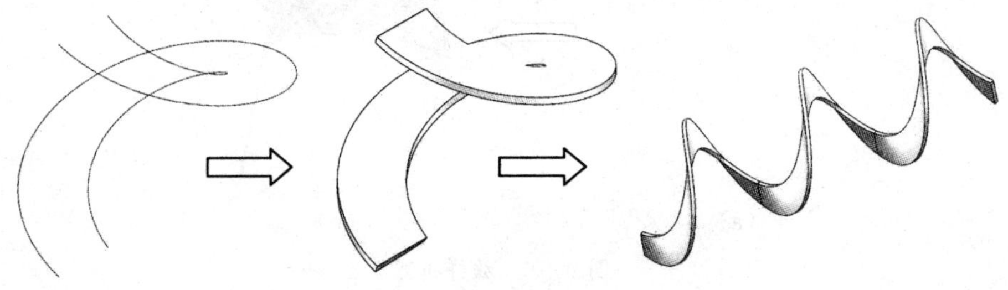

图 9-12　螺旋叶片

步骤 01　单击【螺旋线】按钮，选择上视基准平面为草绘平面，绘制直径为 100mm 的圆形以定义螺旋线的横截面大小，如图 9-13 所示。

步骤 02　选择【螺距和圈数】选项为螺旋线的定义方式，选中【恒定螺距】单选按钮并设置螺距为“100.00mm”，圈数为“1”，起始角度为“0.00 度”，方向为“顺时针”，单击按钮完成螺旋线的创建，如图 9-14 所示。

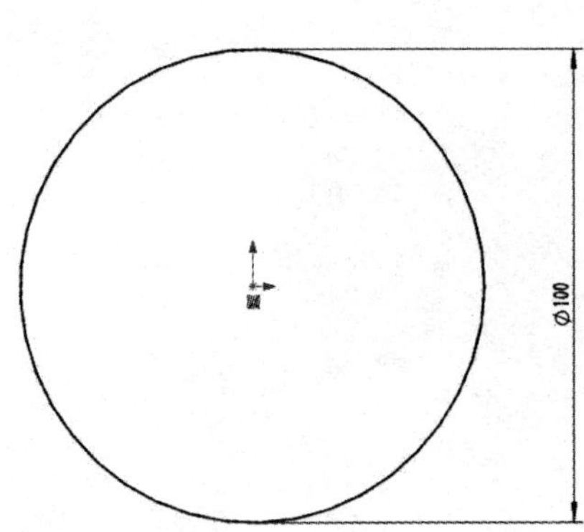

图 9-13　绘制螺旋线截面

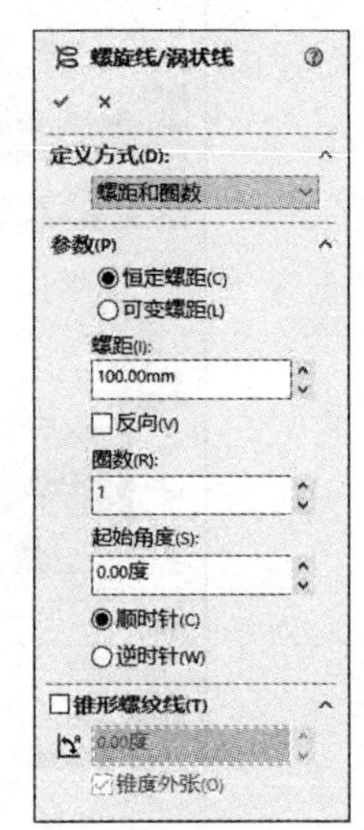

图 9-14　定义螺旋线参数

步骤 03　单击【螺旋线】按钮，选择上视基准平面为草绘平面，绘制直径为 50mm 的圆形以定义螺旋线的横截面大小，如图 9-15 所示。

步骤 04　选择【螺距和圈数】选项为螺旋线的定义方式，选中【恒定螺距】单选按钮，并设置螺距为“100.00mm”，圈数为“1”，起始角度为“0.00 度”，方向为“顺时针”，单击按钮完成螺旋线的创建。

步骤 05　单击【3D 草图】按钮，进入草图环境；单击【转换实体引用】按钮，选择第一条螺旋线为引用对象并退出草图环境。使用相同的方法将第二条螺旋线转换为 3D 草图曲线，如图 9-16 所示。

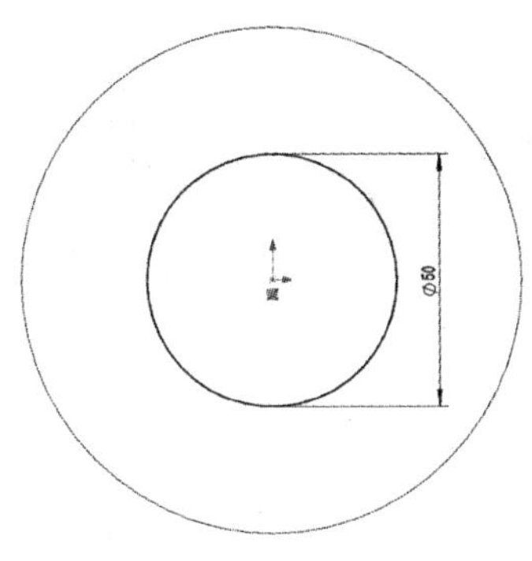

图 9-15　绘制第二条螺旋线截面

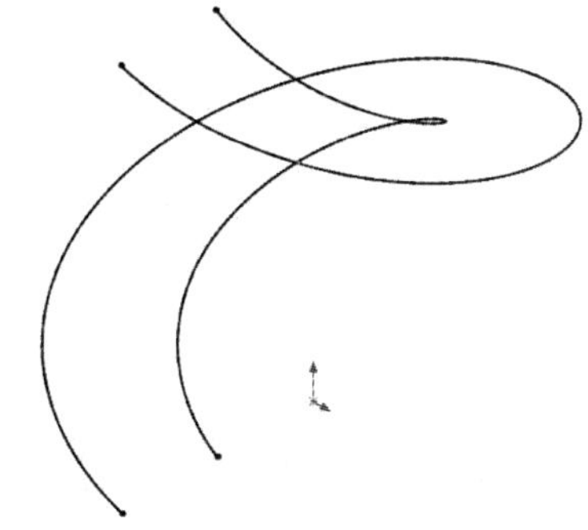

图 9-16　创建 3D 草图曲线

步骤 06　单击【放样折弯】按钮，分别选择 3D 草图 1、3D 草图 2 为放样折弯特征的草图轮廓曲线，设置钣金厚度为3；单击按钮完成放样折弯特征的创建，如图9-17所示。

步骤 07　将创建钣金零件保存为“单螺旋叶片”。新建装配体文件并将单螺旋叶片零件插入装配体中。

步骤 08　选择装配体的前视基准平面为草图平面，绘制一条任意长度的直线并退出草图环境；单击【线性阵列】按钮，选择绘制的直线为阵列的参考方向，设置阵列间距为 100mm，阵列数量为 3，系统将预览出阵列结果，如图 9-18 所示。

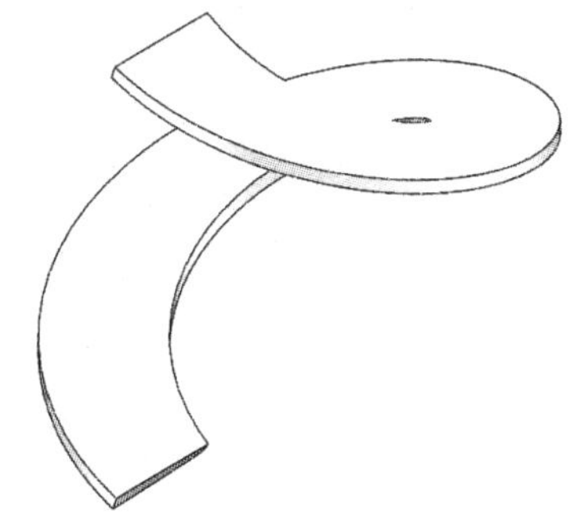

图 9-17　创建单螺距叶片

图 9-18　装配螺旋叶片

9.2.4 边线法兰

边线法兰是通过选取钣金壁上的任意一条或多条边线，从而动态地创建出具有折弯特性的钣金法兰特征。

打开学习资料文件“第 9 章 \ 素材文件 \ 边线法兰 . SLDPRT”，如图 9-19（a）所示。执行【边线法兰】命令将其修改为图 9-19（b），具体操作步骤如下。

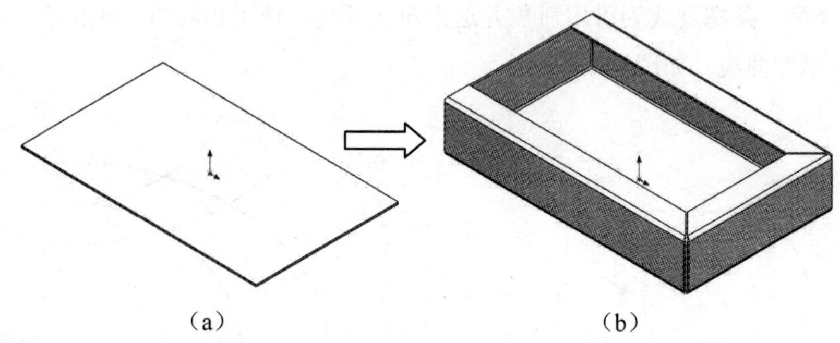

（a）　　　　　　　　　　　　（b）

图 9-19　边线法兰

步骤 01　单击【边线法兰】按钮，设置法兰角度为“90.00 度”，法兰长度为“38.00mm”，法兰位置为折弯在外，如图 9-20（a）所示。

步骤 02　依次选择钣金实体的 4 条边线为边线法兰的参考边线，向上移动鼠标指针指定折弯方向，系统将预览出法兰壁，如图 9-20（b）所示。

步骤 03　单击按钮完成边线法兰特征的创建。

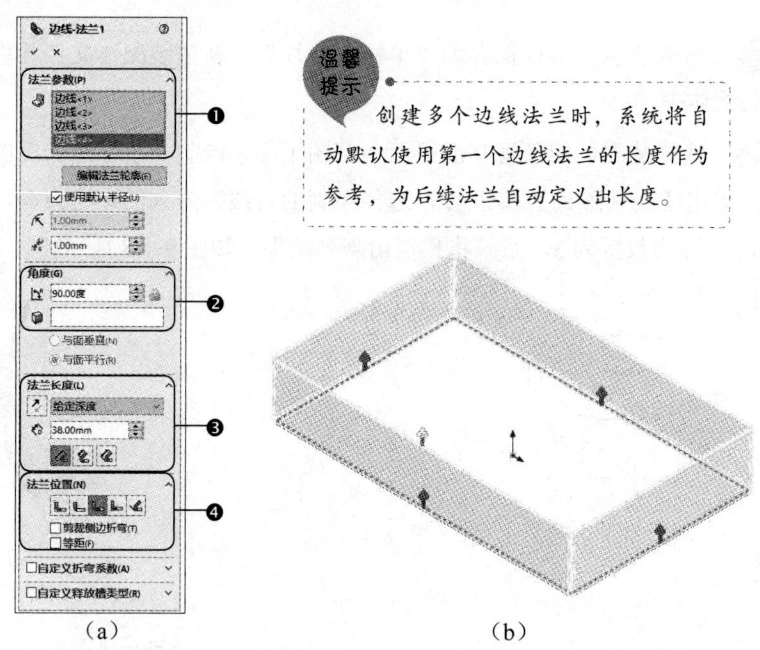

温馨提示

创建多个边线法兰时，系统将自动默认使用第一个边线法兰的长度作为参考，为后续法兰自动定义出长度。

（a）　　　　　　　　　　　　（b）

图 9-20　定义边线法兰

❶ 法兰参数	用于显示当前边线法兰的附着边线。
❷ 角度	用于设置当前边线法兰的折弯角度，系统一般默认使用 90° 为折弯角度。
❸ 法兰长度	用于设置当前边线法兰的折弯长度，包括【给定深度】【成形到一顶点】【成形到边线并合并】等选项。
❹ 法兰位置	用于设置法兰和折弯相对于参考边线的位置，包括【材料在内】【材料在外】【折弯在外】【虚拟交叉的折弯】和【与折弯相切】选项。

步骤 04 再次单击【边线法兰】按钮，设置法兰角度为 90°，法兰长度为 20mm，法兰位置为折弯在外。

步骤 05 依次选择法兰上的 4 条边线为边线法兰的参考边线，向内侧移动鼠标指针指定折弯方向，系统将预览出法兰壁；单击✓按钮完成边线法兰特征的创建，如图 9-21 所示。

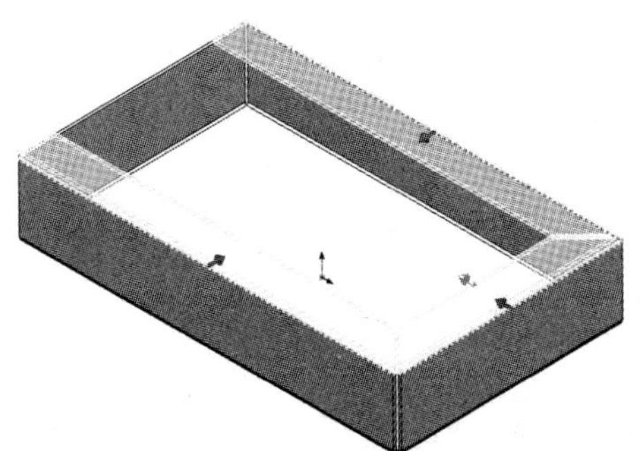

图 9-21 边线法兰预览

技能拓展

通过拖动鼠标指针的方式，可调整法兰的折弯方向。另外，单击预览图上的箭头符号也可调整折弯方向。

课堂范例——钣金护罩壳体

执行【基体法兰 / 薄片】【边线法兰】等命令创建钣金护罩壳体，如图 9-22 所示，具体操作步骤如下。

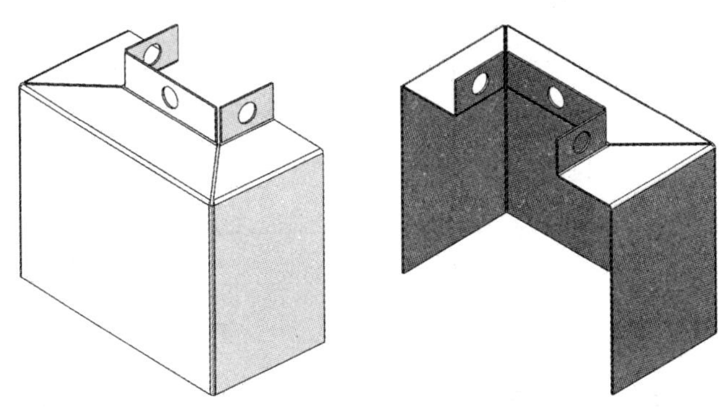

图 9-22 钣金护罩壳体

步骤 01 单击【基体法兰 / 薄片】按钮，选择上视基准平面为草绘平面，绘制如图 9-23 所示的直线段并退出草图环境。

步骤 02 选择两侧对称为基体法兰方向 1 上的终止方式，设置深度为“150mm”、钣金厚度为“1.5mm”、折弯半径为“1mm”；单击按钮完成基体法兰特征的创建，如图 9–24 所示。

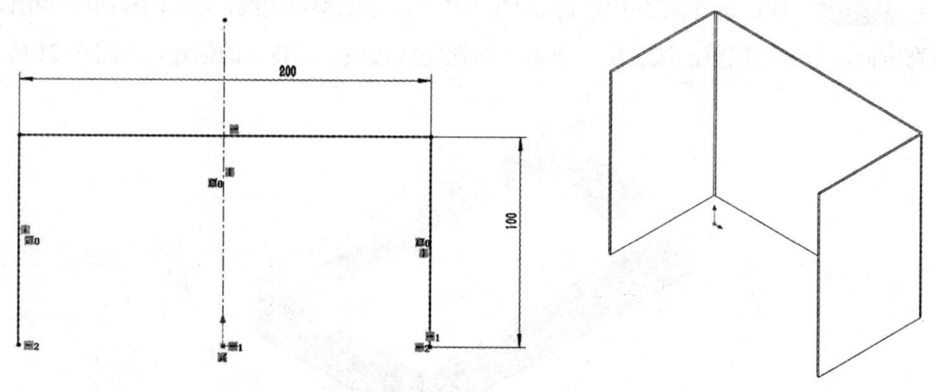

图 9–23　绘制法兰轮廓曲线　　　　图 9–24　创建基体法兰

步骤 03　单击【边线法兰】按钮，法兰位置为折弯在外，依次选择钣金实体的 3 条边线为边线法兰的参考边线，设置法兰长度为 50mm，向内侧移动鼠标指针指定折弯方向，系统将预览出边线法兰；单击按钮完成边线法兰特征的创建，如图 9–25 所示。

步骤 04　单击【边线法兰】按钮，设置法兰长度为 30mm，其他参数使用系统默认，依次选择边线法兰上的 3 条边线为边线法兰的参考边线，向上移动鼠标指针指定折弯方向，系统将预览出边线法兰；单击按钮完成边线法兰特征的创建，如图 9–26 所示。

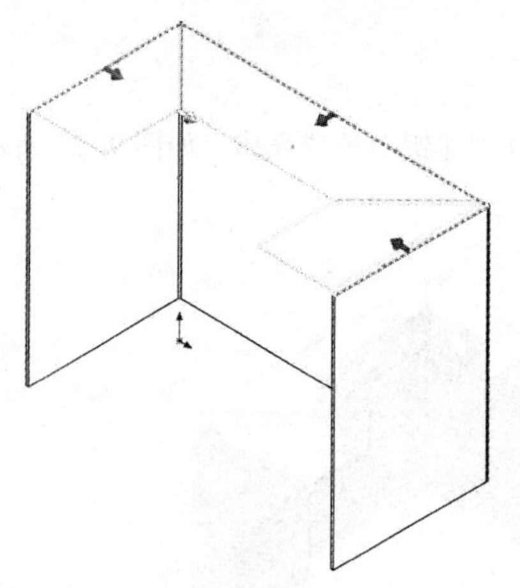

图 9–25　预览边线法兰（1）

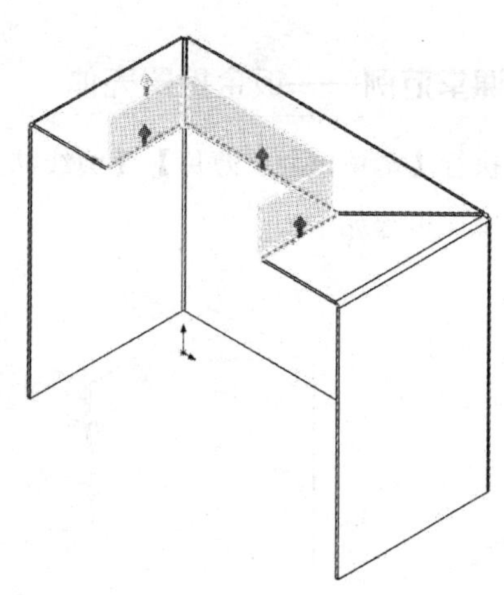

图 9–26　预览边线法兰（2）

步骤 05　单击【拉伸切除】按钮，选择前视基准平面为草绘平面，绘制如图 9–27 所示的圆形并退出草图环境。选择【完全贯穿】选项为方向 1 上的终止方式，单击按钮完成切除特征的创建。

步骤 06　再次单击【拉伸切除】按钮，选择右视基准平面为草绘平面，绘制如

图 9-28 所示的圆形并退出草图环境。选择【完全贯穿】选项为方向 1 和方向 2 上的终止方式，单击按钮完成切除特征的创建。

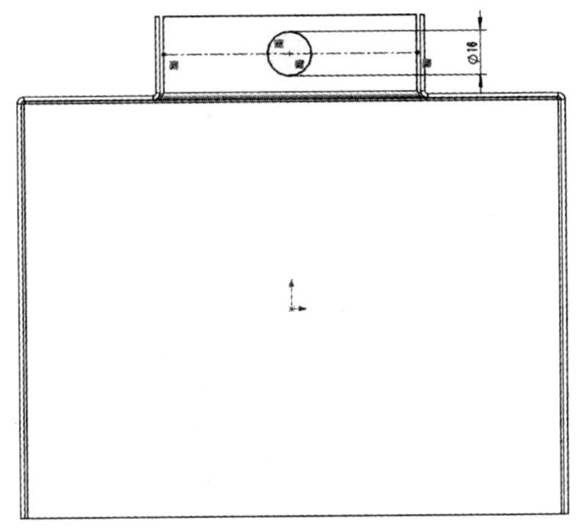

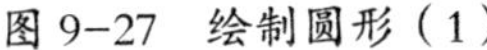

图 9-27 绘制圆形（1）

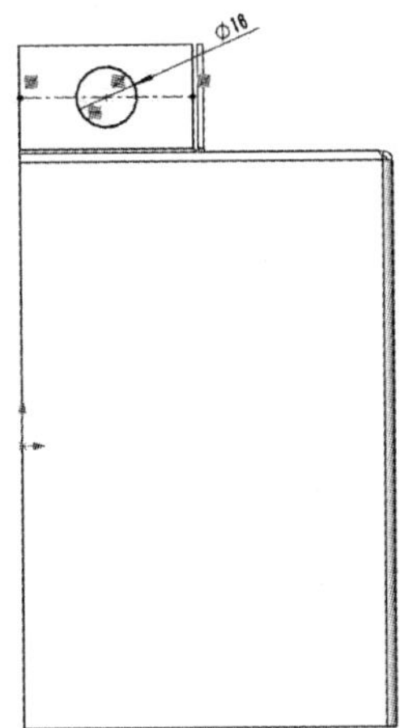

图 9-28 绘制圆形（2）

9.2.5 斜接法兰

斜接法兰是一种用于连接两相邻法兰壁的钣金特征，用户通过在垂直于钣金实体边线的基准平面上绘制法兰的轮廓形状，创建出一个或多个内部连接的法兰壁。

打开学习资料文件“第 9 章 \ 素材文件 \ 斜接法兰 . SLDPRT”，如图 9-29（a）所示。执行【斜接法兰】命令将图 9-29（a）修改为图 9-29（b），具体操作步骤如下。

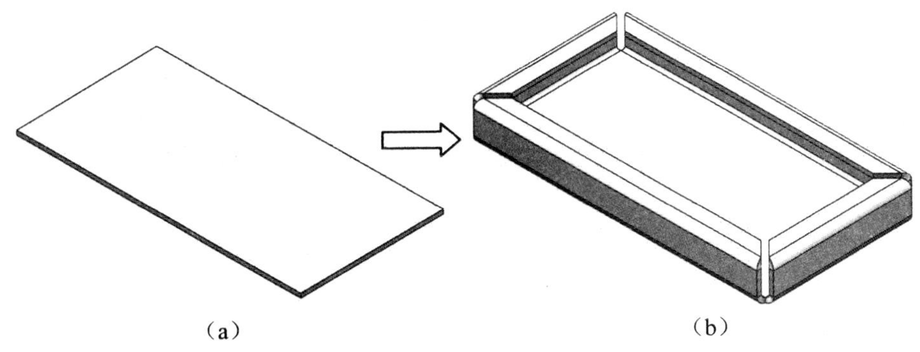

（a） （b）

图 9-29 斜接法兰

步骤 01 单击【斜接法兰】按钮，选择钣金件侧平面为草绘平面，绘制如图 9-30 所示的直线段并退出草图环境。

步骤 02 依次选择钣金件上相邻的 4 条边线斜接法兰的参考边线，设置法兰位置为折弯在外、缝隙距离为“2.00mm”，如图 9-31 所示。

步骤 03 单击按钮完成斜接法兰特征的创建。

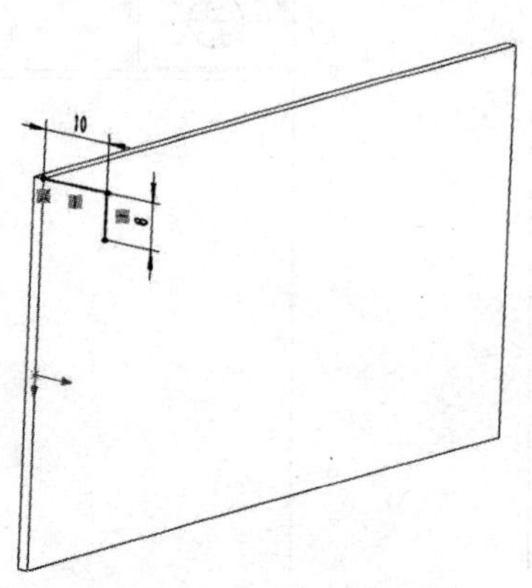

图 9-30　绘制法兰轮廓曲线

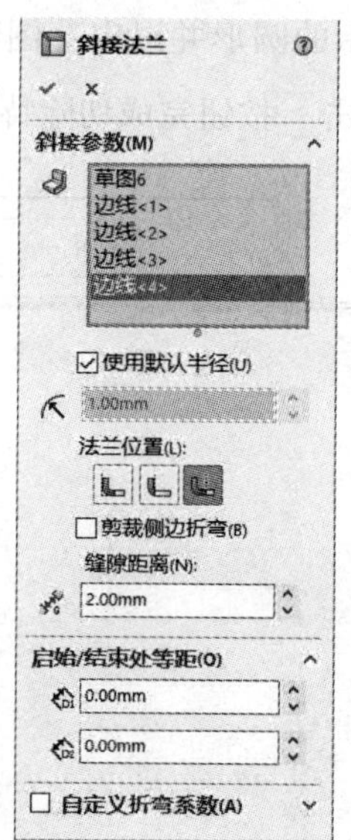

图 9-31　定义斜接法兰

定义合理的缝隙距离能够有效地保证钣金件的折弯操作。

课堂范例——风管法兰

执行【基体法兰 / 薄片】【斜接法兰】等命令创建出风管法兰零件，如图 9-32 所示。

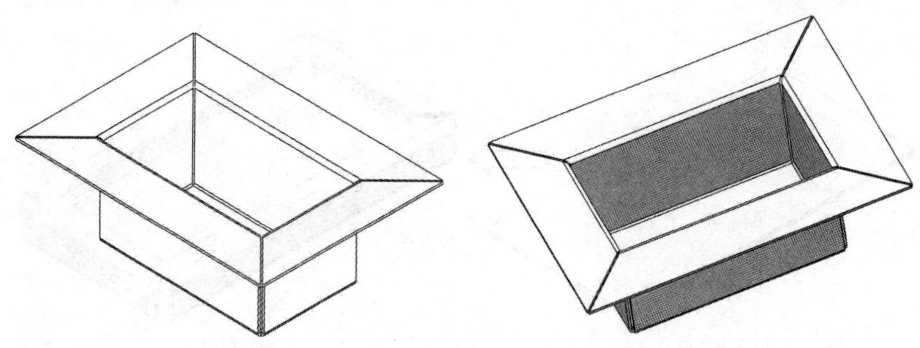

图 9-32　风管法兰

步骤 01　单击【基体法兰 / 薄片】按钮，选择上视基准平面为草绘平面，绘制如图 9-33 所示的矩形并退出草图环境。

步骤 02　选择【给定深度】选项为基体法兰方向 1 上的终止方式，设置深度为 1.5mm；单击按钮完成基体法兰特征的创建，如图 9-34 所示。

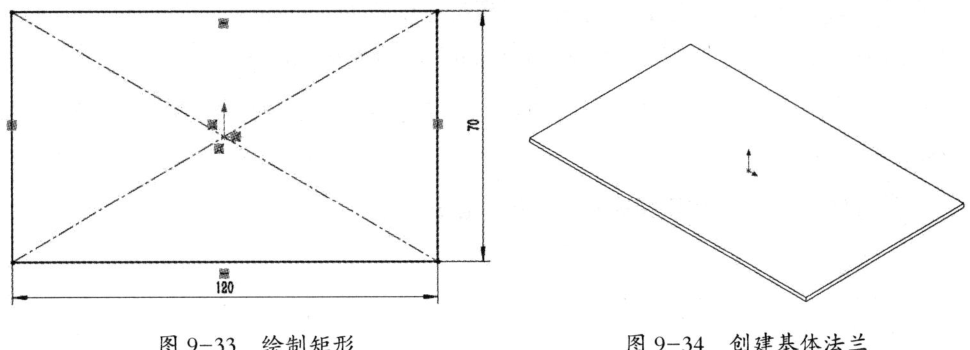

图 9-33 绘制矩形　　　　图 9-34 创建基体法兰

步骤 03 单击【斜接法兰】按钮，选择基体法兰的侧平面为草绘平面，绘制如图 9-35 所示的直线段并退出草图环境。

步骤 04 依次选择钣金件上相邻的 4 条边线斜接法兰的参考边线，设置法兰位置为材料在内、缝隙距离为 1mm；单击按钮完成斜接法兰特征的创建，如图 9-36 所示。

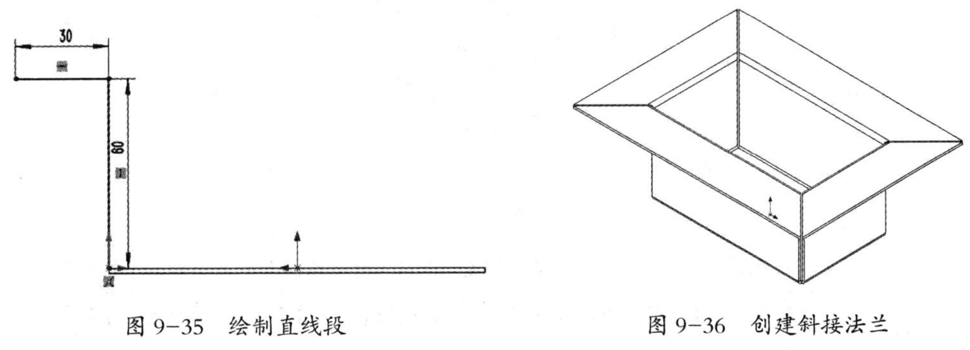

图 9-35 绘制直线段　　　　图 9-36 创建斜接法兰

9.2.6 褶边

褶边是一种将钣金壁边缘进行卷曲的特征，褶边特征只能在钣金实体边线上创建。

打开学习资料文件“第 9 章 \ 素材文件 \ 褶边 . SLDPRT”，如图 9-37（a）所示。执行【褶边】命令将图 9-37（a）修改为图 9-37（b），具体操作步骤如下。

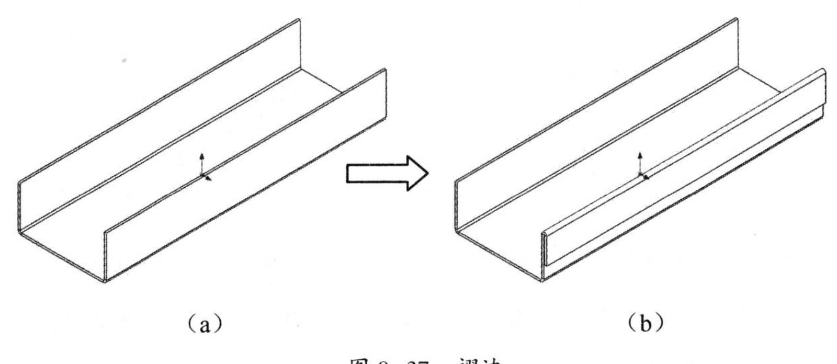

（a）　　　　（b）

图 9-37 褶边

步骤 01 单击【褶边】按钮，设置褶边位置为材料在内、类型为打开、褶边长度为“20.00mm”、褶边缝隙距离为“0.50mm”，如图 9-38（a）所示。

步骤 02 选择钣金实体边线为褶边特征参考边线，系统将预览出褶边特征，如图 9-38（b）所示。

步骤 03 单击按钮完成褶边特征的创建。

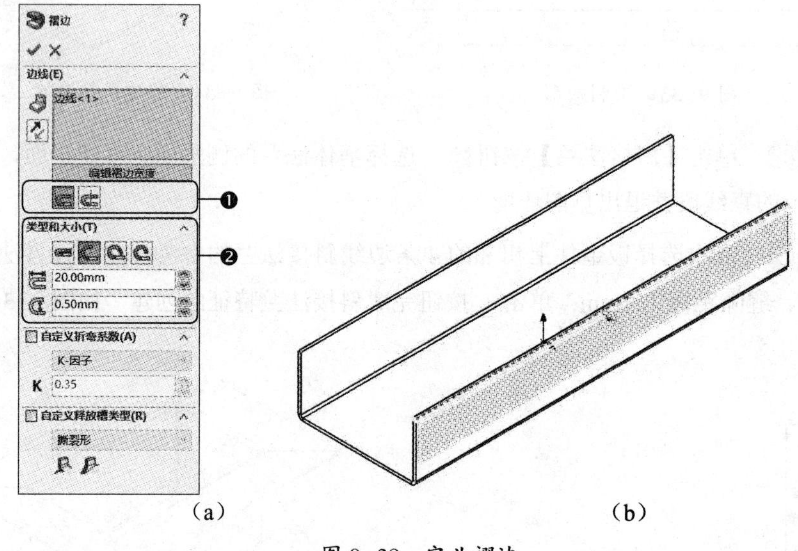

（a）　　（b）

图 9-38　定义褶边

❶ 褶边位置	用于设置当前褶边特征的折弯位置，包括【材料在内】和【折弯在外】选项。
❷ 类型和大小	用于设置褶边的开口类型和开口尺寸，包括【闭合】【打开】【撕裂形】和【滚扎】选项。

- 闭合：用于创建出一个与钣金壁贴合的褶边特征，如图 9-39 所示。
- 开口：用于创建出一个与钣金壁平行的褶边特征，用户可自定义褶边长度与平行距离，如图 9-40 所示。

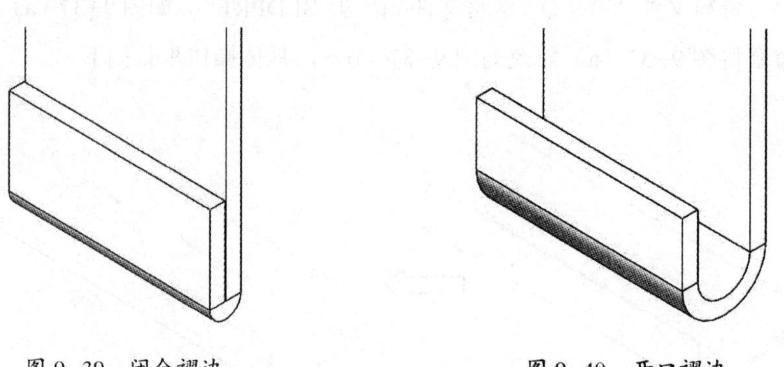

图 9-39　闭合褶边　　图 9-40　开口褶边

- 撕裂形：用于创建一个与钣金壁成一定角度的褶边特征，用户可自定义褶边角度与半径大小，如图 9-41 所示。

- 滚扎：用于创建一个完全卷曲的褶边特征，如图 9-42 所示。

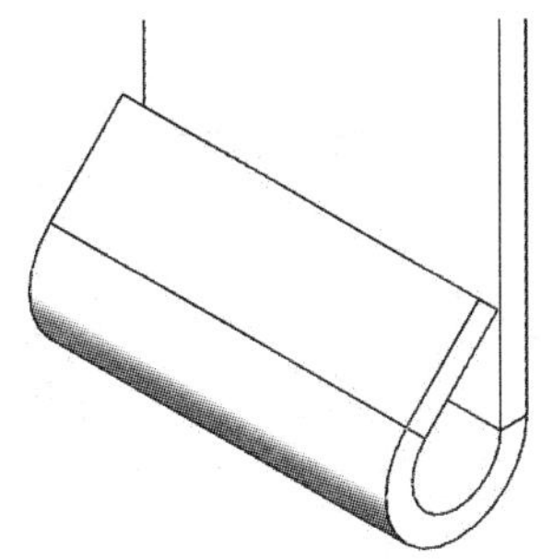
图 9-41 撕裂形褶边

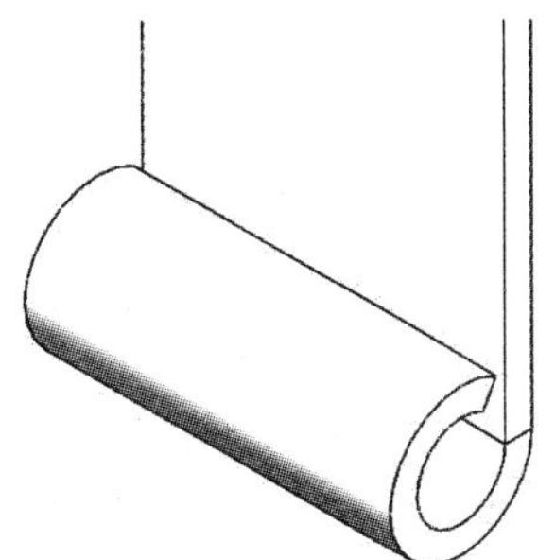
图 9-42 滚扎褶边

9.2.7 转折

转折是在已创建的钣金壁上添加的折弯或偏移特征，其主要是通过绘制的直线来控制转折的位置，从而创建出一对折弯特征和一个平板特征。

打开学习资料文件“第 9 章 \ 素材文件 \ 转折 . SLDPRT”，如图 9-43（a）所示。执行【转折】命令将图 9-43（a）修改为图 9-43（b），具体操作步骤如下。

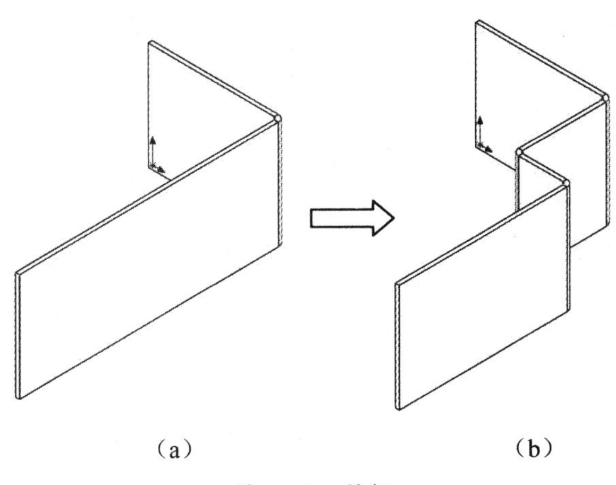
（a） （b）

图 9-43 转折

步骤 01 单击【转折】按钮，选择钣金壁侧面为草绘平面，绘制如图 9-44 所示的直线段并退出草图环境。

步骤 02 选择草绘直线右侧钣金壁为固定面，设置转折的长度为“20.00mm”、尺寸位置为外表等距、转折位置为折弯中心线、折弯角度为“90.00 度”，如图 9-45 所示。

步骤 03 单击按钮完成转折特征的创建。

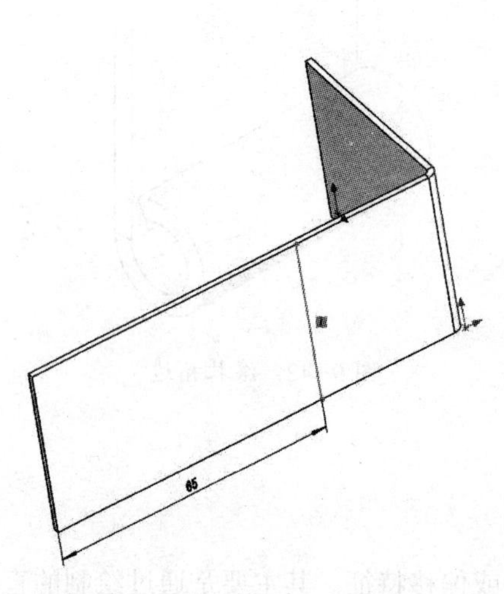

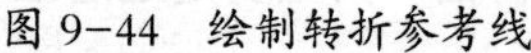

图 9-44　绘制转折参考线

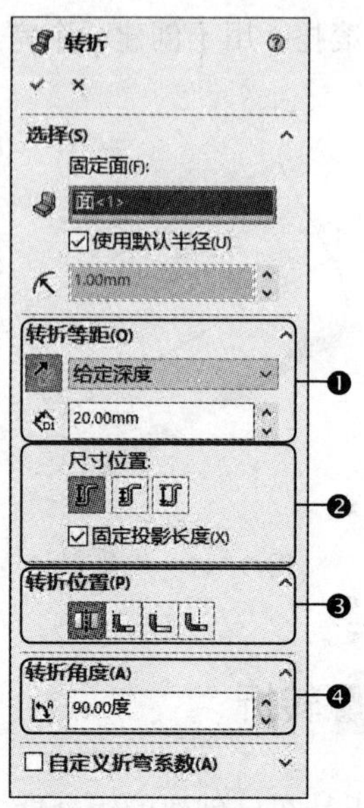

图 9-45　定义转折参数

❶ 转折等距	用于设置转折特征的方向、终止方式、长度尺寸等参数。其中，终止方式包括【给定深度】【成形到一顶点】【成形到一面】和【到离指定面指定的距离】选项。
❷ 尺寸位置	用于设置转折特征的尺寸计算位置，包括【外部等距】【内部等距】和【总尺寸】选项。
❸ 转折位置	用于设置折弯直线的位置，包括【折弯中心线】【材料在内】【材料在外】和【折弯在外】选项。
❹ 转折角度	用于设置转折特征的折弯角度。

9.2.8 绘制的折弯

使用绘制折弯的方式可以在钣金件展开的状态下进行各种钣金特征的设计，从而保证产品结构尺寸的正确性。

打开学习资料文件“第 9 章\素材文件\绘制的折弯 . SLDPRT”，如图 9-46（a）所示。执行【绘制的折弯】命令将图 9-46（a）修改为图 9-46（b），具体操作步骤如下。

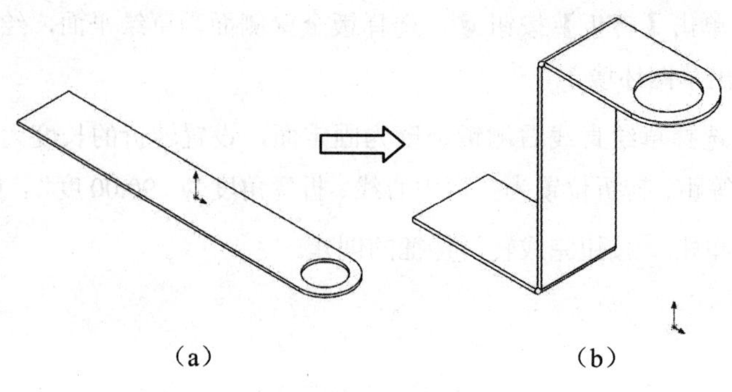

（a）　　　　　　（b）

图 9-46　绘制的折弯

步骤 01 单击【绘制的折弯】按钮，选择钣金件平面为草绘平面，绘制如图 9-47 所示的直线段并退出草图环境。

步骤 02 选择折弯线左侧的实体平面为固定面，设置折弯位置为折弯中心线、折弯角度为 90°，系统将预览出折弯结果，如图 9-48 所示。

步骤 03 单击按钮完成折弯特征的创建。

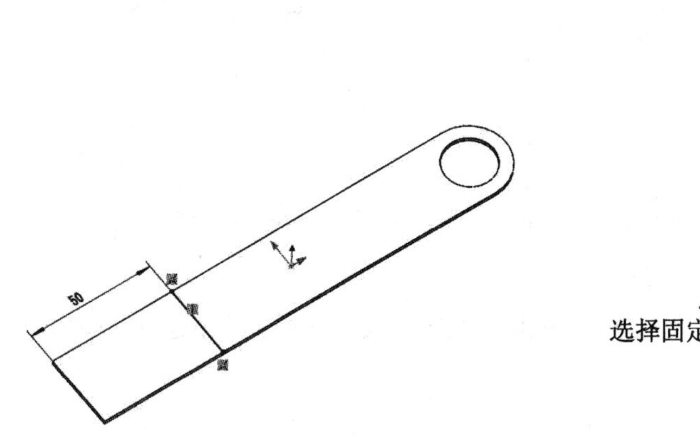

图 9-47 绘制折弯参考线

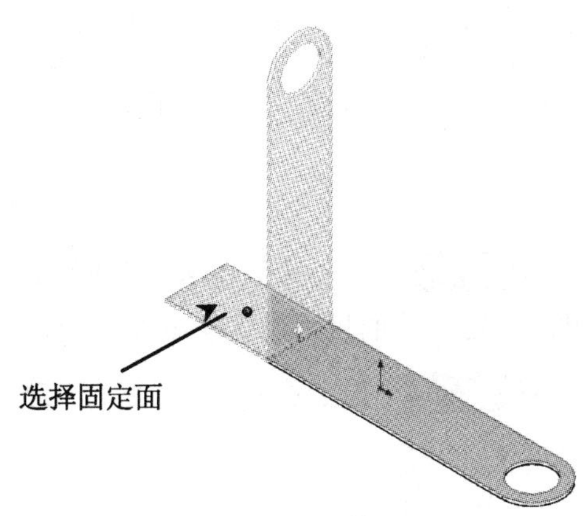

图 9-48 预览折弯

步骤 04 再次单击【绘制的折弯】按钮，选择钣金件平面为草绘平面，绘制如图 9-49 所示的直线段并退出草图环境。

步骤 05 选择折弯线下侧的实体平面为固定面，设置折弯位置为折弯中心线、折弯角度为 90°，系统将预览出折弯结果，如图 9-50 所示。

步骤 06 单击按钮完成折弯特征的创建。

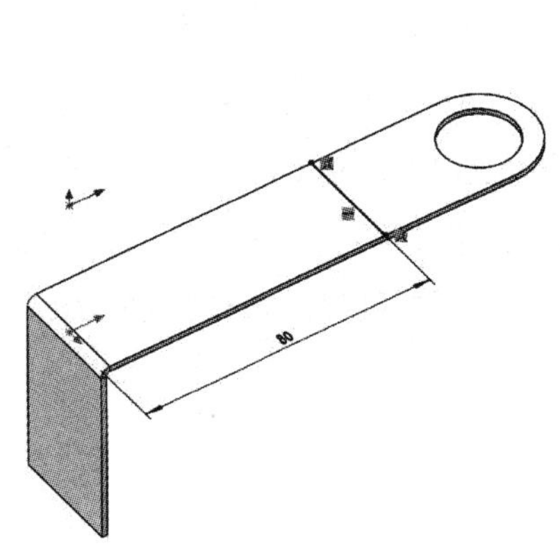

图 9-49 绘制折弯参考线

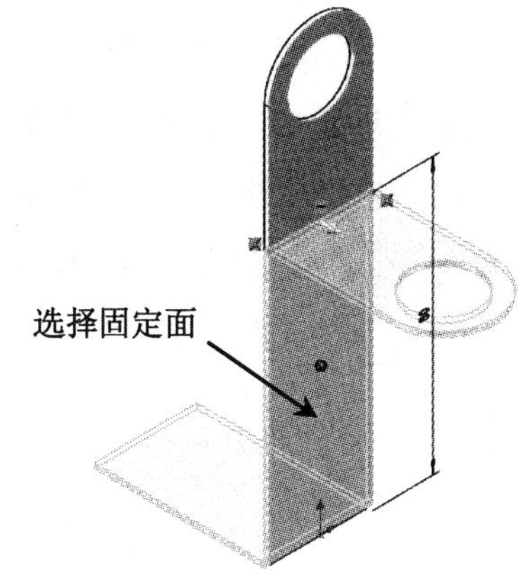

图 9-50 预览折弯

课堂范例——吊耳支架

执行【基体法兰 / 薄片】【边线法兰】【拉伸切除】和【绘制的折弯】等命令，创建出吊耳支架零件，如图 9-51 所示。

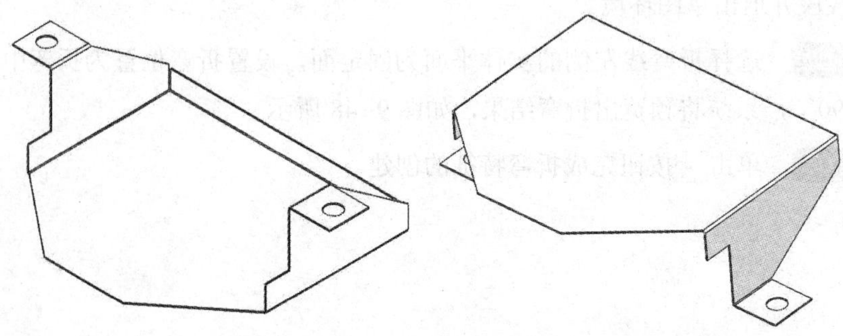

图 9-51　吊耳支架

步骤 01　单击【基体法兰 / 薄片】按钮，选择上视基准平面为草绘平面，绘制如图 9-52 所示的封闭直线段并退出草图环境。

步骤 02　指定基体法兰厚度为 1.5mm，单击按钮完成基体法兰的创建，如图 9-53 所示。

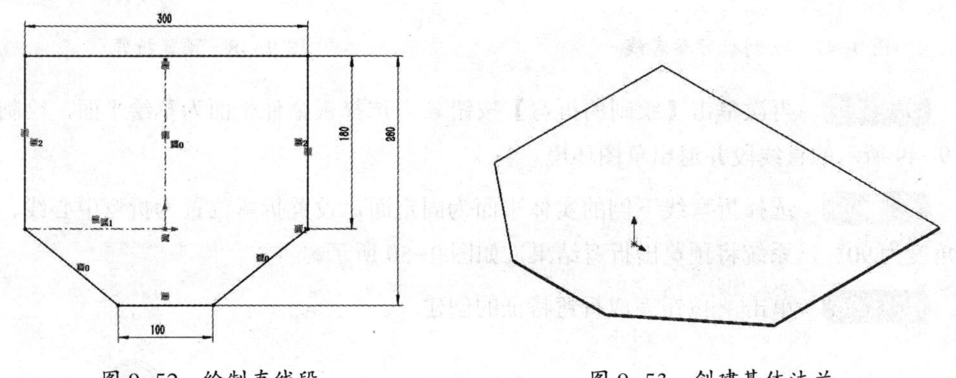

图 9-52　绘制直线段　　　　图 9-53　创建基体法兰

步骤 03　单击【边线法兰】按钮，设置法兰角度为 90°、法兰长度为 25mm、法兰位置为折弯在外。单击按钮完成边线法兰的创建，如图 9-54 所示。

步骤 04　再次单击【边线法兰】按钮，设置法兰角度为 90°、法兰长度为 150mm、法兰位置为折弯在外。单击按钮完成边线法兰的创建，如图 9-55 所示。

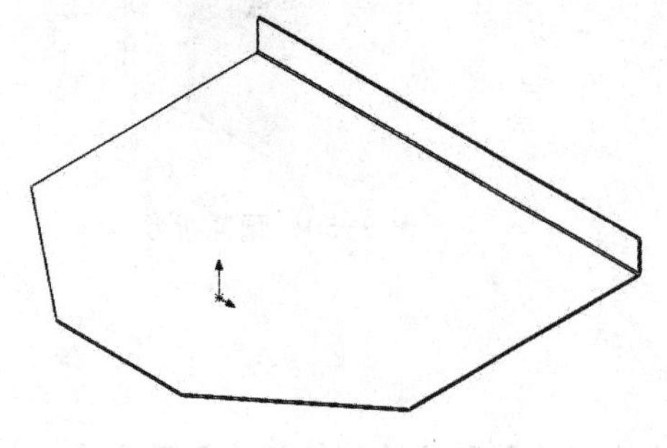

图 9-54　创建边线法兰（1）

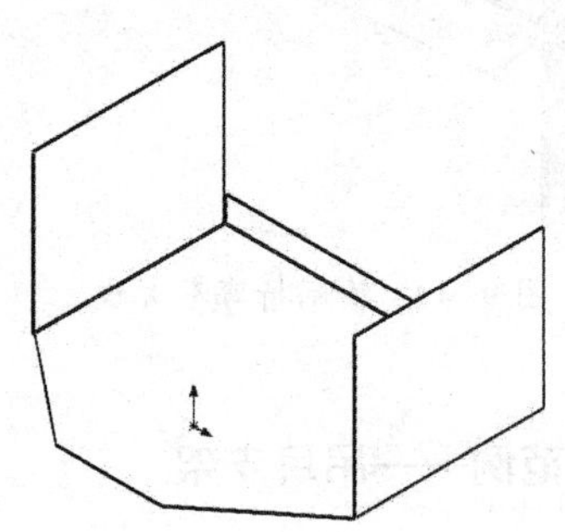

图 9-55　创建边线法兰（2）

步骤 05　单击【拉伸切除】按钮，选择边线法兰侧平面为草绘平面，绘制如图 9-56 所示的封闭直线段与圆形并退出草图环境；选择【完全贯穿】选项为方向 1 的终止方式；单击按钮完成拉伸切除特征的创建，如图 9-57 所示。

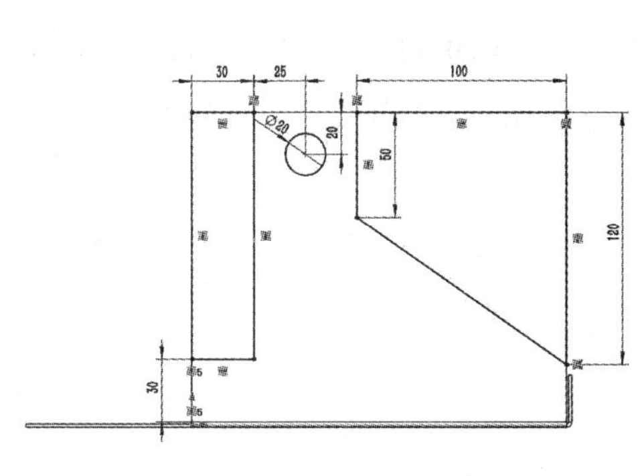

图 9-56　绘制封闭轮廓线

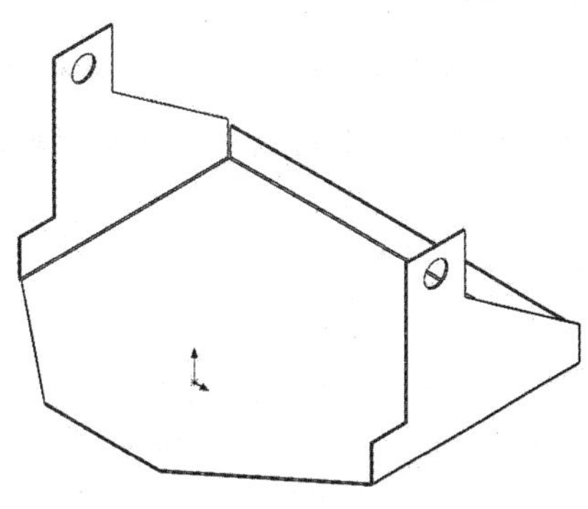

图 9-57　创建切除特征

步骤 06　单击【绘制的折弯】按钮，选择边线法兰侧平面为草绘平面，绘制如图 9-58 所示的直线并退出草图环境；选择折弯线下侧的实体平面为固定面，设置折弯角度为 90°；单击按钮完成折弯特征的创建，如图 9-59 所示。

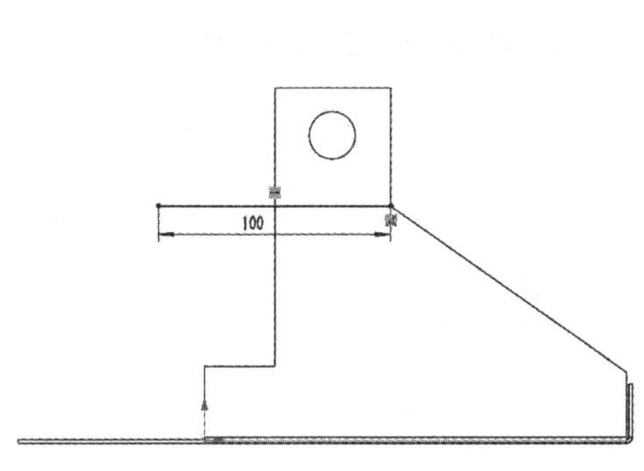

图 9-58　绘制折弯参考线

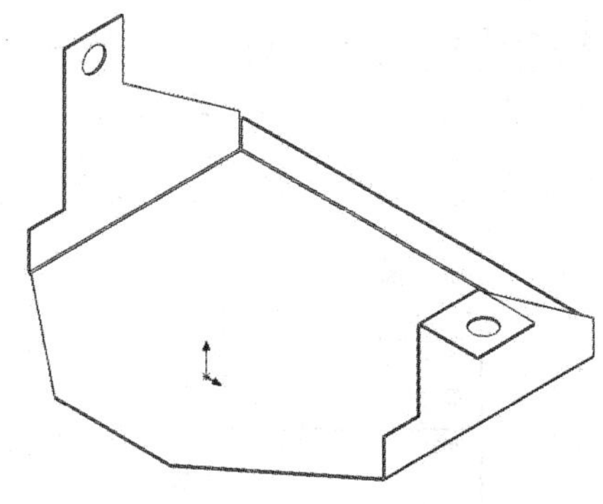

图 9-59　创建折弯特征

步骤 07　再次单击【绘制的折弯】按钮，将对称位置上的边线法兰进行 90° 折弯。

9.3 钣金壁的边角处理

使用 SolidWorks 创建的各种钣金法兰特征不一定能符合生产加工的需求，特别是在边角的位置上容易出现折弯干涉等现象。因此，为顺利实现钣金零件的加工，通常需要在钣金壁相邻的转角处进行相应的处理。常见的边角处理命令主要有【闭合角】【断开边角 / 边角剪裁】和【边角释放槽】3 种。

9.3.1 闭合角

闭合角是通过延伸相邻法兰壁的截面，并在相交处进行修剪操作从而达到封闭法兰边角的设计目的。

打开学习资料文件“第 9 章 \ 素材文件 \ 闭合角 . SLDPRT”，如图 9-60（a）所示。执行【闭合角】命令将图 9-60（a）修改为图 9-60（b），具体操作步骤如下。

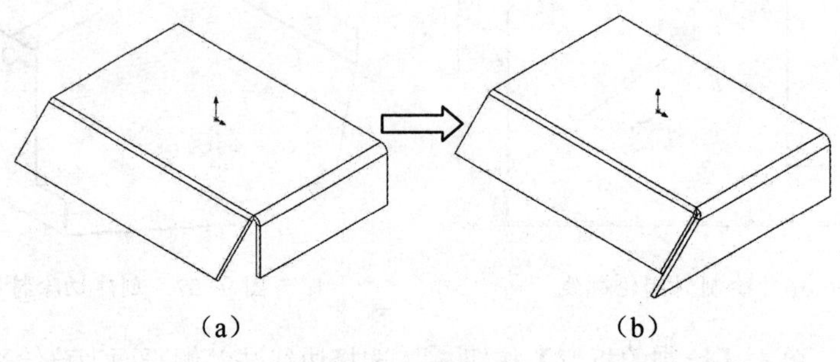

图 9-60　闭合角

步骤 01 单击【闭合角】按钮，定义边界类型为“对接”，指定缝隙距离为“1.00mm”，如图 9-61（a）所示。

步骤 02 选择边线法兰 1 为要延伸的面，选择边线法兰 2 为要匹配的面，系统将预览出闭合角，如图 9-61（b）所示。

步骤 03 单击按钮完成闭合角的创建。

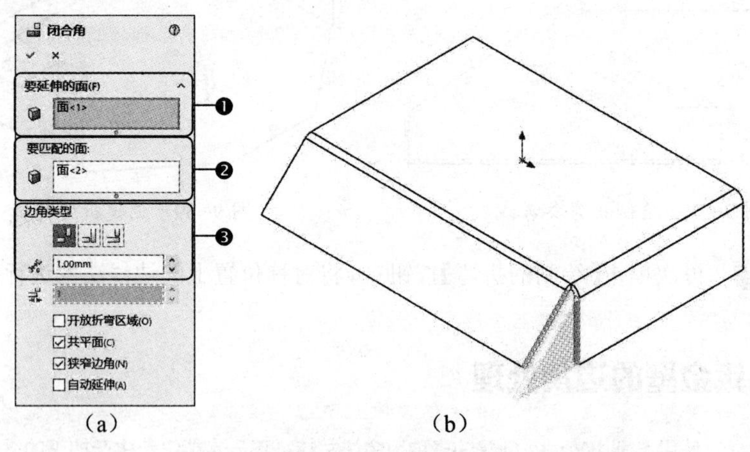

图 9-61　定义闭合角

❶ 要延伸的面	实现延伸操作的钣金壁侧面。
❷ 要匹配的面	延迟操作的终止参考面。
❸ 边角类型	用于设置闭合角的延伸方式。

- 对接：将选取的钣金侧面同时延伸操作，如图 9-62 所示。
- 重叠：将选取的延伸面延伸至匹配面的外侧，如图 9-63 所示。

- 欠重叠：将选取的延伸面延伸至匹配面的内侧，如图 9-64 所示。

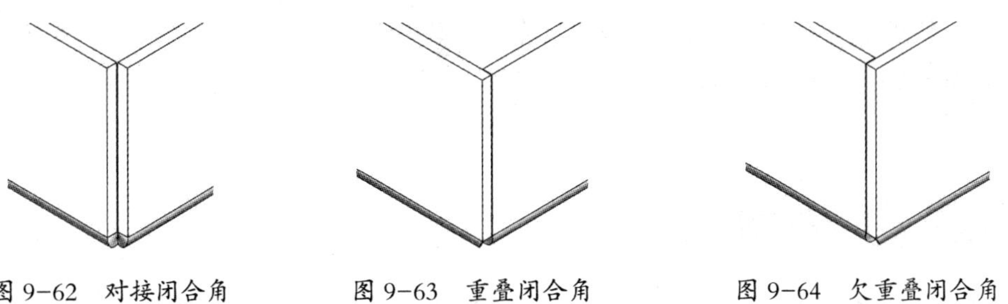

图 9-62 对接闭合角　　图 9-63 重叠闭合角　　图 9-64 欠重叠闭合角

9.3.2 断开边角 / 边角剪裁

断开边角 / 边角剪裁是在选定的钣金壁上创建倒角或圆角特征，从而取代原有的尖锐直角。

打开学习资料文件“第 9 章 \ 素材文件 \ 断开边角 .SLDPRT”，如图 9-65（a）所示。执行【断开边角 \ 边角剪裁】命令将图 9-65（a）修改为图 9-65（b），具体操作步骤如下。

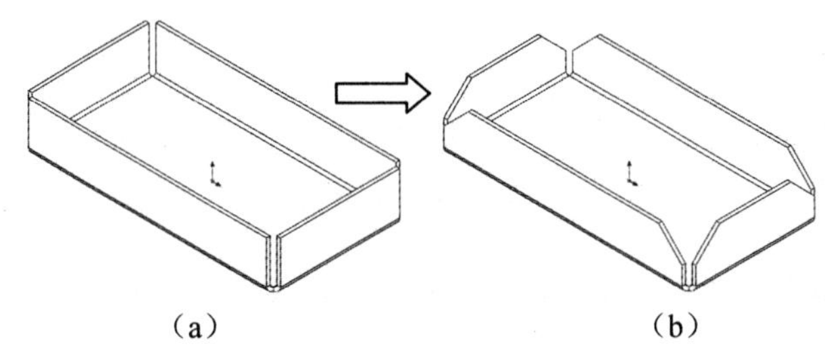

（a）　（b）

图 9-65 断开边角 \ 边角剪裁

步骤 01 单击【断开边角 / 边角剪裁】按钮，定义折断类型为“倒角”，指定倒角距离为“10.00mm”，如图 9-66（a）所示。

步骤 02 依次选择 4 个边线法兰为剪裁对象，系统将预览出剪裁结果，如图 9-66（b）所示。

步骤 03 单击按钮完成断开边角的创建。

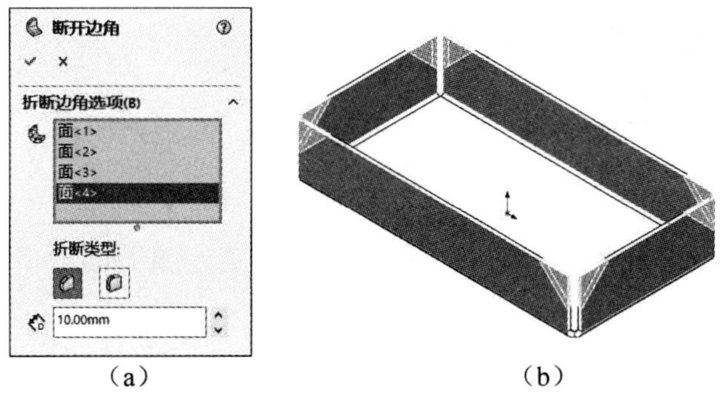

（a）　（b）

图 9-66 定义断开边角 \ 边角剪裁

技能拓展

使用【断开边角/边角剪裁】命令只需选择法兰壁实体，系统会自动识别出锐角边线并对其进行倒角或圆角处理。

9.3.3 边角释放槽

法兰壁的释放槽不仅可在创建法兰特征的时候添加，也可在完成法兰特征创建之后由用户自定义添加，其设计的主要目的是更好地完成钣金折弯操作。

打开学习资料文件“第 9 章\素材文件\边角释放槽.SLDPRT”，如图 9-67（a）所示。执行【边角释放槽】命令将图 9-67（b）修改为图 9-67（b），具体操作步骤如下。

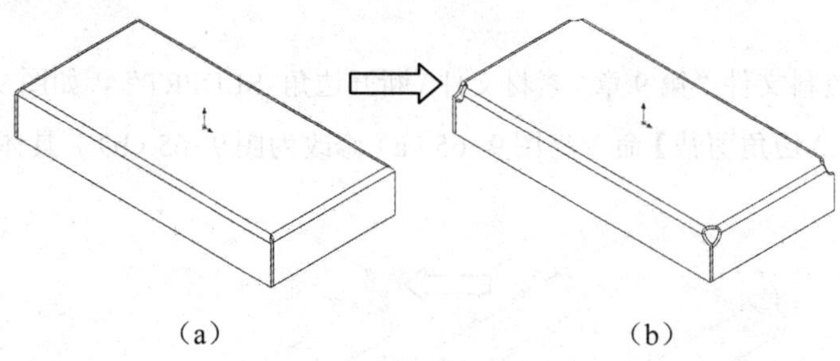

（a）　　（b）

图 9-67　边角释放槽

步骤 01 单击【边角释放槽】按钮，选择【收集所有角】选项，系统将自动完成钣金边角的选取。

步骤 02 指定释放槽类型为“圆形”，指定半径值为“5.00mm”，如图 9-68 所示。

步骤 03 单击按钮完成释放槽的创建，如图 9-69 所示。

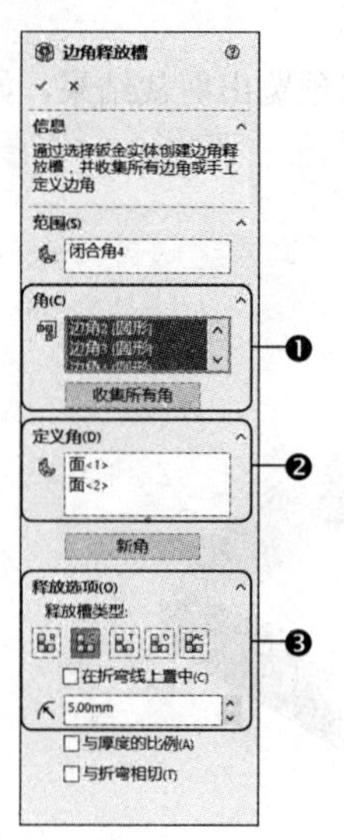

图 9-68　定义释放槽

温馨提示

设置合理的边角释放槽不仅能顺利保证法兰的折弯操作，而且能减少钣金件折弯变形量，保证钣金件的基本外观。

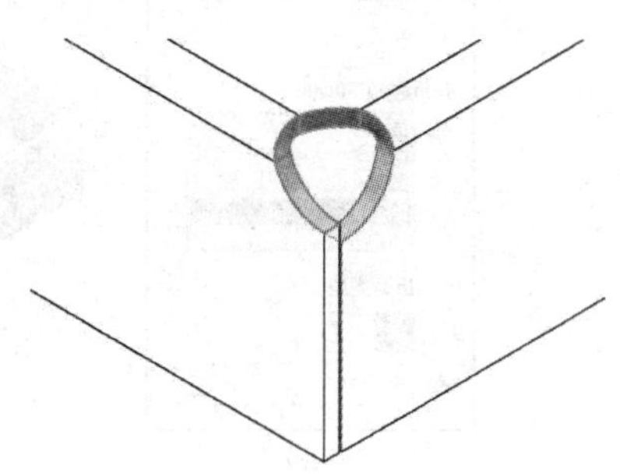

图 9-69　创建边角释放槽

❶ 角	用于显示当前已选取的钣金边角。
❷ 定义角	用于为新的边角选择两个折弯面。
❸ 释放槽类型	用于定义释放槽的基本形状。

课堂范例——落料盘

执行【基体法兰/薄片】【边线法兰】【边角释放槽】命令，创建出落料盘零件，如图9-70所示。

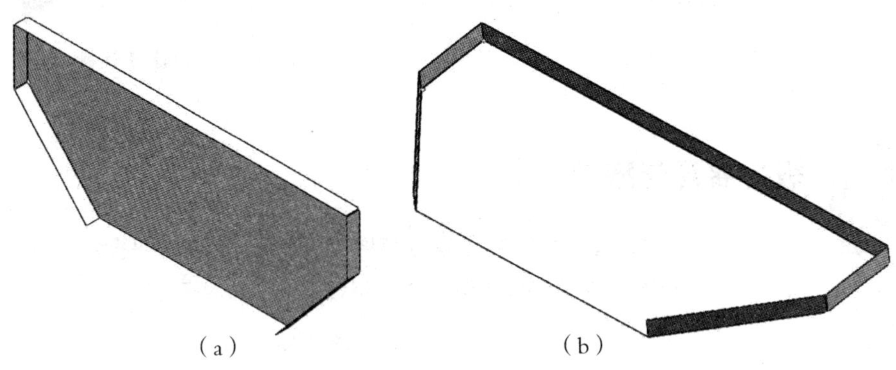

图9-70 落料盘

步骤01 单击【基体法兰/薄片】按钮，选择前视基准平面为草绘平面，绘制如图9-71所示的直线段并退出草图环境；设置钣金壁厚为1.5mm；单击✓按钮完成基体法兰的创建。

步骤02 单击【边线法兰】按钮，设置法兰位置为材料在外，依次选择实体两侧的边线为参考边线，设置法兰长度为50mm；单击✓按钮完成边线法兰的创建，如图9-72所示。

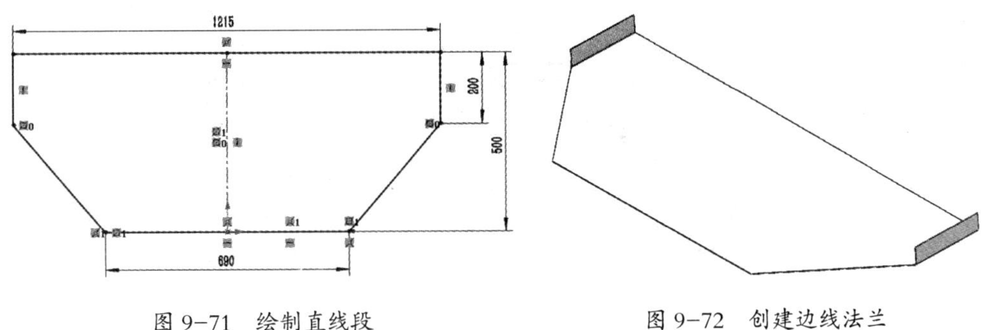

图9-71 绘制直线段

图9-72 创建边线法兰

步骤03 单击【边线法兰】按钮，使用步骤02中边线法兰的参数，创建如图9-73所示的边线法兰。

步骤04 单击【边角释放槽】按钮；单击【收集所有角】按钮完成钣金边角的选取，指定释放槽类型为“圆形”，并设置半径值为7mm；单击✓按钮完成释放槽的创建，如图 9-74 所示。

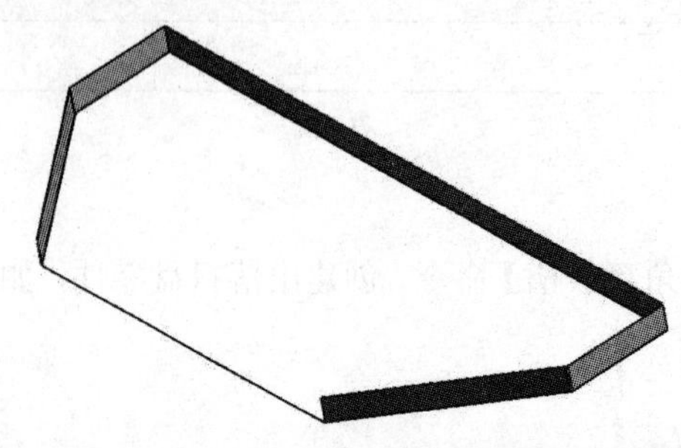

图 9-73　创建边线法兰

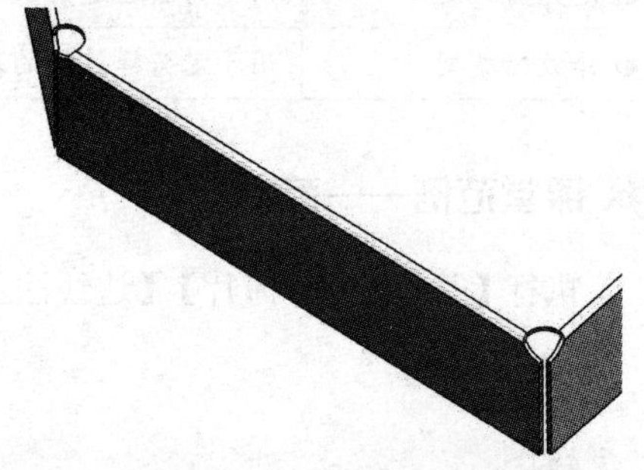

图 9-74　创建释放槽

9.4 钣金展开与成型

为顺利完成钣金零件的加工，通常需要将完成的三维钣金零件进行展开操作，从而完成板材的下料剪裁。另外，针对特殊的形状还需要进行冲压成型。

9.4.1 平板型式展开

使用 SolidWorks 绘制的折弯类钣金零件，或者能被 SolidWorks 识别的钣金零件，均可以执行【展开】命令将钣金零件的所有折弯特征进行展开操作。

打开学习资料文件"第 9 章 \ 素材文件 \ 平板型式展开 . SLDPRT"，如图 9-75（a）所示。执行【展开】命令将图 9-75（a）修改为图 9-75（b），具体操作步骤如下。

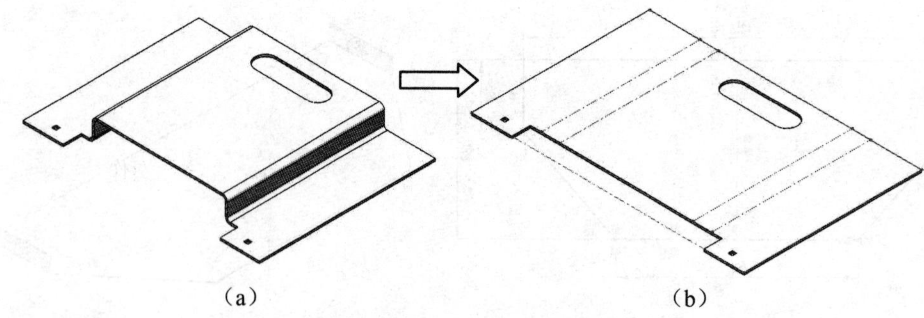

（a）　　（b）

图 9-75　平板型式展开

步骤 01　单击【转换到钣金】按钮，选择实体顶平面为固定实体面，其他参数使用系统默认；单击【采集所有折弯】按钮自动识别出实体的圆角半径值；单击按钮完成钣金零件的转换，如图 9-76 所示。

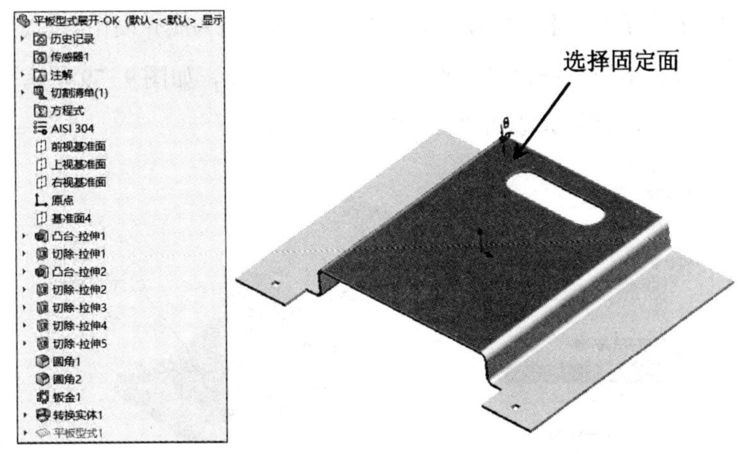

图 9-76 转换钣金件

步骤 02 单击【展开】按钮，将当前转换的钣金实体完全展开，如图 9-77 所示。

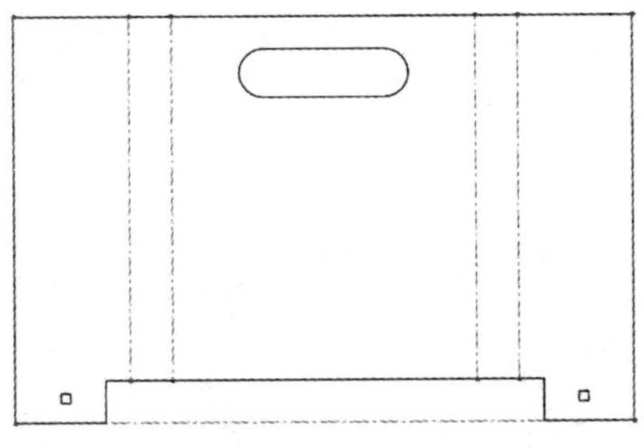

图 9-77 展开钣金零件

9.4.2 展开与折叠

当某些特征会叠加在局部的折弯线上时，可在不展开全部钣金的前提下只展开指定的折弯特征，随后在其他特征创建完成后使用【折叠】命令将其重新折叠起来。

打开学习资料文件“第 9 章 \ 素材文件 \ 展开与折叠 . SLDPRT”，如图 9-78（a）所示；执行【展开】和【折叠】命令将图 9-78（a）修改为图 9-78（b），具体操作步骤如下。

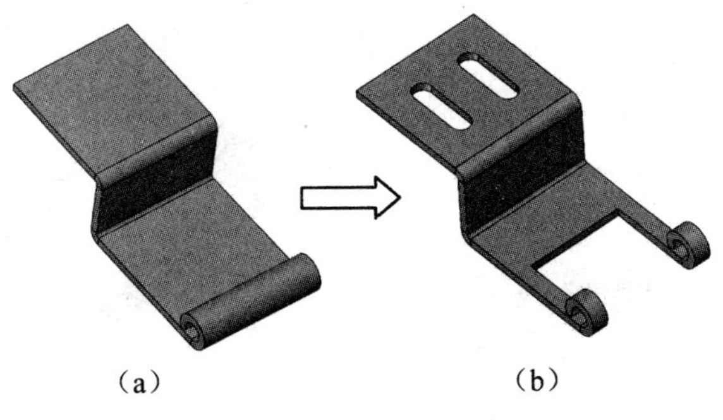

（a）　（b）

图 9-78 展开与折叠

步骤 01　单击【展开】按钮，选择钣金实体平面为展开操作的固定面。

步骤 02　选择褶边折弯为需要展开操作的折弯对象，如图 9-79 所示。

步骤 03　单击 按钮完成褶边特征的展开。

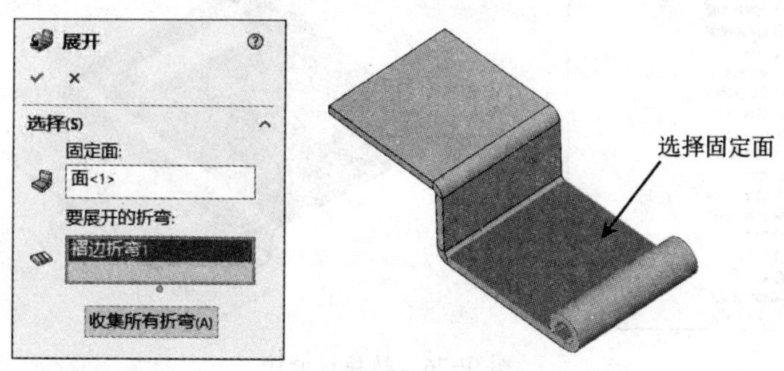

图 9-79　定义展开折弯面

步骤 04　单击【拉伸切除】按钮，选择展开的实体平面为草绘平面，绘制如图 9-80 所示的封闭直线段与条形圆并退出草图环境；选择【完全贯穿】选项为方向 1 的终止方式；单击 按钮完成拉伸切除特征的创建。

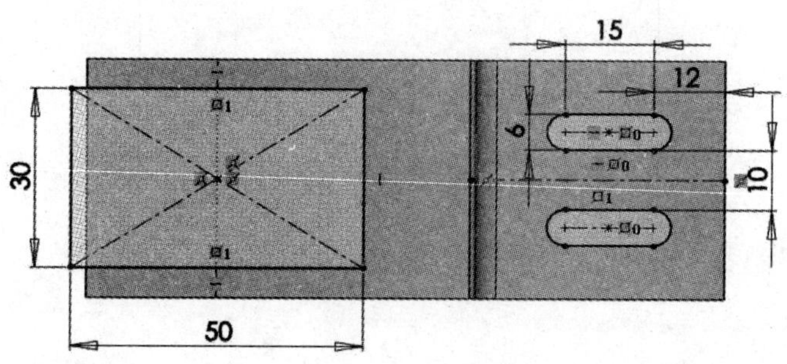

图 9-80　绘制封闭轮廓线

步骤 05　单击【折叠】按钮，选择钣金实体平面为折叠操作的固定面。

步骤 06　单击【收集所有折弯】按钮，完成折叠对象的选取，如图 9-81（a）所示。

步骤 07　单击 按钮完成褶边特征的重新折弯操作，如图 9-81（b）所示。

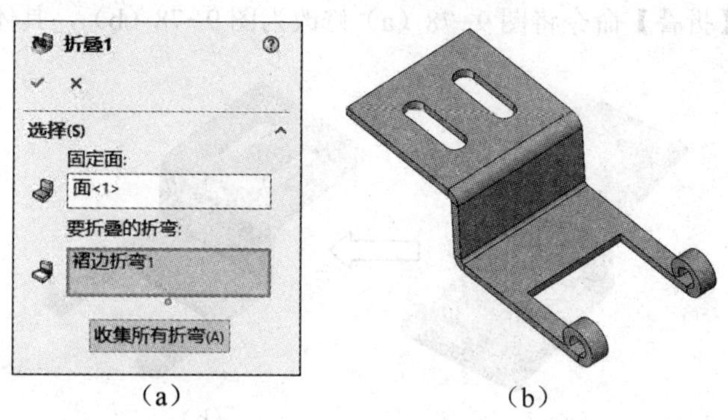

图 9-81　定义折叠折弯面

9.4.3 使用成型工具创建冲压特征

使用 SolidWorks 进行钣金设计不仅需要创建各种折弯特征，同时还需要设计各种冲压特征，如压凹、百叶窗、冲孔、筋等特征。

SolidWorks 不仅提供各种标准的冲压成型工具，还允许用户自定义各种冲压成型工具，这些工具可以统一存放在设计库中以便用户调用。

设计库中的“forming tools”文件夹里有“embosses”“extruded flanges”“lances”“louvers”和“ribs”等文件夹，如图 9-82 所示。

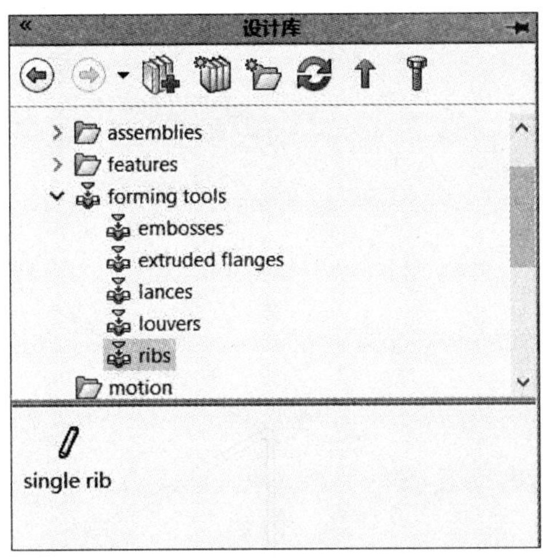

图 9-82　标准成型工具

打开学习资料文件“第 9 章 \ 素材文件 \ 冲压成型 . SLDPRT”，如图 9-83（a）所示。使用冲压成型工具将图 9-83（a）修改为图 9-83（b），具体操作步骤如下。

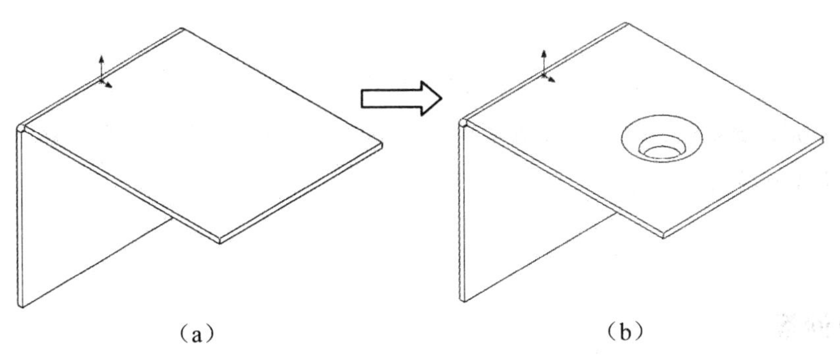

（a）　（b）

图 9-83　冲压成型特征

步骤 01 展开右侧设计库中的“forming tools”文件夹。

步骤 02 单击“embosses”文件夹，选择名称为“counter sink emboss.sldprt”的零件。

步骤 03 将选取的零件实体拖动至钣金体平面上，设置成型工具的旋转角度为

"270.00 度"，如图 9-84 所示。

步骤 04 切换至【位置】选项卡，将冲压特征进行位置标注，如图 9-85 所示。

步骤 05 单击✓按钮完成冲压特征的创建。

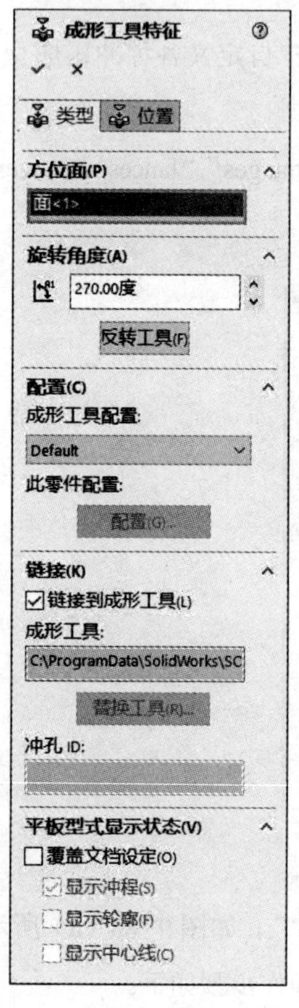

图 9-84 定义成型工具类型

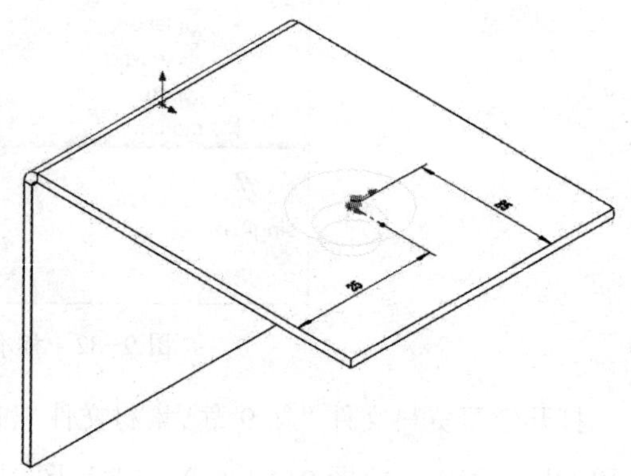

图 9-85 定义成型工具位置

技能拓展

SolidWorks 自带的标准成型工具可以是零件实体，也可以是库特征，在完成冲压成型后将自动保持隐藏。

课堂问答

本章通过对 SolidWorks 中钣金造型工具的介绍，演示了钣金设计的基本思路与技巧。下面将列出一些常见的问题供读者学习与参考。

问题❶：实体零件转换为钣金零件有哪些条件？

答：使用 SolidWorks 钣金转换工具将实体零件转换为可以展开操作的钣金零件时，

通常需要先将实体修改为平均厚度的薄壁实体，再创建出相应的切口特征。

问题❷：K 因子与折弯扣除有什么不同?

答：K 因子大多数用于圆弧类钣金和非 90° 角的折弯计算，而折弯扣除则是根据板材厚度和折弯次数来完成材料拉伸变形的尺寸计算。

问题❸：边角释放槽主要有哪些创建方式?

答：对于折弯类钣金零件通常需要创建边角释放槽才能正常折弯加工，使用 SolidWorks 创建各种钣金法兰时，可直接在 PropertyManager 菜单中附带创建出释放槽，也可通过【边角释放槽】命令统一在钣金零件转角处创建释放槽特征。

上机实战——皮带轮护罩

为巩固本章所介绍的 SolidWorks 钣金造型的基本知识点，下面将通过一个综合实例的演练与介绍，使大家能更熟练地掌握本章所介绍的钣金造型技巧。

效果展示

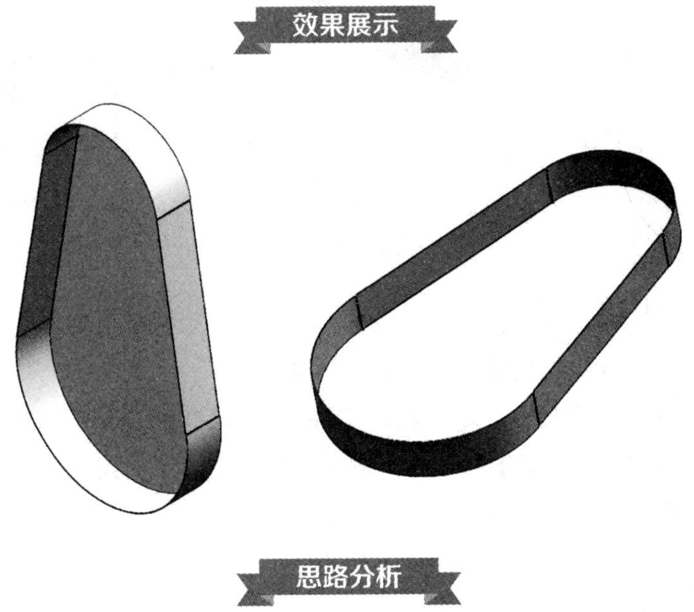

思路分析

在皮带轮护罩的设计过程中，将使用【基体法兰 / 薄片】【边线法兰】【新零件】等命令，主要有如下几个基本步骤。

(1) 创建罩壳主体零件。

(2) 在装配体中装配罩壳主体零件。

(3) 使用草图关联方式创建主动端圆弧板零件。

(4) 使用草图关联方式创建从动端圆弧板零件。

制作步骤

步骤 01　新建零件文件并切换至钣金设计环境。

步骤 02　单击【基体法兰 / 薄片】按钮，选择前视基准平面为草绘平面，绘制如图 9-86 所示的封闭轮廓曲线并退出草图环境；设置钣金壁厚为 1.5mm；单击按钮完成基体法兰的创建。

步骤 03　单击【边线法兰】按钮，设置法兰长度为 95mm、法兰位置为材料在外，选中【自定义释放槽类型】复选框并设置释放槽为矩形；单击按钮完成边线法兰的创建，如图 9-87 所示。

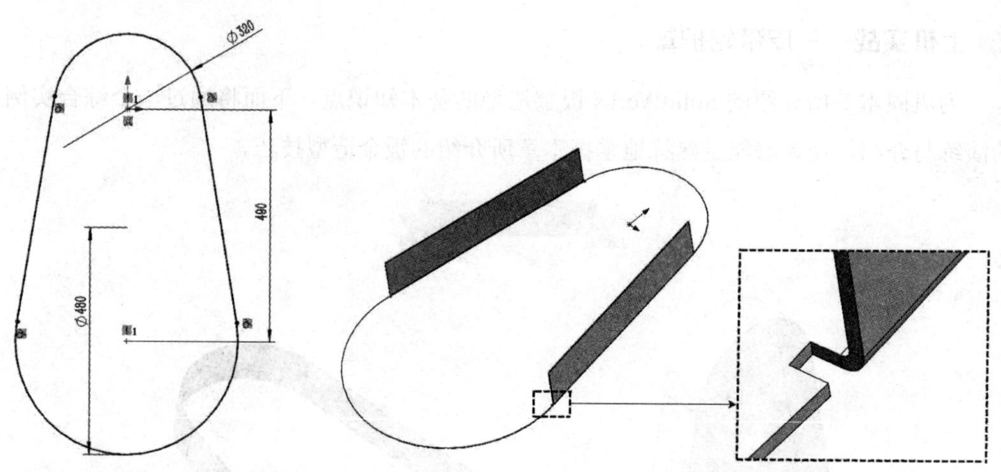

图 9-86　绘制封闭轮廓线　　图 9-87　创建边线法兰

步骤 04　将钣金零件保存为“罩壳主体 .SLDPRT”。

步骤 05　新建一个装配体文件并将“罩壳主体 .SLDPRT”插入装配体中。

步骤 06　单击【新零件】按钮，将新零件命名为“主动端圆弧板 .SLDPRT”，并保存至指定路径。

步骤 07　选择罩壳主体零件的实体平面为放置参考平面，选择罩壳主体的圆弧边为实体引用对象并退出草图环境。

步骤 08　单击【基体法兰 / 薄片】按钮，选择已绘制的草图圆弧曲线，设置钣金壁厚为 1.5mm、法兰高度为 96.5mm；单击按钮完成基体法兰的创建，如图 9-88 所示。

步骤 09　退出零件编辑模式，将新零件保存。

步骤 10　使用上述操作方法创建出从动端圆弧板零件，如图 9-89 所示。

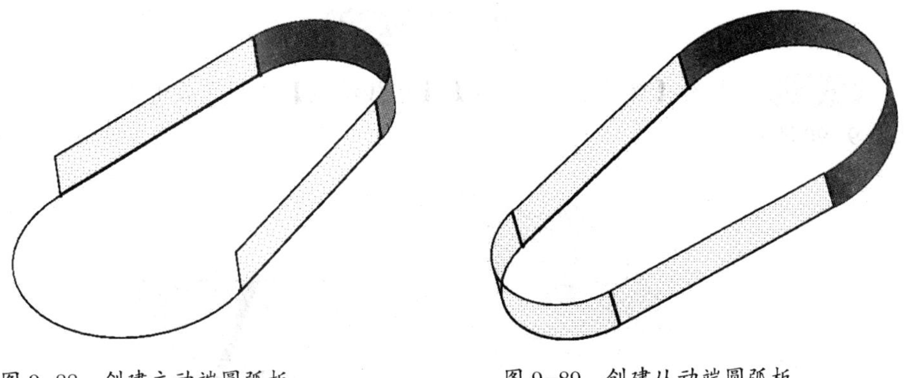

图 9-88 创建主动端圆弧板　　图 9-89 创建从动端圆弧板

同步训练——同步齿轮护罩

图解流程

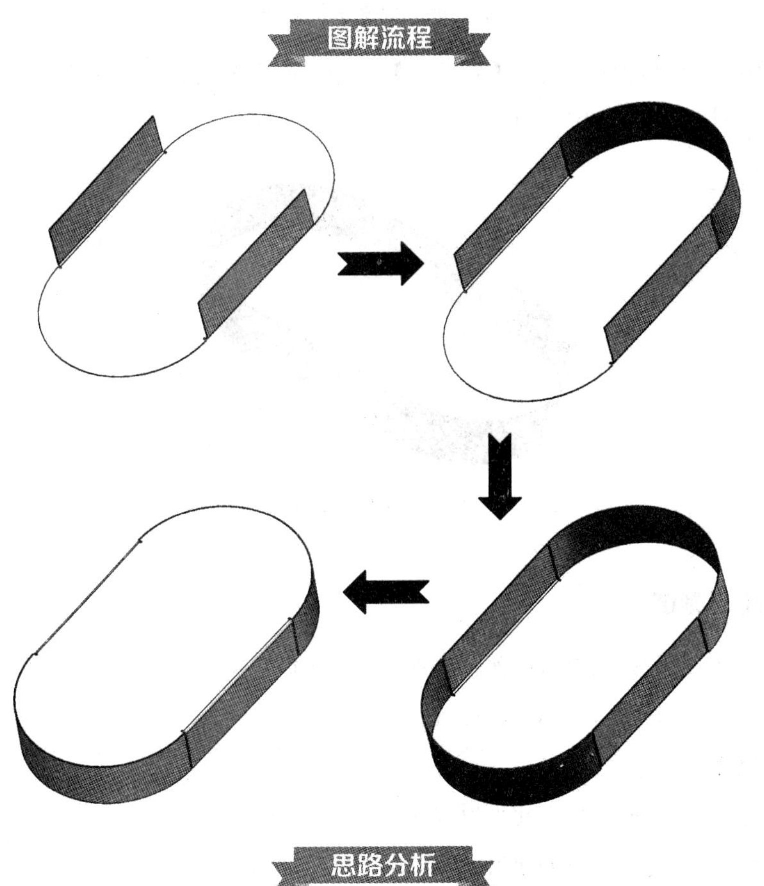

思路分析

同步齿轮护罩的设计过程中，首先执行【基体法兰 / 薄片】【边线法兰】命令来完成主体零件的设计，其次将使用关联装配设计的相关知识来完成两端板零件设计。

关键步骤

步骤 01 执行【基体法兰 / 薄片】【边线法兰】命令完成钣金主体零件的设计，如图 9-90 所示。

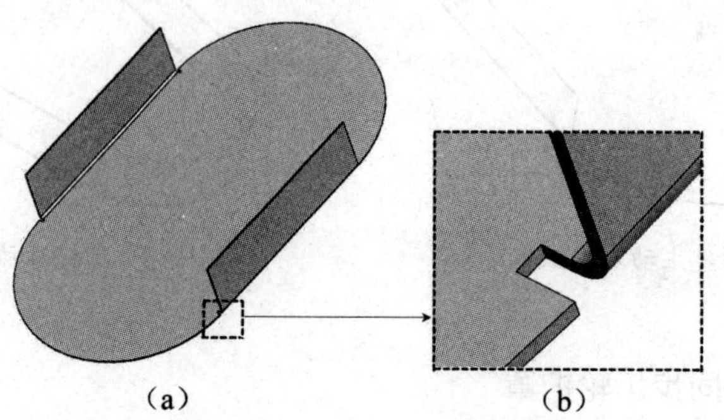

图 9-90 护罩主体零件

步骤 02 在装配体下执行【新零件】命令，使用关联装配设计的方法，分别创建出两个端板零件，如图 9-91 所示。

图 9-91 完成齿轮护罩装配

知识与能力测试

本章介绍了使用 SolidWorks 钣金造型工具设计折弯类钣金零件的基本思路与方法，为对知识进行巩固和考核，请完成下列相应的习题。

一、填空题

1．执行________命令可创建平板式钣金壁。

2．执行________命令可创建自定义轮廓形状的法兰特征。

3．法兰斜接位置定义主要有________、________和________。

4．释放槽的类型主要有________、________、________、________和________。

二、选择题

1．下面（　　）命令可创建异形法兰特征。

A. 【基体法兰 / 薄片】 B. 【边线法兰】 C. 【斜接法兰】 D. 【放样折弯】

2. 下面（ ）命令可创建邻边相接的法兰特征。

A. 【基体法兰 / 薄片】 B. 【边线法兰】 C. 【斜接法兰】 D. 【放样折弯】

3. 下面（ ）命令可将相邻的法兰壁进行延伸修剪操作。

A. 【褶边】 B. 【转折】 C. 【绘制的折弯】 D. 【闭合角】

4. 下面（ ）命令可收合已展开的折弯壁。

A. 【闭合角】 B. 【边角释放槽】

C. 【展开】 D. 【折叠】

三、简答题

1. 怎样创建第一个钣金特征？

2. 实体零件转换为钣金零件主要有哪些方法？

3. 钣金壁的边角处理主要有哪些形式？

SolidWorks
2016

第 10 章
焊件结构设计

焊件是由两个或多个金属零件装配焊接而成的产品。从操作类型上看，焊件结构设计应属于装配设计，然而在SolidWorks 中却属于多实体零件设计。

本章将介绍如何使用 SolidWorks 创建各种焊件结构及工程图的基本思路。

学习目标

- 掌握 3D 框架草图的绘制方法
- 了解自定义构件轮廓的方法
- 掌握定义构件的基本操作
- 掌握焊件工程图的创建思路

SolidWorks 焊件结构设计简介

SolidWorks 焊件设计是通过在指定的曲线上创建型材实体的方式来完成结构的排位设计，它需要运用到草图设计等知识来完成结构轮廓曲线的创建。

本节将介绍焊件结构设计的基本知识及焊件设计的工具按钮。

10.1.1 SolidWorks 焊件结构设计的特点

SolidWorks 焊件设计是零件设计的另一种表现形式，它具有装配设计的特性但却属于多实体零件设计。

在焊件结构设计的整个过程中，不仅可以使用焊件设计工具来直接创建结构件，还可以使用实体特征工具来创建其他焊接板件。另外，还可以通过执行【焊缝】命令在两个实体之间创建出简化的焊接符号，从而达到焊件结构设计的最终目标。

使用 SolidWorks 焊件设计主要有以下几个特点。

（1）简化装配关系，方便修改各焊接构件特征。

（2）快速创建出标准型材件、顶盖板、角撑板及焊缝等实体。

（3）便于修改各焊件的剪裁和延伸方式。

（4）快速创建子焊件，便于工程图的管理。

（5）快速创建切割清单。

使用 SolidWorks 焊件设计的基本思路如下。

（1）创建空间结构曲线。

（2）定义构件类型与放置方位。

（3）剪裁 / 延伸相邻构件。

（4）更新焊件切割清单。

SolidWorks 焊件设计的思路与操作流程如图 10-1 所示。

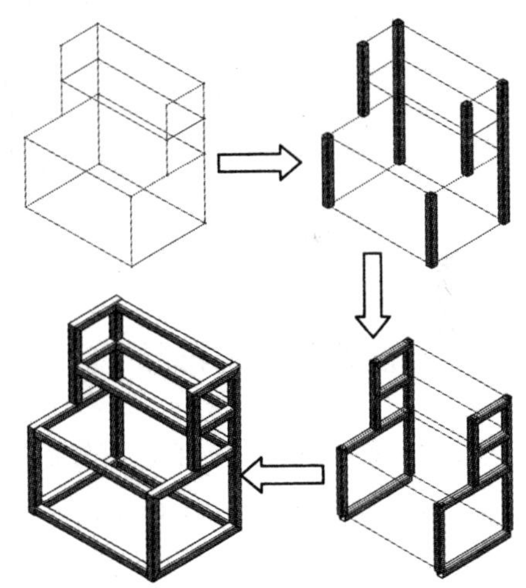

图 10-1　焊件结构设计基本流程

10.1.2 焊件工具按钮介绍

SolidWorks 焊件设计本质上属于零件设计，不同的是各实体之间不具有布尔并集关系，从而保证了各实体之间的独立性。

在 CommandManager 工具集的名称上右击，在弹出的快捷菜单中选择【焊件】选项，可快速添加焊件设计的相应命令，如图 10-2 所示。

在未创建结构构件实体前，系统只激活了部分命令，当绘图区域中已创建出结构构件实体后，用户可使用更多的设计命令，如图 10-3 所示。

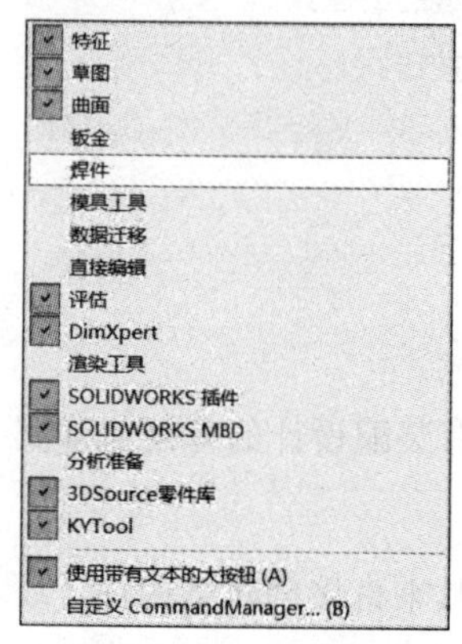

图 10-2 添加【焊件】工具

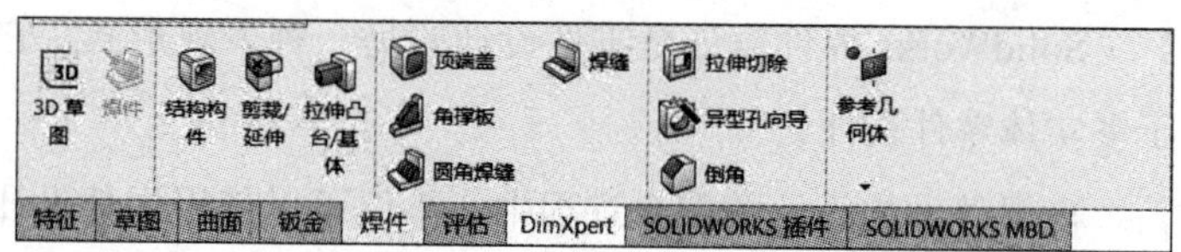

图 10-3 【焊件】命令界面

10.2 创建结构构件

使用 SolidWorks 进行焊件结构设计的本质是在指定的空间曲线上添加标准的型材实体，从而创建出具有装配关系的焊接产品。在焊件结构设计的过程中，通常需要使用到框架草图布局、结构构件的定义、结构构件的修剪等知识，如有必要还会使用到自定义构件轮廓等相关知识点。

10.2.1 框架草图的布局

在创建各种焊件结构前，首先需要进入草图绘制环境中创建出结构构件的框架线。而框架线既可以是平面内的草图曲线，也可以是空间内的 3D 草图曲线，因此框架草图的布局方法有以下两种基本形式。

（1）组合草图曲线。通过创建基准平面与草图曲线来布局结构构件是最常用、最基本的方式，其主要思路是利用基准平面来定义草图曲线的方位，从而拼接出空间结构曲线，如图 10-4 所示。

（2）3D 草图曲线。使用【3D 草图】命令可在 3D 空间中快速连续地绘制出结构曲线，相较于在平面内绘制曲线其操作难度稍大，后续的关联修改也不像直接在平面内绘制曲线框架那样方便。

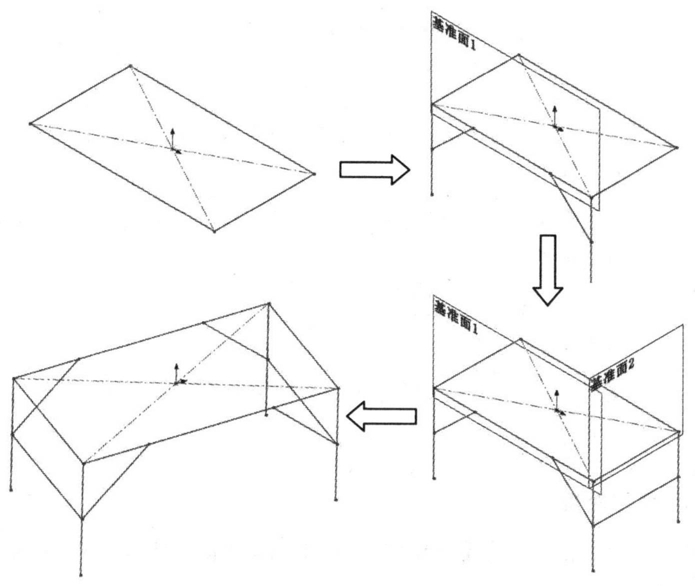

图 10-4 组合草图曲线结构布局

10.2.2 国标构件轮廓

执行【结构构件】命令后，通过指定结构构件轮廓并选择已绘制的 2D 或 3D 框架线，可快速建立结构构件模型。常见的结构构件类型如图 10-5 所示。

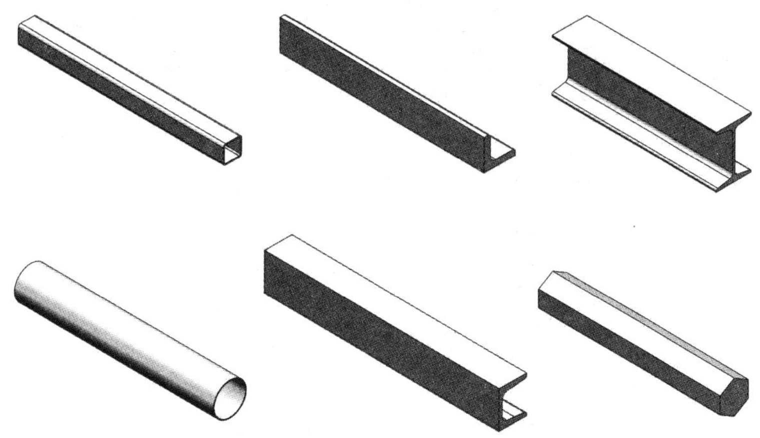

图 10-5 常见结构构件类型

1. 国标构件轮廓类型

SolidWorks 自带的构件轮廓主要有 ANSI 英寸和 ISO 两种类型，用户既可在【SolidWorks 内容】下载相关的构件轮廓，也可自定义企业标准的构件轮廓。常用的国标构件轮廓类型如表 10-1 所示。

表 10-1 国标构件轮廓

国标类型	轮廓类型
❶ ANSI 英寸	主要包含了【C 槽】【S 截面】【方形管】【管道】【角铁】和【矩形管】6 种构件轮廓。
❷ ISO	主要包含了【C 槽】【S 截面】【方形管】【管道】【角铁】和【矩形管】6 种构件轮廓。
❸ GB	主要包含了【C 型钢】【工字钢】【六角钢】【等边角铁】【不等边角铁】【圆钢】和【方钢】7 种构件轮廓。
❹ JIS	主要包含了【C 型钢】【H 钢】【I 型钢】【等边角铁】和【不等边角铁】5 种构件轮廓。

2. 下载国标构件轮廓

展开 SolidWorks 设计库下的【SOLIDWORKS 内容】，选择“Weldments”文件夹可预览到各类国标构件轮廓，如图 10-6 所示。

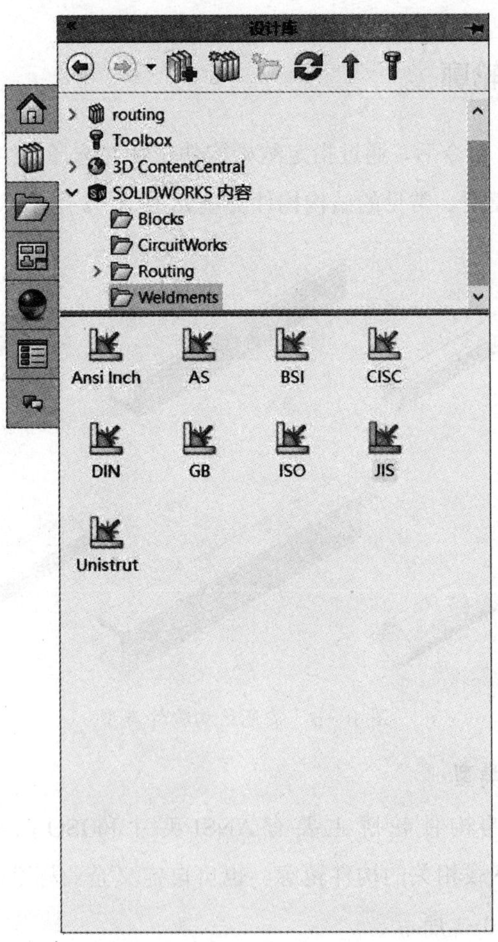

图 10-6 国标构件轮廓下载

按【Ctrl】键单击相应的国标构件图标，指定文件下载的保存路径，SolidWorks 将自动完成国标构件轮廓的下载。

技能拓展

将下载的国标构件轮廓放置到 SolidWorks 安装目录的指定文件夹内可使系统自动读取到该构件轮廓，文件名称与路径为：D（安装盘）:\Program Files\SOLIDWORKS Corp\SOLIDWORKS\lang\chinese-simplified\weldment profiles。

10.2.3 创建结构构件的一般步骤

创建结构构件一般有如下几个基本步骤。

（1）指定结构构件轮廓的国家标准。

（2）指定结构构件轮廓类型与大小。

（3）定义结构构件的放置方向与位置。

（4）定义相邻结构构件的边角处理方式。

打开学习资料文件“第 10 章 \ 素材文件 \ 创建结构构件 . SLDPRT”，如图 10-7（a）所示。执行【结构构件】命令将图 10-7（a）修改为图 10-7（b），具体操作步骤如下。

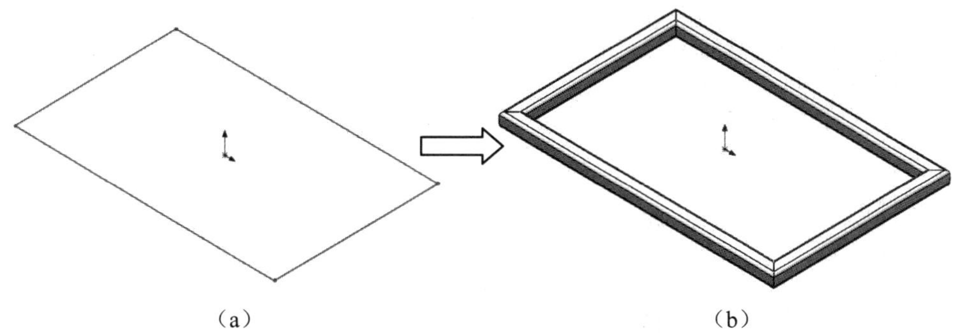

（a）　（b）

图 10-7　创建结构构件

步骤 01 单击【结构构件】按钮，在【标准】下拉列表框中选择【iso】选项为当前构件轮廓的国标类型，在【Type】下拉列表框中选择【方形管】选项为新建构件的类型，指定构件大小为“40×40×4”，如图 10-8（a）所示。

步骤 02 选择已绘制的一条草图直线为构件的第一条路径线段，系统将预览出结构构件，如图 10-8（b）所示。

步骤 03 依次选择其余的草图直线为结构构件的路径线段，选中【应用边角处理】复选框并单击【终端斜接】按钮，定义出相邻构件的连接方式，如图 10-9（a）所示。

步骤 04 单击按钮完成结构构件的创建，如图 10-9（b）所示。

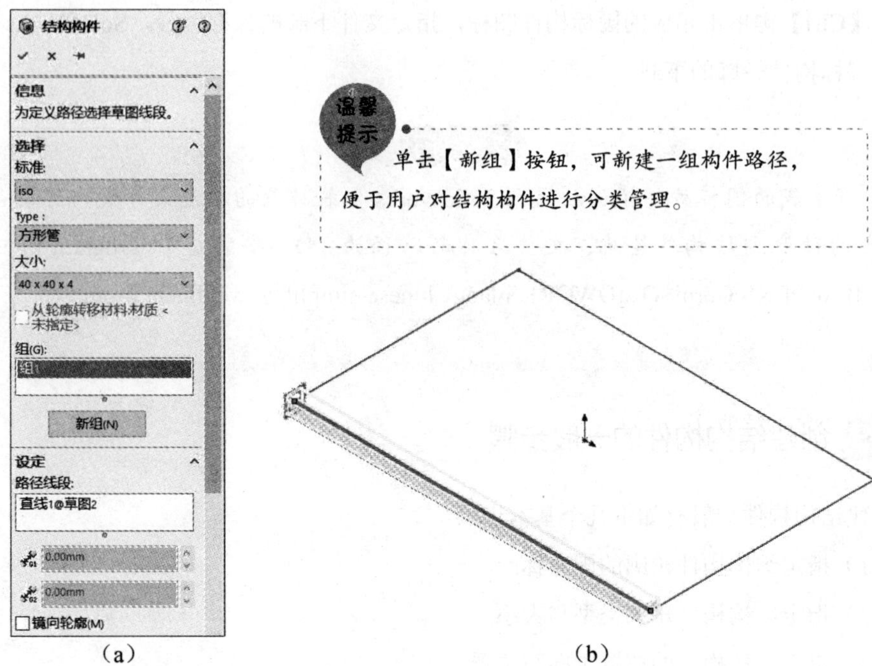

（a）　　（b）

图 10-8　定义结构构件

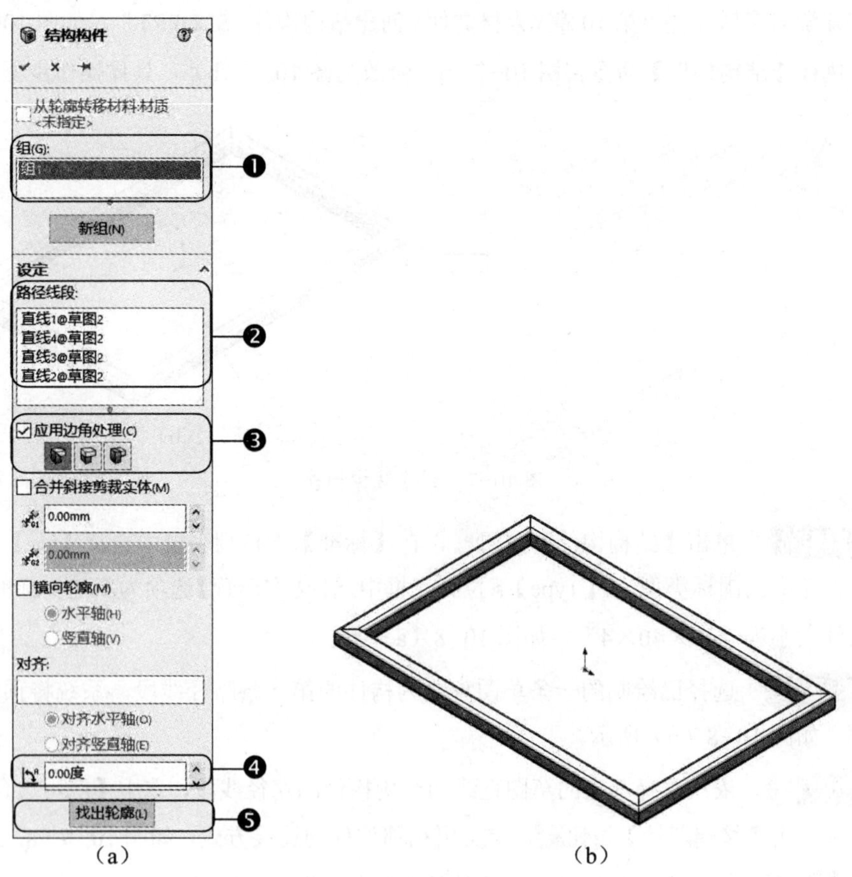

（a）　　（b）

图 10-9　定义构件边角处理

❶ 组	用于将相同特性的构件成员进行成组分类，以区分各构件的放置方向等特性。
❷ 路径线段	用于显示当前构件已指定的参考路径线段。
❸ 应用边角处理	用于设置当前相接构件的边角连接方式，一般有【终端斜接】【终端对接 1】和【终端对接 2】3 种基本方式。
❹ 间隙设置	用于设置当前相接构件之间的间隙值大小，系统一般默认为 0。
❺ 轮廓方位设置	用于设置当前构件的放置旋转角度值与轮廓定位点。通过单击【找出轮廓】按钮，可重定义当前构件轮廓的放置定位点。

10.2.4 剪裁 / 延伸构件

同一个结构构件特征内创建的实体系统将自动完成边角处的剪裁操作，而对于通过多个结构构件特征创建的实体则需要手动切除构件。

打开学习资料文件“第 10 章 \ 素材文件 \ 剪裁构件 . SLDPRT”，如图 10-10（a）所示。执行【剪裁 / 延伸】命令将图 10-10（a）修改为图 10-10（b），具体操作步骤如下。

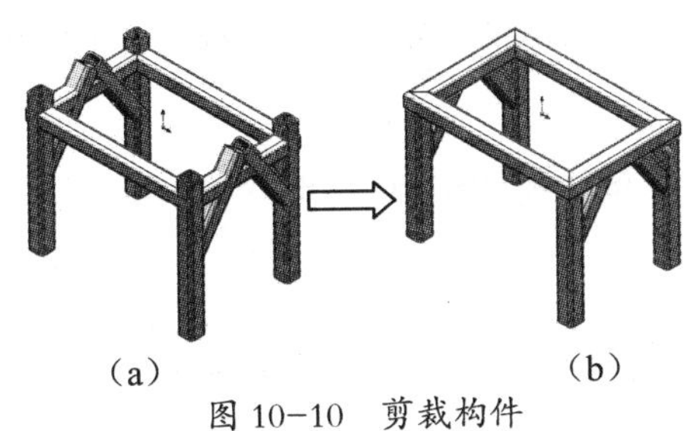

（a）（b）

图 10-10 剪裁构件

步骤 01 单击【剪裁 / 延伸】按钮，在【边角类型】选项区域中单击【终端剪裁】按钮，如图 10-11（a）所示。

步骤 02 选择垂直方向上的方形管为要剪裁的实体，如图 10-11（b）所示。

步骤 03 选中【允许延伸】复选框，在【剪裁边界】选项区域中选中【实体】单选按钮，并选择水平方向上与要剪裁实体相交的方形管，如图 10-11（b）所示。

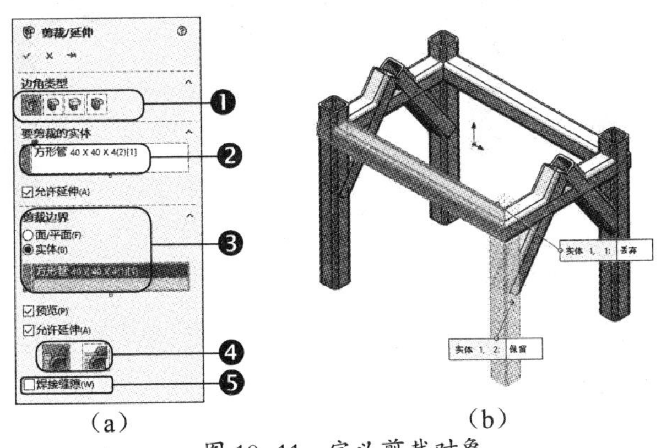

（a）（b）

图 10-11 定义剪裁对象

❶ 边角类型	用于定义当前剪裁实体的边角接合形式，主要有【终端剪裁】【终端斜接】【终端对接 1】和【终端对接 2】等几种基本形式。
❷ 要剪裁的实体	用于显示当前已选择的剪裁对象。
❸ 剪裁边界	用于定义剪裁边界对象，选择的对象主要有【面 / 平面】和【实体】两种类型。
❹ 切除方式	用于定义剪裁对象端口的延伸形式，主要有【实体之间的简单切除】和【实体之间的封顶切除】两种基本形式。
❺ 焊接缝隙	用于定义剪裁对象与剪裁边界对象之间的焊接缝隙，选中此复选框可自定义两实体之间的缝隙大小。

步骤 04　单击【实体之间的简单切除】按钮，完成剪裁对象端口形式的设置。

步骤 05　单击✓按钮完成型材件的剪裁操作。

步骤 06　再次单击【剪裁 / 延伸】按钮，在【边角类型】选项区域中单击【终端剪裁】按钮。

步骤 07　选择倾斜的方形管为要剪裁的实体。

步骤 08　激活剪裁边界显示框，分别选择与倾斜方形管相交的两条方形管为剪裁边界，如图 10-12 所示。

步骤 09　指定剪裁边界内侧为保留侧，单击✓按钮完成型材件的剪裁操作。

温馨提示

单击预览图上显示的实体剪裁信息，可自定义实体的保留与丢弃侧。

步骤 10　使用上述剪裁方法，完成其他相交方形管的剪裁操作，如图 10-13 所示。

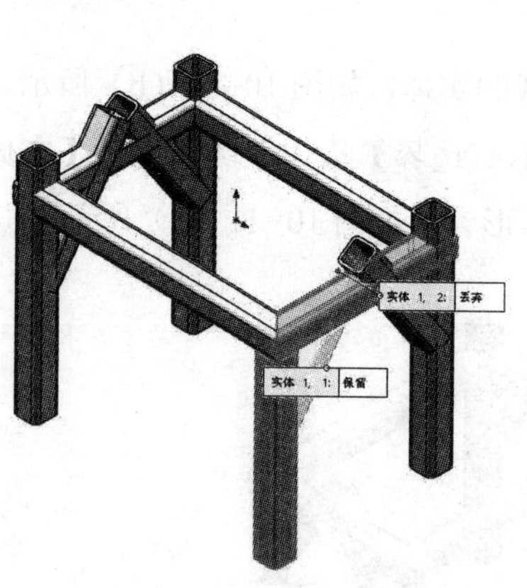

图 10-12　定义剪裁边界

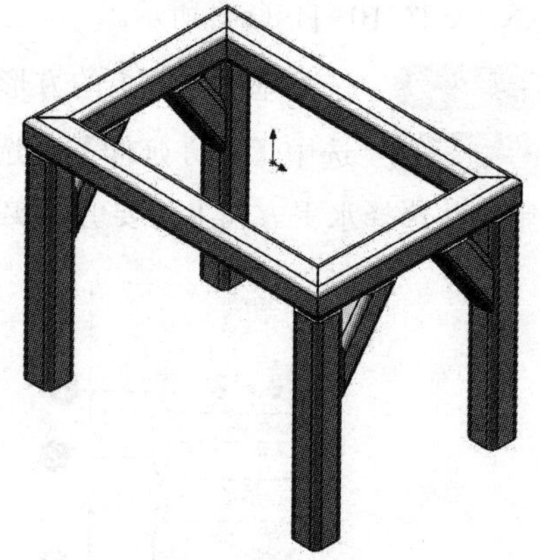

图 10-13　完成型材剪裁

课堂范例——梯步台

执行【结构构件】【剪裁 / 延伸】等命令创建出方形管梯步台，如图 10-14 所示。

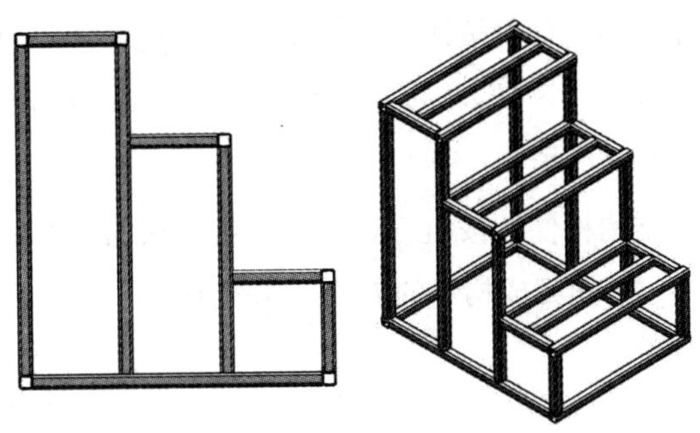

图 10-14 梯步台

步骤 01 单击【草图绘制】按钮，选择前视基准面为草图绘制平面，绘制如图 10-15 所示的直线段并退出草图环境。

步骤 02 执行【基准面】命令，选择前视基准面为参考平面，指定偏移距离为 700mm，创建一个平行基准平面，如图 10-16 所示。

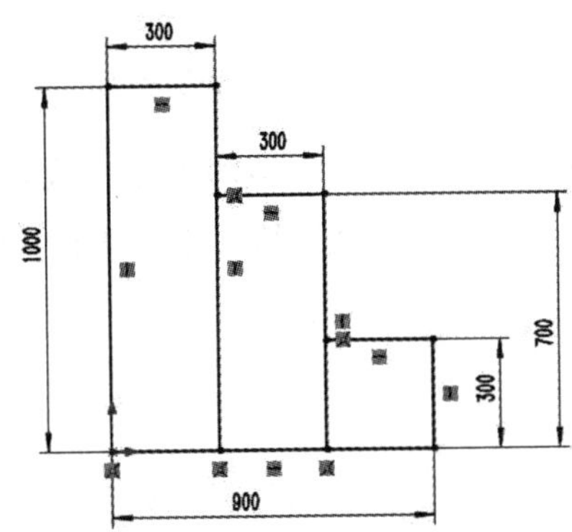

图 10-15 绘制直线段

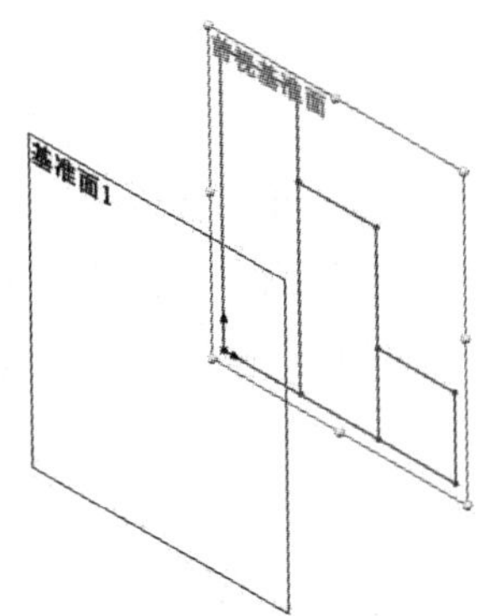

图 10-16 创建平行基准平面

步骤 03 单击【草图绘制】按钮，选择新创建的基准面 1 为草图绘制平面，将草图 1 上所有直线段投影至当前草图并退出草图环境，如图 10-17 所示。

步骤 04 单击【3D 草图】按钮，绘制如图 10-18 所示的直线段并退出草图环境。

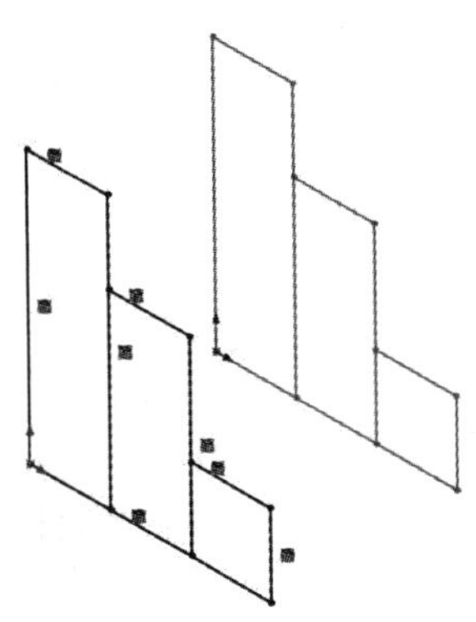

图 10-17 投影草图

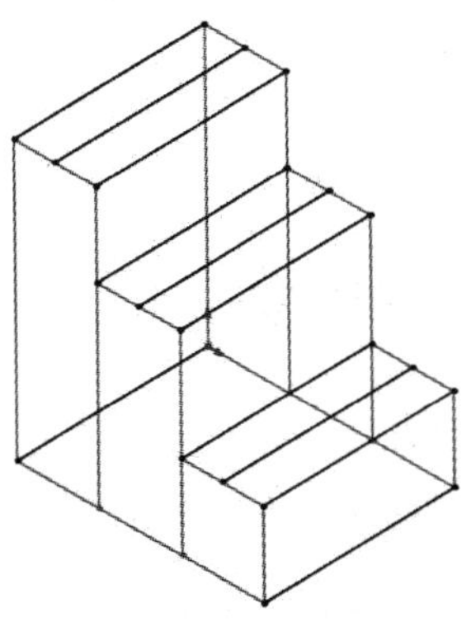

图 10-18 绘制 3D 草图

步骤 05 单击【结构构件】按钮，选择 ISO 管道标准中的方形管为新构件的轮廓，指定轮廓规格为“40×40×4”，选择所有垂直直线段为路径线段；单击按钮完成构件的创建，如图 10-19 所示。

步骤 06 单击【结构构件】按钮，使用系统默认的构件参数，选择所有水平直线段为路径线段；单击按钮完成构件的创建，如图 10-20 所示。

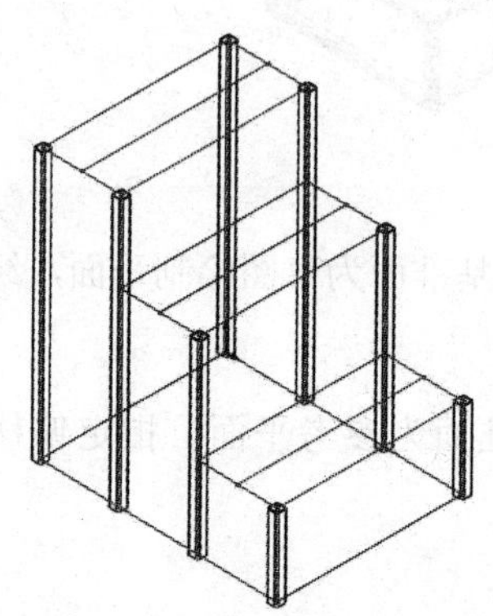

图 10-19 创建垂直方形管

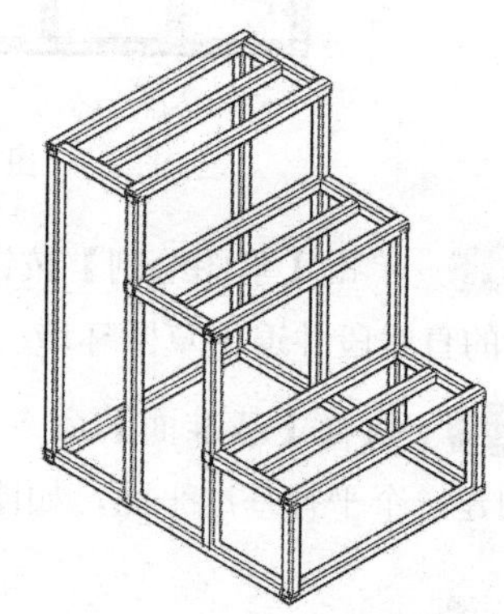

图 10-20 创建水平方形管

步骤 07 单击【剪裁 / 延伸】按钮，选择【终端剪裁】选项为实体的剪裁方式；选择垂直方形管为要剪裁的实体，选择相交的水平方形管为剪裁边界实体；单击按钮完成方形管的剪裁操作，如图 10-21 所示。

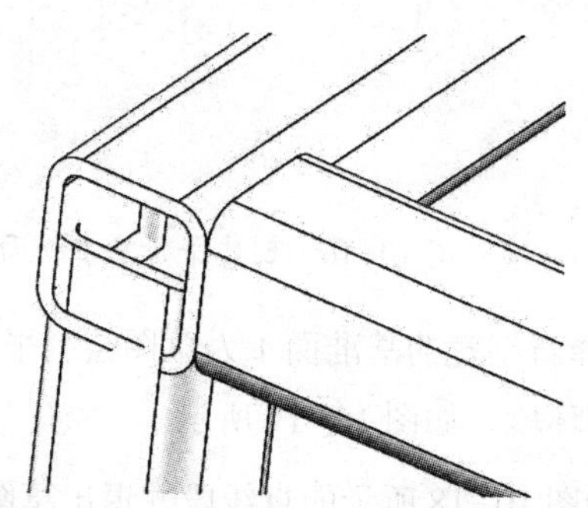

图 10-21 剪裁构件实体

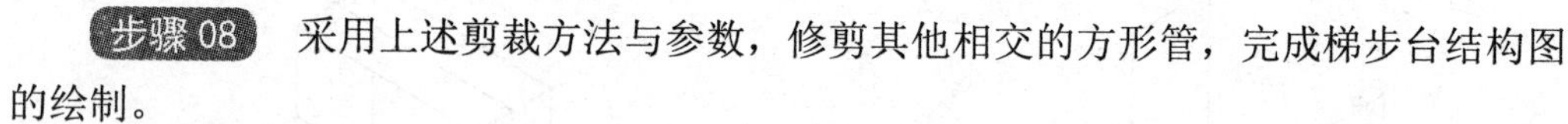

步骤 08 采用上述剪裁方法与参数，修剪其他相交的方形管，完成梯步台结构图的绘制。

10.2.5 顶端盖

型材管件一般为空心的壁厚零件，其端面处均为开放端口。执行【顶端盖】命令可在这些型材管件的开放端口处创建一个板厚实体，从而完成型材管件端口的封闭。

打开学习资料文件“第 10 章 \ 素材文件 \ 顶端盖 . SLDPRT”，如图 10-22（a）所示。

执行【顶端盖】命令将图 10−22（a）修改为图 10−22（b），具体操作步骤如下。

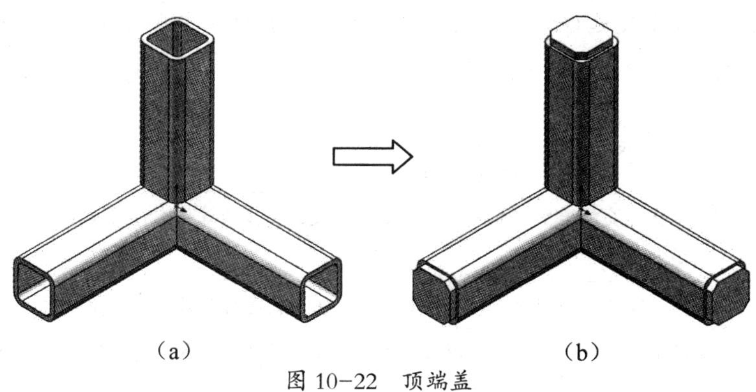

（a）　　（b）

图 10−22　顶端盖

步骤 01 单击【顶端盖】按钮，再单击【向外】按钮，并设置厚度值为“3.00mm”，如图 10−23（a）所示。

步骤 02 选中【厚度比率】单选按钮为等距计量方式，设置比率值为“0.5”，如图 10−23（a）所示。

步骤 03 分别选择方形管的 3 个端平面为顶端盖的参考平面，系统将预览出顶端盖实体，如图 10−23（b）所示。

步骤 04 选中【边角处理】复选框并指定边角为【倒角】，设置倒角距离为“3.00mm”，如图 10−23（a）所示。

步骤 05 单击按钮完成顶端盖的创建。

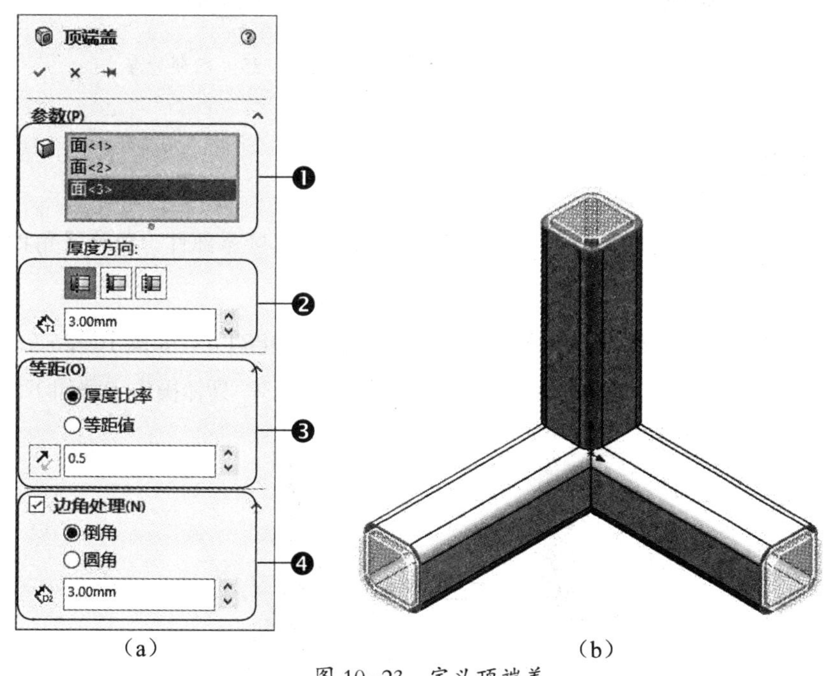

（a）　　（b）

图 10−23　定义顶端盖

技能拓展

【边角处理】复选框需要在选择顶端盖参考平面后才能被激活，否则将处于不可设置状态。

❶ 参数	用于显示当前已选择的顶端盖参考平面。
❷ 厚度方向	用于设置顶端盖的加厚方向与加厚长度，主要有【向外】【向内】【内部】3 种定义方式。
❸ 等距	用于顶端盖与型材管件之间的间隙，主要有【厚度比率】和【等距值】两种方式。
❹ 边角处理	用于设置顶端盖的边角形状，主要有【倒角】和【圆角】两种定义方式。

- 向外：以型材端面为参考基准，顶端盖向型材外侧进行加厚，如图 10–24 所示。
- 向内：以型材端面为参考基准，顶端盖向型材内侧进行加厚的同时偏移型材端面，如图 10–24 所示。
- 内部：通过设置顶端盖与型材端面的间距值、厚度值，创建出包含在型材内部的顶端盖实体，如图 10–25 所示。

图 10–24　向外与向内加厚

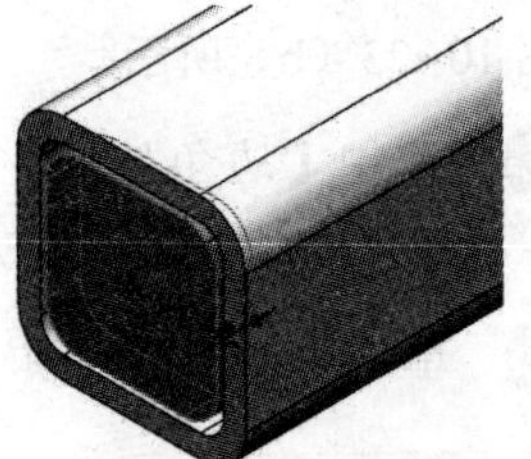

图 10–25　内部加厚

10.2.6 角撑板

角撑板是焊件中常用的零件，主要用于加固相邻的焊接零部件。执行【角撑板】命令可避免复杂的装配操作，提高绘图效率，简化设计过程。

打开学习资料文件“第 10 章 \ 素材文件 \ 角撑板 . SLDPRT”，如图 10–26（a）所示。执行【角撑板】命令将图 10–26（a）修改为图 10–26（b），具体操作步骤如下。

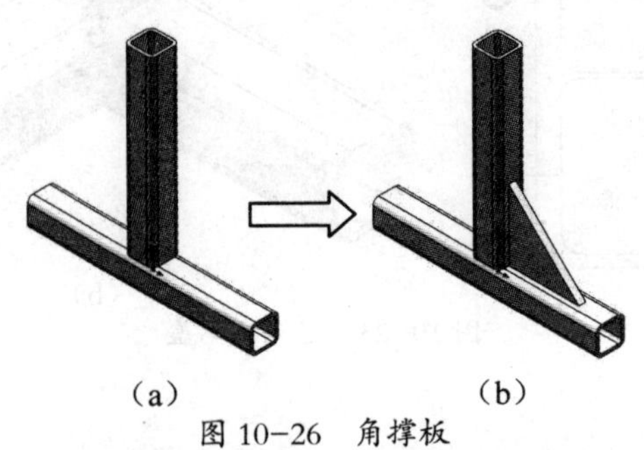

（a）　（b）

图 10–26　角撑板

步骤 01 单击【角撑板】按钮，分别选择两相交方形管的侧面为支撑面，如图 10-27（a）所示。

步骤 02 单击【三角形轮廓】按钮，分别设置三角形直边长度为“50.00mm”，如图 10-27（a）所示。

步骤 03 单击【两边】按钮，设置角撑板厚度值为“5.00mm”，如图 10-27（a）所示。

步骤 04 单击【轮廓定位于中点】按钮，将角撑板与型材管件中心对齐，如图 10-27（b）所示。

步骤 05 单击按钮完成角撑板的创建。

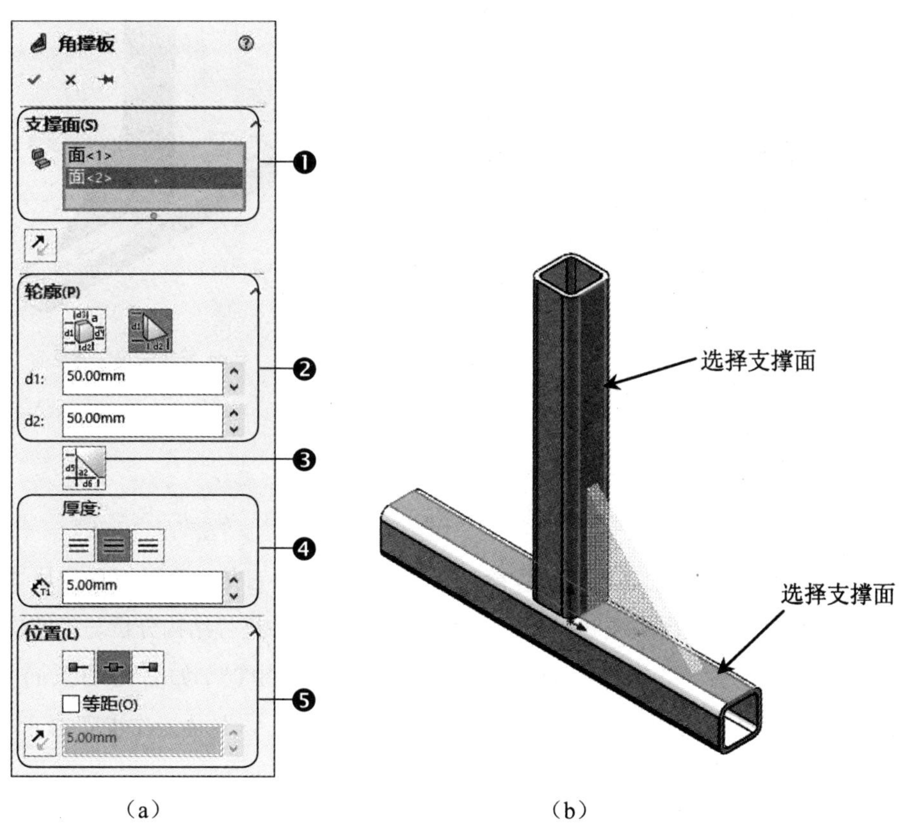

图 10-27 定义角撑板

❶ 支撑面	用于显示当前已选择的型材表面。
❷ 轮廓	用于设置角撑板的外观结构与尺寸大小，如图 10-28 所示。
❸ 倒角	用于设置角撑板转角边线的倒角尺寸，如图 10-28（c）所示。
❹ 厚度	用于设置角撑板的加厚方式与尺寸大小，主要有【内边】【两边】【外边】3 种加厚方式。
❺ 位置	用于设置角撑板在型材件上的相对参考位置，主要有【轮廓定位于起点】【轮廓定位于中点】【轮廓定位于端点】3 种方式，如图 10-29 所示。

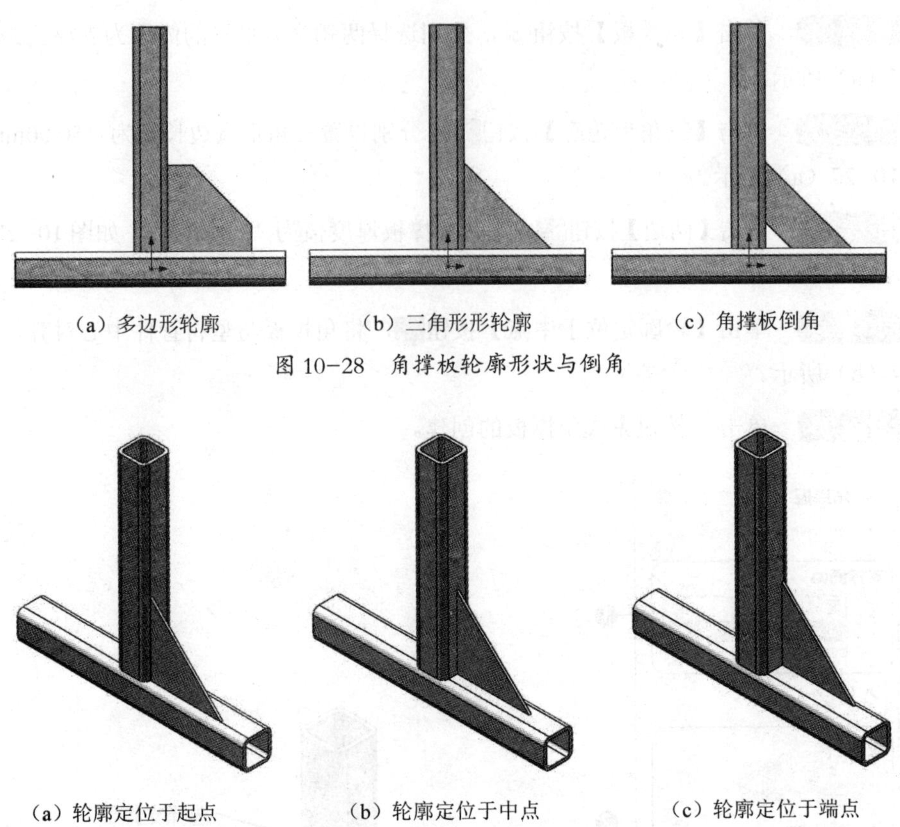

（a）多边形轮廓　（b）三角形形轮廓　（c）角撑板倒角

图 10-28　角撑板轮廓形状与倒角

（a）轮廓定位于起点　（b）轮廓定位于中点　（c）轮廓定位于端点

图 10-29　角撑板定位方式

10.2.7 圆角焊缝

在 SolidWorks 焊件中创建的圆角焊缝是一个实体特征，它是一个具有质量属性的焊接实体，不仅可以在工程图中反映出焊件符号，还可以对焊件进行结构分析与干涉检查。

打开学习资料文件“第 10 章 \ 素材文件 \ 圆角焊缝 . SLDPRT”，如图 10-30（a）所示。执行【圆角焊缝】命令将图 10-30（a）修改为图 10-30（b），具体操作步骤如下。

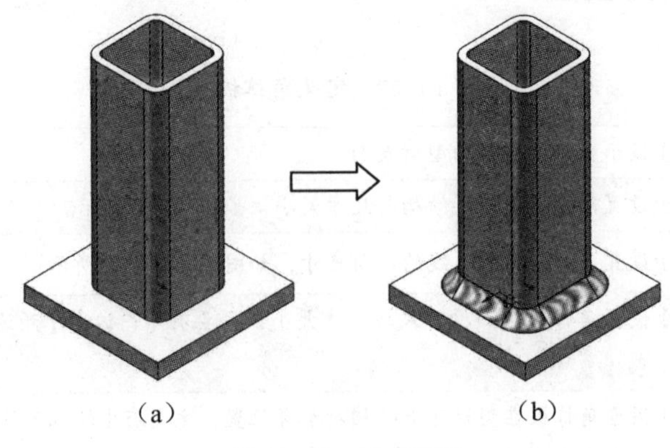

（a）　（b）

图 10-30　圆角焊缝

步骤 01 单击【圆角焊缝】按钮，设置圆角焊缝样式为“全长”，定义圆角半径为“5.00mm”，并选中【切线延伸】复选框，如图 10-31（a）所示。

步骤 02 选择型材方管侧面为圆角焊缝的第一组面，选择底板实体上表面为圆角焊缝的第二组面，如图 10-31（b）所示。

步骤 03 选中【添加焊接符号】复选框，单击按钮完成圆角焊缝的创建。

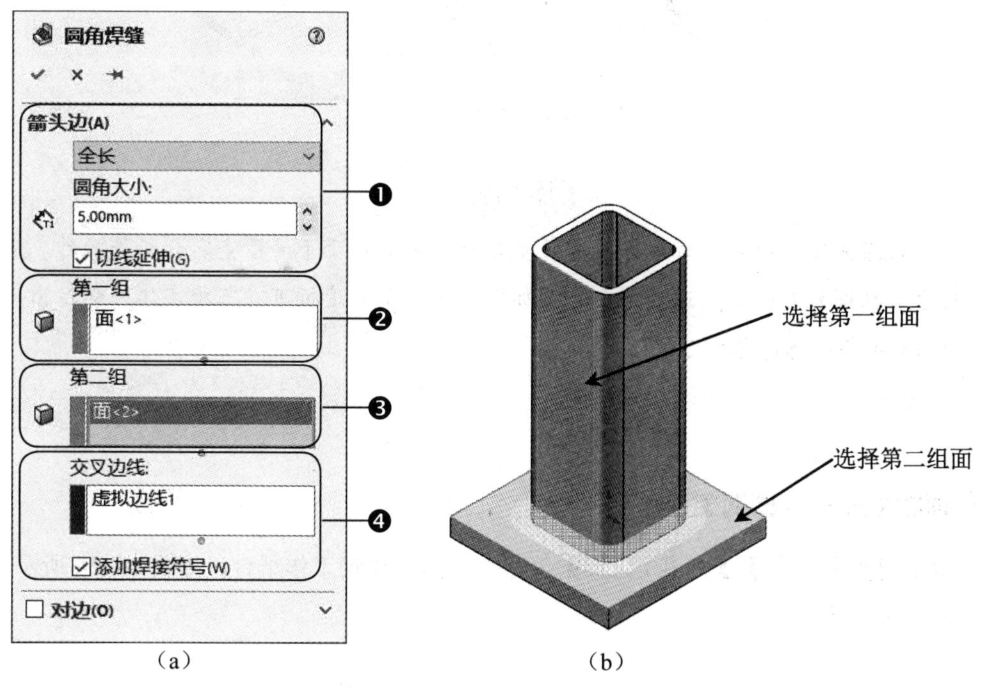

图 10-31 定义圆角焊缝

❶ 箭头边、圆角大小	箭头边用于设置当前圆角焊缝的基本样式，主要有【全长】【间歇】【交错】3 种样式，如图 10-32 和图 10-33 所示。圆角大小用于设置当前圆角焊缝的圆角半径值。
❷ 第一组	用于显示已选择的第一组实体面。
❸ 第二组	用于显示已选择的第二组实体面。
❹ 交叉边线	用于显示相交实体的虚拟边线。

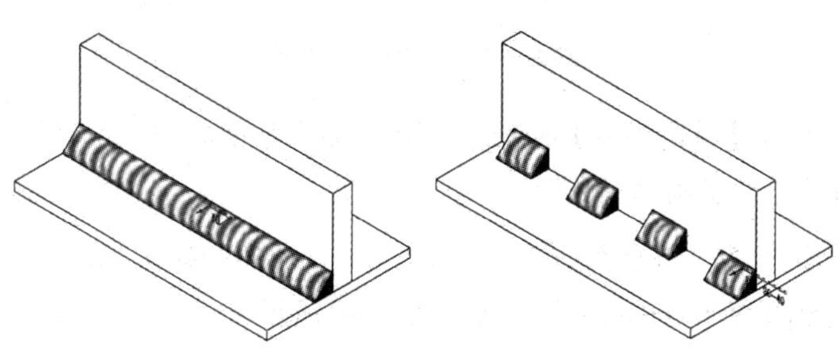

图 10-32 全长与间歇圆角焊缝

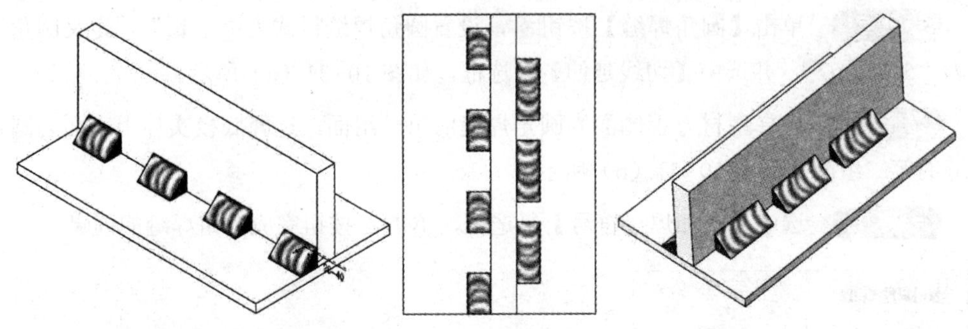

图 10-33　交错圆角焊缝

技能拓展

因圆角焊缝为实体对象并具有质量属性，故常用于干涉检查和分析等操作。对于工程图表达而言，通过选中【添加焊接符号】复选框可在三维实体时标注出当前圆角焊缝的简化符号。

课堂范例——槽钢工作平台

执行【结构构件】【剪裁 / 延伸】等命令创建出槽钢工作平台，如图 10-34 所示，具体操作步骤如下。

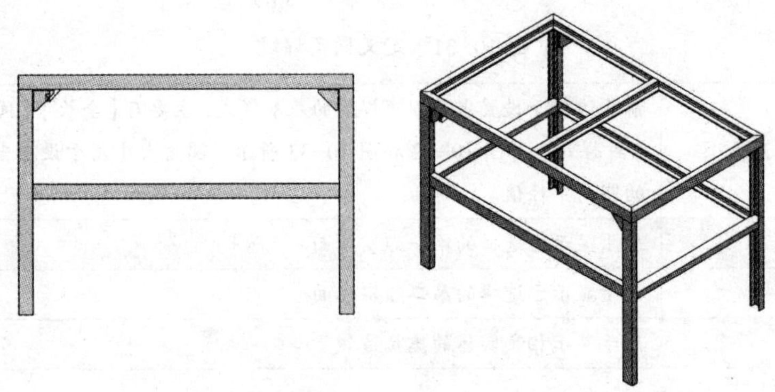

图 10-34　槽钢工作平台

步骤 01　单击【草图绘制】按钮，选择俯视基准面为草图绘制平面，绘制如图 10-35 所示的直线段并退出草图环境。

步骤 02　执行【基准面】命令，选择前视基准面为参考平面，指定偏移距离为 600mm，分别创建两个平行基准平面，如图 10-36 所示。

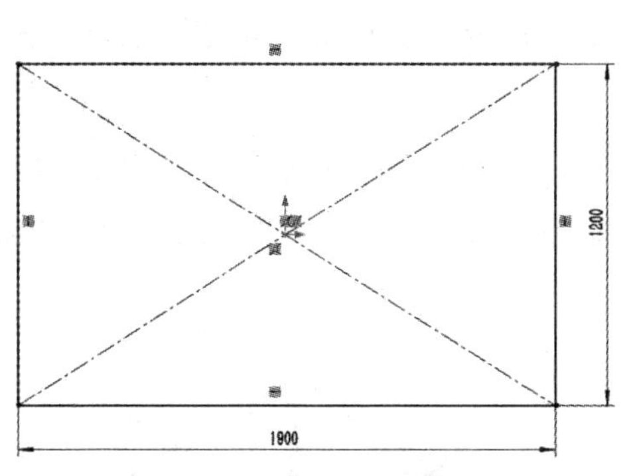

图 10-35 绘制草图矩形

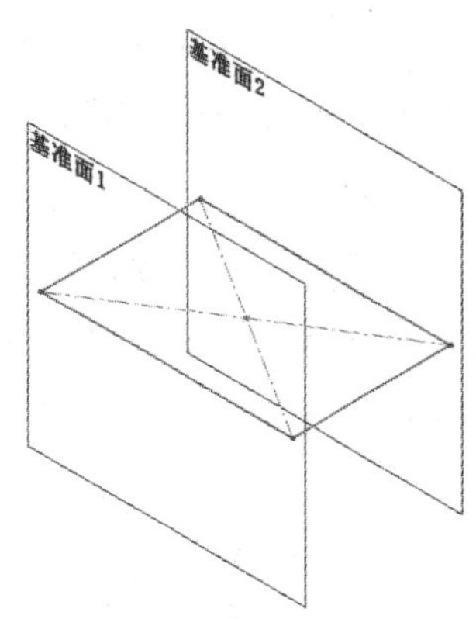

图 10-36 创建平行基准平面

步骤 03 单击【草图绘制】按钮，选择新创建的基准面 1 为草图绘制平面，绘制如图 10-37 所示的直线段并退出草图环境。

步骤 04 单击【3D 草图】按钮，绘制如图 10-38 所示的 3 条直线并退出草图环境。

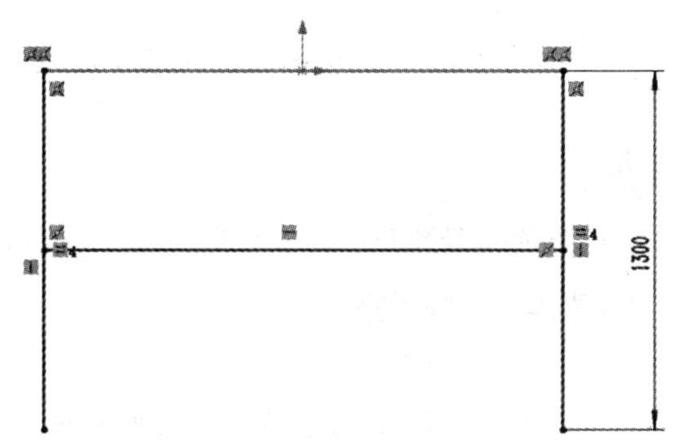

图 10-37 绘制直线段

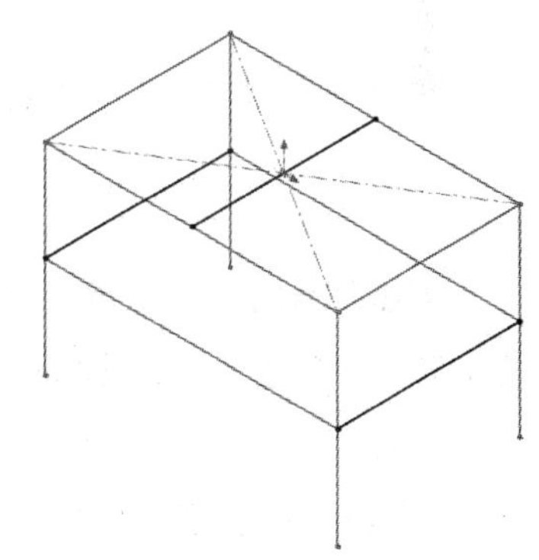

图 10-38 绘制 3D 直线

步骤 05 单击【结构构件】按钮，选择 ISO 国标中的 C 槽为新构件的轮廓，指定轮廓规格为“80×48”，选择草图 1 中的直线段为路径线段；指定边角处理方式为“终端斜接”；单击按钮完成构件的创建，如图 10-39 所示。

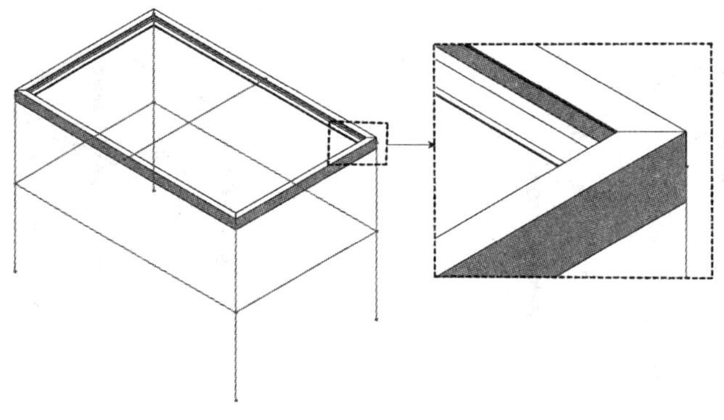

图 10-39 创建斜接 C 槽组

步骤 06 单击【结构构件】按钮，选择 ISO 国标中的 C 槽为新构件的轮廓，指定轮廓规格为“80×48”，选择所有垂直线段为路径线段；单击按钮完成构件的创建，如图 10-40 所示。

步骤 07 单击【结构构件】按钮，选择 ISO 国标中的 C 槽为新构件的轮廓，指定轮廓规格为“80×48”，选择两条连接直线为路径线段；单击按钮完成构件的创建，如图 10-41 所示。

图 10-40 创建垂直 C 槽组

图 10-41 创建连接 C 槽组（1）

技能拓展

单击【新组】按钮可选择不相连的线段作为路径线段，设置旋转角度可以调整槽钢放置角度；单击【找出轮廓】按钮可重定义轮廓定位点。

步骤 08 单击【结构构件】按钮，选择 ISO 国标中的 C 槽为新构件的轮廓，指定轮廓规格为“80×48”，选择两条横向连接直线为路径线段；单击按钮完成构件的创建，如图 10-42 所示。

步骤 09 单击【结构构件】按钮，选择 ISO 国标中的 C 槽为新构件的轮廓，指定轮廓规格为“80×48”，选择顶端横向连接直线为路径线段；单击按钮完成构件的创建，如图 10-43 所示。

图 10-42 创建连接 C 槽组（2）

图 10-43 创建加强 C 槽

步骤 10 单击【剪裁 / 延伸】按钮，选择【终端剪裁】选项为实体的剪裁方式；选择 4 条垂直 C 槽实体为要剪裁的实体，选中【面 / 平面】单选按钮并选择斜接 C 槽的底平面为剪裁边界；单击按钮完成构件的剪裁操作，如图 10-44 所示。

步骤 11 单击【剪裁 / 延伸】按钮，选择【终端剪裁】选项为实体的剪裁方式；选择两条连接 C 槽为要剪裁的实体，再分别选择垂直 C 槽的 4 个平面为剪裁边界；单击按钮完成构件的剪裁操作，如图 10-45 所示。

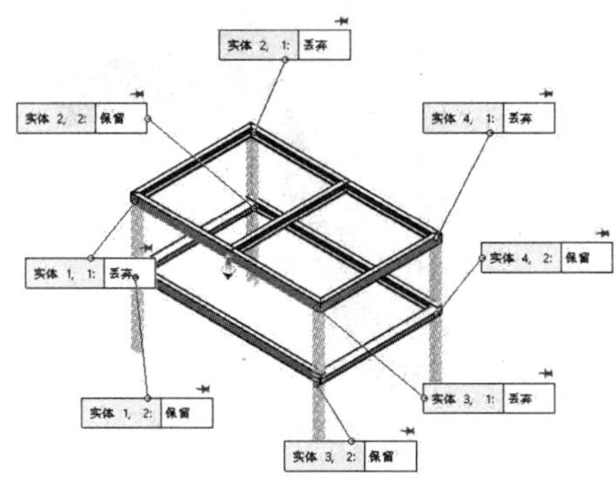

图 10-44 剪裁垂直 C 槽组

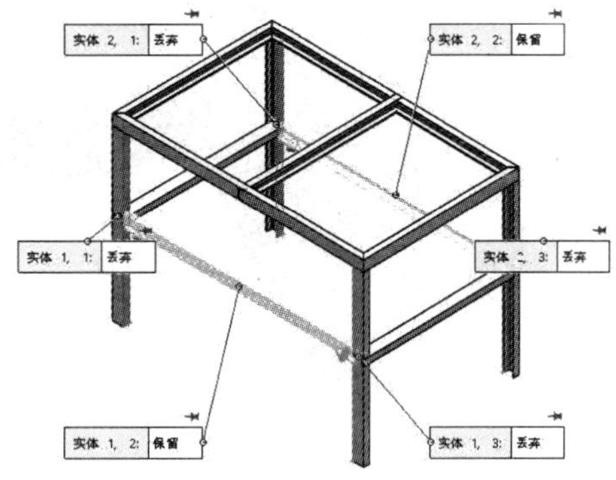

图 10-45 剪裁连接 C 槽组（1）

步骤 12 单击【剪裁 / 延伸】按钮，选择【终端剪裁】选项为实体的剪裁方式；选择横向连接的 C 槽为要剪裁的实体；选中【实体】单选按钮并选择 4 个垂直 C 槽为剪裁边界；单击按钮完成构件的剪裁操作，如图 10-46 所示。

步骤 13 使用相同参数与操作方法完成另外两根横向连接 C 槽的剪裁。

步骤 14 单击【角撑板】按钮，分别选择两两相交 C 槽的侧面为支撑面；单击【多边形轮廓】按钮，指定 d1 长度为 120mm，d2 长度为 120mm，d3 长度为 20mm；单击【两边】按钮并指定厚度为 10mm；单击按钮完成角撑板的创建，如图 10-47 所示。

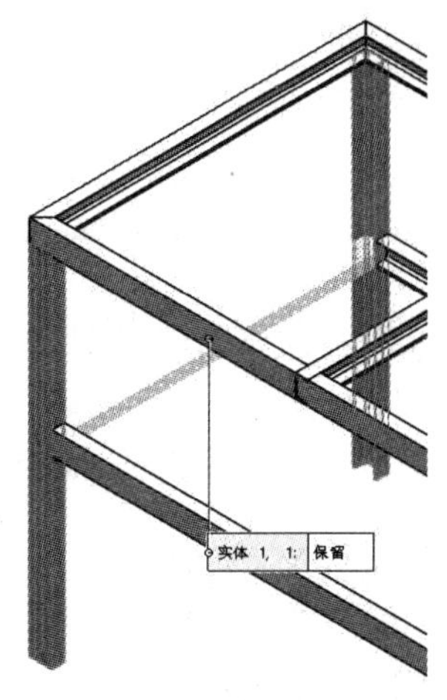

图 10-46 剪裁连接 C 槽组（2）

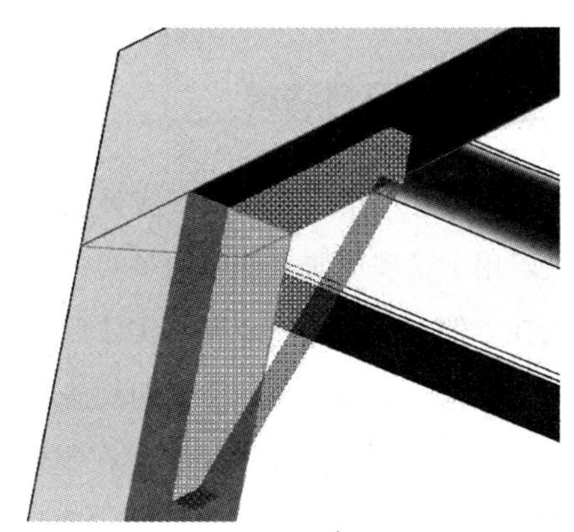
图 10-47 创建角撑板

步骤 15 单击【圆角焊缝】按钮，设置圆角焊缝样式为“全长”，定义圆角半径为 5mm；选择角撑板的两侧面为第一组参考面，选择 C 槽的两个相交面为第二组参考面，如图 10-48（a）所示；单击按钮完成圆角焊缝的创建，如图 10-48（b）所示。

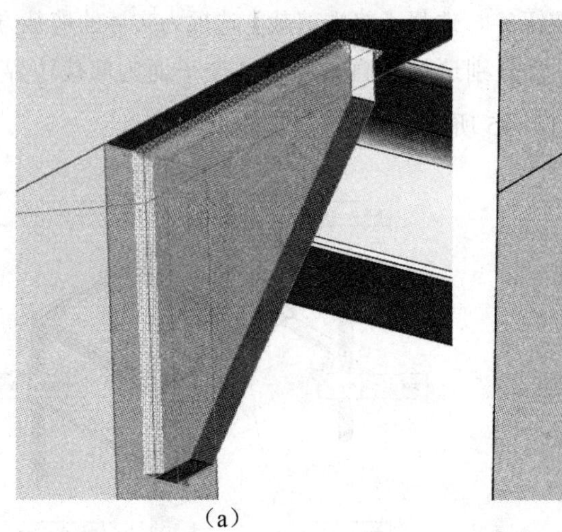
（a）

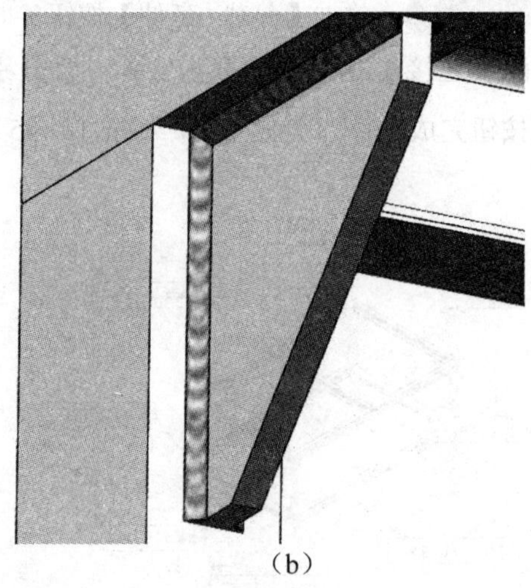
（b）

图 10-48 创建圆角焊缝

步骤 16 分别选择前视基准面和右视基准面为参考平面，将角撑板和圆角焊缝进行镜像复制，完成槽钢工作平台的绘制。

10.3 切割清单的管理

SolidWorks 焊件设计是在零件设计环境下进行的多实体装配设计，它属于装配结构设计，但却没有 SolidWorks 装配设计的零部件材料清单管理工具。

为方便工程图的制作与下料加工，SolidWorks 提供了针对多实体的材料清单管理工具——切割清单。

10.3.1 更新切割清单

在零件设计环境下创建出多实体后，系统将在 FeatureManager 设计树中创建出“实体”文件夹，用于管理当前文件中的多实体对象，如图 10-49（a）所示。

当在零件中创建出一个焊件实体后，系统将把“实体”文件夹改名为“切割清单”，并自动识别相同实体将其归类至切割清单中，如图 10-49（b）所示。

切割清单的所有相关属性都可在零件设计环境中进行编辑修改，并将各属性传递至关联的工程图中。另外，在工程图中也可以通过拖动切割清单序号来重新排序，相对应的零件号标注也将得到自动修改。

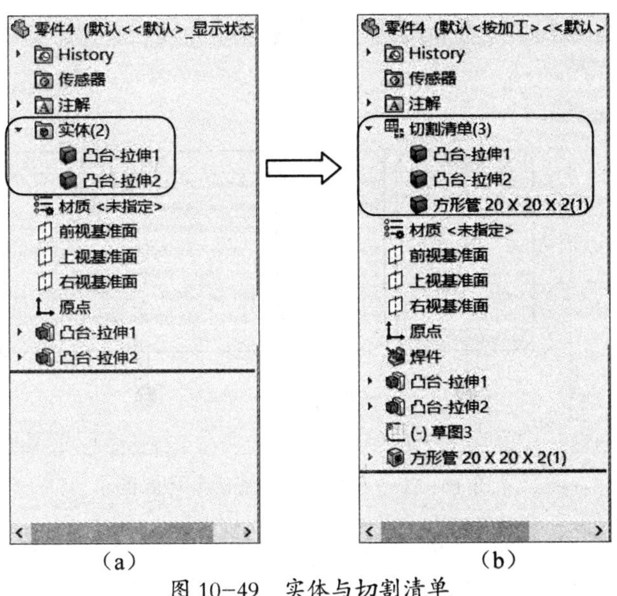

（a）　　（b）

图 10-49　实体与切割清单

选择 FeatureManager 设计树中的“切割清单”文件夹并右击，在弹出的快捷菜单中选择【更新】选项，即可将焊件对象的相关数据更新至当前文件和关联文件中，如图 10-50 所示。

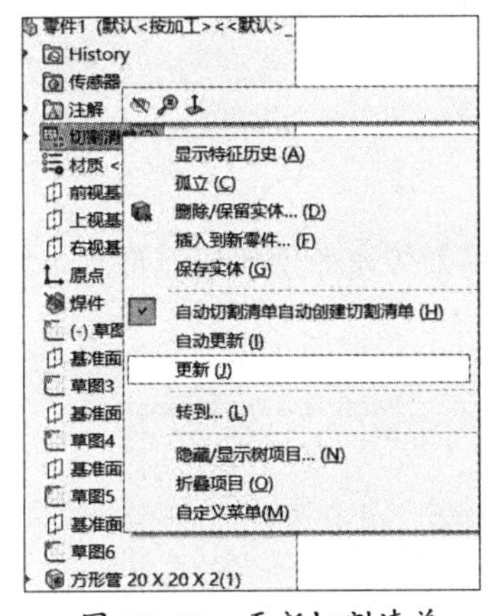

图 10-50　更新切割清单

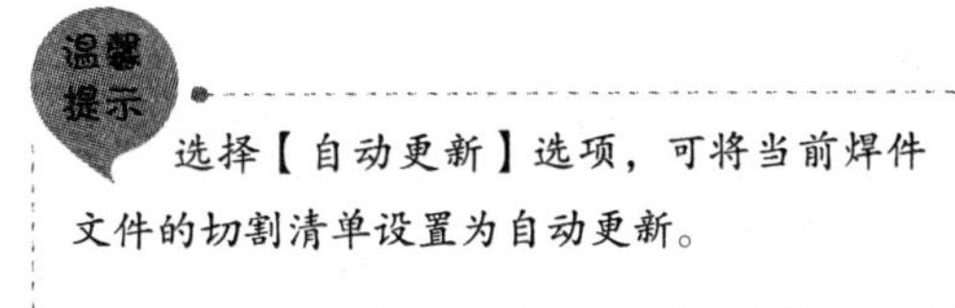

10.3.2 自定义切割清单属性

SolidWorks 默认的切割清单属性一般有【长度】【角度 1】【角度 2】【说明】等，这些属性在创建工程图时并不一定能够满足设计需要，因此还需要用户自定义符合设计需求的切割清单属性。

展开 FeatureManager 设计树中的“切割清单”文件夹，选择任意一个切割清单项目并右击，在弹出的快捷菜单中选择【属性】选项，系统将弹出【切割清单属性】对话框，如图 10-51 所示。

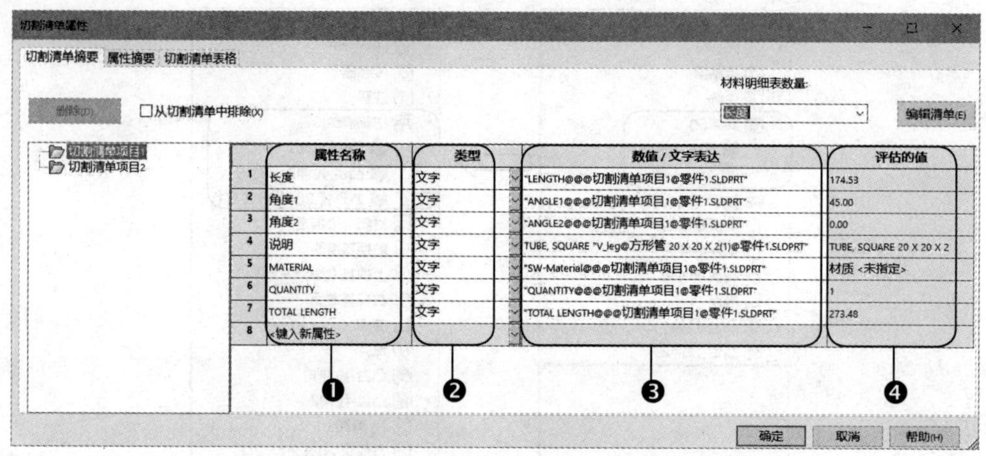

图 10-51 【切割清单属性】对话框

❶ 属性名称	用于编辑当前切割清单属性的名称，用户既可直接修改已知属性名称，也可通过【键入新属性】的方式定义新的属性名称。
❷ 类型	用于显示当前属性行的类型，一般有【文字】【日期】【数字】和【是或否】3 种基本类型。
❸ 数值 / 文字表达	用于定义当前属性行的表达式，常用表达式有【材料】【质量】【表面积】等内容。用户也可手动输入相应的内容作为新属性的表达内容。
❹ 评估的值	用于显示当前属性行表达式的评估值。

课堂范例——方形管平台

执行【结构构件】【剪裁 / 延伸】【焊件切割清单】等命令创建出方形管平台，如图 10-52 所示，具体操作步骤如下。

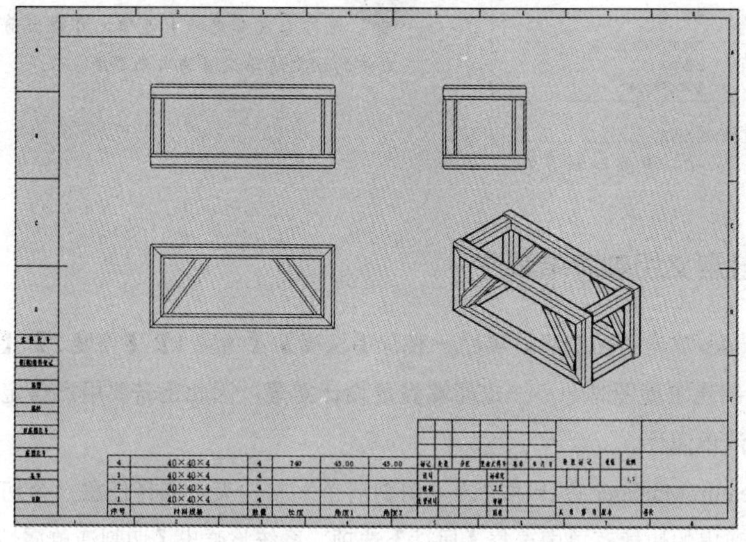

图 10-52 方形管平台

步骤 01 单击【草图绘制】按钮，选择上视基准面为草图绘制平面，绘制如图 10-53 所示的直线段并退出草图环境。

步骤 02 单击【3D 草图】按钮，绘制如图 10-54 所示的空间直线并退出草图环境。

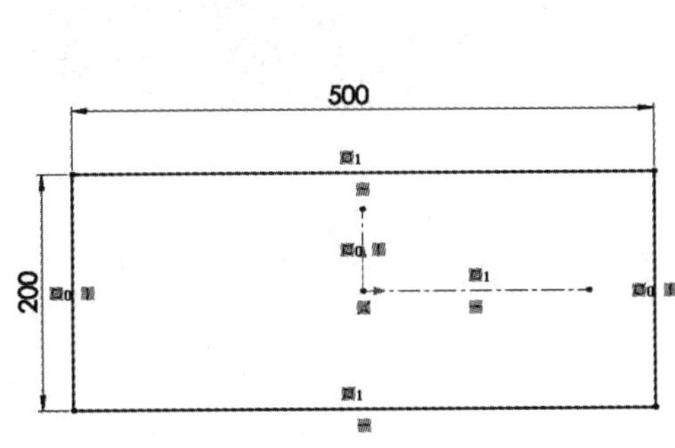

图 10-53 绘制直线段

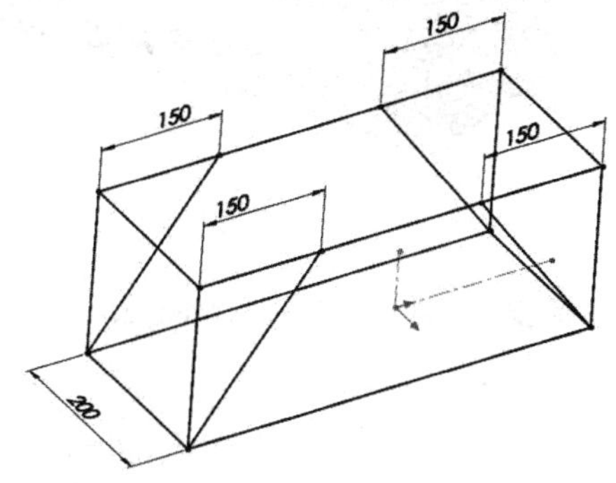

图 10-54 绘制空间直线段

步骤 03 单击【结构构件】按钮，选择 ISO 国际标准中的方形管为新构件的轮廓，指定轮廓规格为“40×40×4”，选择所有垂直线段为路径线段；单击按钮完成构件的创建，如图 10-55 所示。

步骤 04 单击【剪裁 / 延伸】按钮，选择【终端斜接】选项为实体的剪裁方式；分别选择两个相交的水平方形管为要剪裁的实体和剪裁边界实体；单击按钮完成方形管的剪裁操作，如图 10-56 所示。

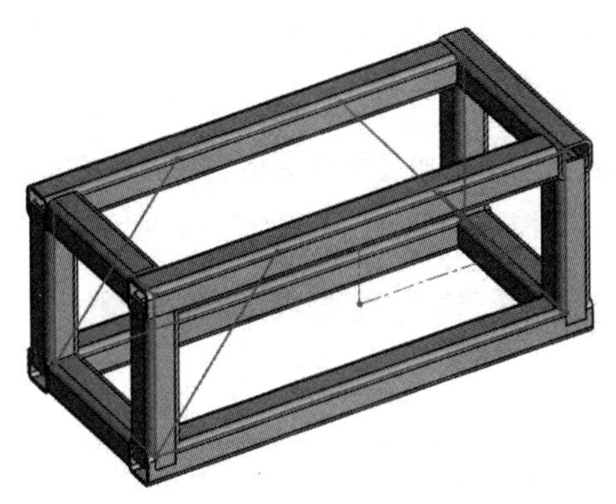

图 10-55 创建相交方形管

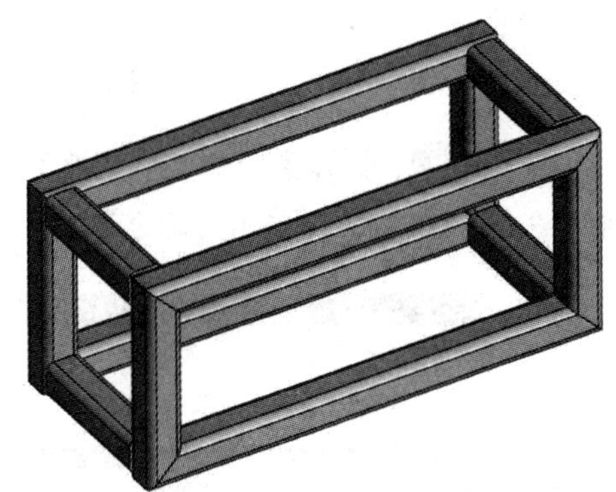

图 10-56 剪裁相交方形管

步骤 05 单击【结构构件】按钮，选择 ISO 国际标准中的方形管为新构件的轮廓，指定轮廓规格为“40×40×4”，选择所有倾斜直线段为路径线段；单击按钮完成构件的创建，如图 10-57 所示。

步骤 06 单击【剪裁 / 延伸】按钮，选择【终端剪裁】选项为实体的剪裁方式；选择倾斜方形管为要剪裁的实体，选择与之相交的两个方形管为剪裁边界实体；单击按钮完成方形管的剪裁操作，如图 10-58 所示。

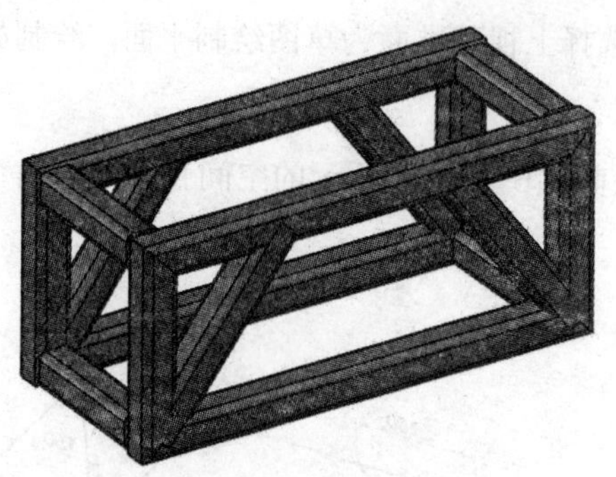

图 10-57 创建倾斜方形管

图 10-58 剪裁方形管

步骤 07 在 FeatureManager 设计树中更新切割清单并修改切割清单名称，如图 10-59 所示。

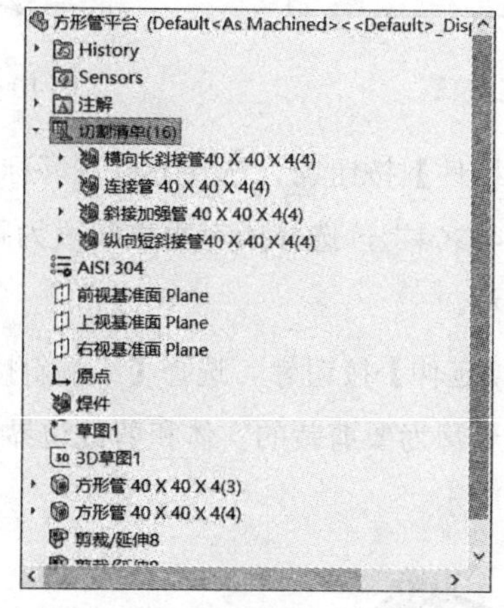

图 10-59 修改切割清单名称

步骤 08 打开【切割清单属性】对话框，分别添加【材料规格】属性栏并填写内容为“40×40×4”，单击【确定】按钮完成切割清单的定义，如图 10-60 所示。

切割清单属性

切割清单摘要 属性摘要 切割清单表格

材料明细表数量:

☐从切割清单中排除(X) -无- 编辑清单(E)

横向长斜接管40 X 40 X 4
连接管 40 X 40 X 4
斜接加强管 40 X 40 X 4
纵向短斜接管40 X 40 X 4

	属性名称	类型	数值 / 文字表达	评估的值
1	LENGTH	文字	"LENGTH@@@横向长斜接管40 X 40 X 4@方形管平台.SL	540
2	ANGLE1	文字	"ANGLE1@@@横向长斜接管40 X 40 X 4@方形管平台.SL	45.00
3	ANGLE2	文字	"ANGLE2@@@横向长斜接管40 X 40 X 4@方形管平台.SL	45.00
4	Description	文字	40x40x2.0 SHS	40x40x2.0 SHS
5	MATERIAL	文字	"SW-Material@@@横向长斜接管40 X 40 X 4@方形管平	AISI 304
6	QUANTITY	文字	"QUANTITY@@@横向长斜接管40 X 40 X 4@方形管平台.	4
7	TOTAL LENGTH	文字	"TOTAL LENGTH@@@横向长斜接管40 X 40 X 4@方形管	4608
8	说明	文字	TUBE, SQUARE "V_leg@方形管 40 X 40 X 4(3)@方形管平台	TUBE, SQUARE 40 X 40 X 4
9	材料规格	文字	40×40×4	40×40×4
10	<键入新属性>			

确定 取消 帮助(H)

图 10-60 定义切割清单属性

步骤 09 新建一个 A3 工程图文件并创建出方形管的主视图、左视图、俯视图及轴测图。

步骤 10 执行【焊件切割清单】命令，选择主视图为切割清单的指定模型；选择 gb-weldtable.sldwldtbt 文件为表格模板；单击✓按钮完成表格模板的定义；在绘图区域中的任意位置单击确定切割清单的放置。

步骤 11 选择 B 列标题栏，在弹出的【列】PropertyManager 菜单中选中【切割清单项目属性】单选按钮，并选择新建的【材料规格】属性列表，系统将在该列中显示指定的属性，如图 10-61 所示。

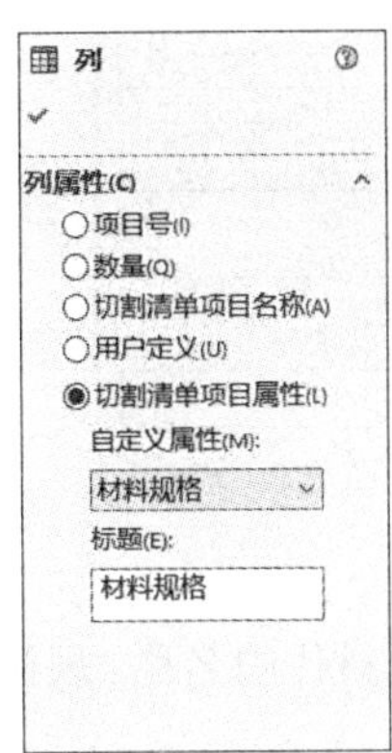

	A	B	C	D	E	F
1	4	40×40×4	4	240	45.00	45.00
2	3	40×40×4	4	212	36.87	
3	2	40×40×4	4	160		
4	1	40×40×4	4	540	45	45
5	序号	材料规格	数量	长度	角度1	角度2

图 10-61 选择材料规格属性

10.4 焊件工程图

焊件工程图与一般的装配工程图基本类似，不同的是焊件工程图中创建的 BOM 清单为切割清单。本节将介绍关于焊件工程图的相关知识与操作思路，读者需重点掌握切割清单的创建方法与编辑技巧。

10.4.1 焊件工程图简介

使用 SolidWorks 创建焊件工程图应重点掌握切割清单属性的自定义及创建方法，因此需要掌握如下两点。

（1）定义切割清单相关属性。SolidWorks 自带的部分属性并不能完全满足用户的设计需求，因此需要用户对型材焊件实体的切割清单进行进一步的定义。

（2）切割清单属性的显示内容应符合机械制图基本规范。

（3）型材焊件实体的视图表达要尽量简洁，对过于复杂的焊件可拆分为多个子焊件组，以避免视图过于复杂。

一副完整的焊件工程图一般由工程视图、切割清单、零件序号（球标）及尺寸标注等内容组成，如图 10-62 所示。

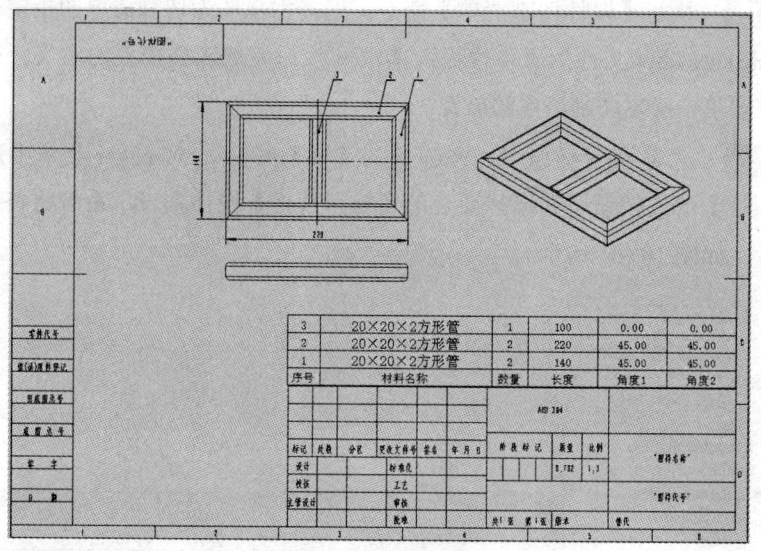

图 10-62　焊件工程图

由图 10-62 可知，焊件工程图中的切割清单一般需要包含型材件的名称、规格、数量、长度、角度等基本信息。而切割清单各列显示的内容均可从【列】PropertyManager 菜单中自由选择，如图 10-63 所示。

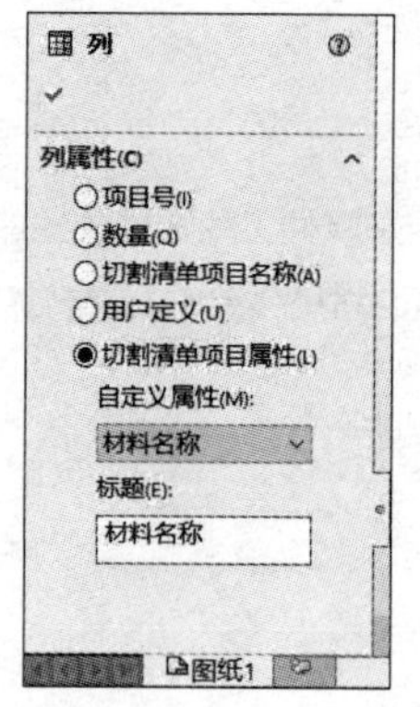

图 10-63　【列】PropertyManager 菜单

技能拓展

在【列】PropertyManager 菜单中选中【切割清单项目属性】单选按钮，可选择用户自定义的属性值作为当前列的显示内容。

10.4.2 插入切割清单

完成焊件工程视图的创建后，需要在绘图区域中创建一个焊件切割清单表，用于指导当前焊件材料的切割与制作。

在零件设计环境中，在 FeatureManager 设计树中创建出“切割清单”文件夹后，其关联的工程图中将会新增“焊件切割清单”表，如图 10-64 所示。

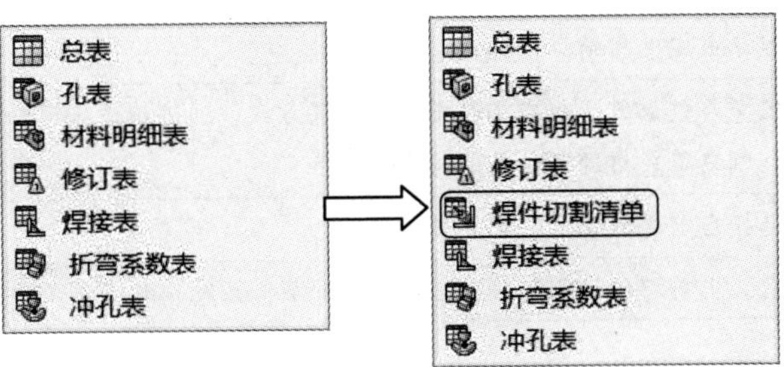

图 10-64 焊件切割清单

技能拓展

在工程图中执行【焊件切割清单】命令有如下两种方法。

（1）在菜单栏执行【插入】→【表格】→【焊件切割清单】命令。

（2）在【注解】功能区域中展开【表格】下拉菜单，再执行【焊件切割清单】命令。

执行【焊件切割清单】命令后，选择绘图区域中的任意一个工程视图作为生成焊件切割清单的参考对象，系统将在工程图环境中激活【焊件切割清单】PropertyManager 菜单，如图 10-65 所示。

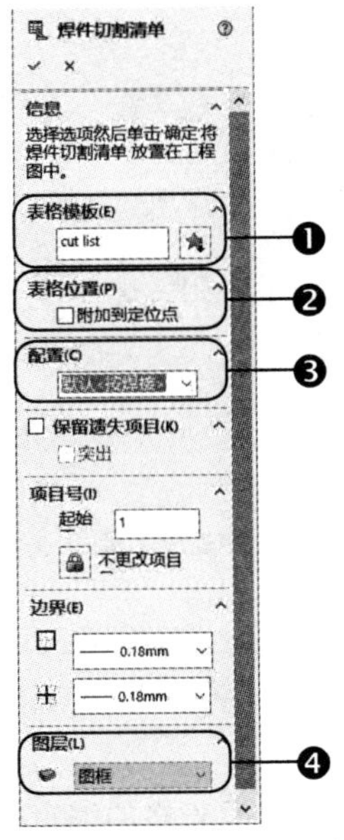

图 10-65 【焊件切割清单】PropertyManager 菜单

温馨提示

在【表格模板】区域中单击按钮，系统将弹出【打开】对话框，用户可在该文件夹下重定义焊件清单模板文件。本书一致采用“gb-weldtable.sldwldtbt 模板”文件作为焊件切割清单的参考模板。

❶ 表格模板	用于显示或定义当前焊件切割清单的模板。
❷ 表格位置	用于定义焊件切割清单在工程图中的放置方式，通过选中【附加到定位点】复选框可使用切割清单表格的定位点进行快速定位。
❸ 配置	用于选择当前焊件零件的配置属性。
❹ 图层	用于定义当前焊件切割清单表格放置的图层，系统一般将默认放置在【图框】图层。

单击✓按钮完成切割清单的属性定义后，在绘图区域中的任意位置单击，系统将创建出焊件切割清单表格，如图 10-66 所示。

选择列表格上的大写字母，系统将弹出【列】PropertyManager 菜单，如图 10-67 所示。通过在【列】PropertyManager 菜单中选中相应的单选按钮，用户可对当前列属性进行重定义。

	A	B	C	D	E	F
1	3		1	100	0.00	0.00
2	2		2	140	45.00	45.00
3	1		2	220	45.00	45.00
4	序号	材料名称	数量	长度	角度1	角度2

图 10-66 创建焊件切割清单

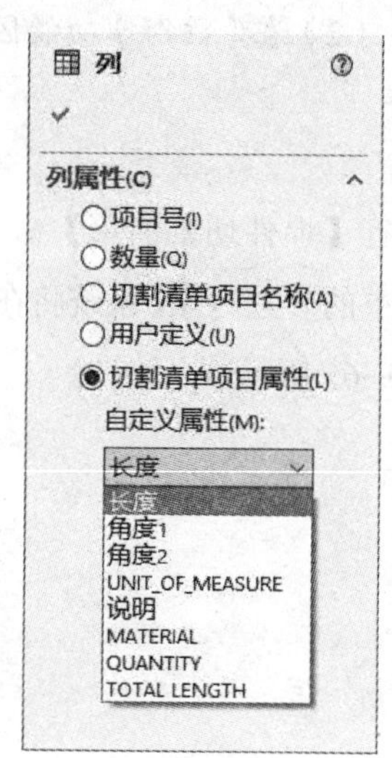

图 10-67 【列】PropertyManager 菜单

SolidWorks 焊件切割清单项目属性的自定义请参考 10.3.2 节。

10.4.3 清单表格操作

焊件切割清单表格的编辑方法与一般表格的编辑方法基本相同，在切割清单表格上右击，从弹出的快捷菜单中执行【插入】【选择】【删除】【格式化】【排序】等命令。

执行【插入】命令后可展开子菜单，在其中执行相应的命令后可在当前表格位置处插入行、列表格，如图 10-68 所示。

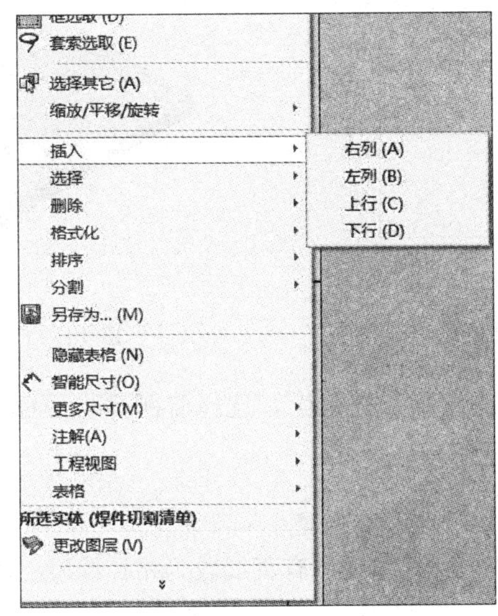

图 10-68　插入行、列

课堂范例——创建焊接支架工程图

执行【结构构件】【拉伸】【投影视图】【焊件切割清单】等命令创建出焊接支架工程图，如图 10-69 所示，具体操作步骤如下。

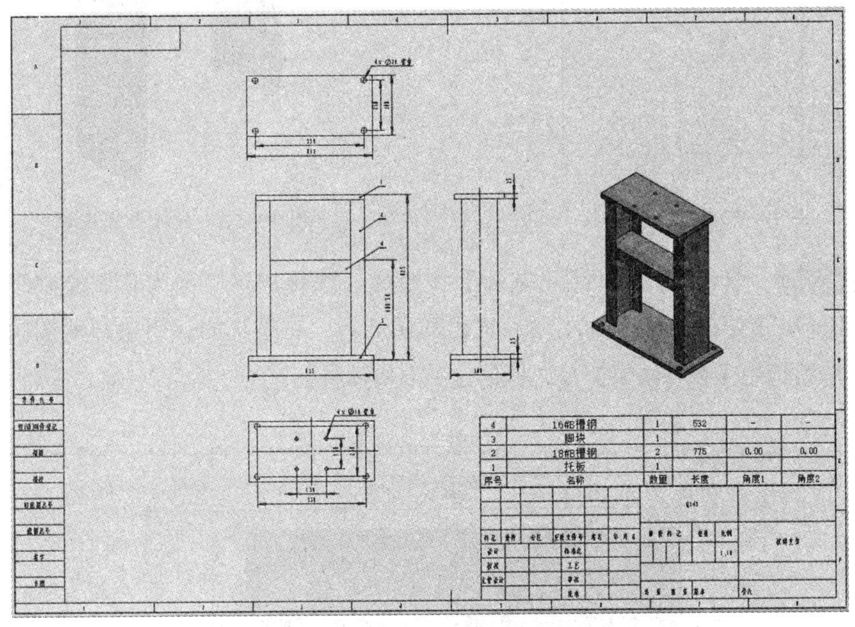

图 10-69　焊接支架工程图

步骤 01　单击【拉伸凸台 / 基体】按钮，选择俯视基准面为草图绘制平面，绘制如图 10-70 所示的矩形并退出草图环境；将绘制的矩形草图向上拉伸 25mm，创建如图 10-71 所示的实体特征。

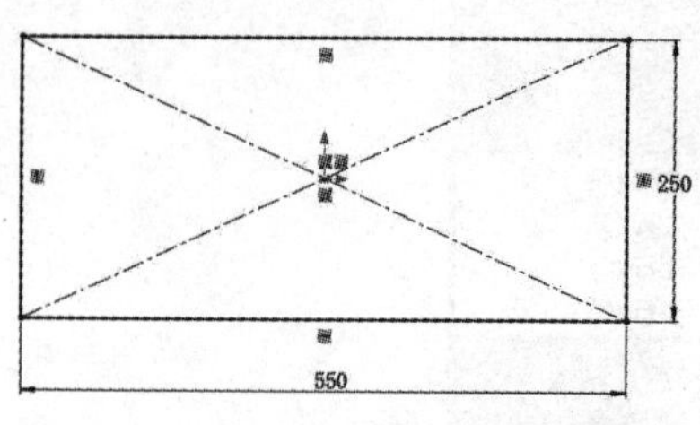

图 10-70 绘制矩形

图 10-71 创建拉伸实体

步骤 02 单击【草图绘制】按钮，选择前视基准面为草图绘制平面，绘制如图 10-72 所示的直线段并退出草图环境。

步骤 03 单击【结构构件】按钮，选择 GB 国家标准中的槽钢为新构件的轮廓，指定轮廓规格为“180×70×9”，选择所有直线段为路径线段；单击按钮完成构件的创建，如图 10-73 所示。

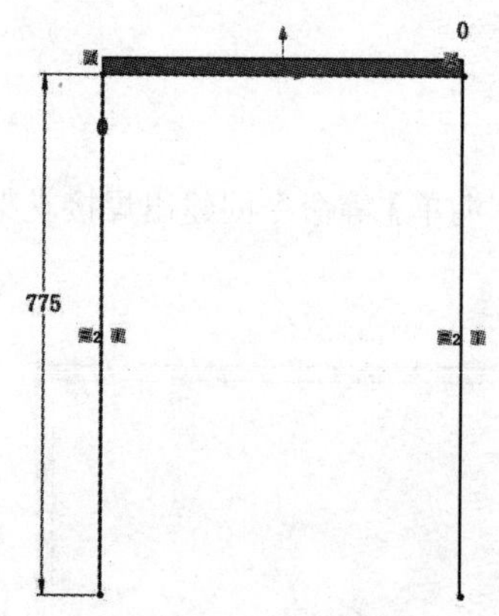

图 10-72 绘制直线段

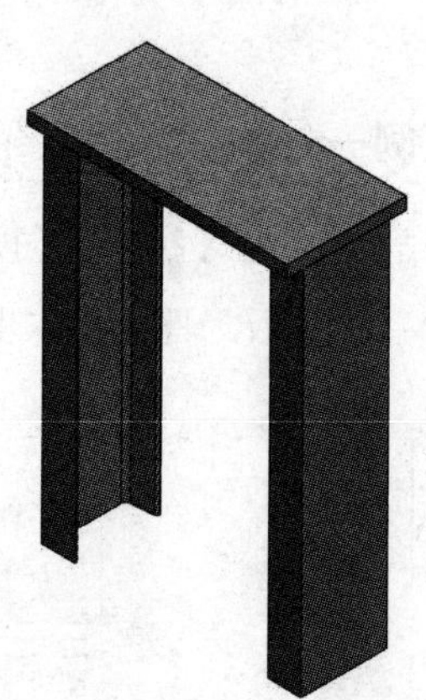

图 10-73 创建垂直槽钢

步骤 04 单击【拉伸凸台 / 基体】按钮，选择槽钢底面为草图绘制平面，绘制如图 10-74 所示的封闭轮廓线段并退出草图环境；将绘制的封闭轮廓草图向上拉伸 25mm，取消选中【合并结果】复选框创建独立实体特征。

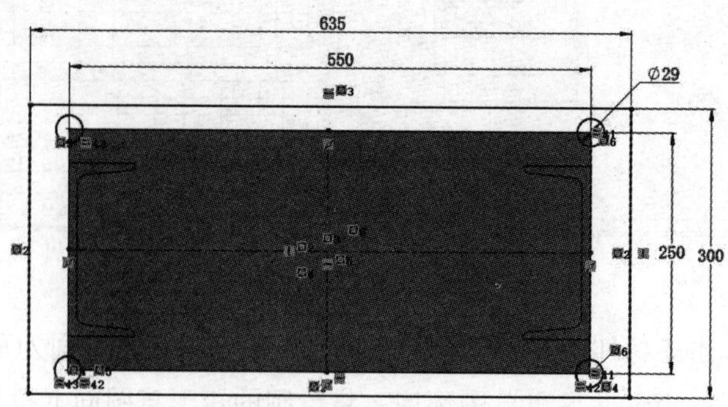

图 10-74 绘制封闭轮廓线段

步骤 05 单击【拉伸切除】按钮，选择顶面实体的表平面为草图绘制平面，绘制如图 10−75 所示的对称结构圆形并退出草图环境；指定拉伸切除距离为 25mm，完成圆孔特征的创建。

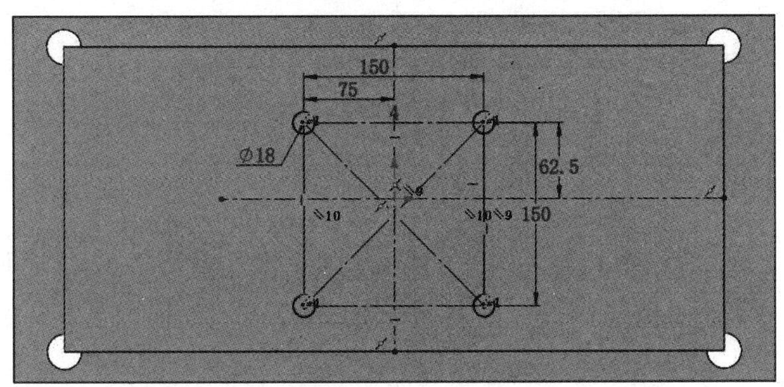

图 10−75 绘制圆形

步骤 06 单击【草图绘制】按钮，选择前视基准面为草图绘制平面，绘制如图 10−76 所示的水平直线段并退出草图环境。

步骤 07 单击【结构构件】按钮，选择 GB 国家标准中的槽钢为新构件的轮廓，指定轮廓规格为“180×70×9”，选择所有水平直线段为路径线段；单击按钮完成构件的创建，如图 10−77 所示。

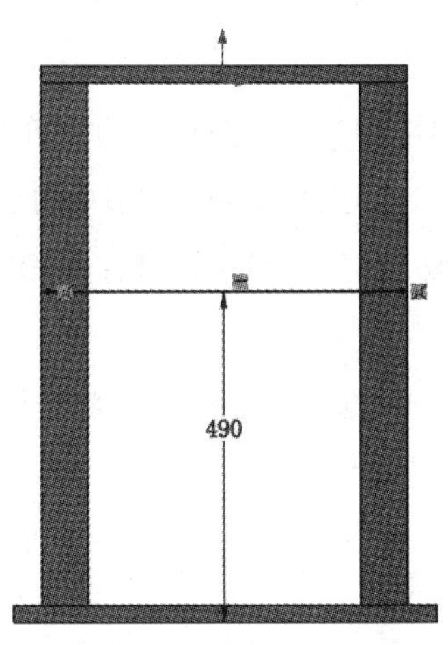

图 10−76 绘制水平直线

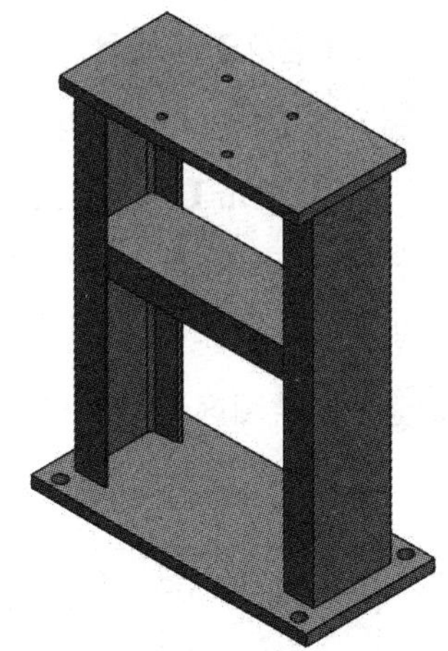

图 10−77 创建连接槽钢

步骤 08 新建一张 A3 图幅的工程图，创建焊接支架的投影视图及轴测视图。

步骤 09 单击【智能尺寸】按钮，在各个投影视图上标注出相应的设计尺寸，如图 10−78 所示。

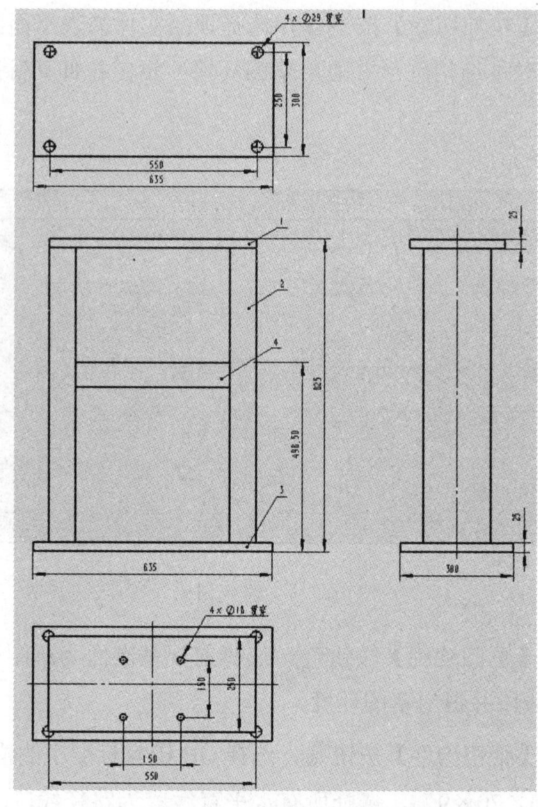

图 10-78 标注尺寸

步骤 10 按【Ctrl+Tab】组合键切换至零件设计环境，打开【切割清单属性】对话框并在添加的【名称】项中填写相应的内容。

步骤 11 按【Ctrl+Tab】组合键切换至工程图环境，在【注解】功能区域中展开【表格】下拉菜单，单击【焊件切割清单】按钮；选择主视图为切割清单的参考视图，选择“gb-weldtable.sldwldtbt”模板文件作为焊件切割清单的参考模板；单击按钮完成切割清单的定义。

步骤 12 在绘图区域中的任意位置上单击完成切割清单的放置，将表格第一列内容修改为“名称”项，系统将显示该项的内容，如图 10-79 所示。

4	16#B槽钢	1	532	-	-
3	脚块	1			
2	18#B槽钢	2	775	0.00	0.00
1	托板	1			
序号	名称	数量	长度	角度1	角度2

图 10-79 创建工程图切割清单

课堂问答

本章通过对 SolidWorks 焊件工具的介绍，演示了焊件实体创建与编辑的基本思路与技巧。下面将列出一些常见的问题供读者学习与参考。

问题❶：使用国标构件轮廓有何意义？

答：使用符合国标的构件轮廓可更加准确地反映出焊件的结构尺寸要求，能更有效地指导生产。因此，在焊件结构设计中使用符合设计要求的构件轮廓是正确创建焊件结构的前提。

问题❷：构件之间的剪裁形式有哪些？

答：焊件结构之间的剪裁形式主要有终端剪裁、终端斜接、终端对接 3 种。其中终端对接又有两种对接形式。

问题❸：使用切割清单有何意义？

答：焊件结构设计是在零件设计环境中创建的多实体特征，其保存的文件本质上属于零件文件，但图纸上确是对装配体的焊接表达。因此，使用切割清单可快速创建出各实体零件的材料清单，方便指导后续的焊接生产。

上机实战——桥架

为巩固本章所介绍的 SolidWorks 焊件结构设计要点，下面通过一个综合实例的演练与介绍，使大家能更好地掌握本章所介绍的基础知识。

效果展示

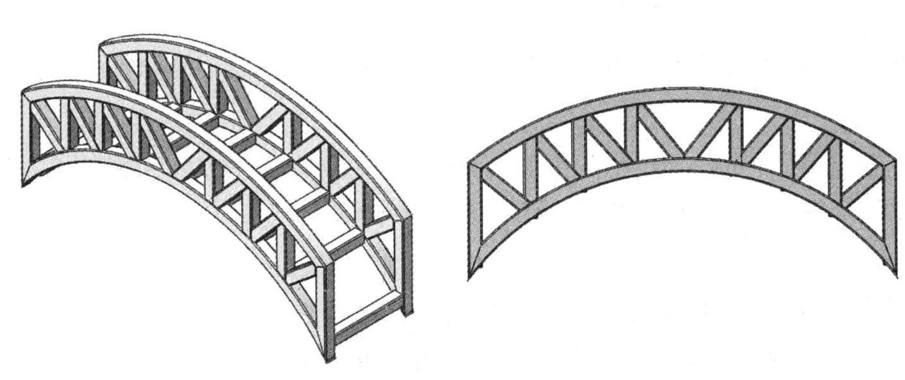

思路分析

在桥架建模过程中，将体现 SolidWorks 焊件结构设计的基本思路与方法，其中重点使用了 3D 草图的绘制技巧，主要有如下几个基本步骤。

（1）绘制草图结构直线。

（2）添加焊件结构件。

（3）剪裁相交的结构件实体。

制作步骤

步骤 01　执行【基准面】命令，选择前视基准面为参考平面，创建偏移距离为 200mm 的基准面 1；再次执行【基准面】命令，选择前视基准面为参考平面并将其向相反方向偏移 200mm，创建出基准面 2。

步骤 02　单击【草图绘制】按钮，选择基准面 1 为草图绘制平面，绘制如图 10-80 所示的线段并退出草图环境。

步骤 03　单击【草图绘制】按钮，选择基准面 2 为草图绘制平面，通过转换实体引用命令将草图 1 中的线段投影至当前草图并退出草图环境，如图 10-81 所示。

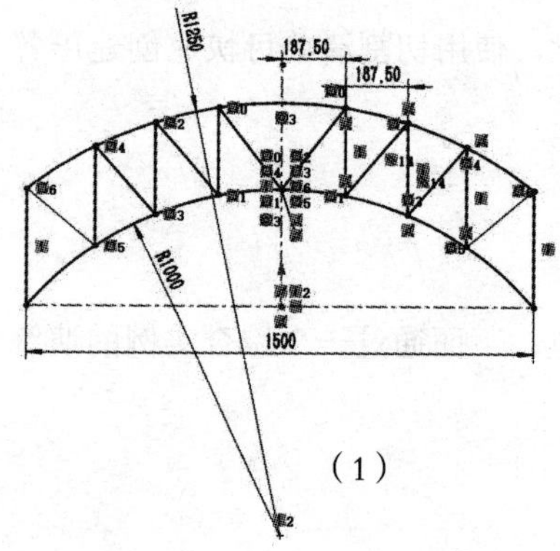

（1）

图 10-80　绘制草图轮廓

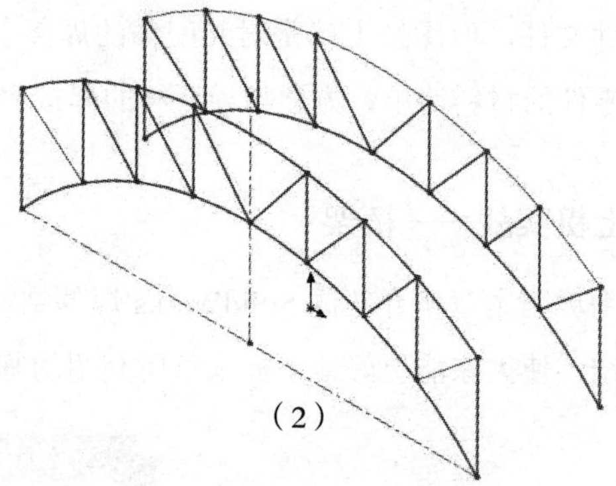

（2）

图 10-81　绘制对称草图曲线

步骤 04　单击【3D 草图】按钮，绘制如图 10-82 所示的连接直线并退出草图环境。

步骤 05　单击【结构构件】按钮，选择 GB 国家标准中的方形管为新构件的轮廓，指定轮廓规格为“50×50×2.5”，选择草图 1 中的轮廓曲线为路径线段；指定边角处理方式为“终端斜接”；单击按钮完成构件的创建，如图 10-82 所示。

步骤 06　单击【镜像】按钮，选择前视基准面为镜像面，选择方形管实体为镜像对象；单击按钮完成对称方形管的创建，如图 10-83 所示。

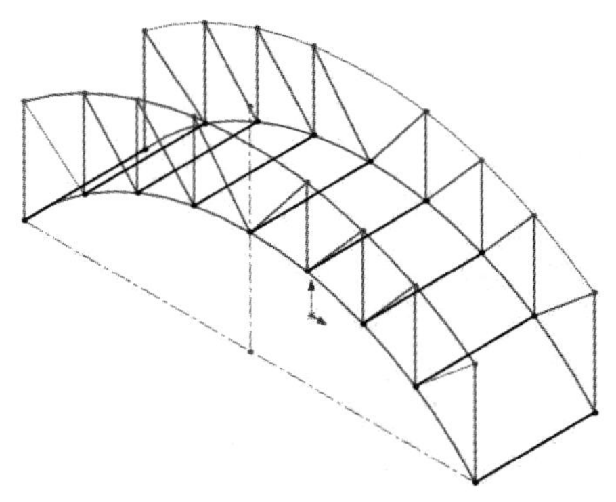

图 10-82 绘制 3D 连接直线

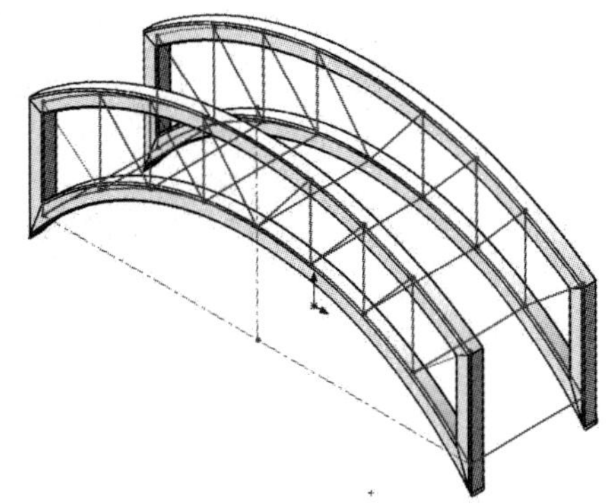

图 10-83 创建对称方形管

步骤 07 单击【结构构件】按钮，选择规格为“50×50×2.5”的 GB 国家标准中方形管为新构件的轮廓，选择草图 1 中的直线段为路径线段；指定边角处理方式为“终端斜接”；单击按钮完成构件的创建，如图 10-84 所示。

步骤 08 单击【剪裁 / 延伸】按钮，将创建方形管的相交多余部分剪裁移除；单击【镜向】按钮，选择前视基准面为镜像面，选择剪裁后的方形管实体为镜像对象；单击按钮完成对称方形管的创建，如图 10-85 所示。

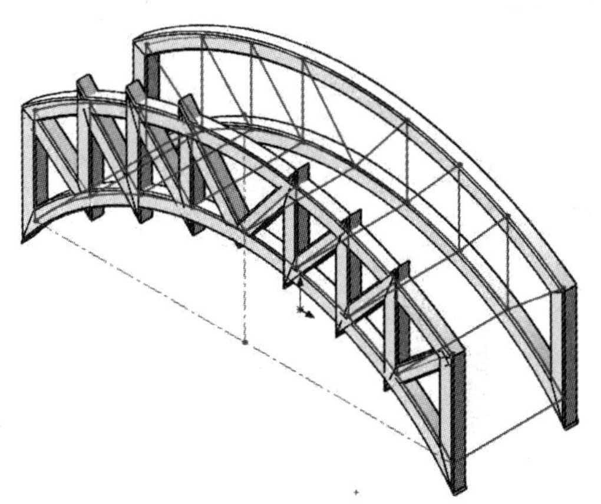

图 10-84 创建加强方形管

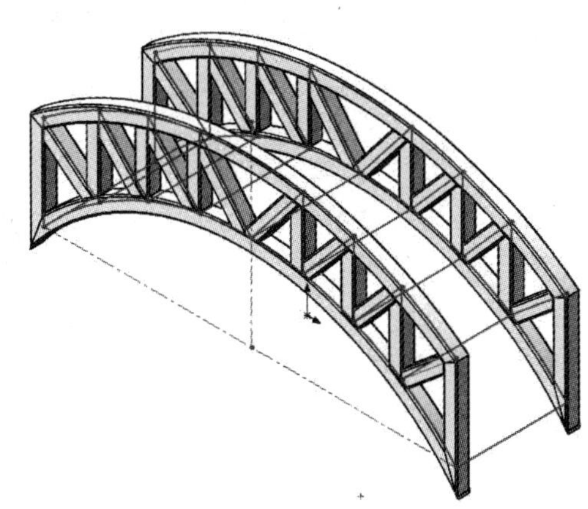

图 10-85 创建对称剪裁方形管

步骤 09 单击【结构构件】按钮，选择规格为“50×50×2.5”的 GB 国家标准中方形管为新构件的轮廓，选择 3D 草图中的直线为路径线段；指定边角处理方式为“终端斜接”；单击按钮完成构件的创建。

步骤 10 单击【剪裁 / 延伸】按钮，选择连接方形管为剪裁对象，选择对称圆弧方形管的内侧面为剪裁边界；单击按钮完成对称方形管的创建，如图 10-86 所示。

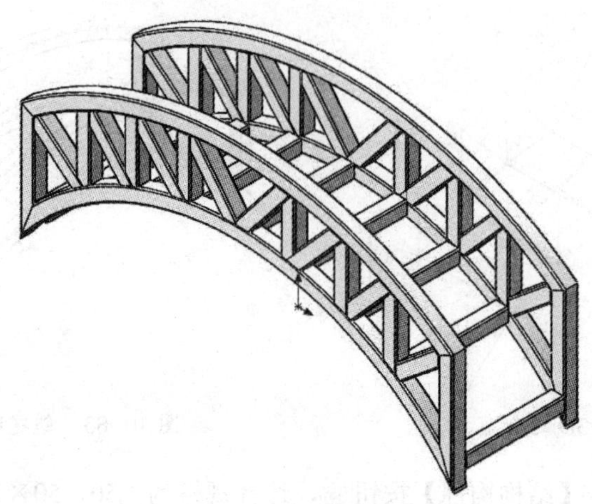

图 10-86　剪裁连接方形管

同步训练——固定支架

图解流程

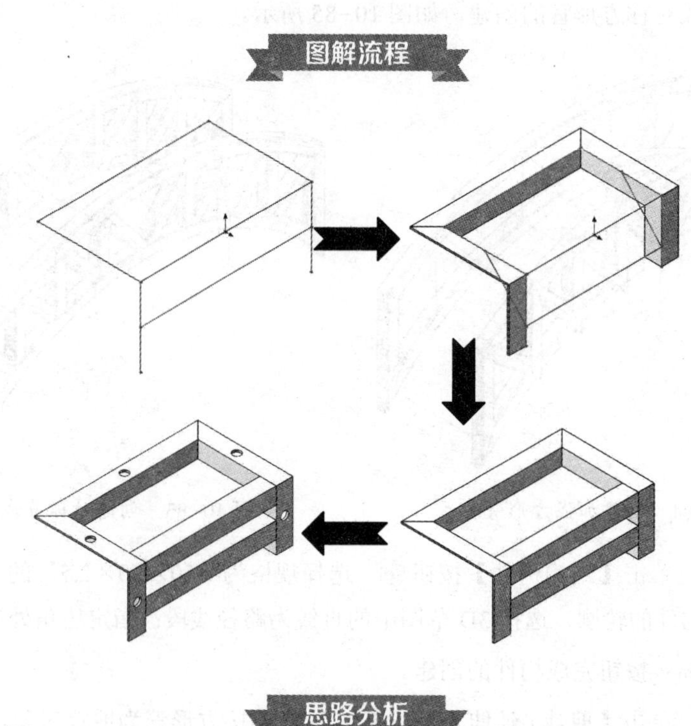

思路分析

固定支架的设计过程中，首先使用草图设计方法绘制出空间草图曲线，其次执行【结构构件】命令创建出等边角钢实体。

关键步骤

步骤 01 执行【草图绘制】及【3D草图】命令，绘制如图10-87所示的空间结构直线。

步骤 02 执行【结构构件】命令，创建出规格为“2.5×3”的等边角钢构件，如图10-88所示。

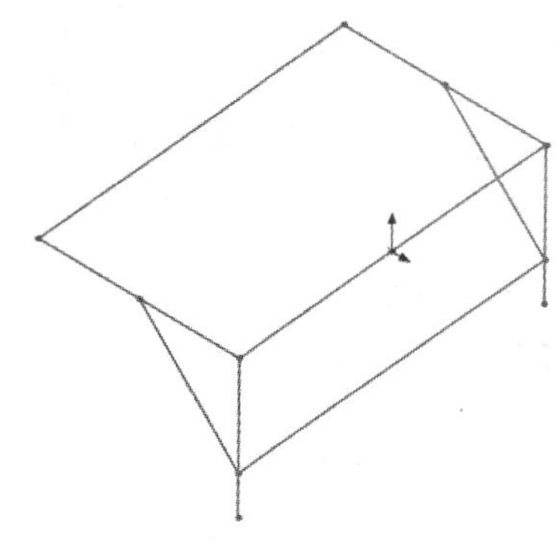

图10-87 绘制草图结构线

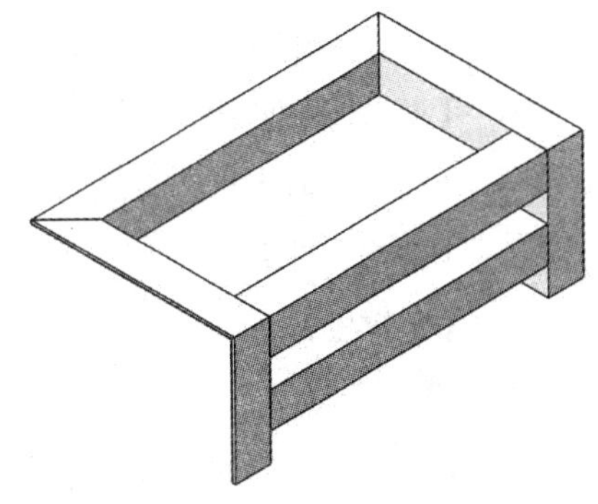

图10-88 创建等边角钢构件

步骤 03 执行【拉伸切除】命令，创建出固定支架的安装孔特征，如图10-89所示。

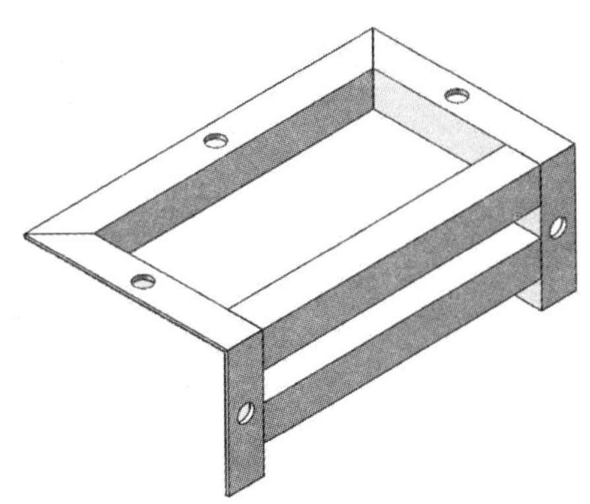

图10-89 创建安装孔特征

知识与能力测试

本章介绍了使用SolidWorks焊件工具创建焊件零件的基本思路与设计方法，为对知识进行巩固和考核，请完成下列相应的习题。

一、填空题

1．使用________命令可创建实体结构零件。

2．使用________命令可修剪相交的结构实体。

3．结构实体的修剪方式主要有________、________和________、________。

4．角撑板的类型主要有________和________。

二、选择题

1．下面（　　）构件轮廓类型可创建符合中国国标的结构构件。

A．【GB】　　B．【JB】　　C．【ISO】　　D．【ANSI】

2．下面（　　）命令可创建顶端盖实体。

A．【顶端盖】　B．【角撑板】　C．【拉伸】　D．【圆角焊缝】

3．下面（　　）命令可对相交的结构构件进行延伸修剪操作。

A．【剪裁 / 延伸】B．【顶端盖】　C．【角撑板】　D．【圆角焊缝】

4．下面（　　）命令可在工程图中创建焊件切割清单。

A．【结构构件】　　B．【顶端盖】

C．【角撑板】　　D．【焊件切割清单】

三、简答题

1．怎样指定结构构件的放置方位？

2．怎样在创建结构构件的过程中自动修剪相交的结构构件？

3．怎样编辑焊件切割清单？

SolidWorks

2016

附录 A

自定义 GB

SolidWorks 2016 软件中自带了 GB 国家标准的零件模板、装配模板及工程图模板，用户可使用这些模板制作符合 GB 国家标准的结构图纸。同时，系统也允许用户自定义这些模板，其中工程图模板的自定义更具有重要的意义。

在实际的制图过程中，工程图上的图框样式、标题栏样式、标题栏内容等可根据具体需要对现有工程图文件进行自定义，再保存为工程图模板文件。

自定义 GB 工程图模板的基本步骤如下。

步骤 01 执行【文件】→【打开】命令，选择 C:\ProgramData\SolidWorks\SOLIDWORKS 2016\templates\gb_a4.drwdot。

步骤 02 在选中的文件名称上右击，弹出快捷菜单，执行【编辑图纸格式】命令，如附图 A-1 所示。

步骤 03 单击【注释】按钮A，在标题栏空白区域单击确定文本注释放置点。

步骤 04 在【注释】属性菜单中单击【链接到属性】按钮，弹出【链接到属性】对话框。

步骤 05 选中【此处发现的模型】单选按钮，在【属性名称】下拉列表中选择【公司名称】选项，如附图 A-2 所示。

步骤 06 再次执行【编辑图纸格式】命令，退出图纸编辑状态。

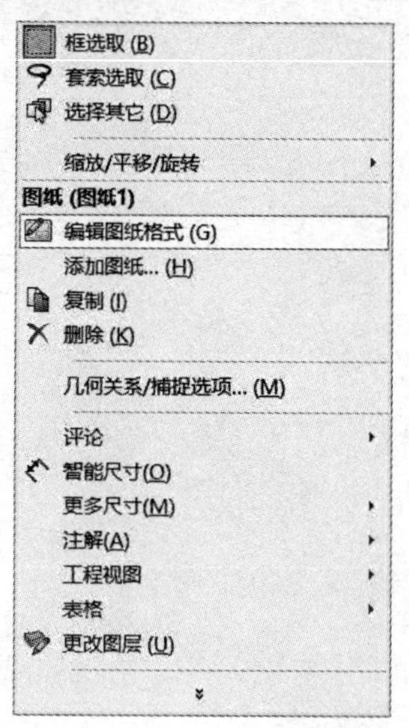

附图 A-1 右键快捷菜单

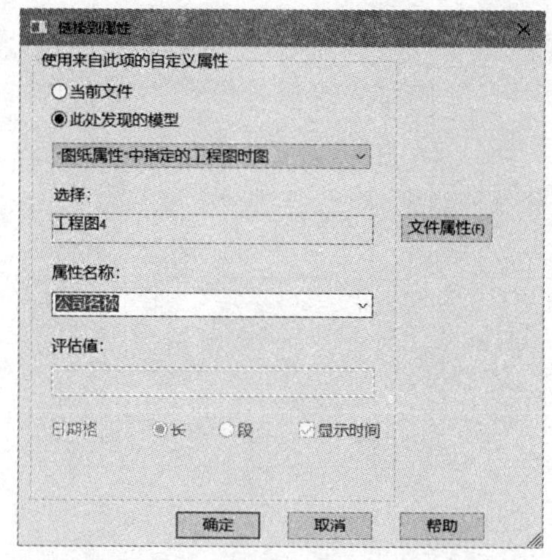

附图 A-2 【链接到属性】对话框

步骤 07 执行【另存为】命令，将当前图纸文件保存为".DRWDOT"文件，如附图 A-3 所示。

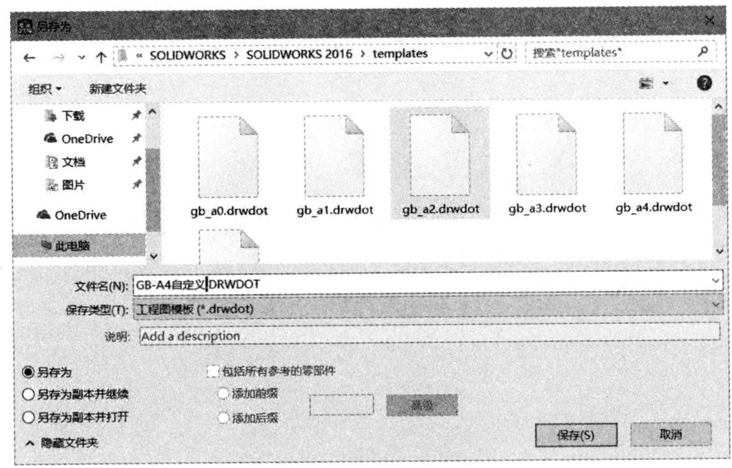

附图 A-3 另存为模板文件

在整个工程图模板文件的制作过程中，最重要的步骤是设置标题栏上自动填写的内容，其基本思路是通过链接模型文件上的属性来达到自动填写的目的。另外，用户也可以重新绘制图纸的图框样式。

SolidWorks
2016

附录 B
SolidWorks 绘图高效操作技巧

1．显示与隐藏零部件

在装配体设计环境下，对于隐藏或显示零部件模型，一般的操作方法是通过单击的方式弹出快捷菜单，再执行【显示】或【隐藏】命令来完成零部件的隐藏操作。

选择零部件后，通过按【Tab】键可快速隐藏指定的零部件；而将鼠标指针移动至隐藏零部件的位置后，再按【Shift+Tab】组合键可显示出隐藏的零部件。

2．草图轮廓开放端口检查

在绘制草图曲线的过程中，由于细节处过于复杂，且有时并不能一次性绘制出封闭轮廓的曲线，因此在退出草图环境后，系统将提示草图曲线未能封闭而不能创建实体特征。此时，可重新返回草图设计环境，执行【工具】→【草图工具】→【检查草图合法性】命令可快速检查出草图的开放端口。

3．透明零部件的选取

在装配体设计环境下，对于透明化的零部件，系统将优先选取未透明处理的零部件而自动过滤掉透明化的零部件。用户如果需要选取该零部件，那么只需按【Shift】键后再直接选取透明化的零部件即可。

4．装配体中快速复制零部件

在装配体设计环境下，对于需要重复使用装配的零部件，可直接在 FeatureManager 设计树中执行【复制】和【粘贴】命令，即可快速创建出副本零部件。

另外，也可按【Ctrl】键拖动零部件至绘图区域中任意位置，从而创建出副本零部件。

5．工程视图移动

在工程图环境下，每个工程视图都有一个隐藏的边框，当鼠标指针移动至该边框上时，按住鼠标中键并移动鼠标指针，可改变视图的位置。另外，按【Alt】键并选择视图内部任意一点，也可以移动视图。

6．设置快捷键

对于一些常用的工具命令，用户可通过自定义快捷键的方式来提高设计效率。执行【工具】→【自定义】→【键盘】命令，在页面中找到需要设置快捷键的命令，再通过组合键的方式定义出快捷键。例如，配合快捷键为【Alt+E】，测量快捷键为【Alt+Q】。

7．设置鼠标笔势功能

使用快捷键能提高操作效率，而使用鼠标笔势功能则能进一步提高操作效率。执行【工具】→【自定义】→【鼠标笔势】命令，在页面找到需要设置笔势功能的命令，通过设置鼠标右键的方向移动来完成鼠标笔势功能的定义。

8．快速配合圆弧面

在装配体设计环境下，针对回转体零件的装配约束，可通过选择任意一个回转零件的曲面并按【Alt】键拖动至另一个回转体零件的曲面上，系统将默认使用【同心轴】约束功能来完成两个零件的装配约束。

9．窗口分割

SolidWorks 绘图区域可以通过【视图定向】功能将其分割为【二视图 - 水平】【二视图 - 竖直】及【四视图】等显示类型。

如需返回【单一视图】显示类型，可通过双击分割线来减少视图分割数量。

10．工程图标题栏自动填写

在 SolidWorks 工程图中的标题栏上添加属性链接后，只需在零件模型的文件属性中填写相应的内容，系统将自动与工程图进行关联并完成标题栏的填写。

如果用户在工程图中自定义出了零件模型文件中未提供的属性类型，则需要在零件模型中手动添加相应的属性类型并填写内容。

11．草图曲线的完全约束

在 SolidWorks 草图设计环境下，绘制的草图曲线如未添加任何的几何约束或尺寸约束，都将以蓝色线条显示，如能完整地约束住草图曲线，系统将以黑色线条显示草图曲线。

完全约束草图的基本原则是先添加几何约束固定各曲线之间的空间位置，再添加尺寸约束标注出草图的定位尺寸与定型尺寸。

12．草图实体线与构造线的转换

在 SolidWorks 草图设计环境下，绘制的所有曲线都可在实体线与构造线之间任意切换。选择已绘制的草图曲线，再在【线条属性】区域中选中【作为构造线】复选框，可将实体曲线转换为构造线。取消选中该复选框，可将构造线转换为实体曲线。

13．草图曲线快速镜像复制

在 SolidWorks 草图设计环境下，通过框选方式选取所有需要镜像复制的曲线实体对象与对称轴线，再执行【镜向实体】命令，系统将自动判断对称轴线与镜像对象并完成镜像对称结构草图曲线的创建。

14．零件特征的一般复制

在零件设计环境下，通过执行【复制】和【粘贴】命令可将选取的特征复制在另一个零件上。另外，按【Shift】键拖动特征至另一零件窗口下也可复制特征。

15．副本文件去关联

在 SolidWorks 系统下直接复制零件文件至其他目录下，都将具有参数关联特性，编辑修改其中一个零件，另一个零件也将得到更新。

为除去这些关联特性，可通过执行【文件】→【打包】命令来创建出无关联特性的副本零件，同时也可在打包的同时重新命名文件。

16．调整零部件在装配目录下的位置

在 SolidWorks 系统默认的状态下，零部件在 FeatureManager 设计树中的排列顺序是以装配的先后顺序进行排列的。如想调整各零部件的位置，只需按【Alt】键并拖动零部件进行重新放置。

17. 3D 草图状态下切换基准平面

在绘制 3D 草图时，通过【Tab】键可在 XY、YZ、XZ 基准平面上来回切换，从而完成空间曲线的放置定义。

18. 快速将模型切换至指定视角

SolidWorks 系统默认的视角快捷键有【Ctrl+1】为前视图、【Ctrl+2】为后视图、【Ctrl+3】左视图、【Ctrl+4】右视图、【Ctrl+5】俯视图、【Ctrl+6】仰视图、【Ctrl+7】等轴测视图。

另外，执行【新视图】命令可将当前模型的方位保存为视图名称，并自动应用于 SolidWorks 的其他模块中。

19．局部剖视图的剖切距离

在工程图设计环境下创建局部剖视图，系统需要用户指定剖切距离才能正确创建出剖面结构。其中，剖切距离是以当前视图的最大外形轮廓边线为参考对象进行计算的。

20．保存当前系统设置

执行【工具】→【保存 / 恢复设置】命令，可将当前 SolidWorks 软件中的系统选项、工具栏布局、键盘快捷键、鼠标笔势、菜单自定义、保存的视图等内容进行导出或导入操作。导出的文件保存为“.sldreg”文件，用户可在其他 SolidWorks 软件中导入此文件，从而快速完成软件的相关设置操作。

SolidWorks 2016

附录C 综合上机训练习题

为了强化读者的上机操作能力，专门安排了以下上机实训项目，教师可以根据教学进度与教学内容，合理安排学生上机训练操作的内容。

实训一：V 带轮

使用 SolidWorks 2016 绘制如附图 C-1 所示的 V 带轮三维模型。

素材文件	无
结果文件	学习资料 \ 上机实训 \V 带轮 .SLDPRT、V 带轮 .SLDDRW

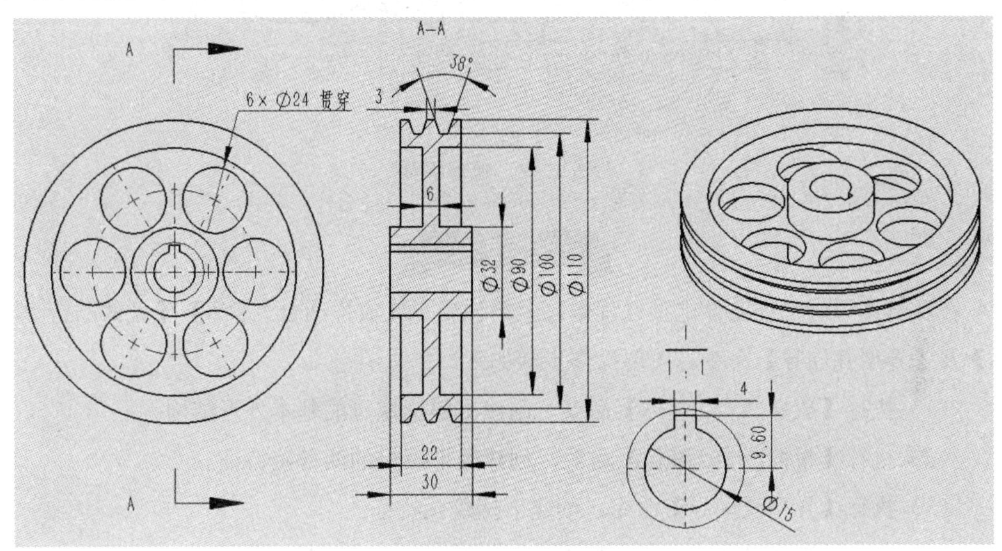

附图 C-1　V 带轮

操作提示

在 V 带轮的三维实体造型过程中，主要使用了【旋转凸台 / 基体】【拉伸切除】【移动面】命令。主要操作步骤如下。

（1）执行【旋转凸台 / 基体】命令，创建出 V 带轮的基本外形结构。

（2）执行【拉伸切除】命令，创建出细节特征。

（3）进入工程图设计环境，转换工程视图并完成尺寸标注。

实训二：碟形螺母

使用 SolidWorks 2016 绘制如附图 C-2 所示的碟形螺母三维模型。

素材文件	无
结果文件	学习资料 \ 上机实训 \ 碟形螺母 .SLDPRT、碟形螺母 .SLDDRW

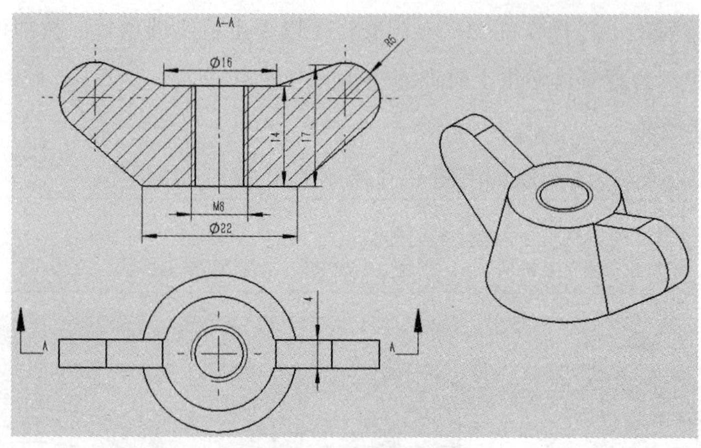

附图 C-2　碟形螺母

操作提示

在碟形螺母的三维实体造型过程中，主要使用了【放样凸台 / 基体】【拉伸凸台 / 基体】及【异型孔向导】命令。主要操作步骤如下。

（1）执行【放样凸台 / 基体】命令，创建出碟形螺母的基本外形结构。

（2）执行【拉伸凸台 / 基体】命令，创建碟形螺母的两薄壁特征。

（3）执行【异型孔向导】命令，创建出螺纹孔特征。

（4）进入工程图设计环境，转换工程视图并完成尺寸标注。

实训三：茶杯

使用 SolidWorks 2016 绘制如附图 C-3 所示的茶杯三维模型。

素材文件	无
结果文件	学习资料 \ 上机实训 \ 茶杯 .SLDPRT、茶杯 .SLDDRW

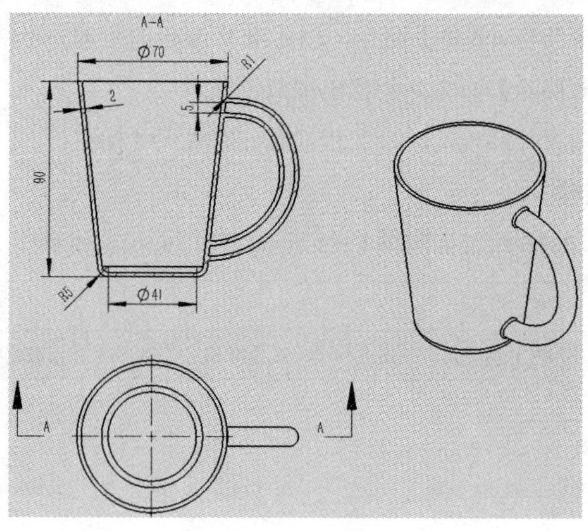

附图 C-3　茶杯

操作提示

在茶杯的三维实体造型过程中，主要使用了【放样凸台 / 基体】【抽壳】及【扫描】命令。主要操作步骤如下。

（1）执行【放样凸台 / 基体】命令，创建出茶杯的基本外形结构。

（2）执行【抽壳】命令，创建薄壁特征。

（3）执行【扫描】命令，创建出茶杯模型的手柄特征。

（4）进入工程图设计环境，转换工程视图并完成尺寸标注。

实训四：异型扫描件

使用 SolidWorks 2016 绘制如附图 C-4 所示的异型扫描件三维模型。

素材文件	无
结果文件	学习资料 \ 上机实训 \ 异型扫描件 .SLDPRT、异型扫描件 .SLDDRW

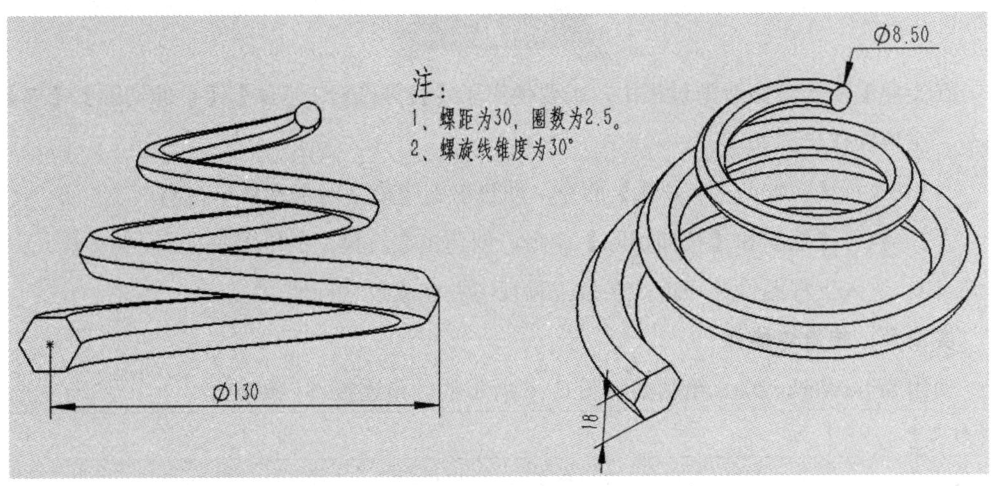

附图 C-4　异型扫描件

操作提示

在异型扫描件的三维实体造型过程中，主要使用了【放样凸台 / 基体】命令的相关设置方法与技巧。主要操作步骤如下。

（1）执行【放样凸台 / 基体】命令，创建出异型扫描件的基本外形结构。

（2）调整两截面轮廓曲线的连接点位置。

实训五：支座

使用 SolidWorks 2016 绘制如附图 C-5 所示的支座三维模型。

素材文件	无
结果文件	学习资料 \ 上机实训 \ 支座 .SLDPRT、支座 .SLDDRW

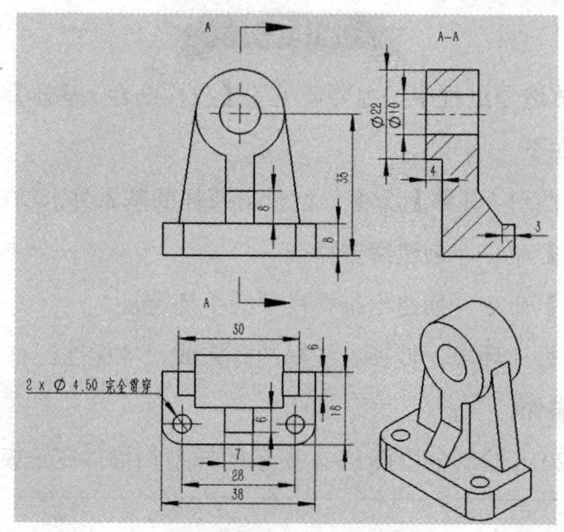

附图 C-5　支座

操作提示

在支座的三维实体造型过程中，主要使用了【拉伸凸台 / 基体】【拉伸切除】【筋】命令。主要操作步骤如下。

（1）执行【拉伸凸台 / 基体】命令，创建出支座模型的基本外形结构。

（2）执行【筋】和【拉伸切除】命令，创建出支座模型的细节特征。

（3）进入工程图设计环境，转换工程视图并完成尺寸标注。

实训六：转角连接件

使用 SolidWorks 2016 绘制如附图 C-6 所示的转角连接件三维模型。

素材文件	无
结果文件	学习资料 \ 上机实训 \ 转角连接件 .SLDPRT、转角连接件 .SLDDRW

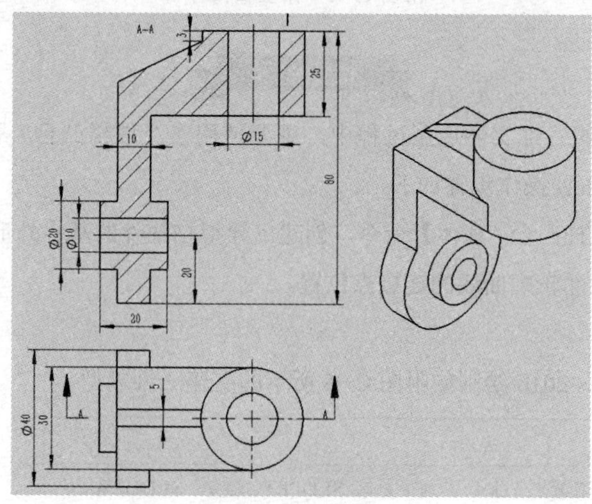

附图 C-6　转角连接件

操作提示

在转角连接件的三维实体造型过程中，主要使用了【拉伸凸台 / 基体】【拉伸切除】【筋】命令。主要操作步骤如下。

（1）执行【拉伸凸台 / 基体】命令，创建出转角连接件的基本外形结构。

（2）执行【拉伸凸台 / 基体】和【拉伸切除】命令，创建出连接件的圆柱凸台、孔特征。

（3）执行【筋】命令，创建出连接件的加强筋特征。

（4）进入工程图设计环境，转换工程视图并完成尺寸标注。

SolidWorks 2016

附录 D

知识与能力总复习题 1

一、单项选择题（每题2分，共40分）

1．打开或关闭选择过滤器的热键是（　　）。

A．【F8】　B．【F5】　C．【F1】　D．【F9】

2．SolidWorks模型零件文件的后缀名为（　　）。

A．DWG　B．DXF　C．SLDDRW　D．SLDPRT

3．SolidWorks装配体文件的后缀名为（　　）。

A．DWG　B．SLDASM　C．SLDDRW　D．SLDPRT

4．SolidWorks工程图文件的后缀名为（　　）。

A．DWG　B．SLDASM　C．SLDDRW　D．SLDPRT

5．记录SolidWorks零件造型步骤的工具名称为（　　）。

A．下拉菜单　B．任务窗口

C．PropertyManager设计树　D．PropertyManager菜单

6．以下可在装配体快速复制零件的命令是（　　）。

A．【复制】　B．【阵列】　C．【偏移】　D．【移动】

7．以下可在零件中快速创建矩形阵列特征的命令是（　　）。

A．【线性阵列】　B．【圆周阵列】

C．【镜像】　D．【填充阵列】

8．以下可在装配体中快速创建矩形阵列零件的命令是（　　）。

A．【线性零部件阵列】　B．【圆周零部件阵列】

C．【镜像】　D．【填充阵列】

9．退出命令的热键是（　　）。

A．【Esc】　B．【F2】　C．【Enter】　D．【Delete】

10．下面可在零件体中创建对称结构副本图形的命令是（　　）。

A．【复制】　B．【镜向】　C．【旋转】　D．【移动】

11．下面可在装配体中移动指定零部件的命令是（　　）。

A．【移动零部件】　B．【镜向】

C．【复制】　D．【填充阵列】

12．在SolidWorks中，缩放视图与缩放图形是（　　）。

A．都能缩放图形对象的尺寸比例

B．缩放视图才能修改图形对象的尺寸比例

C．缩放视图只改变图形的显示比例，而缩放图形才能修改图形对象的尺寸比例

D．两者都不能改变图形对象的尺寸比例

13．下面可在零件设计环境中创建多截面形状实体的命令是（　　）。

A. 【拉伸凸台 / 基体】　　B. 【旋转凸台 / 基体】

C. 【扫描】　　D. 【放样凸台 / 基体】

14. 下面可快速创建出加强筋特征的命令是（　）。

A. 【拉伸凸台 / 基体】　　B. 【旋转凸台 / 基体】

C. 【筋】　　D. 【放样凸台 / 基体】

15. 下面可将封闭的曲面转换为实体模型的命令是（　）。

A. 【加厚】　　B. 【扫描】

C. 【拉伸凸台 / 基体】　　D. 【放样凸台 / 基体】

16. 移动视图与移动实体是（　）。

A. 两者功能一样

B. 移动视图是移动所有的视图，而移动实体是移动指定的图形对象

C. 两种都不能移动图形对象

D. 移动实体是移动所有的视图，而移动视图是移动指定的图形对象

17. 工程图中标准视图是（　）。

A. 主视图、左视图、俯视图　　B. 主视图、右视图、俯视图

C. 主视图、左视图、仰视图　　D. 主视图、右视图、仰视图

18. 下面用于创建投影视图的命令是（　）。

A. 【模型视图】　　B. 【投影视图】

C. 【剖面视图】　　D. 【局部视图】

19. 执行【倒角】命令创建实体倒角特征时，应注意（　）。

A. 所有选取倒角边都应在同一个实体平面上

B. 不能选取相交的实体边线

C. 所有选取的倒角边不能在同一个实体平面上

D. 只能选取相交的实体边线

20. 将三维实体模型转换为二维工程视图，需要进入（　）设计环境。

A. 工程图　　B. 零件

C. 装配　　D. Simulation 分析

二、填空题（每空 2 分，共 20 分）

1. SolidWorks 零件设计主要包括________、________、________。

2. 零件设计环境下，【组合】命令主要有________、________和________。

3. 以双向在轮廓之间添加材料生成实体特征的命令是________。

4. 以一个或两个方向拉伸草图创建特征的命令有________和________。

5. 执行________命令可快速创建回转体实体模型。

6．执行________命令可快速创建壳体薄壁模型。

7．执行________命令可在装配体中直接创建一个零件文件。

8．执行________命令可在装配体按照指定曲线的路径排列零件副本。

9．执行________命令可在装配体按照指定的线型方向排列零件副本。

10．执行________命令可在装配体中指定零件副本呈圆周排列。

三、判断题（每题 1 分，共 10 分）

1．零件文件的后缀名称为 SLDPRT。（　　）

2．工程图文件的后缀名称为 SLDPRT。（　　）

3．装配体文件的后缀名称为 SLDASM。（　　）

4．绘制 3D 草图时，按【Tab】键可快速切换基准平面。（　　）

5．SolidWorks 绘制的二维草图实体都不能转换为构造线模式。（　　）

6．使用 GB 模板创建的图形文件，都将以毫米作为计量单位。（　　）

7．【抽壳】命令不能创建多个壁厚值的壳体零件。（　　）

8．【组合】命令可将两个独立的实体对象进行布尔运算。（　　）

9．【异型孔向导】命令不能创建 GB 国家标准的螺纹孔特征。（　　）

10．【加厚】命令主要用于将曲面组对象转换为实体模型。（　　）

四、模型测绘题（每题 15 分，共 30 分）

1．根据附图 D-1 中的主视图、俯视图和等轴测视图，画出三维模型。

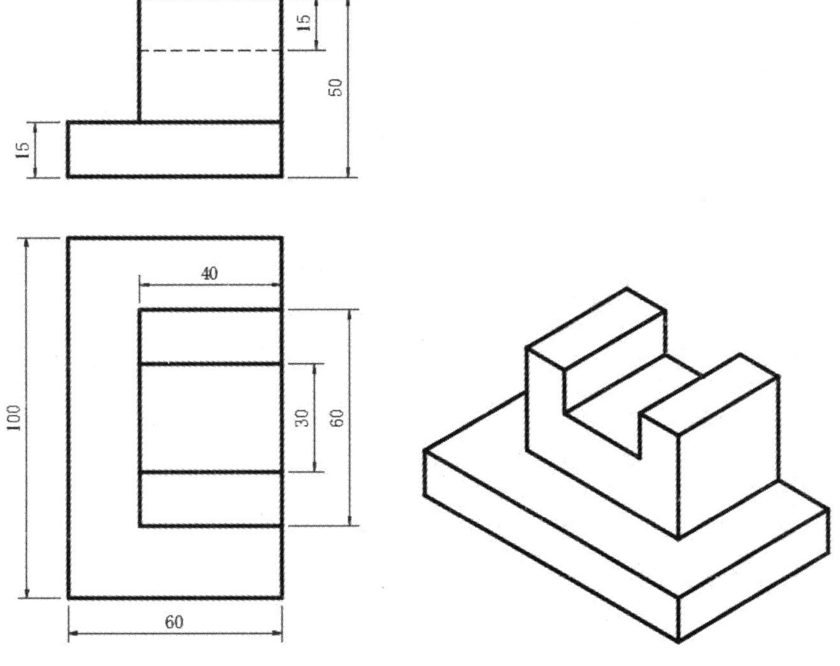

附图 D-1　测绘模型 1

2．根据附图 D−2 中的主视图、左视图和等轴测视图，画出三维模型。

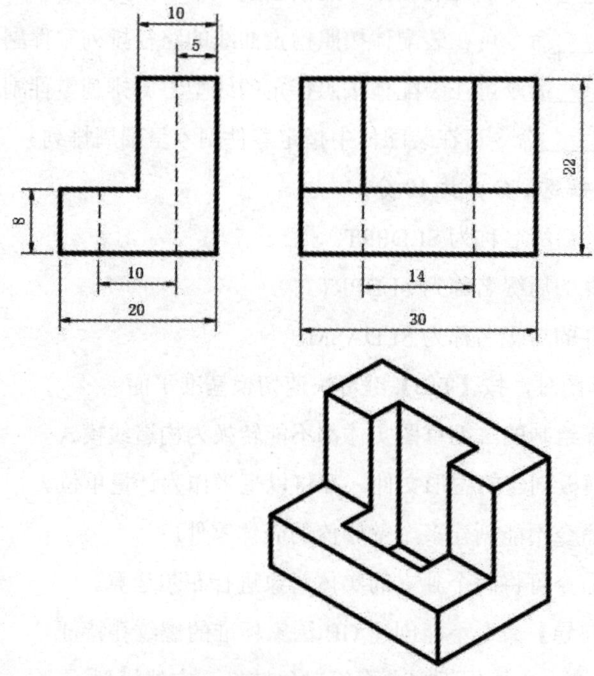

附图 D−2　测绘模型 2

SolidWorks 2016

附录 E
知识与能力总复习题 2

一、单项选择题（每题 3 分，共 30 分）

1．SolidWorks 为（　　）的产品。

A．达索公司　　B．PTC 公司　　C．欧佩克公司　　D．西门子公司

2．默认的草图圆弧一般以（　　）方式来绘制。

A．【三点】　　B．【切线弧】

C．【圆心 / 起点 / 终点圆弧】　　D．【偏移】

3．按（　　）键，可打开或关闭选择过滤器。

A．【F1】　　B．【F2】　　C．【F3】　　D．【F5】

4．执行（　　）命令可创建出指定偏移距离的草图曲线。

A．【等距实体】　　B．【镜像实体】

C．【线性草图阵列】　　D．【转换实体引用】

5．SolidWorks 零件文件的后缀名为（　　）。

A．SLDDRW　　B．SLDPRT　　C．DLL　　D．sv$

6．SolidWorks 装配文件的后缀名为（　）。

A．SLDDRW　　B．SLDPRT　　C．DLL　　D．SLDASM

7．SolidWorks 工程图文件的后缀名为（　）。

A．SLDDRW　　B．SLDPRT　　C．DLL　　D．SLDASM

8．执行（　　）命令可在零件体中快速创建出对称结构的特征。

A．【镜向】　　B．【组合】　　C．【抽壳】　　D．【线性阵列】

9．装配体中快速创建出对称零件的命令是（　　）。

A．【镜向零部件】　　B．【线性零部件阵列】

C．【圆周零部件阵列】　　D．【替换零部件】

10．执行（　　）命令可将磁盘上保存的零部件插入当前装配体中。

A．【新零件】　　B．【插入零部件】

C．【镜像零部件】　　D．【替换零部件】

二、多项选择题（每题 4 分，共 20 分）

1．零件特征的【阵列】命令主要有（　　）类型。

A．线性阵列　　B．圆周阵列　　C．镜向　　D．复制

2．复制特征主要有（　　）方式。

A．阵列　　B．圆角　　C．偏移　　D．镜向

3．参考基准主要有（　　）。

A．极坐标　　B．基准平面　　C．基准轴　　D．基准点

4．执行（　　）命令可恢复被删除的图形对象。

A. 【放弃】　B. 【重画】　C. 【Ctrl+Z】　D. 【重做】

5. 退出命令的方式主要有（　　）。

A. 【Enter】键　B. 【Space】键　C. 鼠标右键　D. 【Esc】键

三、填空题（每题 2 分，共 20 分）

1. 钣金件的设计属于________类零件。

2. 拉伸特征主要包括了________和________两种基本形式。

3. 圆角特征主要有________、________、________和________4 种类型。

4. 倒角特征主要有________、________、________3 种类型。

5. 执行________命令可创建出平均壁厚的实体模型。

6. 执行________命令可移除实体上指定的曲面对象并修补实体模型。

7. 执行________命令可将薄壁实体零件转换为可展开的钣金零件。

8. 执行________命令可在装配体中创建结构对称的零部件副本。

9. 执行________命令可将二维曲线沿轴心旋转并创建出三维实体模型。

10. 执行________命令可将曲面组对象转换为三维实体模型。

四、判断题（每题 1 分，共 10 分）

1. 新建 SolidWorks 零件文件时，系统要求选择一个模板文件。（　　）

2. 将三维模型转换为二维工程视图需要先打开零件模型。（　　）

3. SolidWorks 系统没有提供 GB 国家标准的制图模板。（　　）

4. 执行【异型孔向导】命令可创建 GB 国家标准的螺纹孔特征。（　　）

5. 螺纹孔特征在工程图标注时，系统将自动识别螺纹孔。（　　）

6. 在三维造型过程中，通过选择 3 个特征点可确定一个基准平面。（　　）

7. 通过圆柱面或圆锥面可确定一个基准轴。（　　）

8. 使用【视图调色板】工具可快速创建出各方位上的投影视图。（　　）

9. 在装配体中激活指定的零件后，可直接进入零件设计环境编辑该零件。（　　）

10. 智能尺寸标注不能标注出半 / 直径尺寸。（　　）

五、简答题（每题 5 分，共 20 分）

1. 对象选取一般有哪几种常用的方法？

2. 创建参考基准轴有哪些方法？

3. 简述 SolidWorks 零件建模的基本思路。

4. 怎样将曲面对象转换为实体模型？

SolidWorks

2016

附录 F

知识与能力总复习题 3

一、单项选择题（每题3分，共30分）

1．在草图环境中系统提供了（　　）种命令来绘制圆弧图形。

A．3　　B．9　　C．10　　D．11

2．SolidWorks 2016 零件文件的后缀名称为（　　）。

A．DWG　　B．DWT　　C．DOC　　D．SLDPRT

3．取消命令执行的快捷键为（　　）。

A.【Esc】　　B.【Enter】　　C．【Space】　　D.【F1】

4．完成命令执行的快捷键为（　　）。

A．【Esc】　　B．【Enter】　　C．【Space】　　D．【F1】

5．装配体中快速创建出矩形排列的零件副本命令是（　　）。

A．【镜向零部件】　　B．【线性零部件阵列】

C．【圆周零部件阵列】　　D．【替换零部件】

6．打开选择过滤器的快捷键为（　　）。

A．【F2】　　B．【F3】　　C．【F4】　　D．【F5】

7．下列可将壁特征添加到钣金零件边线上的命令是（　　）。

A．【边线法兰】　B．【斜接法兰】　　C．【转折】　　D．【边角】

8．下面用于剖视图创建的命令是（　　）。

A．【模型视图】　　B．【剖面视图】

C．【投影视图】　　D．【等轴侧视图】

9．下面能对模型对象进行比例放大或缩小操作的命令是（　　）。

A．【拉伸】　　B．【旋转】　　C．【比例缩放】　D．【延伸】

10．下面可在零件中创建对称结构特征的命令是（　　）。

A．【复制】　　B．【偏移】　　C.【镜向】　　D．【阵列】

二、多项选择题（每题4分，共20分）

1．退出当前命令的快捷键为（　　）。

A．【Enter】　　B．【Esc】　　C．【Space】　　D．【F1】

2．复制三维特征的命令有（　　）。

A．【复制】　　B．【偏移】　　C．【阵列】　　D．【镜向】

3．阵列实体特征的命令主要有（　　）方式。

A．正多边形阵列　　B．矩形阵列

C．路径阵列　　D．圆周阵列

4．布尔运算主要有（　　）。

A．差集运算　　B．并集运算　　C．交集运算　　D．合并运算

5．装配体中复制零件的命令有（　　）。

A．【线性零部件阵列】　　B．【圆周零部件阵列】

C．【镜向零部件】　　D．【三维阵列】

三、填空题（每题2分，共20分）

1．执行________命令可检查草图曲线的封闭端口。

2．执行________命令可创建出一条指定螺距的空间螺旋线。

3．旋转特征主要有________和________两种形式。

4．执行________命令可将二维截面沿指定的曲线进行延伸操作，创建出实体特征。

5．按________键可删除指定的图形对象。

6．执行________命令可将曲面沿其曲率方向进行延伸操作。

7．执行________命令可将相交的两曲面进行修剪合并操作。

8．执行________命令可将 SolidWorks 文件转换为其他格式的文件。

9．执行________命令可创建出连续相邻的钣金壁特征。

10．执行________命令可创建平均厚度的薄壁实体模型。

四、判断题（每题1分，共10分）

1．新建 SolidWorks 零件文件时，不需要选择一个模板文件。（　　）

2．使用【视图调色板】工具可快速创建出投影视图。（　　）

3．制作 SolidWorks 工程图前，用户需要自行创建工程图模板。（　　）

4．执行【加厚】命令，可将曲面转换为实体。（　　）

5．GB 工程图模板中默认的字体高度为 3.5mm。（　　）

6．SolidWorks 中的草图曲线都不需要添加约束。（　　）

7．SolidWorks 中的草图曲线完全约束后图形将变为黑色。（　　）

8．草图曲线尺寸标注后，图形将不会发生任何变化。（　　）

9．在 SolidWorks 草图设计环境中，可插入其他格式的二维图形文件。（　　）

10．SolidWorks 装配文件的后缀名为．SLDASM。（　　）

五、简答题（每题5分，共20分）

1．装配零件模型常用的配合有哪些？

2．在装配体中编辑零件的方式有哪些？

3．在工程图中定义模型视图有哪些方式？

4．剖面视图主要有哪两种基本形式？